建设工程
检测鉴定与典型案例

唐山建苑建设工程材料检测有限公司　组织编写

梁建军　李志永　申泽文　柴红俊　主编

李淑娟　张立林　赵彦民　聂辉丽　副主编

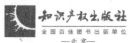

知识产权出版社
全国百佳图书出版单位
—北京—

图书在版编目（CIP）数据

建设工程检测鉴定与典型案例 / 唐山建苑建设工程材料检测有限公司组织编写 ; 梁建军等主编 . — 北京 : 知识产权出版社, 2022.8

ISBN978-7-5130-8277-8

Ⅰ.①建… Ⅱ.①唐… ②梁… Ⅲ.①建筑工程－质量检验 Ⅳ.①TU712

中国版本图书馆CIP数据核字(2022)第143846号

内容提要：

本书主要结合现行检测鉴定规范、标准要求编写,内容包括建筑工程可靠性鉴定、建筑工程抗震鉴定、危险房屋鉴定、建筑工程灾后鉴定及建筑工程质量评价等,并按照不同鉴定内容、不同结构形式汇总了工程检测鉴定典型案例。

本书可供从事建设工程检测和鉴定工作的人员参考,也可供高校工程检测及相关专业师生阅读。

责任编辑:张　珑　　　　　　　　　　　　　　责任印制:刘译文

建设工程检测鉴定与典型案例

JIANSHE GONGCHENG JIANCE JIANDING YU DIANXING ANLI

唐山建苑建设工程材料检测有限公司　组织编写

梁建军　李志永　申泽文　柴红俊　主　编

李淑娟　张立林　赵彦民　聂辉丽　副主编

出版发行: 知识产权出版社有限责任公司	网　址:http://www.ipph.cn		
电　话:010-82004826	http://laichushu.com		
社　址:北京市海淀区气象路50号院	邮　编:100081		
责编电话:010-82000860转8171	责编邮箱:laichushu@cnipr.com		
发行电话:010-82000860转8101	发行传真:010-82000893		
印　刷:北京中献拓方科技发展有限公司	经　销:新华书店、各大网上书店及相关专业书店		
开　本:710mm×1000mm 1/16	印　张:26.75		
版　次:2022年8月第1版	印　次:2022年8月第1次印刷		
字　数:576千字	定　价:158.00元		

ISBN 978-7-5130-8277-8

前　言

随着使用年限的增加,我国已有相当部分既有建筑存在不同程度的损伤和老化,部分已接近甚至达到设计使用年限,大量既有建筑需要进行维修、改造、加固利用。对已有建筑物的安全可靠性进行检测鉴定,已愈来愈引起人们的重视。同时,建筑在使用过程中,受到自然因素和人为因素的影响,形成局部或整体的损伤,需要对建筑安全性的影响程度进行评估。部分建设工程由于各种原因无法进入正常竣工验收程序,其建设工程质量是否符合设计(规范、标准)要求也需要进行评估。准确评价房屋等建设工程安全状况、质量情况,对安全合理使用现有建筑、合理利用现有建筑,(包括受损建筑),以及规范、完善工程建设程序,都有重要作用。

目前建设工程检测鉴定工作开展非常普遍,一是体现在检测鉴定项目数量巨大,二是参与检测鉴定的机构繁杂,不少有检测资质的机构都参与其中。唐山建苑建设工程材料检测有限公司长期从事建设工程检测鉴定工作,现结合自身多年检测鉴定工程实践,组织有关专家编写本书,目的在于总结建设工程检测鉴定工作经验,与国内同行一起交流提高,为规范建设工程检测鉴定工作程序,提高建设工程检测鉴定水平和工作质量尽一份力量。

本书内容主要结合现行检测鉴定规范、标准编写,包括工程可靠性、抗震性、房屋危险性、建筑灾后安全性检测鉴定,还包括建筑工程质量评价等内容,按照不同鉴定内容及不同结构形式,引用了检测鉴定工程案例。

本书中引用了规范、标准等出版物,网络中的一些内容,在此一并对作者表示感谢。

本书引用了部分工程案例,在此感谢案例项目建设(委托)单位的大力支持。

限于编者水平及条件关系,书中不妥之处在所难免,敬请广大读者批评指正。

本书主编单位:唐山建苑建设工程材料检测有限公司

本书主编:梁建军、李志永、申泽文、柴红俊

本书副主编:李淑娟、张立林、赵彦民、聂辉丽

本书参编人员：孟东辉、杨殿利、李文君、张云霞、周少波、蔡斌、辛曙光、赵玮、朱志东、梁悦茗、郑磊、张强、宋健、门玉蕊、王朋、王磊、夏莹莹、刘丽娜、赵冬梅、宋坤、刘梦园、陈震、张克锋、董雨晖、赵孟琪、阎海星、郑雪岩、杨志年、孙世诚、石彦鹏、李强

本书主审人员：贾开武、王连柱、康洪震、宋裕增、李秋贵、汪敏玲

2022年6月

目　　录

第1章　建设工程检测鉴定概述

1.1　建设工程检测鉴定的背景、意义

新中国成立后,所建房屋已经超过最长70年的使用年限,已有相当部分的房屋存在不同程度的损伤和老化,房屋的安全状况亟须进行正确、科学评估。同时,既有建筑越来越不能满足人们日益丰富的使用需求,需要进行维修、改造、加固利用。今后相当长的时间内既有建筑改造将会有较大的发展空间,改造前后也需要对建筑的安全状况进行评估。因此,对已有建筑物的检测和鉴定,已愈来愈引起人们的重视。建筑在使用过程中,会受到自然因素和人为因素的干扰,形成局部或整体的损伤,损伤后建筑的安全性影响程度同样需要进行评估。还有,由于建设过程中的不规范行为,基本建设部分程序缺失,导致部分建设工程缺乏完善、合法合规的工程建设资料,无法正常进行竣工验收,引发一系列问题,此类建设工程质量是否符合设计(规范、标准)要求也需要进行评估。

准确评价房屋等建设工程安全状况、质量情况,对安全合理使用现有建筑、科学合理利用现有建筑(包括受损建筑),以及规范、完善工程建设程序,都有重要作用。

无论何种情况,科学评估工程安全状况、质量情况,都需要用科学的手段、规范的程序和方法对工程进行检测,依据工程客观实际和规范标准,通过综合论证做出工程安全性、质量优劣的鉴定结论。可以说,建设工程检测鉴定是建设工程中重要的工作。

1.2　建设工程检测鉴定的分类、适用范围、依据

建设工程检测鉴定内容广泛,既有综合性工程质量检测鉴定、综合性结构安全性和使用性能检测鉴定,也有如结构安全、抗震性能、火灾、爆炸后结构安全性等不同影响因素下的结构性能检测鉴定,还有针对房屋建筑某特定问题或某特定要求所进行的调查、检测、验算、分析和评定工程,如节能等专项功能性检测鉴定。

基于建设工程检测鉴定结论的重要性,国家和地方建设行政主管部门专门制定了一系列建设工程检测鉴定标准、规范和规定,作为工程检测鉴定的主要依据。同时,国家和地方建设行政主管部门所颁布的基本建设领域的法律、法规和设计、施工、材料、试验等标准、规范同样也是建设工程检测鉴定的必要依据。

1.2.1　建设工程检测鉴定的分类、适用范围

1. 建筑结构鉴定分类

涉及结构性能与安全的建筑工程检测鉴定可分为如下类型。

(1)建筑结构安全性鉴定。是对建筑的结构承载力和结构整体稳定性所进行的调查、检测、验算、分析和评定等一系列活动。

(2)建筑正常使用性鉴定。是对建筑使用功能的适用性和耐久性所进行的调查、检测、分析、验算和评定等一系列活动。

(3)建筑施工质量鉴定(结构实体质量鉴定)。是通过对建筑工程的质量现状、问题进行调查和科学论证并出具鉴定意见的活动。

(4)建筑抗震鉴定。是通过检查现有建筑的设计、施工质量和现状,按规定的抗震设防要求,对其在地震作用下的安全性进行评估。

(5)建筑灾后鉴定。是包括对地震、风灾、雪灾、火灾、水灾等发生后对建筑结构安全性影响所进行的评估。

(6)建筑完损性鉴定。是依照相关标准、一致的评定方法,对现有房屋进行综合性的完满或破坏的等级评定。

(7)危房鉴定。是通过调查、检测和分析论证对房屋局部或整体是否能满足安全使用要求做出评估,其目的在于判定被鉴定房屋的危险性程度。

(8)施工验收资料缺失的房屋鉴定等其他形式的鉴定。其中结构安全性鉴定和正常使用性鉴定合称为可靠性鉴定,可靠性鉴定分为民用建筑可靠性鉴定和工业建筑可靠性鉴定。

2. 市政基础设施工程施工质量鉴定分类

(1)城市道路工程施工质量鉴定。是通过对城市道路工程的质量现状、问题进行调查和科学论证并出具鉴定意见的活动。

(2)城市桥涵工程施工质量鉴定。是通过对城市桥涵工程的质量现状、问题进行调查和科学论证并出具鉴定意见的活动。

(3)城市管网工程施工质量鉴定。是通过对城市管网工程的质量现状、问题进行调查和科学论证并出具鉴定意见的活动。

3. 其他工程鉴定形式

(1)建筑工程节能鉴定。是通过对建筑的保温隔热工程的质量现状、问题进行调查、科学论证并出具是否满足设计要求和节能效果鉴定意见的活动。

(2)建筑消防工程使用环境安全性鉴定。是建设工程共用消防基础设施提前使用时,需要对其使用环境安全所进行的调查、分析并提出鉴定结论的活动。

1.2.2　建设工程检测鉴定的依据

1. 建(构)筑物鉴定的主要依据

(1)《既有建筑鉴定与加固通用规范》GB 55021—2021。

(2)《民用建筑可靠性鉴定标准》GB 50292—2015。

(3)《工业建筑可靠性鉴定标准》GB 50144—2019。

(4)《建筑抗震鉴定标准》GB 50023—2009。

(5)《构筑物抗震鉴定标准》GB 50117—2014。

(6)《火灾后工程结构鉴定标准》T/CECS 252—2019。

(7)《地震灾后建筑鉴定与加固技术指南》建标〔2008〕132号。

(8)《房屋完损等级评定标准》城住字〔1984〕第678号。

(9)《危险房屋鉴定标准》JGJ 125—2016。

(10)《既有混凝土结构耐久性评定标准》GB/T 51355—2019。

(11)《混凝土结构耐久性评定标准》CECS 220—2007。

(12)《既有村镇住宅建筑抗震鉴定和加固技术规程》CECS 325:2012。

(13)《农村住房危险性鉴定标准》JGJ/T 363—2014。

(14)《农村住房安全性鉴定技术导则》建村函〔2019〕200号。

(15)《高耸与复杂钢结构检测与鉴定标准》GB 51008—2016。

(16)《既有建筑地基可靠性鉴定标准》JGJ/T 404—2018。

(17)现行建设工程设计规范、施工质量验收标准及其他相关鉴定标准。

2. 建筑结构鉴定的适用范围和相关规范、标准

根据鉴定目的、鉴定要求、鉴定内容的不同,合理确定建筑结构鉴定类型,以满足委托单位需要,实现检测鉴定目的。

(1)在建筑工程出现质量事故、工程建设争议纠纷、周边施工(环境)对建筑物的影响等情况下,需要进行结构安全性鉴定、正常使用性鉴定、完损性鉴定或危险房屋鉴定。主要依据《民用建筑可靠性鉴定标准》GB 50292—2015、《工业建筑可靠性鉴定标准》GB 50144—2019、《房屋完损等级评定标准》城住字〔1984〕第678号、《危险房屋鉴定标准》JGJ 125—2016、《高耸与复杂钢结构检测与鉴定标准》GB 51008—2016。

(2)在既有建筑结构改造、改变使用性质、提高抗震设防标准要求等情况下,需要进行结构抗震鉴定、结构安全性鉴定。主要依据《民用建筑可靠性鉴定标准》GB 50292—2015、《工业建筑可靠性鉴定标准》GB 50144—2019、《建筑抗震鉴定标准》GB 50023—2009、《高耸与复杂钢结构检测与鉴定标准》GB 51008—2016。

(3)在地震、火灾、雪灾、风灾等自然、人为因素对建筑物造成损伤等情况下,需要进行可

靠性、正常使用性鉴定、完损性鉴定或危险房屋鉴定,主要依据除了上述第1项内容外,还包括《火灾后工程结构鉴定标准》T/CECS 252—2019等专门标准、规范。

(4)工程建设程序、相关手续不完善或有质量争议等无法用正常方法确定工程质量的建筑工程,为满足验收等活动需要,需要进行工程施工质量鉴定。主要依据现行建设工程设计规范、施工质量验收规范标准。

因建设工程安全、质量等具有属地管理的特点,地方建设行政主管部门有明确规定的,应符合规定要求。

3. 市政基础设施工程检测鉴定的内容及依据

根据鉴定目的、鉴定要求、鉴定内容的不同,依据现行相关的规范、标准进行鉴定,以满足委托单位的需要,实现检测鉴定目的。

1)市政基础设施工程检测鉴定分类

(1)有些市政基础设施工程建设程序倒置、相关手续不完善,为满足竣工验收等活动的需要,进行工程施工质量检测鉴定。

(2)有些市政基础设施工程在使用中出现质量问题,需要进行施工质量检测鉴定。

(3)有些市政桥梁工程使用多年,虽未达到使用年限,但出现了明显的质量问题,能否继续安全使用,桥梁管理部门认为需要进行鉴定的,进行危桥检测鉴定。

2)市政基础设施工程鉴定依据

市政基础设施工程鉴定主要依据是现行建设工程设计文件、施工质量验收标准。

3)市政基础设施工程检测依据

(1)《公路工程质量检验评定标准 第一册 土建工程》JTG F80/1—2017。

(2)《公路沥青路面施工技术规范》JTG F40—2004。

(3)《公路路基路面现场测试规程》JTG 3450—2019。

(4)《城镇道路工程施工与质量验收规范》CJJ 1—2008。

(5)《城市桥梁工程施工与质量验收规范》CJJ 2—2008。

(6)《城市桥梁检测与评定技术规范》CJJ/T 233—2015。

4. 建设工程检测依据

(1)《建筑结构检测技术标准》GB/T 50344—2019。

(2)《混凝土结构工程施工质量验收规范》GB 50204—2015。

(3)《回弹法检测混凝土抗压强度技术规程》JGJ/T 23—2011。

(4)《钻芯法检测混凝土强度技术规程》JGJ/T 384—2016。

(5)《混凝土中钢筋检测技术标准》JGJ/T 152—2019。

(6)《砌体工程现场检测技术标准》GB/T 50315—2011。

（7）《贯入法检测砌筑砂浆抗压强度技术规程》JGJ/T 136—2017。

（8）《钢结构现场检测技术标准》GB/T 50621—2010。

（9）《钢结构超声波探伤及质量分级法》JG/T 203—2007；《焊缝无损检测 超声检测 技术、检测等级和评定》GB/T 113413—2013

（10）《高强混凝土强度检测技术规程》JGJ/T 294—2013。

（11）《建筑结构加固工程施工质量验收规范》GB 50550—2010。

（12）《钢结构防火涂料应用技术规程》T/CECS 24—2020。

（13）《钢结构工程施工质量验收标准》GB 50205—2020。

（14）《钢结构焊接规范》GB 50661。

（15）《超声法检测混凝土缺陷技术规程》CECS 21∶2000。

（16）《建筑节能工程施工质量验收标准》GB 50411—2019。

（17）《建筑外窗气密、水密、抗风压性能现场检测方法》JG/T 211—2007。

（18）《建筑幕墙、门窗通用技术条件》GB/T 31433—2015。

（19）《外墙保温用锚栓》JG/T 366—2012。

（20）《建筑物防雷设计规范》GB 50057—2010。

（21）《建筑物防雷装置检测技术规范》GB/T 21431—2015。

（22）《建筑物电子信息系统防雷技术规范》GB 50343—2012。

（23）《碳素结构钢》GB/T 700—2006。

（24）《低合金高强度结构钢》GB/T 1591—2018。

（25）《钢筋混凝土用钢 第1部分∶热轧光圆钢筋》GB/T 1499.1—2017。

（26）《钢筋混凝土用钢 第2部分∶热轧带肋钢筋》GB/T 1499.2—2018。

（27）《混凝土物理力学性能试验方法标准》GB/T 50081—2019。

1.3　建设工程检测鉴定机构资质

开展建设工程检测鉴定业务，一般是以工程质量检测机构为依托来进行，而不是通过单独设立建设工程鉴定机构来完成。

《建筑工程质量管理条例》提出"对涉及结构安全的试块、试件以及有关材料，应当在建设单位或者工程监理单位监督下现场取样，并送具有相应资质等级的质量检测单位进行检测"的要求。《建设工程质量检测管理办法》（中华人民共和国住房和城乡建设部令第57号）明确了"检测机构应当按照本办法取得建设工程质量检测机构资质（以下简称检测机构资质），并在资质许可的范围内从事建设工程质量检测活动"的要求。

国家建设主管部门没有设置建设工程鉴定的专项资质；《房屋建筑和市政基础设施工程

质量检测技术管理规范》GB 50618—2011和部分省、自治区、直辖市建设主管部门在工程质量检测资质管理规定中明确了承担检测任务范围包括"可靠性鉴定、工程结构鉴定"等。

部分省、自治区、直辖市建设主管部门在《建设工程质量检测管理办法》（中华人民共和国住房和城乡建设部令第57号）的基础上，出台了地方"××省、市建设工程质量检测管理办法"和"××工程质量检测资质等级管理规定"等相关规定，对工程质量检测资质和检测、鉴定活动的开展做出了更加详细的规定。

1.3.1　工程质量检测机构资质

1. 工程质量检测机构资质

1）建设工程质量检测

指工程质量检测机构接受委托，依据国家有关法律、法规和工程建设强制性标准，对涉及结构安全项目进行的抽样检测和对进入施工现场的建筑材料、构配件进行的见证取样检测。

2）建设工程质量检测机构资质管理

（1）国务院建设主管部门负责制定检测机构资质标准。

（2）省、自治区、直辖市人民政府建设主管部门负责检测机构的资质审批。

（3）国务院建设主管部门负责对全国质量检测活动实施监督管理；省、自治区、直辖市以及市、县人民政府建设主管部门负责对本行政区域内的质量检测活动实施监督管理。

2. 建设工程质量检测机构业务内容分类

按照《建设工程质量检测管理办法》（中华人民共和国住房和城乡建设部令第57号）规定，检测机构资质按照其承担的检测业务内容分为专项检测机构资质和见证取样检测机构资质。

1）专项检测

（1）地基基础工程检测：地基及复合地基承载力静载检测；桩的承载力检测；桩身完整性检测；锚杆锁定力检测。

（2）主体结构工程现场检测：混凝土、砂浆、砌体强度现场检测；钢筋保护层厚度检测；混凝土预制构件结构性能检测；后置埋件的力学性能检测。

（3）建筑幕墙工程检测：建筑幕墙的气密性、水密性、抗风压变形性能、层间变位性能检测；硅酮结构胶相容性检测。

（4）钢结构工程检测：钢结构焊接质量无损检测；钢结构防腐及防火涂装检测；钢结构节点、机械连接用紧固标准件及高强度螺栓力学性能检测；钢网架结构的变形检测。

2）见证取样检测

水泥物理力学性能检验；钢材、钢筋（含焊接与机械连接）力学性能检验；砂、石常规检验；混凝土、砂浆强度检验；简易土工试验；混凝土掺加剂检验；预应力钢绞线、锚夹具检验；

沥青、沥青混合料检验。

3. **房屋建筑和市政基础设施工程质量检测项目**

依据《房屋建筑和市政基础设施工程质量检测技术管理规范》GB 50618—2011附录A，基本检测项目包括：建筑材料检测；地基基础检测；工程结构检测，包括混凝土结构检测、砌体结构检测、钢结构检测；室内环境检测；结构检测鉴定；建筑节能工程检测；建筑幕墙、门窗及外墙面砖检测；建筑电气检测；建筑给排水及采暖检测；通风与空调检测；建筑电梯运行；建筑智能检测；燃气管道检测；市政道路检测；市政桥梁检测；其他。

4. **建设工程质量检测机构资质标准**

检测机构是具有独立法人资格的中介机构，检测机构从事建设工程质量检测业务，应当依法取得相应资质证书，依据《建设工程质量检测机构资质标准》（建质规〔2023〕1号）规定，综合类和专项类资质应满足下列条件。

1)综合类资质

(1)资历及信誉：

① 有独立法人资格的企业、事业单位，或依法设立的合伙企业，且均具有15年以上质量检测经历。

② 具有建筑材料及构配件（或市政工程材料）、主体结构及装饰装修、建筑节能、钢结构、地基基础5个专项资质和其它2个专项资质。

③ 具备9个专项资质全部必备检测参数。

④ 社会信誉良好，近3年未发生过一般及以上工程质量安全责任事故。

(2)主要人员：

① 技术负责人应具有工程类专业正高级技术职称，质量负责人应具有工程类专业高级及以上技术职称，且均具有8年以上质量检测工作经历。

② 注册结构工程师不少于4名（其中，一级注册结构工程师不少于2名），注册土木工程师（岩土）不少于2名，且均具有2年以上质量检测工作经历。

③ 技术人员不少于150人，其中具有3年以上质量检测工作经历的工程类专业中级及以上技术职称人员不少于60人、工程类专业高级及以上技术职称人员不少于30人。

(3)检测设备及场所：

① 质量检测设备设施齐全，检测仪器设备功能、量程、精度，配套设备设施满足9个专项资质全部必备检测参数要求。

② 有满足工作需要的固定工作场所及质量检测场所。

(4)管理水平：

① 有完善的组织机构和质量管理体系，并满足《检测和校准实验室能力的通用要求》

GB/T 27025-2019要求。

② 有完善的信息化管理系统,检测业务受理、检测数据采集、检测信息上传、检测报告出具、检测档案管理等质量检测活动全过程可追溯。

2)专项类资质

(1)资历及信誉:

① 有独立法人资格的企业、事业单位,或依法设立的合伙企业。

② 主体结构及装饰装修、钢结构、地基基础、建筑幕墙、道路工程、桥梁及地下工程等6项专项资质,应当具有3年以上质量检测经历。

③ 具备所申请专项资质的全部必备检测参数。

④ 社会信誉良好,近3年未发生过一般及以上工程质量安全责任事故。

(2)主要人员:

① 技术负责人应具有工程类专业高级及以上技术职称,质量负责人应具有工程类专业中级及以上技术职称,且均具有5年以上质量检测工作经历。

② 主要人员数量不少于《主要人员配备表》规定要求。

(3)检测设备及场所:

① 质量检测设备设施基本齐全,检测设备仪器功能、量程、精度,配套设备设施满足所申请专项资质的全部必备检测参数要求。

② 有满足工作需要的固定工作场所及质量检测场所。

(4)管理水平:

① 有完善的组织机构和质量管理体系,有健全的技术、档案等管理制度。

② 有信息化管理系统,质量检测活动全过程可追溯。

5. 检测业务范围

1)综合资质

承担全部专项资质中已取得检测参数的检测业务。

2)专项资质

承担所取得专项资质范围内已取得检测参数的检测业务。

6. 申请检测机构资质所需材料

申请检测机构资质应当向登记地所在省、自治区、直辖市人民政府住房和城乡建设主管部门提出,并提交下列材料:

(1)检测机构资质申请表;

(2)主要检测仪器、设备清单;

(3)检测场所不动产权属证书或者租赁合同;

(4)技术人员的职称证书;

(5)检测机构管理制度以及质量控制措施。

7. 检测机构资质证书

检测机构资质证书实行电子证照,由国务院住房和城乡建设主管部门制定格式。资质证书有效期为5年。

1.3.2 工程质量检测资质类别

国家对工程质量检测资质类别有明确的划分,按照其承担的检测业务内容分为综合类资质和专项类资质。

综合类资质是指具备常规材料、常见结构型式等建筑工程施工质量验收标准中普遍要求的检测能力的检测机构。

专项类资质是指综合检测机构以外的具备某些专项能力的检测机构,专项类资质不分等级。

对于建筑防火、建筑施工机具、建筑电梯等领域还有其他专门的资质要求规定。

1.3.3 工程质量检测机构资质标准

(1)专项和见证取样检测机构应有一定的注册资本。

(2)检测资质对应的项目应通过计量认证,即需通过省级以上认证部门认证,审查合格的核发计量检测检验机构资质认定证书和"CMA"印章。

(3)具有与从事检测鉴定业务相适应的检测条件和技术资源,以及具有固定场所、相应规模标准的实验室,有符合开展检测工作所需的仪器设备,其中属于强制校对的设备和检计量器具等,要经过计量检定合格后,方可使用。

(4)具有符合相关通用要求的健全的技术管理和质量保证体系。

1.4 建设工程质量检测鉴定人员

1.4.1 建设工程检测鉴定技术人员

检测鉴定机构工程技术人员数量、专业、职称、工作经历和注册资格要求,应满足《建设工程质量检测管理办法》(中华人民共和国住房和城乡建设部令第57号)、《房屋建筑和市政基础设施工程质量检测技术管理规范》GB 50618—2011和省、自治区、直辖市建设主管部门关于检测机构工程技术人员相关规定。

(1)从事工程检测鉴定的工程技术人员应具有相应专业学习背景或从事相关工作经历。

（2）工程技术人员应具备与检测机构资质相适应的专业、职称和工作经历及时限要求。

（3）工程技术人员应接受相关检测技术培训并取得相应证书。

（4）涉及地基基础、工程结构等项目检测、鉴定的工程技术人员,还需要一定数量工程技术人员具有相应级别注册岩土工程师、结构工程师专业资格。

1.4.2　建设工程检测鉴定专家

遇有复杂工程问题或重大项目检测鉴定,可聘请相应领域、行业的相应专业高水平专家参与检测鉴定方案制订、检测结果分析、结构计算分析、检测鉴定结论及修复建议的提出等工作。必要时还可与勘察设计单位、科研单位合作,共同完成检测鉴定工作。

聘请的专家一般应具有高级工程师以上职称或一级注册岩土工程师、注册结构工程师、注册建筑师等执业资格,具有10年以上从事相关工作的经历,在本行业、本专业具有良好声誉。

外聘专家参与工程检测鉴定,应在检测鉴定报告上签字。

1.4.3　检测机构人员资质要求

按照《建设工程质量检测机构资质标准》(建质规〔2023〕1号)规定,从事建设工程质量检测,各专项资质应具备下列人员配备。

主要人员配备表

序号	专项资质类别	主要人员	
		注册人员	技术人员
1	建筑材料及构配件	无	不少于20人,其中具有3年以上质量检测工作经历的工程类专业中级及以上技术职称人员不少于4人
2	主体结构及装饰装修	不少于1名二级注册结构工程师,且具有2年以上质量检测工作经历	不少于15人,其中具有3年以上质量检测工作经历的工程类专业中级及以上技术职称人员不少于4人、工程类专业高级及以上技术职称人员不少于2人
3	钢结构	不少于1名二级注册结构工程师,且具有2年以上质量检测工作经历	不少于15人,其中具有3年以上质量检测工作经历的工程类专业中级及以上技术职称人员不少于4人、工程类专业高级及以上技术职称人员不少于2人
4	地基基础	不少于1名注册土木工程师(岩土),且具有2年以上质量检测工作经历	不少于15人,其中具有3年以上质量检测工作经历的工程类专业中级及以上技术职称人员不少于4人、工程类专业高级及以上技术职称人员不少于2人
5	建筑节能	无	不少于20人,其中具有3年以上质量检测工作经历的工程类专业中级及以上技术职称人员不少于4人

序号	专项资质类别	主要人员	
		注册人员	技术人员
6	建筑幕墙	无	不少于15人,其中具有3年以上质量检测工作经历的工程类专业中级及以上技术职称人员不少于4人、工程类专业高级及以上技术职称人员不少于2人
7	市政工程材料	无	不少于20人,其中具有3年以上质量检测工作经历的工程类专业中级及以上技术职称人员不少于4人
8	道路工程	无	不少于15人,其中具有3年以上质量检测工作经历的工程类专业中级及以上技术职称人员不少于4人、工程类专业高级及以上技术职称人员不少于2人
9	桥梁及地下工程	不少于1名一级注册结构工程师、1名注册土木工程师(岩土),且具有2年以上质量检测工作经历	不少于15人,其中具有3年以上质量检测工作经历的工程类专业中级及以上技术职称人员不少于4人、工程类专业高级及以上技术职称人员不少于2人

1.5　质量检测业务内容

1.5.1　建筑材料及构配件检测

(1)水泥;(2)钢筋(含焊接与机械连接);(3)骨料、集料;(4)砖、砌块、瓦、墙板;(5)混凝土及拌合用水;(6)混凝土外加剂;(7)混凝土掺合料;(8)砂浆;(9)土;(10)防水材料及防水密封材料;(11)瓷砖及石材;(12)塑料及金属管材;(13)预制混凝土构件;(14)预应力钢绞线;(15)预应力混凝土用锚具夹具及连接器;(16)预应力混凝土用波纹管;(17)材料中有害物质;(18)建筑消能减震装置;(19)建筑隔震装置;(20)铝塑复合板;(21)木材料及构配件;(22)加固材料;(23)焊接材料。

1.5.2　主体结构及装饰装修

(1)混凝土结构构件强度、砌体结构构件强度;(2)钢筋及保护层厚度;(3)植筋锚固力;(4)构件位置和尺寸(涵盖砌体、混凝土、木结构);(5)外观质量及内部缺陷;(6)装配式混凝土结构节点;(7)结构构件性能(涵盖砌体、混凝土、木结构);(8)装饰装修工程;(9)室内环境污染物。

1.5.3　钢结构

(1)钢材及焊接材料;(2)焊缝;(3)钢结构防腐及防火涂装;(4)高强度螺栓及普通紧固件;(5)构件位置与尺寸;(6)结构构件性能;(7)金属屋面。

1.5.4　地基基础

(1)地基及复合地基;(2)桩的承载力;(3)桩身完整性;(4)锚杆抗拔承载力;(5)地下连续墙。

1.5.5　建筑节能

(1)保温、绝热材料;(2)粘接材料;(3)增强加固材料;(4)保温砂浆;(5)抹面材料;(6)隔热型材;(7)建筑外窗;(8)节能工程;(9)电线电缆;(10)反射隔热材料;(11)供暖通风空调节工程用材料、构件和设备;(12)配电与照明节能工程用材料、构件和设备;(13)可再生能源应用系统。

1.5.6　建筑幕墙

(1)密封胶;(2)幕墙玻璃;(3)幕墙。

1.5.7　市政工程材料

(1)土、无机结合稳定材料;(2)土工合成材料;(3)掺合料(粉煤灰、钢渣);(4)沥青及乳化沥青;(5)沥青混合料用粗集料、细集料、矿粉、木质素纤维;(6)沥青混合料;(7)路面砖及路缘石;(8)检查井盖、水篦、混凝土模块、防撞墩、隔离墩;(9)水泥;(10)骨料、集料;(11)钢筋(含焊接与机械连接);(12)外加剂;(13)砂浆;(14)混凝土;(15)防水材料及防水密封材料;(16)水;(17)石灰;(18)石材;(19)螺栓、锚具夹具及连接器。

1.5.8　道路工程

(1)沥青混合料路面;(2)基层及底基层;(3)土路基;(4)排水管道工程;(5)水泥混凝土路面。

1.5.9　桥梁与地下工程

(1)桥梁结构与构件;(2)隧道主体结构;(3)桥梁及附属物;(4)桥梁支座;(5)桥梁伸缩装置;(6)隧道环境;(7)人行天桥及地下通道;(8)综合管廊主体结构;(9)涵洞主体结构;(10)涵洞主体结构。

1.6　工程检测记录与检测报告

1. 现场实体检测记录

现场工程实体检测应做好检测情况和数据记录,原始记录应包括下列内容。

(1)委托单位名称、工程名称、工程地点。

(2)检测工程概况,检测鉴定种类及检测要求。

(3)委托合同编号。

(4)检测地点、检测部位。

(5)检测日期、检测开始及结束的时间。

(6)使用的主要检测设备名称和编号。

(7)检测的依据。

(8)检测对象的状态描述。

(9)检测环境数据(如有要求)。

(10)检测数据或观察结果。

(11)计算公式、图表、计算结果(如有要求)。

(12)检测中异常情况的描述记录。

(13)检测、复核人员签名,有见证要求的要有见证人员签名。

2. 现场实体检测报告

现场工程实体检测完成后,应出具检测报告,现场工程实体检测报告应包括下列内容。

(1)委托单位名称。

(2)委托单位委托检测的主要目的及要求。

(3)工程概况,包括工程名称、结构类型、规模、施工日期、竣工日期及现状等。

(4)工程设计单位、施工图审查单位、施工单位和监理单位名称。

(5)被检工程以往检测情况概述。

(6)检测项目、检测方法及依据的标准。

(7)抽样方案及数量(附测点图)。

(8)检测日期,报告完成日期。

(9)检测项目的主要分类检测数据、汇总结果、检测结果、检测结论。

(10)检测人、审核和批准人的签名。

(11)检测项目,应有见证单位、见证人员姓名、证书编号。

(12)检测机构的名称、地址和通信信息。

(13)报告的编号和每页及总页数的标识。

1.7 建设工程检测鉴定活动的实施

检测鉴定工作一般由具有相应资质的检测鉴定机构具体实施,检测鉴定机构应按照委托单位要求、依据国家和地方检测鉴定标准规定,结合本单位实际有序开展检测鉴定工作,确保检测鉴定结果的真实、准确。

1.7.1 检测鉴定工作程序和主要工作内容

1. 工作程序和各阶段的主要工作内容

以委托鉴定为例,检测鉴定工作的主要内容、程序如下。

(1)接受委托。初步了解拟检测鉴定项目情况和检测鉴定原因、目的。

(2)制订初步检测方案。与委托单位协调确认检测鉴定方案,签订检测鉴定合同。

(3)现场查勘。查阅图纸资料,了解建筑物建造及使用情况,查看建筑物现场情况,填写拟检测鉴定工程概况表。

(4)确定检测鉴定目的、范围和主要工作内容和工作计划。制订检测鉴定方案,测算相关费用。

(5)确认检测鉴定方案及签订合同。组织专家进行工程现场勘查,提前查阅工程设计图纸和施工资料,了解委托鉴定事项和要求;现场勘查工程实体存在问题,做好勘查记录和影像资料;根据现场情况和检测鉴定需要,提出现场工程实体检测内容和检测要求。

(6)准备现场检测仪器、设备。按照专家提出的检测要求在现场检测前的准备,编制检测工作方案,拟定详细检测方案和工作计划,准备相应检测仪器设备。

(7)现场检测。按照方案要求完成现场检测,遇到问题及时与专家沟通,确保检测工作的全面性、有效性。

(8)根据现场检测情况和原始数据。按照工作计划的时间安排,及时提供检测报告。

(9)计算和分析。根据现场检测报告对鉴定对象进行结构验算和情况分析,遇有复杂项目,可召集有关专家进行研究讨论,确保鉴定结论的客观性、正确性。

(10)撰写鉴定报告。根据现场勘查情况、计算分析和专家组讨论结果撰写鉴定报告。

(11)审批鉴定报告。鉴定报告审批分校核、审核、批准三个环节。

2. 检测鉴定报告校核重点关注的内容

(1)鉴定报告的完整性。注意文字错漏,语言逻辑性,报告格式符合要求。

(2)检测数据处理结果的准确性。

(3)结构模型与实际的一致性,参数选取的合理性,结构验算准的确性。

(4)结构分析、评级和结论的规范性。

3. 检测鉴定报告审核重点关注的内容

(1)鉴定内容的完整性。

(2)检测结果与检测结论的一致性。

(3)结构验算、分析与鉴定结论的一致性。

(4)结构分析、评级和结论的合理性。

4. 鉴定报告批准重点关注的内容

(1)鉴定中关键技术的把握性。

(2)结论的准确性和合理性。

(3)检测鉴定报告的交付和收款。

工程检测鉴定工作流程如图1.1所示。

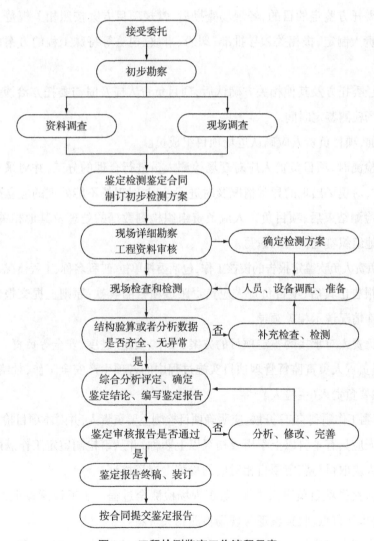

图1.1　工程检测鉴定工作流程示意

1.7.2 检测鉴定工作管理

1. 鉴定工作实行项目管理

(1)鉴定项目管理是指对检测鉴定项目完成进度、项目收款进度、项目质量安全的控制。

(2)项目管理实行项目负责人制,项目的进度、收款、质量、安全管理等工作由项目负责人全面负责。

(3)定期对项目的进展情况进行巡查,通报未按项目管理规定执行的项目和项目负责人。

(4)对责任心不强,项目跟进不到位的相关人员进行处罚。

2. 检测鉴定人员岗位职责

1)项目负责人

(1)项目负责人应具有本科以上学历或中级以上职称,并从事检测鉴定工作满三年以上。

(2)了解委托方鉴定的目的,经现场查勘后,常规项目方案按照相关规范并结合地方要求,由项目负责人制定,报相关领导批准;纠纷、事故、司法等特殊工程的方案由有关部门统一制定。

(3)方案经委托方及其他相关方确认后,项目负责人应及时与委托方洽谈并签订合同事宜,并确认进场检测鉴定时间。

(4)进场前,项目负责人应确认进场项目组成员。

(5)现场检测时,项目负责人应对现场检测人员进行合理的分工,并对采集的关键数据予以监督核对,对现场出现的异常情况及时进行处理,对现场不能处理的应立即逐级上报。

(6)现场检测结束后,项目负责人应负责组织检测数据的处理及其他相关资料的整理,并及时、认真地组织鉴定报告的编写。

(7)项目负责人负责鉴定报告的校核工作,包括委托单位、工程名称、工程概况、鉴定目的等。

(8)正式报告出具后,项目负责人应负责跟进项目的收款,原则上提交报告时委托方应付清余款,特殊情况请示相关领导。

(9)项目负责人对承接的鉴定项目的方案、技术、质量、进度、安全等负责。

(10)项目负责人负责监督管理项目实施过程中的各项生产安全工作,杜绝安全事故。

2)检测主要负责人(主检人)

为保证检测工作顺利、有序开展,应明确项目检测主要负责人,并对本项目检测工作负责。

(1)主检人应具有本科以上学历或初级以上职称,并从事检测鉴定工作满两年以上。

(2)主检人应取得与鉴定项目相对应的检测上岗资格证。

(3)主检人接受项目负责人委派,负责现场检测全过程。了解检测鉴定方案内容,明确现场检测的要求和重点,收集整理与现场检测相关资料。

(4)负责申报车辆安排,申领仪器、设备并进行清点检查,负责确认仪器设备状态。若检测有特殊要求,应提前告知仪器设备管理人员,以确保仪器设备齐全到位。

(5)负责提前通知参与现场检测的相关人员,并对检测工作安排做出必要的说明,检测工作可能历时较长,需要提前做好生活方面准备。

(6)根据现场检测项目和数量,准备好相应的标注、记录工具等。

(7)合理安排现场检测工作,带领整个检测团队,严格按照检测(鉴定)方案和相关规范进行检测工作。

(8)项目负责人不在现场时,负责监督现场检测工作的开展,负责重要检测环节关键的数据采集及监督工作。

(9)做好在现场对外有关各方的沟通工作,遇异常情况应及时向项目负责人反映。

(10)主检人对承接的鉴定项目的检测质量、进度、现场安全负责。

(11)负责监督管理项目实施过程中的各项安全工作,自觉防范现场检测中的各种安全风险,杜绝安全事故。

(12)负责监督检测员填写完成工作量表,并由检测员签名确认。

(13)负责整理现场检测原始记录等相关资料,并交由报告编写人出具报告,负责对专家或编写人提出的问题进行解释。

3)检测员

(1)检测员应具备大专以上学历或初级以上职称,取得与检测项目相对应的检测上岗资格证。

(2)检测员应熟悉检测方法、标准,掌握仪器设备的操作规程和原理。

(3)接受项目负责人或主检人的安排,负责进行现场检测工作。按照主检人的要求,协助做好检测前相关准备工作,包括申领、装卸仪器设备等。

(4)按照主检人的安排,严格执行相关检测规范、规程和质量管理手册等有关规定,如期完成现场检测工作。

(5)各检测员应协同工作,相互配合,互相监督,做好现场检测相关数据的记录并及时交主检人进行处理,保证检测工作按进度、质量要求顺利完成。

(6)检测完成退场时,负责清洁并保护好仪器设备,协助主检人进行现场仪器设备和现场采集的样品(如芯样等)的清点并装车带回,根据现场完成工作量如实填写相关表格,并签名确认。

(7)现场检测结束回单位,负责将仪器设备、原始记录、工程资料等所有物件及时卸车,并妥善存放、送还。如发现仪器设备有异常,应在送还时及时向主检人和仪器设备管理员汇报。现场检测有采集样品的,及时按要求做好送样工作。

(8)协助主检人整理好现场检测原始记录等相关资料,帮助做好检测数据的输入、计算、报告的编写整理、文字校核等工作。

(9)监测项目的检测员,按要求协助主检人完成现场监测事务,当天完成数据的整理工作。

(10)检测员应严格按照有关规范、规程进行操作,对检测数据和样品的真实性、准确性、有效性负责,不得伪造数据、更换样品,对现场检测数据负责,并对所承担的工作负相应的责任。

(11)检测员负责防范现场检测中的安全风险,保护好人身安全和财物安全。

3. 现场调查与检查

现场调查是检测鉴定不可缺少的主要、重要环节,主要工作是收集必要的工程建设资料、查看拟检测鉴定项目的实际情况,为制订检测鉴定方案和编写检测鉴定报告提供支撑。一般分为宏观与微观两个层面,即初步调查与详细调查。

1)工程项目质量控制宏观情况初步调查内容

(1)工程勘察、工程设计、施工图审查、工程施工、监理等单位的情况。

(2)项目的建造、投入使用时间等。

2)工程项目场地环境初步调查内容

(1)地段类别。

(2)不良地质作用及影响。

(3)地下水位升降和地面标高变化和周围建(构)筑物。

(4)地下基础设施的布置情况及其建设过程对拟鉴定建(构)筑物的影响等。

3)使用历史初步调查内容

(1)使用功能、使用荷载与使用环境。

(2)工程使用中发现建(构)筑物结构存在的质量缺陷、处理方法和效果。

(3)工程遭受过的火灾、爆炸,暴雨、台风、地震等灾害对建(构)筑物结构的影响。

(4)工程维护、改扩建、加固情况。

(5)场地稳定性、地基不均匀沉降在建(构)筑物上的反应。

(6)工程当前工况与设计工况的差异,建(构)筑物结构在当前工况下的反应等。

4)收集的资料内容

(1)经过施工图设计文件审查合格的建筑、结构施工图设计文件,已竣工建筑应要求提供竣工图。

(2)地质勘察报告。

(3)施工质量保证资料、验收资料。

(4)使用、维修、改扩建资料等。

在初步调查的基础上,开展针对性详细调查,不同检测鉴定目的所进行的详细调查内容有所区别。

4. 结构安全性鉴定详细调查

1)现场检查内容

(1)建(构)筑物的建筑和结构现状与施工图设计文件的符合程度。

(2)地基基础、主体结构与围护结构的工作状态。

(3)建(构)筑物结构外观质量,以及与结构安全、结构耐久性有关内容的检查。

2)建(构)筑物与施工图设计符合程度的检查内容

主要包括建筑面积、层数、高度、结构类型、平立面布置等。

3)地基基础的工作状态检查内容

主要包括靠近河岸、边坡、采空区等临空面的场地和地基稳定性;地基变形在建筑物上的反映等。

4)混凝土结构的检查内容

(1)外观质量。主要包括构件几何尺寸、垂直度、平整度,总体外观质量和局部(如施工缝处)外观质量等。

(2)构件连接。主要包括预埋件、梁柱节点和主次梁连接点、填充墙及其抗震构造措施等的设置情况及工作状态。

(3)构件受荷作用下的工作状态。包括剪力墙、框架梁、框架柱、托架、桁架、梁、板、楼梯等构件的工作状态。

(4)主要构件变形情况。包括构件的位移、转角,构件裂缝的形态、分布、数量、长度、宽度、深度和裂缝性质等。

5)钢结构检查的内容

(1)钢结构空间布置系统性,钢构件及连接节点、连接件的工作状态。

(2)构件及连接节点、连接件的外观尺寸和锈蚀状况。

(3)焊缝高度、长度、外观质量及锈蚀状况。

(4)支撑系统工作状态。

(5)防腐涂层和防火涂层的厚度、防护效果等。

6)砌体结构的检查内容

(1)砌体外观质量。主要包括砌块外观质量,灰缝厚度、饱满度,砌体垂直度、平整度、轴线偏差、组砌方法、转角搭接做法,砌体中混凝土构件的外观质量等。

(2)砌体与构造柱连接做法,悬臂构件的锚固长度和工作状态,墙梁、混凝土圈梁、构造柱和混凝土过梁、砖过梁和钢筋砖过梁的设置情况、外观质量与工作状态等。

(3)填充墙顶皮砖(砌块)与混凝土梁板底接触的紧密状况。

(4)砌体应力集中处,包括梁支座下垫块尺寸和工作状态,集中荷载作用处和管线集中处的砌体工作状态等。

(5)砌体上裂缝的形态、分布、数量、长度、宽度、深度和裂缝性质等。

7)主体结构外其他部位的检查内容

(1)屋面防水、排水、溢水、透气、保护、保温和隔热设施的质量和工作状态。

(2)外门窗、幕墙的质量、密封和工作状态。

(3)支承在结构上的管道、设备与设计的符合程度。

(4)支承在外墙、屋面的广告牌匾、天线或其他设施对结构构件的影响等。

5. 使用性鉴定详细调查

(1)建筑物整体的沉降、倾斜、开裂、漏渗水等情况。

(2)钢筋混凝土结构肉眼可见的过大挠度,主要受力构件的裂缝分布情况,钢筋外露、锈蚀情况等。

(3)砌体结构的侧向变形,裂缝分布情况,砌筑砌块的反碱、风化、粉化情况。

(4)钢结构及构件的挠度、水平位移或倾斜,节点构件及损伤情况,构件的锈(腐)蚀、防火保护情况等。

6. 非主体结构部位的检查内容

(1)屋面防水、排水、溢水、透气、保护、保温和隔热设施的质量和工作状态。

(2)外门窗、幕墙的质量、密封和工作状态。

(3)支承在结构上的管道、设备与设计的符合程度。

(4)支承在外墙、屋面的广告牌匾、天线或其他设施对结构构件的影响等。

7. 施工质量鉴定详细调查

(1)钢筋混凝土结构详细调查,主要包括构件外观是否有蜂窝麻面,是否有肉眼可见的过大挠度,主要受力构件的裂缝分布情况,钢筋外露、锈蚀情况等。重点关注混凝土承重构件的观感、目测变形是否异常、梁柱节点的工作状态等。

(2)砌体结构检查应重点关注砌体构件的外观质量观感、圈梁及构造柱的设置情况,悬臂梁、简支梁支座等应力集中处的工作状况、承重砌体的目测裂缝及变形等。

(3)钢结构检查应重点关注承重钢构件的目测变形是否异常、支撑系统是否完整稳定、节点构造、钢构件的锈蚀状况、防火及防腐涂层的防护效果等。

8. 抗震鉴定详细调查

(1)抗震鉴定应重点关注建筑物的平、立面布置是否规则,刚度是否明显变化等。

(2)钢筋混凝土结构应重点关注是否为单跨结构,填充墙的布置情况。

(3)砌体结构应重点关注墙垛尺寸、圈梁和构造柱的设置情况。

(4)钢结构应重点关注结构体系与结构布置的合理性,主要构件和节点及支座的抗震构造情况。

9. 灾后鉴定详细调查

房屋常见的灾害有火灾、风灾、水灾、地震及地质灾害等。灾后鉴定的详细调查与灾害类型有关。

(1)火灾后的详细调查应重点关注调查火灾的起火原因、燃烧时间、燃烧方式和扑灭方法;调查火灾的主要燃烧物品的种类、数量和燃烧情况;调查火灾发生时,建筑物室内的通风情况和风力、风向等。

火灾后结构损伤调查主要包括:

① 调查火灾现场的物体(可燃物和不燃物)受火灾影响而出现的变形和损伤情况。

② 调查火灾现场的主体结构构件受火灾影响而出现的变形、开裂和损伤情况。

③ 调查火灾现场的围护结构构件受火灾影响而出现的变形、开裂和损伤情况。

(2)地质灾害后详细调查引起地质灾害的种类(滑坡、泥石流或地下水位升降)及房屋在灾后的外观状况。

(3)风灾重点调查风速、风向等有关风的参数,应重点检查屋盖、外墙门窗等易受风灾影响的部位的状况。

(4)震灾后结构损伤调查主要包括:

① 调查场地受地震影响变化情况。

② 调查地基、基础受地震影响变形、沉降、损伤情况。

③ 调查震后主体结构构件出现的变形、开裂和损伤情况。

④ 调查震后围护结构构件出现的变形、开裂和损伤情况。

1.7.3　结构鉴定的检测技术要求

在制定各类建筑物鉴定检测方案和实施现场检测过程中,应根据鉴定项目特点,结合工程实际情况进行。

1. 一般规定

(1)在业务洽谈时审核设计文件的完整性,遇缺失或不完整,应在现场查勘时,对鉴定对象基本结构布置(层高、轴线尺寸、构件截面尺寸)进行恢复,并在鉴定方案中,注明需采用局部破损法检测钢筋配置的各类主要受力构件。

(2)在现场检测过程中,发现检测结果与设计文件不符,应及时扩大检测范围,增加检测数量,对层高、轴线尺寸、构件截面尺寸进行普查,对构件钢筋配置应采用局部破损法进行检测并覆盖各类主要受力构件。

（3）如进行专项（如灾后鉴定、事故鉴定等）鉴定，检测项目及数量应根据鉴定要求及实际情况确定。

（4）正常使用性鉴定和完损鉴定如无特殊要求，可不进行材料强度和结构实体检测。

2. 混凝土结构检测

（1）混凝土结构检测常用标准及规范有《建筑结构检测技术标准》GB/T 50344—2019等，余见前述检测、鉴定依据。

（2）混凝土结构检测要求包含以下内容。

① 地基基础检测。由于既有建筑物的地基基础已隐蔽，多数埋深较大，直接开挖检测操作难度较大。按预定功能使用且未见明显不均匀沉降现象的既有建筑物可不作补充工程地质勘察及基础开挖检查。

在进行各类鉴定（施工质量鉴定除外）时，应对上部承重结构按《建筑变形测量规范》JGJ 8—2016要求进行顶点侧向位移观测，并与对应鉴定标准允许值对比，结合上部结构损伤及地面变形等宏观现象，定性判断地基基础工作现状。

当怀疑基础出现不均匀沉降或其他必需情况，可对建筑物进行沉降观测或对建筑物基础局部开挖，用补充地质勘察等方法评价地基基础工作状况。

② 上部结构检测。钢筋混凝土结构上部承重结构检测包括混凝土强度、钢筋力学性能、构件几何尺寸、钢筋配置、构造、外观质量与缺陷等内容。混凝土强度检测可采用回弹法、超声回弹综合法、钻芯法、回弹-钻芯修正法等方法。检测方法的选择应综合考虑结构特点、现场条件和检测方法的适用范围。

火灾后混凝土强度检测宜采用钻芯法对损伤等级确定为Ⅱb和Ⅲ级的主要受力构件进行检测。

除正常使用性鉴定和完损鉴定外，各类鉴定中混凝土强度抽检数量应按《建筑结构检测技术标准》GB/T 50344—2019中表3.3.10要求执行，抽检应兼顾代表性和随机性。

钢筋力学、工艺性能检测可采用现场取样的方法。除正常使用性鉴定和完损鉴定外，各类鉴定中对于设计文件及施工质量保证资料基本齐全的建筑，可不进行钢筋力学性能检测或仅对若干规格主要受力钢筋进行抽检；对于结构图纸不齐全，施工质量保证资料缺失或部分缺失的建筑，宜对各类主要规格钢筋进行抽检，每种规格抽检量不少于1组。

在对火灾后建筑钢筋力学性能进行检测时，宜对Ⅱb和Ⅲ级构件过火部分主要规格钢筋进行取样抽检，每种规格抽检量不少于1组。

几何尺寸检测主要包括构件截面尺寸、构件轴线尺寸、跨度、高度等，检测时应局部剔凿外装饰层后测量，构件抽检数量应按《建筑结构检测技术标准》GB/T 50344—2019表3.3.10要求执行。对于受到环境侵蚀和灾害影响的构件，还应量测损伤深度（厚度）。

钢筋配置检测主要包括构件钢筋的种类、位置、保护层厚度、直径、数量等。钢筋位置、数量检测宜采用电磁感应法或雷达波法进行非破损检测,钢筋直径可局部剔凿钢筋保护层确定。除正常使用性鉴定和完损鉴定外,各类鉴定中钢筋配置抽检数量应按《建筑结构检测技术标准》GB/T 50344—2019 中表 3.3.10 中 A 类确定钢筋扫描构件数(其中应随机抽取 20% 构件凿除保护层检测配筋),抽检应兼顾代表性和随机性。对于设计文件缺失、不齐全或检测结果与设计不符的按本章第 1.7.3 节 1.(1)和 1.7.3 节 1.(2)执行。

构造及缺陷检测主要包括节点的尺寸、梁柱端部加密区箍筋间距和长度、预制构件支承长度、框架柱与墙体的拉结筋设置等。混凝土结构构件的缺陷检测包括外观缺陷(蜂窝、孔洞、夹渣、疏松、露筋、连接部位缺陷、外形缺陷、外表缺陷等)和内部缺陷(裂缝、碳化深度、钢筋锈蚀等)。

裂缝检测应注意查明裂缝的分布位置、裂缝走向、裂缝长度和深度、裂缝形态等。

钢筋锈蚀的检测可根据检测条件和要求选择剔凿检测法、电化学测定法或综合分析判定法,电化学测定法和综合分析判定法宜配合剔凿检测法验证,定量描述钢筋截面的损失。详细检测方法可参照《建筑结构检测技术标准》GB/T 50344—2019 或《既有混凝土结构耐久性评定标准》GB/T 51355—2019 的规定执行。

当对水泥中游离氧化钙(f–CaO)或氯离子对混凝土质量是否构成影响存疑时,可参照《建筑结构检测技术标准》GB/T 50344—2019 中附录 B 和附录 C 中的方法进行相关项目的检测。

除正常使用性鉴定和完损鉴定外,各类鉴定中对于设计文件及施工质量保证资料基本齐全的建筑,构造应抽查构件数量的 1%,且不少于 1 件。对于结构图纸不齐全、施工质保资料缺失或部分缺失的建筑,应增加检测数量。

各类鉴定中混凝土结构构件的缺陷应全数检测。

③ 围护系统检查。围护系统检查主要包括屋面防水、吊顶(天棚)、非承重内外墙、门窗、幕墙等内容。

3. 砌体结构

1)砌体结构检测常用标准及规范

砌体结构检测常用标准及规范包括《建筑结构检测技术标准》GB/T 50344—2019、《砌体工程现场检测技术标准》GB/T 50315—2011 等,其他标准及规范参见前文检测、鉴定依据。

2)砌体结构检测要求

(1)地基基础检测可参考本章 1.7.3 节 2.(2)①地基基础检测内容进行。

(2)上部承重结构检测包括砌体材料强度、砌体几何尺寸及砌筑质量、构造、缺陷和损伤检测等内容。

砌块材料强度的检测可采用取样法、回弹法。砌筑砂浆强度的检测可采用贯入法、钻芯法。砌块材料检测位置宜与砌筑砂浆检测位置对应。除正常使用性鉴定和完损鉴定外,各类鉴定中砌体材料强度抽检数量按《建筑结构检测技术标准》GB/T 50344—2019表3.3.10要求执行。抽检应兼顾代表性和随机性,无设计文件的,原则上按照B类确定抽检数量。

砌体几何尺寸的检测包括砌体墙厚度、高度、洞口尺寸,圈梁、构造柱截面尺寸等,构件抽检数量应按《建筑结构检测技术标准》GB/T 50344—2019表3.3.10要求执行。

砌体结构构造检测应包括构件的高厚比、预制构件的搁置长度、大型构件端部的锚固措施、支座垫块尺寸及圈梁、构造柱、墙梁构造处理、砌体中的拉结筋等。

砌体结构构件缺陷检测内容包括外,观缺陷、砌筑质量缺陷、裂缝、砌块和砂浆的风化,砌体结构构件缺陷检测内容还包括腐蚀及环境侵蚀损伤、灾害损伤、人为损伤等内容。

除正常使用性鉴定和完损鉴定外各类鉴定中对于设计文件及施工质保资料基本齐全建筑,构造按照《砌体结构工程施工质量验收规范》GB 50203—2011的规定数量进行抽查;对于结构图纸不齐全,施工质量保证资料缺失或部分缺失建筑,应增加检测数量。各类鉴定中砌体结构构件的缺陷应全数检测。

(3)围护系统检查,可参考本章1.7.3节2.(2)③维护系统检查内容进行。

4. 钢结构

1)地基基础检测

可参考本章1.7.3节2.(2)①地基基础检测内容进行。

2)上部承重结构检测

(1)钢结构检测常用标准及规范有《建筑结构检测技术标准》GB/T 50344—2019;《高耸与复杂钢结构检测与鉴定标准》GB 51008—2016;《钢结构工程施工质量验收标准》GB 50205—2020;《钢结构现场检测技术标准》GB/T 50621—2010;《钢结构超声波探伤及质量分级法》JG/T 203—2007;《焊缝无损检测超声检测技术检测等级和评定》GB/T 11345—2013;《工业建(构)筑物钢结构防腐蚀涂装质量检测、评定标准》YB/T 4390—2013。

(2)钢结构检测要求:在进行钢结构的检测时,以《建筑结构检测技术标准》GB/T 50344—2019为基础标准,存在覆盖或者适用的问题时,选用其他相应标准。

钢结构的检测,应根据鉴定需求和结构现状,制订检测方案。钢结构的检测,可分为钢结构材料性能、连接、构件的尺寸与偏差、变形与损伤、构造及涂装等项工作。必要时,可进行结构或构件性能的实荷检验或结构的动力测试。

对结构构件钢材的力学性能检验可分为屈服点、抗拉强度、伸长率、冷弯和冲击功等项目。当工程没有与结构同批的钢材时,可在构件上截取试样,但应确保结构构件的安全。对既有钢结构钢材的抗拉强度,可采用表面硬度的方法检测,此时应有取样检验钢材抗拉强度的验证。锈蚀钢材或受到火灾等影响钢材的力学性能,可采用取样的方法检测,在检测报告中应明确说明检测结果的适用范围。

钢结构的连接质量与性能的检测可分为焊接连接、焊钉(栓钉)连接、螺栓连接、高强螺栓连接等项目。

对设计上要求全焊透的一、二级焊缝和设计上没有要求的钢材等强对接拼接焊缝的质量,可采用超声波探伤的方法检测,并按《焊缝无损检测　超声检测　技术、检测等级和评定》GB/T 11345、《钢结构超声波探伤及质量分级法》JG/T 203等标准对焊缝缺陷分级。对钢结构的焊缝外观检查,取样应符合《建筑结构检测技术标准》GB/T 50344—2019,并按《钢结构工程施工质量验收标准》GB 50205—2020进行评定。对焊接接头的力学性能,可采取截取试样的方法检验,但应采取措施确保安全,检验分为拉伸、面弯和背弯等项目,其强度不应低于母材强度的最低保证值。对钢结构工程质量进行检测时,可抽样进行焊钉焊接后的弯曲检测。

对扭剪型高强度螺栓连接质量,可检查螺栓端部的梅花头是否已拧掉;对高强度螺栓连接质量的检测,可检查外露丝扣。

对钢构件尺寸的检测,应按《建筑结构检测技术标准》GB/T 50344—2019进行抽样,按《钢结构工程施工质量验收标准》GB 50205—2020进行偏差评定,特殊部位和特殊情况下,应选择对构件安全性影响较大的部位或损伤有代表性的部位进行检测。对钢构件安装偏差的检测项目和检测方法,按《钢结构工程施工质量验收标准》GB 50205—2020确定。

围护结构的检测要求如下。

围护结构的检测,包括对整体结构可靠性有一定影响的辅助钢结构及钢构件的检测与鉴定。检测范围包括:檩条和墙梁、屋面及墙面压型钢板、吊顶构件及其相应的连接。

(1)围护系统检测常用标准及规范有《建筑结构检测技术标准》GB/T 50344—2019;《钢结构现场检测技术标准》GB/T 50621—2010;《钢结构工程施工质量验收标准》GB 50205—2020;《建筑金属板围护系统检测鉴定及加固技术标准》GB/T 51422—2021。

(2)围护系统检测要求包括以下内容。

①檩条和墙梁的检测内容应包括:檩条和墙梁的几何尺寸,制作安装偏差、变形、腐蚀及损伤,檩条和墙梁连接节点的构造、尺寸、变形、腐蚀及损伤。

②檩条与墙梁的抽检数量应为:建筑物总体中屋面和墙面各分项面积的5%,且每个检测项目不应少于3处;有损伤或严重腐蚀的部位,应全数检测。

③压型钢板系统的检测应包括下列内容:压型钢板基材的材质、几何尺寸、制作安装偏差、损伤及腐蚀;连接节点的构造,螺钉的材质与数量、规格尺寸、抗拉强度、抗剪强度,其他连接件的材质、尺寸、变形及损伤,腐蚀状况。压型钢板系统的检测单元,可按变形缝、屋面、

墙面的开间或区格进行划分。每个检验单元内压型钢板的抽检数量应为5%,且不应少于10处;连接节点的抽检数量应为节点数的1%,且不应少于3个。对于出现损伤或破坏的部位,应增加抽检数量,且必须检测已破坏的节点。

④吊顶结构的检测内容应包括:屋面吊杆及龙骨支架的材料、几何尺寸、制作安装偏差、腐蚀,连接节点的构造、变形和损伤,腐蚀状况。吊顶结构的抽检数量应取该工程分项面积的5%,且不应少于3处。

1.7.4 结构鉴定技术要求

(1)在结构布置分析中,应重点对结构体系、平面布置、传力路径、连接方式、支撑布置、构造措施等进行检查和评价。

(2)在结构构件裂缝分析中,应根据裂缝位置、形态和其他检测结果判断该裂缝是否属于受力裂缝。对受力裂缝应通过承载力验算证明,对非受力裂缝应进一步区分沉降、收缩、施工、温度、耐久性等并分析产生原因。

(3)结构复核时,应明确验算所采用的规范、计算软件及版本、抗震设防烈度、抗震等级、场地类别、基本风压、地面粗糙度、材料强度等参数。

(4)结构复核时所依据的设计规范应根据鉴定目的和鉴定类型确定。对涉及改造、使用功能改变的应按现行规范执行,结构安全性鉴定应采用建造时期处在有效期内相应的设计规范。

(5)结构复核时,普通民用建筑楼面的附加恒载应不低于$1.5kN/m^2$,屋面的附加恒载应不低于$3.0kN/m^2$,如有可靠数据的可按实际取值。厂房活荷载取值除设计文件明确说明外应不低于$3.5kN/m^2$。楼梯恒载取值应根据截面尺寸计算确定。

(6)结构复核时混凝土强度应根据检测结果按照构件的类别、批次进行取值。

① 在条件许可情况下,可考虑对相邻若干楼层同设计强度等级、同类型构件混凝土强度进行合并后的批量评定。

② 对混凝土强度离散的,应先依据规范进行异常值剔除再作区间评定。如不进行区间评定可通过试算确定满足承载力要求的混凝土限值,根据混凝土实测值和限值的比较结果确定应加固构件及是否需进行普查(《建筑结构检测技术标准》GB/T 50344—2019 表3.3.10C类)。

③ 当构件混凝土强度低于13MPa时,钢筋截面面积在验算时需考虑折减10%。

(7)框架柱、梁箍筋和楼板纵向钢筋验算时应考虑构造要求(最小配筋率)控制还是承载力控制,在构件评级时注意区分。

(8)对不均匀沉降的判断应综合考虑顶点侧向位移量,构件裂缝分布、形态、走向,裂缝指向与结构变形方向的吻合程度、地面变形等。

(9)灾害事故鉴定应考虑受损构件在强度、截面尺寸、钢筋截面面积等方面的损失。

1.7.5　检测鉴定报告通用要求

1. 总说明

(1)本说明适用于一般工业与民用检测鉴定报告编制。

(2)检测鉴定报告的编制必须贯彻执行国家和省市有关工程建设的政策和法令,应符合国家、行业及地方工程建设标准和规范;必须使用国家统一的术语和国家法定计量单位。

2. 封面

鉴定报告标题应根据委托目的和工作内容做出拟定,通常有:

(1)建筑物结构可靠性鉴定报告。

(2)建筑物结构安全性鉴定报告。

(3)建筑物正常使用性鉴定报告。

(4)建(构)筑物施工(建筑工程、市政基础设施工程)质量检测鉴定报告。

(5)建筑物抗震鉴定报告。

(6)火(风、震等)灾后建筑结构鉴定报告。

(7)建筑物完损性鉴定报告。

(8)建筑物结构检测鉴定报告(针对专项鉴定,如开裂、构件受损等)。

(9)鉴定报告的封面应写明鉴定报告的工程名称、委托单位、报告编号、鉴定机构名称、鉴定报告制作日期。其中,工程名称应与鉴定标的物一致,具体至工程部位;封面表达两个或两个以上委托单位应分行并列书写。

封二为鉴定机构的声明内容,以及地址和邮编、联系电话和传真。

封三为报告的检测鉴定工程信息页,以制表的形式分段对"工程概况""检测内容""检测仪器"等几个层次进行表达。

封四为检测鉴定依据页,以制表的形式分段列出"鉴定依据"和"检测依据"。

3. 鉴定报告的正文

正文的编制应遵循逻辑性原则,根据检测分析资料进行编制,必须经过严格校审,避免错、漏。正文编写应当做到。

(1)观点明确,表述准确,结构严谨,条理清楚,直述不曲,字词图表规范,标点正确,篇幅力求简短。

(2)内容应简洁明了,计算、汇总数据过程尽可能在附件中表达,表格排版时应避免跨页。

(3)引用的工程建设标准和规范的名称,应当在第一次出现时注明全称和编号,第二次出现时可只用编号。

(4)正文结构层次序数第一层为"一",第二层为"(一)",第三层为"1",第四层为"(1)"。

(5)鉴定报告正文内容应满足下列要求。

① 标题。写明工程项目名称和鉴定类别。

②首段。正文第一段应清楚表述鉴定标的物名称、建造时间、鉴定事由、委托方名称、鉴定类别等信息。

③工程概况。写明工程建筑和结构方面的基本信息,分别介绍建筑物的地址、建造时间、建筑主要特征、使用功能、建筑面积、层数、建筑布置、建筑构造做法、建筑外观(照片可附件)。

结构主要特征、结构类型、基础类型、主要构件形式、主要材料类型,结构构造做法;周边场地状况、使用历史。

针对一些灾害事故工程,此处简要介绍事故发展经过,主要包括事由始末时间,责任各方空间位置关系,相互影响的工程特征,以及曾经采取的技术措施等,必要时应附以照片和图形说明。

④检测鉴定目的。检测鉴定的范围、方法及委托检测鉴定目的。

⑤工程资料检查。写明对工程委托方已提供的设计图纸、地质勘察报告、施工质量保证资料、验收资料等内容的检查结果;针对设计图纸和勘察报告,应标明相关时间。针对在建过程中的各类检验报告,应写明报告出具机构、报告编号和报告结论等。

⑥现场检查(勘查)情况。介绍工程整体现状情况,包括地基基础、主体结构、围护结构、节能等基本工况,详细列出工程地基基础、上部结构、围护结构存在的质量缺陷和损伤情况,需要针对性附照片(照片可附件)。

⑦检测项目内容。具体检测项目、检测抽样方法和数量;各主要仪器设备名称和型号;现场检查检测结果。分别对检测项目进行分类和对检测数据进行汇总、检验批计算评定,并将结果与设计要求或相关标准对比,表达中应做出必要的统计和归纳。若委托方未提供设计图纸,则需要对具有代表性和重要性构件的实际检测情况和结果分布范围做出陈述。现场如遇有特殊检测条件时,应在报告相应的检测结果中予以说明。

⑧结构复核验算结果。对不同类别的结构构件承载力验算结果进行汇总,并与设计或规范要求进行对比。

⑨鉴定评级。对工程质量进行分析和评级时,应该依照工程建设标准、规范的有关条文,对引起工程质量(事故)的原因进行分析,需分清问题的性质、类别及影响程度。分析中所根据的条文编号应在各项评级过程中体现。

⑩检测鉴定结论。在检测结论一节中,各项检测结论的表述应与"现场检查检测结果"中逐项总结归纳的内容相一致;在鉴定结论一节中,鉴定结论应简明扼要,与鉴定目的相呼应,并做到结论明确。

⑪处理意见和建议。应根据应处理内容的重要性(对建筑可靠性、安全性、使用功能、观感的影响程度)和缓急程度,逐一进行叙述。同时,要提醒重视处理时的规范性和合法(规)性,并对后续使用过程中的限载、观察、监测与维护做出建议。

⑫附件。各类检测项目的具体数据以及对构件的评价结果,均以报告附件的形式予以

表达。具体包括各种检测(检验)报告、现场记录、结构验算、相关照片等资料。

⑬ 各类现场检测记录应填写工程名称及部位,注明采用的检验方法、仪器设备、检测日期和检测依据;记录内容与相关标准或设计要求宜采用对照表示法;以录像或照片记录时,应记录照片所代表的工程部位;以图形、表格形式记录时至少有三个人——"项目负责""检测"和"校对"签字;结构计算(复核)结果需经"项目负责""计算""校对"签字。

4. 报告制作的格式要求

为保证检测鉴定工作的规范性,鉴定报告制作应符合一定格式要求。

(1)使用A4规格纸张打印制作。

(2)各页和各级文字的设置详见"报告格式样板"。

(3)在正文每页页头注明"工程名称""报告编号";每页页脚注明正文共几页、第几页,居中排列。

(4)正文以"鉴定单位"和"制作日期"并盖鉴定专用章结尾,全报告加盖骑缝章。

(5)鉴定报告一般应发出一式七份(特殊情况按委托要求发出份数)。

1.7.6　各类检测鉴定报告编写

1. 安全性鉴定报告编写

1)现场检测结果

包含地基基础抽查、上部结构抽查、围护系统承重部分检查。

(1)地基基础抽查包含地基基础沉降观测、建筑物顶点位移测量、基础抽查(含基础构件截面尺寸和埋深、基础构件混凝土强度、基础构件钢筋配置、基础构件外观检查)。

(2)上部结构抽查包含结构布置与轴线尺寸抽查、结构构件截面尺寸抽查、结构构件强度检测、结构构件钢筋配置检测、钢筋力学性能检验、钢构件焊缝质量检测、构件损伤及缺陷情况检测等,必要时增加混凝土构件碳化深度检测。

(3)围护系统承重部分检查包含建筑物内外墙体、屋面系统、首层室内外地面、门窗(幕墙)系统、屋顶女儿墙、阳台走廊、雨篷及挑檐等部位使用情况及防水状况的检查,重点描述其开裂或损坏的情况。

2)现场检查检测结果描述

(1)结构布置与轴线尺寸抽查中应重点表述检查后的建筑形式(跨数、开间进深、层数、层高分布等)、结构体系(结构类型、平面布置、立面造型、传力路线、连接方式、形心与刚度中心分布特征等),以及检查各种构造措施(构造柱、圈梁、纵横向水平支撑、柱间支撑分布等),并与相关的设计或鉴定规范做出比对后进行评价。

(2)结构构件截面尺寸抽查和结构构件配筋检测中,应依据现行施工验收标准、规范予以对比和统计,具体包括检测构件数、合格个数、不合格个数、不合格率,具体的表达见表1.1。在各类检测报告中,针对具有一定代表性的特征值和异常值应在报告正文中做出叙述,如建筑物顶点位移中的最大值、混凝土强度中低于13MPa的芯样强度值、楼板厚度的最小值等。

表1.1　混凝土构件位置与尺寸偏差检测结果汇总

工程名称			仪器设备				
结构类型			检测数量				
检测结果							
序号	构件名称	板下梁高设计值/mm	梁高实测值/mm			检测结果/mm		判定
			H_1	H_2	H_3	平均值	平均值偏差	允许偏差	
1									合格/不合格
2									合格/不合格
测点示意图	H_2点为一侧边跨中点,H_1点、H_3点距两支座各0.1m							
备注	梁高为板下梁高(板下梁高设计值=梁高设计值−板厚设计值)							

3)构件检测和计算结果

具体的构件检测和计算结果以报告附件的形式表达,主要类型包括各层建筑结构平面示意图、建筑物沉降观测报告、建筑物倾斜测量报告、建筑物轴线位置抽查结果、混凝土结构实体检测报告、钻芯法(回弹法)检测混凝土抗压强度报告、混凝土强度推定结果、砖(砌块)抗压强度检测结果、墙体砂浆抗压强度检测报告、钢结构焊接质量检测报告、结构构件裂缝检测报告(含照片)、混凝土构件碳化深度检测结果、结构复核验算结果、结构安全性评定结果等,表达中应对单个构件的检测和计算做出评价。

4)鉴定报告的结构复核验算结果

鉴定报告的结构复核验算结果以附件的形式单列,主要内容包括结构计算参数选取、结构分析模型、结构构件承载力验算、结构抗震验算、验算结果分析等项目。同时,结构分析模型的三维图也要附在验算文件中。

在结构计算参数选取的表达中,应说明所依据的规范、计算软件及版本、抗震设防烈度、抗震等级、场地类别、基本风压、地面粗糙度、材料强度等参数,以及构件截面尺寸、钢筋保护层厚度、荷载等。

所验算构件应包含主要受力构件、现场实测构件、实测结果不满足设计要求构件等。

具体验算结果均以列表形式表达,分类依次附于该文件之后。表达中直接对单个构件进行评级。

需进行结构抗震验算时,相应验算结果的综合评价表述于结构构件承载力验算评价之后;具体的验算结果数据以列表的形式,同样体现于该文件的结构构件承载力验算结果数据之后。

5)鉴定评级层次

在正文的鉴定评级中,应分别以构件评级、子单元评级和鉴定单元评级三个层次逐级进行表达。如有需要,可在评级中增加原因分析等内容。

6)鉴定结论中主要表达的内容

在鉴定结论中主要表达的内容包括结构体系评价、地基基础评价、结构验算结果评价、结构构件损伤原因评价、围护系统承重部分评价(与评级内容相呼应),以及建筑物子单元和鉴定单元安全性评级。

7)安全性检测鉴定报告的处理意见和建议

(1)对于混凝土强度低于C15的结构构件,应提出对其进行处理。

(2)对于混凝土强度分布较为离散且较低的区域,应建议对该范围内的构件混凝土强度进行普查。

(3)建议加固时,应强调对同类型构件一并处理。针对鉴定时委托方未能提供设计图纸的工程,应提出对不满足承载力要求的同类型钢筋混凝土构件钢筋配置进行普查。

2.　正常使用性鉴定报告编写

1)现场检查检测结果包含地基基础抽查、上部结构抽查、围护系统检查

(1)地基基础抽查包含地基基础沉降观测、建筑物顶点位移测量、基础外观抽查。

(2)上部结构抽查包含结构布置与轴线尺寸抽查、结构构件截面尺寸抽查、结构构件变形检测、构件损伤及缺陷情况检测。

(3)围护系统检查包含建筑物内外墙体、屋面系统、首层室内外地面、门窗(幕墙)系统、屋顶女儿墙、阳台走廊、雨篷及挑檐等部位使用情况及防水状况的检查,重点描述其开裂或损坏的情况。

2)现场检查检测结果描述同本章1.7.6节1.2)

(1)单个构件具体的检测数据以报告附件的形式表达,主要类型包括各层建筑结构平面示意图、建筑物沉降观测报告、建筑物倾斜测量报告、建筑物轴线位置抽查结果、混凝土结构

实体检测报告、结构构件变形测量结果、结构构件裂缝检测报告(含照片)、结构正常使用性评定结果等,表达中应对单个构件的检测结果做出评价。

(2)在正文的鉴定评级中,应分别以构件评级、子单元评级和鉴定单元评级三个层次逐级进行表达。如有需要,可在评级中增加原因分析等内容。

在鉴定结论中主要表达的内容包括结构体系评价、地基基础评价、结构构件变形损伤原因评价、围护系统评价以及建筑物子单元和鉴定单元正常使用性评级。

3. 抗震鉴定报告编写

(1)现场检查检测结果内容同第1.7.6节1.1),同时还需在结构布置与轴线尺寸抽查中对各柱梁系统、墙梁系统、楼梯系统的连接方式、支承长度和细部构造,水平或竖直突出建筑物整体轮廓薄弱部位的结构尺寸等方面做出描述和评价。在围护系统检查中,应同时对填充墙与柱之间拉接钢筋设置,屋面女儿墙、走道栏板防倒塌措施等检测情况做出描述和评价。

(2)现场检查检测结果描述同本章1.7.6节1.2)。

(3)检测和计算结果数据的表达形式同本章1.7.6节1.3)。

(4)结构复核验算结果的表达要点同本章1.7.6节1.4),同时要根据建筑物的建造时间、抗震设防类别做好"后续使用年限"和"抗震设防类别"的选择,并表达于结构验算参数选取中。

(5)在抗震构造措施检查中,具体项目的评价结果表达在报告"结构构件承载力验算结果"之后,"结构抗震验算结果"之前。综合评价结论表达于报告相应的位置。

(6)结构抗震鉴定结论主要表达的内容包括抗震承载力验算结果评价、抗震变形验算结果评价、抗震构造措施评价及抗震鉴定结果综述,综述中要体现鉴定的后续使用年限、抗震设防烈度和类别。

处理意见和建议的注意要点同本章1.7.6节1.7),同时应注明对不满足的抗震构造措施进行处理。

4. 工程质量(结构实体)检测鉴定报告编写要点

(1)现场检查检测结果描述同本章1.7.6节1.2)。正文中的结构构件截面尺寸抽查、结构构件强度检测、构件钢筋保护层厚度检测、结构构件配筋检测等项目的检测结果叙述,应具体至构件的不同类别进行描述和评价。

(2)检测结论和鉴定结论分别进行表达,检测结论在前,并逐项对各类检测结果做出概括性评价。

出现不满足设计或验收标准、规范要求的,处理意见和建议中通常有如下表述:"鉴于以上检测鉴定结论,建议委托方将报告提交原设计单位进行验算复核,并出具处理意见"。

5. 灾害事故工程鉴定报告编写要点

(1)此类报告一般包括工程概况、工程资料检查、检测鉴定目的、内容、仪器和依据、灾后现场情况勘查、灾后结构材料性能分析、现场检查检测结果、结构复核验算结果、灾后结构鉴定分析、检测鉴定结论、处理意见和建议、附件等内容。

(2)在工程概况表达中,还需要依据权威机关发布的灾害数据(如飓风风速等),对事故发生的始末和经过、灾害强度大小,建筑物受损基本情况做出概括性描述和介绍。

(3)灾后现场情况勘查的表达,主要是依据相关的标准规范的规定,对结构构件的受损程度做出初步分区和归类。

(4)灾后结构材料性能分析的表达,主要是参考相关技术文献,对灾害发生后受损构件破坏机理和材料性能进行综述。

(5)现场检查检测结果的描述同本章1.7.6节1.2)。

(6)具体检测和计算结果数据的表达形式同本章1.7.6节1.3)。

(7)结构复核验算结果的表达方式同本章1.7.6节1.4)。在结构计算参数选择中,应分类考虑对受损后构件材料强度、截面尺寸、钢筋截面的折减。

如该类报告存在特有的评价标准和方法,应在结构计算参数选择之后单独列出予以叙述和说明。

(8)灾后结构鉴定分析的表达,主要是综合按结构损伤程度、传力系统变化、内力重分布及构件耐久性等方面予以分析和评价。

(9)检测结论除按现场检查检测结果对各项检测结果进行分项叙述外,还需根据"灾后现场情况勘查"相应内容做出总结综述。

(10)鉴定结论主要表达的内容包括结构体系评价、地基基础评价、结构验算结果评价、结构构件变形损伤原因评价、围护系统承重部分评价、灾后结构受损评价,及建筑物子单元和鉴定单元评级。

(11)处理意见和建议的注意要点同本章1.7.6节1.7),同时应提醒对构件耐久性的修复。

6. 房屋完损性鉴定报告编写要点

(1)此类报告一般包括工程概况、工程检测鉴定目的、工程资料检查、检测仪器和依据、结构检查、鉴定分析、完损等级评定、检测鉴定结论、处理意见和建议、附件等。

(2)现场检查检测结果包含结构检查、装修检查、设备检查等。

① 结构检查包含地基基础、承重构件、非承重墙、屋面、楼地面等。

② 装修检查包含门窗(幕墙)、外抹灰、内抹灰、顶棚、各部装修等。

③ 设备检查包含给水排水、电气照明、暖通空调、特种设备等。

(3)检查结果以文字描述的形式表达。

(4)完损等级评定时,分别按结构部分各项评定、装修部分各项评定、设备部分各项评定和房屋完损等级评定四个方面依次进行表达。

(5)在检测鉴定结论中,检测结论表达的内容为结构完损检测结果、装修完损检测结果、设备完损检测结果。鉴定结论表达的内容为房屋完损等级评定结果。

第2章　建筑工程可靠性鉴定

2.1　建筑工程可靠性鉴定概述

建筑工程可靠性鉴定是指对工业与民用建筑承载能力和整体稳定性等的安全性及适用性和耐久性等的使用性所进行的调查、检测、分析、验算和评定等一系列活动。

一般在建筑物达到设计使用寿命后继续使用、改变建筑使用功能、建筑维修改造、建筑发现存在结构安全性问题等情况下需要进行可靠性鉴定。如住宅达到50年设计使用年限，或宾馆建筑改建为医院，或接手其他单位使用多年的建筑需要进行维修改造等活动均需要进行可靠性鉴定。

可靠性鉴定的目的是为保障既有建筑质量、安全，保证人民群众生命财产安全和人身健康，防止并减少既有建筑加固、改造和更新活动中的工程事故，提高既有建筑安全水平。

2.1.1　可靠性鉴定的分类

1. 适用建筑形式

（1）民用建筑可靠性鉴定，指对民用建筑承载能力和整体稳定性等的安全性及适用性和耐久性等的使用性所进行的调查、检测、分析、验算和评定等一系列活动。此处所称"民用建筑"是指已建成可以验收的和已投入使用的非生产性的居住建筑和公共建筑，包括按设计建设完成已验收或未验收的建筑，不包括建设过程中的或者停止建设未完成的建筑。

（2）工业建筑可靠性鉴定，指对既有工业建筑的安全性、使用性所进行的调查、检测、分析验算和评定等技术活动。安全性包括承载能力和整体稳定性等，使用性包括适用性和耐久性。此处所称"既有工业建筑"是指已建成的，为工业生产服务的建筑物和构筑物。既包括建筑物，也包括构筑物，同样也包括建设过程中的或者停止建设未完成的建筑物和构筑物。

2. 鉴定范围、内容

（1）安全性鉴定，指对既有工业与民用建筑的结构承载力和结构整体稳定性所进行的调查、检测、验算、分析和评定等一系列活动。

（2）使用性鉴定，指对既有工业与民用建筑使用功能的适用性和耐久性所进行的调查、检测、分析、验算和评定等一系列活动。

3. 鉴定对象

(1)对于工业建筑,鉴定对象可以是建筑整体或相对独立的鉴定单元,亦可是结构系统或结构构件。

(2)对于民用建筑,鉴定对象可以是整幢建筑或所划分的相对独立的鉴定单元,也可以是其中某一子单元或某一构件集。

安全性鉴定和使用性鉴定统称可靠性鉴定。可靠性鉴定还包括专项鉴定和应急鉴定。

(3)专项鉴定,指针对建筑物某特定问题或某特定要求所进行的鉴定。

(4)应急鉴定,指为应对突发事件,在接到预警通知时,对建筑物进行的以消除安全隐患为目标的紧急检查和鉴定;同时也指突发事件发生后,对建筑物的破坏程度及其危险性进行的以排险为目标的紧急检查和鉴定。

2.1.2　可靠性鉴定适用范围

何种情况下,需要、应该进行上述形式的鉴定,除了房屋所有者、使用者提出的要求外,需要符合《既有建筑鉴定与加固通用规范》GB 55021—2021、《民用建筑可靠性鉴定标准》GB 50292—2015、《工业建筑可靠性鉴定标准》GB 50144—2019要求。

1. 民用建筑可靠性鉴定适用范围

(1)按照《民用建筑可靠性鉴定标准》GB 50292—2015规定,在下列情况下,应进行可靠性鉴定。

① 建筑物大修前。

② 建筑物改造或增容、改建或扩建前。

③ 建筑物改变用途或使用环境前。

④ 建筑物达到设计使用年限拟继续使用时。

⑤ 遭受灾害或事故时。

⑥ 存在较严重的质量缺陷或出现较严重的腐蚀、损伤、变形时。

(2)按照《民用建筑可靠性鉴定标准》GB 50292—2015规定,在下列情况下,可仅进行安全性检查或鉴定。

① 各种应急鉴定。

② 国家法规规定的房屋安全性统一检查。

③ 临时性房屋需延长使用期限。

④ 使用性鉴定中发现安全问题。

(3)按照《民用建筑可靠性鉴定标准》GB 50292—2015规定,在下列情况下,可仅进行使用性检查或鉴定。

① 建筑物使用维护的常规检查。

② 建筑物有较高舒适度要求。

(4)按照《民用建筑可靠性鉴定标准》GB 50292—2015规定,在下列情况下,应进行专项鉴定。

① 结构的维修改造有专门要求时。

② 结构存在耐久性损伤影响其耐久年限时。

③ 结构存在明显的振动影响时。

④ 结构需进行长期监测时。

2. 工业建筑可靠性鉴定适用范围

(1)按照《工业建筑可靠性鉴定标准》GB 50144—2019规定,在下列情况下,应进行可靠性鉴定。

① 达到设计使用年限拟继续使用时。

② 使用用途或环境改变时。

③ 进行结构改造或扩建时。

④ 遭受灾害或事故后。

⑤ 存在较严重的质量缺陷或者出现较严重的腐蚀、损伤、变形时。

(2)按照《工业建筑可靠性鉴定标准》GB 50144—2019规定,在下列情况下,宜进行可靠性鉴定。

① 使用维护中需要进行常规检测鉴定时。

② 需要进行较大规模维修时。

③ 其他需要掌握结构可靠性水平时。

(3)按照《工业建筑可靠性鉴定标准》GB 50144—2019规定,在下列情况下,可仅进行安全性鉴定。

① 危房鉴定及各种应急鉴定。

② 房屋改造前的安全检查。

③ 临时性房屋需要延长使用期的检查。

④ 使用性鉴定中发现的安全问题。

(4)按照《工业建筑可靠性鉴定标准》GB 50144—2019规定,在下列情况下,可仅进行正常使用性鉴定。

① 建筑物日常维护的检查。

② 建筑物使用功能的鉴定。

③ 建筑物有特殊使用要求的专门鉴定。

2.1.3 可靠性鉴定程序

(1)民用建筑可靠性鉴定,应按下列规定的程序进行,如图2.1所示。

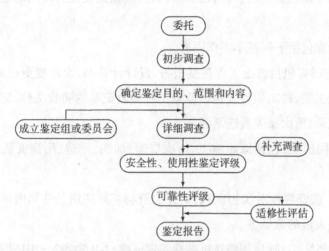

图2.1 民用建筑可靠性鉴定程序示意

(2)工业建筑可靠性鉴定,应按下列规定的程序进行,如图2.2所示。

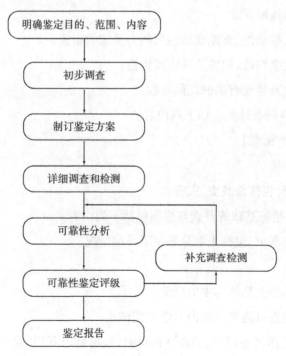

图2.2 工业建筑可靠性鉴定程序示意

2.1.4 可靠性鉴定主要工作内容

1. 民用建筑可靠性鉴定

（1）民用建筑可靠性鉴定的目的、范围和内容，应根据委托方提出的鉴定原因和要求，经初步调查后确定。

（2）初步调查宜包括下列基本工作内容。

① 查阅图纸资料，包括岩土工程勘察报告、设计计算书、设计变更记录、施工图、施工及施工变更记录、竣工图、竣工质检及包括隐蔽工程验收记录的验收文件、定点观测记录、事故处理报告、维修记录、历次加固改造图纸等。

② 查询建筑物历史，包括原始施工、历次修缮、加固、改造、用途变更、使用条件改变及受灾等情况。

③ 考察现场，按资料核对实物现状，调查建筑物实际使用条件和内外环境，查看已发现的问题，听取有关人员的意见等。

④ 填写初步调查表，按《民用建筑可靠性鉴定标准》GB 50292—2015附录A的格式填写。

⑤ 制订详细调查计划及检测、试验工作大纲并提出需由委托方完成的准备工作。

（3）详细调查宜根据实际需要选择下列工作内容。

① 结构体系基本情况勘查。

② 结构布置及结构形式。

③ 圈梁、构造柱、拉结件、支撑或其他抗侧力系统的布置。

④ 结构支承或支座构造、构件及其连接构造。

⑤ 结构细部尺寸及其他有关的几何参数。

（4）结构使用条件调查核实包括下列内容。

① 结构上的作用（荷载）。

② 建筑物内外环境。

③ 建筑物使用史，包括荷载史、灾害史。

（5）地基基础，包括桩基础的调查与检测包括下列内容。

① 场地类别与地基土，包括土层分布及下卧层情况。

② 地基稳定性。

③ 地基变形及其在上部结构中的反应。

④ 地基承载力的近位测试及室内力学性能试验。

⑤ 基础和桩的工作状态评估，当条件许可时，也可针对开裂、腐蚀或其他损坏等情况进行开挖检查。

⑥ 其他因素，包括地下水抽降、地基浸水、水质恶化、土壤腐蚀等影响或作用。

(6)材料性能检测分析包括下列内容。

① 结构构件材料。

② 连接材料。

③ 其他材料。

(7)承重结构检查包括下列内容。

① 构件和连接件的几何参数。

② 构件及其连接的工作情况。

③ 结构支承或支座的工作情况。

④ 建筑物的裂缝及其他损伤的情况。

⑤ 结构的整体牢固性。

⑥ 建筑物侧向位移,包括上部结构倾斜、基础转动和局部变形。

⑦ 结构的动力特性。

(8)围护系统的安全状况和使用功能调查。

(9)易受结构位移、变形影响的管道系统调查。

(10)民用建筑可靠性鉴定评级的层次、等级划分、工作步骤和内容,应符合下列规定。

安全性和正常使用性的鉴定评级,应按构件、子单元和鉴定单元各分三个层次。每一层次分为四个安全性等级和三个使用性等级,并应按表2.1(《民用建筑可靠性鉴定标准》GB 50292—2015表3.2.5)规定的检查项目和步骤,从第一层构件开始,逐层进行检查,并应符合下列规定。

① 单个构件应按《民用建筑可靠性鉴定标准》GB 50292—2015附录B划分,并应根据构件各检查项目评定结果,确定单个构件等级。

② 应根据子单元各检查项目及各构件集的评定结果,确定子单元等级。

③ 应根据各子单元的评定结果,确定鉴定单元等级。

(11)各层次可靠性鉴定评级,应以该层次安全性和使用性的评定结果为依据综合确定。每一层次的可靠性等级应分为四级。

(12)当仅要求鉴定某层次的安全性或使用性时,检查和评定工作可只进行到该层次相应程序规定的步骤。

(13)在民用建筑可靠性鉴定过程中,当发现调查资料不足时,应及时组织补充调查。

(14)民用建筑适修性评估应按每一子单元和鉴定单元分别进行,且评估结果应以不同的适修性等级表示。

(15)民用建筑耐久年限的评估,应按《民用建筑可靠性鉴定标准》GB 50292—2015中附录C、附录D或附录E的规定进行,其鉴定结论宜放在使用性鉴定报告中。

(16)民用建筑可靠性鉴定工作完成后,应编写鉴定报告。鉴定报告的编写应符合下列要求。

① 民用建筑可靠性鉴定报告应包括下列内容:建筑物概况;鉴定的目的、范围和内容;检查、检测、分析、鉴定的结果;结论与建议;附件。

② 鉴定报告中,应对 c_u 级、d_u 级构件及 C_u 级、D_u 级检查项目的数量、所处位置及其处理建议,逐一做出详细说明。当房屋的构造复杂或问题很多时,还应绘制 c_u 级、d_u 级构件及 C_u 级、D_u 检查项目的分布图。

(17)对承重结构或构件的安全性鉴定查出的问题,应根据其严重程度和具体情况有选择地采取下列处理措施。

① 减少结构上的荷载。

② 加固或更换构件。

③ 临时支顶。

④ 停止使用。

⑤ 拆除部分结构或全部结构。

(18)对承重结构或构件的使用性鉴定所查出的问题,可根据实际情况有选择地采取下列措施。

① 考虑经济因素而接受现状。

② 考虑耐久性要求而进行修补、封护或化学药剂处理。

③ 改变使用条件或改变用途。

④ 全面或局部修缮、更新。

⑤ 进行现代化改造。

(19)鉴定报告中应对可靠性鉴定结果进行说明,并应包含下列内容。

① 对建筑物或其组成部分所评的等级,应仅作为技术管理或制订维修计划的依据。

② 即使所评等级较高,也应及时对其中所包含的 c_u 级、d_u 级构件及 C_u 级、D_u 级检查项目采取加固或拆换措施。

表 2.1 (标准表 3.2.5)民用建筑可靠性鉴定评级的层次、等级划分、工作步骤和内容

层次		一	二		三
层名		构件	子单元		鉴定单元
安全性鉴定	等级	a_u、b_u、c_u、d_u	A_u、B_u、C_u、D_u		A_{su}、B_{su}、C_{su}、D_{su}
	地基基础	一	地基变形评级	地基基础评级	鉴定单元安全性评级
		按同类材料构件各检查项目评定单个基础等级	边坡场地稳定性评级		
			地基承载力评级		

续表

层次	一	二		三
层名	构件	子单元		鉴定单元
安全性鉴定	上部承重结构	按承载能力、构造、不适于承载的位移或损伤等检查项目评定单个构件等级	每种构件集评级	上部承重结构评级	
			结构侧向位移评级		鉴定单元安全性评级
		一	按结构布置、支撑、圈梁、结构间连系等检查项目评定结构整体性等级		
	围护系统承重部分	按上部承重结构检查项目及步骤评定围护系统承重部分各层次安全性等级			
使用性鉴定	等级	a_s、b_s、c_s	A_s、B_s、C_s		A_{ss}、B_{ss}、C_{ss}
	地基基础	一	按上部承重结构和围护系统工作状态评估地基基础等级		
	上部承重结构	按位移、裂缝、风化、锈蚀等检查项目评定单个构件等级	每种构件集评级	上部承重结构评级	鉴定单元正常使用性评级
			结构侧向位移评级		
	围护系统功能	一	按屋面防水、吊顶、墙、门窗、地下防水及其他防护设施等检查项目评定围护系统功能等级	围护系统评级	
		按上部承重结构检查项目及步骤评定围护系统承重部分各层次使用性等级			
可靠性鉴定	等级	a、b、c、d	A、B、C、D		Ⅰ、Ⅱ、Ⅲ、Ⅳ
	地基基础	以同层次安全性和正常使用性评定结果并列表达,或按本标准规定的原则确定其可靠性等级			鉴定单元可靠性评级
	上部承重结构				
	围护系统				

注:1. 表中地基基础包括桩基和桩。

2. 表中使用性鉴定包括适用性鉴定和耐久性鉴定;对专项鉴定,耐久性等级符号也可按《民用建筑可靠性鉴定标准》GB 50292—2015第2.2.2条的规定采用。

2. 工业建筑可靠性鉴定

(1)鉴定的目的、范围和内容,应由委托方提出,并应与鉴定方协商后确定。

(2)初步调查宜包括下列工作内容。

① 查阅原设计施工资料,包括工程地质勘察报告、设计计算书、设计施工图、设计变更

记录、施工及施工洽商记录、竣工资料等。

② 调查工业建筑的历史情况,包括历次检查观测记录、历次维修加固或改造资料,用途变更、使用条件改变、事故处理及遭受灾害等情况。

③ 考察现场,应调查工业建筑的现状、使用条件、内外环境、存在的问题。

(3)鉴定方案应根据鉴定目的、范围、内容及初步调查结果制定,应包括鉴定依据、详细调查和检测内容、检测方法、工作进度计划及需委托方完成的准备配合工作等。

(4)详细调查和检测宜包括下列工作内容。

① 调查结构上的作用和环境中的不利因素。

② 检查结构布置和构造、支撑系统、结构构件及连接情况。

③ 检测结构材料的实际性能和构件的几何参数,还可通过荷载试验检验结构或构件的实际性能。

④ 调查或测量地基的变形,检查地基变形对上部承重结构、围护结构系统及吊车运行等的影响;还可开挖基础检查,补充勘察或进行现场地基承载能力试验。

⑤ 检测上部承重结构或构件、支撑杆件及其连接存在的缺陷和损伤、裂缝、变形或偏差、腐蚀、老化等。

⑥ 检查围护结构系统的安全状况和使用功能。

⑦ 检查构筑物特殊功能结构系统的安全状况和使用功能。

⑧ 上部承重结构整体或局部有明显振动时,应测试结构或构件的动力反应和动力特性。

(5)可靠性分析应根据详细调查和检测结果,对建筑的结构构件、结构系统、鉴定单元进行结构分析与验算、评定。

(6)在工业建筑可靠性鉴定过程中,发现调查检测资料不足时,应及时进行补充调查、检测。

(7)可靠性鉴定评级应符合下列规定。

① 可靠性鉴定评级宜划分为构件、结构系统、鉴定单元三个层次,单个构件应按《工业建筑可靠性鉴定标准》GB 50144—2019附录A划分。

② 可靠性鉴定应按表2.2(《工业建筑可靠性鉴定标准》GB 50144—2019表3.2.8)的规定进行评级,安全性分为四级,使用性分为三级,可靠性分为四级。

③ 结构系统和构件的鉴定评级应包括安全性和使用性,也可根据需要综合评定其可靠性等级。

④ 可根据需要评定鉴定单元的可靠性等级,也可直接评定其安全性或使用性等级。

表2.2 （标准表3.2.8）工业建筑可靠性鉴定评级的层次、等级划分及项目内容

I	II		III
鉴定单元	结构系统		构件
一、二、三、四	A、B、C、D		a、b、c、d
建筑物整体或某一区段	安全性评定	地基基础	地基变形 斜坡稳定性	承载能力 构造和连接
			承载功能	
	安全性评定	上部承重结构	整体性	承载能力 构造和连接
			承载功能	
		围护结构	承载功能 构造连接	
建筑物整体或某一区段		A、B、C		a、b、c
	使用性评定	地基基础	影响上部结构 正常使用的 地基变形	变形或偏差 裂缝 缺陷和损伤 腐蚀老化
		上部承重结构	使用状况 使用功能	
			位移或变形	
		围护系统	使用状况 使用功能	

注:1.工业建筑结构整体或局部有明显不利影响的振动、耐久性损伤、腐蚀、变形时,应考虑其对上部承重结构安全性、使用性的影响进行评定。

2.构筑物由于结构形式多样,其特殊功能结构系统可靠性评定应按《工业建筑可靠性鉴定标准》GB 50144—2019的规定进行,但应符合本表的评级层次和分级原则。

(8)专项鉴定可按可靠性鉴定程序进行,其工作内容应符合专项鉴定的要求。

(9)可靠性鉴定及专项鉴定工作完成后应提出鉴定报告,鉴定报告的编写应符合下列要求。

(10)工业建筑可靠性鉴定报告应包括下列内容。

① 工程概况。

② 鉴定的目的、内容、范围及依据。

③ 调查、检测、分析结果。

④ 评定等级或评定结果。

⑤ 结论与建议。

（11）工业建筑专项鉴定报告除应符合上述（10）的要求外，尚应包括有关专项问题或特定要求的检测评定内容。

（12）鉴定报告编写应符合下列规定。

① 鉴定报告中宜根据需要明确目标使用年限，指出被鉴定工业建筑各鉴定单元所存在的问题并分析其产生的原因。

② 鉴定报告中应明确总体鉴定结论，指明被鉴定工业建筑各鉴定单元的最终评定等级或评定结果，最终评定等级或评定结果宜按GB 50144—2019附录H给出。

③ 鉴定报告中应对各鉴定单元安全性评为c级或d级构件和C级或D级结构系统、正常使用性评为c级构件和C级结构系统的数量和所处位置做出详细说明，并应提出处理措施建议。

2.1.5 民用建筑可靠性鉴定调查与检测

《民用建筑可靠性鉴定标准》GB 50292—2015规定，民用建筑可靠性鉴定，应对建筑物使用条件、使用环境和结构现状进行调查与检测；调查的内容、范围和技术要求应满足结构鉴定的需要，并应对结构整体牢固性现状进行调查。

（1）调查和检测的工作深度，应能满足结构可靠性鉴定及相关工作的需要；当发现不足时，应进行补充调查和检测，以保证鉴定的质量。

（2）当建筑物的工程图纸资料不全时，应对建（构）筑物的结构布置、结构体系、构件材料强度、混凝土构件的配筋、结构与构件几何尺寸等进行检测，当工程复杂时，应绘制工程现状图。

1. 使用条件和环境的调查与检测

（1）使用条件和环境的调查与检测应包括结构上的作用、建筑所处环境与使用历史情况。

（2）结构上作用的调查项目见表2.3（标准表4.2.2），可根据建筑物的具体情况及鉴定的内容和要求，包括永久作用、可变作用、灾害作用。结构上的作用（荷载）标准值应按标准规定取值。

表2.3 （标准表4.2.2）结构上作用的调查项目

作用类别	调查项目
永久作用	1. 结构构件、建筑配件、楼、地面装修等自重 2. 土压力、水压力、地基变形、预应力等作用
可变作用	1. 楼面活荷载 2. 屋面活荷载 3. 工业区内民用建筑屋面积灰荷载 4. 雪、冰荷载 5. 风荷载 6. 温度作用 7. 动力作用
灾害作用	1. 地震作用 2. 爆炸、撞击、火灾 3. 洪水、滑坡、泥石流等地质灾害 4. 飓风、龙卷风等

（3）建筑物的使用环境应包括周围的气象环境、地质环境、结构工作环境和灾害环境,按四种类型,进行调查。

（4）建筑物结构与构件所处的环境类别、环境条件和作用等级,按环境类别包括：Ⅰ一般大气环境,作用等级A、B、C；Ⅱ冻融环境,作用等级C、D、E；Ⅲ近海环境,作用等级C、D、E、F；Ⅳ接触除冰盐环境,作用等级C、D、E；Ⅴ化学介质侵蚀环境,作用等级C、D、E进行调查。

（5）建筑物使用历史的调查,应包括建筑物设计与施工、用途和使用年限、历次检测、维修与加固、用途变更与改扩建、使用荷载与动荷载作用及遭受灾害和事故情况。

2. 建筑物现状的调查与检测

建筑物现状的调查与检测,应包括地基基础、上部结构和围护结构三个部分。

（1）地基基础现状调查与检测应进行下列工作：

①查阅岩土工程勘察报告及有关图纸资料,调查建筑实际使用荷载、沉降量和沉降稳定情况、沉降差、上部结构倾斜、扭曲、裂缝,地下室和管线情况。当地基资料不足时,可根据建筑物上部结构是否存在地基不均匀沉降的反应进行评定,还可对场地地基进行近位勘察或沉降观测。

②当需通过调查确定地基的岩土性能标准值和地基承载力特征值时,应根据调查和补充勘察结果按国家现行有关标准的规定以及原设计所做的调整进行确定。

③基础的种类和材料性能,可通过查阅图纸资料确定；当资料不足或资料基本齐全但可

信度不高时,可开挖个别基础检测,并应查明基础类型、尺寸、埋深;应检验基础材料强度,并应检测基础变位、开裂、腐蚀和损伤等情况。

(2)上部结构现状调查与检测,应根据结构的具体情况和鉴定内容、要求,按下列规定进行:

①结构体系及其整体牢固性的调查,应包括结构平面布置、竖向和水平向承重构件布置、结构抗侧力作用体系、抗侧力构件平面布置的对称性、竖向抗侧力构件的连续性、房屋有无错层、结构间的连系构造等;对砌体结构还应包括圈梁和构造柱体系。

②结构构件及其连接的调查,应包括结构构件的材料强度、几何参数、稳定性、抗裂性、延性与刚度,预埋件、紧固件与构件连接,结构间的连系等;对混凝土结构还应包括短柱、深梁的承载性能;对砌体结构还应包括局部承压与局部尺寸;对钢结构还应包括构件的长细比等。

③结构缺陷、损伤和腐蚀的调查,应包括材料和施工缺陷、施工偏差、构件及其连接、节点的裂缝或其他损伤及腐蚀。

④结构位移和变形的调查,应包括结构顶点和层间位移,受弯构件的挠度与侧弯,墙、柱的侧倾等。

(3)结构、构件的材料性能、几何尺寸、变形、缺陷和损伤等的调查,可按下列原则进行:

①对结构、构件材料的性能,当档案资料完整、齐全时,可仅进行校核性检测;符合原设计要求时,可采用原设计资料给出的结果;当缺少资料或有怀疑时,应进行现场详细检测。

②对结构、构件的几何尺寸,当图纸资料完整时,可仅进行现场抽样复核;当缺少资料或资料基本齐全但可信度不高时,可按国家标准《建筑结构检测技术标准》GB/T 50344 的规定进行现场检测。

③对结构、构件的变形,应在普查的基础上,对整体结构和其中有明显变形的构件进行检测。

④对结构、构件的缺陷、损伤和腐蚀,应进行全面检测,并应详细记录缺陷、损伤和腐蚀部位、范围、程度和形态;必要时还应绘制缺陷、损伤和腐蚀部位、范围、程度和形态分布图。

⑤当需要进行结构承载能力和结构动力特性测试时,应按国家标准《建筑结构检测技术标准》GB/T 50344 等有关检测标准的规定进行现场测试。

(4)混凝土结构和砌体结构检测时,应区分重点部位和一般部位,以结构的整体倾斜和局部外闪、构件酥裂、老化、构造连接损伤、结构、构件的材质与强度为主要检测项目。当采用回弹法检测老龄混凝土强度时,其检测结果宜按《民用建筑可靠性鉴定标准》GB 50292 附录 K 进行修正。

(5)钢结构和木结构检测时,除应以材料性能、构件及节点、连接的变形、裂缝、损伤、缺

陷为主要检测项目外,还应重点检查下列部位的钢材腐蚀或木材腐朽、虫蛀状况:

①埋入地下构件的接近地面部位;

②易积水或遭受水蒸气侵袭部位;

③受干湿交替作用的构件或节点、连接;

④易积灰的潮湿部位;

⑤组合截面空隙小于20mm的难喷刷涂层的部位;

⑥钢索节点、锚塞部位。

(6)围护结构的现状检查,应在查阅资料和普查的基础上,针对不同围护结构的特点进行重要部件及其与主体结构连接的检测;必要时,还应按现行有关围护系统设计、施工标准的规定进行取样检测。

(7)结构、构件可靠性鉴定采用的检测数据,应符合下列要求:

①检测方法应按国家现行有关标准采用。当需采用不止一种检测方法同时进行测试时,应事先约定综合确定检测值的规则,不得事后随意处理。

②当怀疑检测数据有离群值时,其判断和处理应符合国家标准《数据的统计处理和解释 正态样本离群值的判断和处理》GB/T 4883的规定,不得随意舍弃或调整数据。

3. 振动对结构影响的检测

(1)当需考虑振动对承重结构安全和正常使用的影响时,应进行下列调查工作:

①应查明振源的类型、频率范围及相关振动工程的情况;

②应查明振源与被鉴定建筑物的地理位置、相对距离及场地地质情况。

(2)对振动影响的调查和检测,应符合下列规定:

①应根据待测振动的振源特性、频率范围、幅值、动态范围、持续时间等制定合理的测量规划,以通过测试获得足够的振动数据;

②应根据现行有关标准选择待测参数,包括位移、速度、加速度、应力。当选择与结构损伤相关性较显著的振动速度为待测参数时,应通过连续测量建筑物所在地的质点峰值振动速度来确定振动的特性;

③振动测试所使用的测量系统,其幅值和频响特性应能覆盖所测振动的范围;测量系统应定期进行校准与检定;

④监测因交通运输、打桩、爆破所引起的结构振动,其检测点的位置应设在基础上或设置在建筑物底层平面主要承重外墙或柱的底部;

⑤当可能存在共振现象时,应进行结构动力特性的检测;

⑥当确定振源对结构振动的影响时,应在振动出现的前后过程中,对上部结构构件的损伤进行跟踪检测。

2.1.6　工业建筑可靠性鉴定调查和检测

根据《工业建筑可靠性鉴定标准》GB 50144—2019规定,工业建筑可靠性鉴定,应对建筑物使用条件进行调查和检测。

1. 建筑物使用条件进行调查和检测

(1)调查检测内容包括结构上的作用、使用环境和使用历史的调查和检测,调查中应考虑使用条件在目标使用年限内可能发生的变化。

(2)结构上作用的调查相应项目包括永久作用、可变作用、灾害作用。永久作用、灾害作用调查检测项目与民用建筑基本一致,可变作用调查检测项目除增加起重机荷载外与民用建筑基本一致。

(3)结构上的作用标准值应按下列规定取值。

① 经调查符合国家标准《建筑结构荷载规范》GB 50009—2012规定取值者,应按标准选用。

② 结构上的作用与国家标准《建筑结构荷载规范》GB 50009—2012规定取值偏差较大者,应按实际情况确定。

③ 国家标准《建筑结构荷载规范》GB 50009—2012未作规定或按实际情况难以直接选用时,可根据国家标准《工程结构可靠性设计统一标准》GB 50153—2008、《建筑结构可靠度设计统一标准》GB 50068—2018的有关规定确定。

(4)设备荷载的调查,除应查阅设备和物料运输荷载资料,了解工艺和实际使用情况,还应考虑设备检修和生产不正常时,物料和设备的堆积荷载。设备振动对结构影响较大时,应了解设备的扰力特性及其他相关影响因素,必要时应进行测试。

(5)屋面、楼面、平台的积灰荷载应调查积灰范围、厚度分布、积灰速度和清灰制度等,测试积灰厚度和干、湿重度,并应结合调查情况确定积灰荷载标准值。

(6)起重机荷载调查和检测应符合下列规定。

① 当起重机运行正常、吊车梁系统无损坏时,可按工艺和委托方提供的吊车荷载直接采用。

② 当起重机运行异常、起重机梁系统有损坏,或无起重机资料,或对已有资料有怀疑时,应根据实际状况和鉴定要求对起重机荷载进行专项调查和检测。

(7)有高温热源的工业建筑,应检测受高温热源影响结构构件的表面温度,记录最高温度、高温持续时间和高温分布范围。

(8)工业建筑的使用环境调查包括周围的气象环境、地质环境、结构工作环境,分三种类型进行调查。

(9)建筑物结构与构件所处的环境类别、环境条件和作用等级,按环境类别包括:Ⅰ一般大气环境,作用级别A、B、C;Ⅱ冻融环境,作用级别C、D、E;Ⅲ海洋氯化物环境,作用级别C、D、E、F;Ⅳ其他氯化物环境,作用级别C、D、E;Ⅴ化学腐蚀环境,作用级别C、D、E进行调查。

(10)工业建筑的使用历史调查应包括工业建筑的设计、施工和验收情况;使用情况、用途变更;维修、加固、改扩建;灾害与事故;超载历史、动荷载作用历史等其他特殊使用情况。

2. 工业建筑的调查和检测

(1)对工业建筑的调查和检测应包括地基基础、上部承重结构和围护结构。

(2)对工业建筑地基基础的调查,应查阅岩土工程勘察报告及有关图纸资料;应调查地基基础现状、荷载变化、沉降量和沉降稳定情况、不均匀沉降等情况;应调查上部结构倾斜、扭曲和裂损情况,以及临近建筑、地下工程和管线等情况。当地基基础资料不足时,可根据国家现行有关标准的规定,对场地地基补充勘察或沉降观测。

(3)地基的岩土性能标准值和地基承载能力特征值,应根据调查和补充勘察结果按国家标准《建筑地基基础设计规范》GB 50007—2011等的规定取值。基础的种类和材料性能,应通过查阅图纸资料确定;当资料不足时或对资料有怀疑时,可开挖基础检测,验证基础的种类、材料、尺寸及埋深,检查基础变位、开裂、腐蚀或损坏程度等,并应测试基础材料性能。

(4)上部承重结构的调查和检测可选择表2.4(标准表4.2.4)中的项目。

表2.4　(标准表4.2.4)上部承重结构的调查和检测项目

调查项目	调查细目
结构体系与布置	结构形式、结构布置,支撑系统
几何参数	结构与构件几何尺寸
材料性能	材料力学性能与化学成分等
缺陷、损伤	设计构造连接缺陷、制作和安装偏差,材料和施工缺陷,构件及其节点的裂缝、损伤和腐蚀
结构变形和振动	结构顶点、层间或控制点位移,倾斜和挠度;结构和结构构件的动态特性和动力反应
结构与构件构造、连接	保证结构整体性、构件承载能力、稳定性、延性、抗裂性能、刚度、传力有效性等有关构造措施与连接构造,圈梁和构造柱布置,配筋状况、保护层厚度

注:检查中应注意对按原设计标准设计的建筑结构在结构布置、节点构造、材料强度等方面存在的差异,对不满足国家现行标准的应特别说明。

(5)结构和材料性能、几何尺寸和变形、缺陷和损伤等检测,应符合下列规定。

① 结构材料性能的检验,当图纸资料有明确说明且无怀疑时,可进行现场抽样验证;当无图纸资料或对资料有怀疑时,应按国家现行有关检测技术标准的规定,通过现场取样或现

场测试进行检测。

②结构或构件几何尺寸的检测,当图纸资料齐全完整时,可进行现场抽检复核;当图纸资料残缺不全或无图纸资料时,可按鉴定工作需要进行现场详细测量。

③结构顶点、层间或控制点位移,倾斜,构件变形的测量,应在对结构或构件变形状况普遍观察的基础上,选择起控制作用的部位进行。

④制作和安装偏差、材料和施工缺陷,应依据国家标准《建筑结构检测技术标准》GB/T 50344—2019等和《工业建筑可靠性鉴定标准》GB 50144—2019有关规定进行检测。

⑤构件及其节点的缺陷和损伤,在外观上应进行全数检查,并应详细记录缺陷和损伤的部位、范围、程度和形态。

⑥结构构件性能、结构动态特性和动力反应,可根据国家标准《建筑结构检测技术标准》GB/T 50344—2019等的规定,通过现场试验进行检测。

(6)当需对混凝土结构构件进行材料性能及耐久性检测时,除应按《工业建筑可靠性鉴定标准》GB 50144—2019的规定执行外,还应符合下列规定。

①混凝土强度的检验宜采用取芯、回弹、超声回弹等方法综合确定。

②混凝土构件的老化可通过外观检查、混凝土中性化测试、钢筋锈蚀检测、劣化混凝土岩相与化学分析、混凝土表层渗透性测定等确定。

③对混凝土中钢筋的检验可从混凝土构件中截取钢筋进行力学性能和化学成分检验。

(7)当需要对钢结构构件进行钢材性能检测时,应进行钢材力学性能试验和主要化学成分分析,并应以同类结构构件同一规格的钢材为一批进行检验。

(8)钢结构构件存在较大面积的锈蚀并使截面有明显削弱时,可按《工业建筑可靠性鉴定标准》GB 50144—2019附录C的方法进行检测;钢吊车梁疲劳损伤的检查内容可按附录D的规定进行。

(9)当需对砌体结构构件进行砌筑质量和砌体强度检测时,除应按《工业建筑可靠性鉴定标准》GB 50144—2019的规定执行外,还应符合下列规定。

①砌体强度检测,应根据国家标准《砌体工程现场检测技术标准》GB/T 50315—2011选择适当的检测方法。

②对于砌筑质量不满足国家标准《砌体结构工程施工质量验收规范》GB 50203—2011要求的结构构件,应增加抽样数量。

(10)对围护结构的调查,应查阅有关图纸资料,现场核实围护结构系统的布置,调查各种围护构件及其构造连接的实际状况,以及围护系统的使用功能、老化损伤、破坏失效等情况。

2.1.7 鉴定单元可靠性评级

1. 民用建筑可靠性评级

民用建筑的可靠性鉴定,应按《民用建筑可靠性鉴定标准》GB 50292—2015第3.2.5条划分的层次,以其安全性和使用性的鉴定结果为依据逐层进行。

(1)当不要求给出可靠性等级时,民用建筑各层次的可靠性,宜采取直接列出其安全性等级和使用性等级的形式予以表示。

(2)当需要给出民用建筑各层次的可靠性等级时,应根据其安全性和正常使用性的评定结果,按下列规定确定。

① 当该层次安全性等级低于 b_u 级、B_u 级或 B_{su} 级时,应按安全性等级确定。

② 除上款情形外,可按安全性等级和正常使用性等级中较低的一个等级确定。

③ 当考虑鉴定对象的重要性或特殊性时,可对本条(2)的评定结果作不大于一级的调整。

2. 工业建筑可靠性评级

工业建筑物可按所划分的鉴定单元进行可靠性等级评定。

(1)鉴定单元的可靠性等级应根据地基基础、上部承重结构和围护结构系统的可靠性等级按下列原则评定。

① 当围护结构系统与地基基础和上部承重结构的可靠性等级相差不大于一级时,可按地基基础和上部承重结构中的较低等级作为该鉴定单元的可靠性等级。

② 当围护结构系统比地基基础和上部承重结构中的较低可靠性等级低两级时,可按地基基础和上部承重结构中的较低等级降一级作为该鉴定单元的可靠性等级。

③ 当围护结构系统比地基基础和上部承重结构中的较低可靠性等级低三级时,可根据实际情况按地基基础和上部承重结构中的较低等级降一级或降两级作为该鉴定单元的可靠性等级。

(2)工业建筑物可按所划分的鉴定单元进行安全性等级评定。鉴定单元的安全性等级应根据地基基础、上部承重结构和围护结构系统的安全性等级按下列原则评定。

① 当围护结构系统与地基基础和上部承重结构的安全性等级相差不大于一级时,可按地基基础和上部承重结构中的较低等级作为该鉴定单元的安全性等级。

② 当围护结构系统比地基基础和上部承重结构中的较低安全性等级低两级时,可按地基基础和上部承重结构中的较低等级降一级作为该鉴定单元的安全性等级。

③ 当围护结构系统比地基基础和上部承重结构中的较低安全性等级低三级时,可根据实际情况按地基基础和上部承重结构中的较低等级降一级或降两级作为该鉴定单元的安全性等级。

(3)工业建筑物可按所划分的鉴定单元进行使用性等级评定。鉴定单元的使用性等级应根据地基基础、上部承重结构和围护结构系统的使用性等级进行评定,可按三个结构系统中最低的等级确定。

2.2 建筑安全性鉴定

如前所述,《民用建筑可靠性鉴定标准》GB 50292—2015规定,各种应急鉴定、国家法规规定的房屋安全性统一检查、临时性房屋需延长使用期限、使用性鉴定中发现安全问题可仅进行安全性检查或鉴定。

安全性鉴定建筑物的检查与检测内容及要求见前述可靠性鉴定相关内容。

在完成对被鉴定建筑的检查与检测后,需要按照《民用建筑可靠性鉴定标准》GB 50292—2015规定的内容和方法,结合国家相关规范、标准,对被鉴定建筑构件安全性鉴定评级、子单元安全性鉴定评级、鉴定单元安全性进行评级,以实现鉴定目的。

2.2.1 构件安全性鉴定评级

被鉴定建筑物单个构件安全性的鉴定评级,应根据构件的不同种类,按《民用建筑可靠性鉴定标准》GB 50292—2015第5.2~5.5节规定,分混凝土结构构件、钢结构构件、砌体结构构件和木结构构件四类进行安全性鉴定评级。进行构件安全性鉴定评级时应注意以下几点。

1. 当验算被鉴定结构或构件的承载能力时应符合下列规定

(1)结构构件验算采用的结构分析方法,应符合国家现行设计规范的规定。

(2)结构构件验算使用的计算模型,应符合其实际受力与构造状况。

(3)结构上的作用应经调查或检测核实,并按《民用建筑可靠性鉴定标准》GB 50292—2015附录J的规定取值。

(4)结构构件作用效应的确定,应符合下列规定。

① 作用的组合、作用的分项系数及组合值系数,应按国家标准《建筑结构荷载规范》GB 50009—2012的规定执行。

② 当结构受到温度、变形等作用,且对其承载有显著影响时,应计入由之产生的附加内力。

(5)构件材料强度的标准值应根据结构的实际状态按下列规定确定。

① 当原设计文件有效,且不怀疑结构有严重的性能退化或设计、施工偏差时,可采用原设计的标准值。

② 当调查表明实际情况不符合(1)项的规定时,应按《民用建筑可靠性鉴定标准》GB 50292—2015附录L的规定进行现场检测,并确定其标准值。

(6)结构或构件的几何参数应采用实测值,并应计入锈蚀、腐蚀、腐朽、虫蛀、风化、裂缝、缺陷、损伤及施工偏差等的影响。

(7)当怀疑设计有错误或缺陷时,应对原设计计算书、施工图或竣工图,重新进行复核。

2. 当需通过荷载试验评估结构构件的安全性时,应按现行有关标准执行

当检验结果表明,其承载能力符合设计和规范规定时,可根据其完好程度,定为a_u级或b_u级。当承载能力不符合设计和规范规定,可根据其严重程度,定为c_u级或d_u级。

3. 当建筑物中的构件同时符合下列条件时,可不参与鉴定

(1)该构件未受结构性改变、修复、修理或用途或使用条件改变的影响。

(2)该构件未遭明显的损坏。

(3)该构件工作正常,且不怀疑其可靠性不足。

(4)在下一目标使用年限内,该构件所承受的作用和所处的环境,与过去相比不会发生显著变化。

注:当有必要给出该构件的安全性等级时,可根据其实际完好程度定为a_u级或b_u级。

4. 其他因素

当一种构件的材料由于与时间有关的环境效应或其他均匀作用的因素引起性能变化时,可采用随机抽样的方法,在该种构件中取5~10个作为检测对象,并按现行检测方法标准规定的从每一构件上切取的试件数或划定的测点数,测定其材料强度或其他力学性能,检测构件数量还应符合下列规定。

(1)当构件总数少于5个时,应逐个进行检测。

(2)当委托方对该种构件的材料强度检测有较严的要求时,也可通过协商适当增加受检构件的数量。

2.2.2 子单元安全性鉴定评级

在结构构件安全性评级的基础上,应进行建筑安全性的第二层次子单元安全性鉴定评级。被鉴定建筑子单元为鉴定单元中细分的单元,一般按地基基础、上部承重结构和围护系统划分为三个子单元。子单元安全性评级应按下列规定进行。

(1)应按地基基础、上部承重结构和围护系统的承重部分划分为三个子单元,并应分别按《民用建筑可靠性鉴定标准》GB 50292—2015第7.2~7.4节规定的鉴定方法和评级标准进行评定。

(2)当不要求评定围护系统可靠性时,可不将围护系统承重部分列为子单元,将其安全性鉴定并入上部承重结构中。

(3)当需验算上部承重结构的承载能力时,其作用效应按《民用建筑可靠性鉴定标准》GB 50292—2015第5.1.2条的规定确定;当需验算地基变形或地基承载力时,其地基的岩土

性能和地基承载力标准值,应由原有地质勘察资料和补充勘察报告提供。

(4)当仅要求对某个子单元的安全性进行鉴定时,该子单元与其他相邻子单元之间的交叉部位也应进行检查,并应在鉴定报告中提出处理意见。

1. 地基基础子单元安全性鉴定评级

(1)地基基础子单元的安全性鉴定评级,应根据地基变形或地基承载力的评定结果进行确定。对建在斜坡场地的建筑物,还应按边坡场地稳定性的评定结果进行确定。

(2)当鉴定地基、桩基的安全性时,应符合下列规定。

① 宜根据地基、桩基沉降观测资料,以及不均匀沉降在上部结构中反应的检查结果进行鉴定评级。

② 当需对地基、桩基的承载力进行鉴定评级时,应以岩土工程勘察档案和有关检测资料为依据进行评定;当档案、资料不全时,还应补充近位勘探点,进一步查明土层分布情况,并应结合当地工程经验进行核算和评价。

③ 对建造在斜坡场地上的建筑物,应根据历史资料和实地勘察结果,对边坡场地的稳定性进行评级。

(3)当地基基础的安全性按地基变形观测资料或其上部结构反应的检查结果评定时,应按下列规定评级。

① A_u 级,不均匀沉降小于国家标准《建筑地基基础设计规范》GB 50007—2011 规定的允许沉降差;建筑物无沉降裂缝、变形或位移。

② B_u 级,不均匀沉降不大于国家标准《建筑地基基础设计规范》GB 50007—2011 规定的允许沉降差;且连续两个月地基沉降量小于每月 2mm;建筑物的上部结构虽有轻微裂缝,但无发展迹象。

③ C_u 级,不均匀沉降大于国家标准《建筑地基基础设计规范》GB 50007—2011 规定的允许沉降差;或连续两个月地基沉降量大于每月 2mm;或建筑物上部结构砌体部分出现宽度大于 5mm 的沉降裂缝,预制构件连接部位可能出现宽度大于 1mm 的沉降裂缝,且沉降裂缝短期内无终止趋势。

④ D_u 级,不均匀沉降远大于国家标准《建筑地基基础设计规范》GB 50007—2011 规定的允许沉降差;连续两个月地基沉降量大于每月 2mm,且尚有变快趋势;或建筑物上部结构的沉降裂缝发展显著;砌体的裂缝宽度大于 10mm;预制构件连接部位的裂缝宽度大于 3mm;现浇结构个别部分也已开始出现沉降裂缝。

⑤ 以上 4 款的沉降标准,仅适用于建成已 2 年以上且建于一般地基土上的建筑物;对建在高压缩性黏性土或其他特殊性土地基上的建筑物,此年限宜根据当地经验适当加长。

(4)当地基基础的安全性按其承载力评定时,可根据第54页1.②条规定的检测和计算分析结果,并应采用下列规定评级。

① 当地基基础承载力符合国家标准《建筑地基基础设计规范》GB 50007—2011的规定时,可根据建筑物的完好程度评为 A_u 级或 B_u 级。

② 当地基基础承载力不符合国家标准《建筑地基基础设计规范》GB 50007—2011的规定时,可根据建筑物开裂、损伤的严重程度评为 C_u 级或 D_u 级。

(5)当地基基础的安全性按边坡场地稳定性项目评级时,应按下列规定评级。

① A_u 级,建筑场地地基稳定,无滑动迹象及滑动史。

② B_u 级,建筑场地地基在历史上曾有过局部滑动,经治理后已停止滑动,且近期评估表明,在一般情况下,不会再滑动。

③ C_u 级,建筑场地地基在历史上发生过滑动,目前虽已停止滑动,但当触动诱发因素时,今后仍有可能再滑动。

④ D_u 级,建筑场地地基在历史上发生过滑动,目前又有滑动或滑动迹象。

(6)在鉴定中当发现地下水位或水质有较大变化,或土压力、水压力有显著改变,且可能对建筑物产生不利影响时,应对此类变化所产生的不利影响进行评价,并应提出处理建议。

(7)地基基础子单元的安全性等级,应根据地基基础和场地的评定结果按其中最低一级确定。

2. 上部承重结构子单元安全性鉴定评级

上部承重结构子单元的安全性鉴定评级,应根据其结构承载功能等级、结构整体性等级,以及结构侧向位移等级的评定结果进行确定。

(1)上部结构承载功能的安全性评级,当有条件采用较精确的方法评定时,应在详细调查的基础上,根据结构体系的类型及其空间作用程度,按国家现行标准规定的结构分析方法和结构实际的构造确定合理的计算模型,并应通过对结构作用效应分析和抗力分析,同时结合工程鉴定经验进行评定。

(2)当上部承重结构可视为由平面结构组成的体系,且其构件工作不存在系统性因素的影响时,其承载功能的安全性等级应按下列规定评定。

① 可在多、高层房屋的标准层中随机抽取 $\sqrt{m}$ 层为代表层作为评定对象;m 为该鉴定单元房屋的层数;当 $\sqrt{m}$ 为非整数时,应多取一层;对一般单层房屋,宜以原设计的每一计算单元为一区,并应随机抽取 $\sqrt{m}$ 区为代表区作为评定对象。

② 应另增底层和顶层,以及高层建筑的转换层和避难层为代表层。代表层构件应包括该层楼板及其下的梁、柱、墙等。

③宜按结构分析或构件校核所采用的计算模型,将代表层(或区)中的承重构件划分为若干主要构件集和一般构件集,并应按《民用建筑可靠性鉴定标准》GB 50292—2015的规定评定每种构件集的安全性等级。

④可根据代表层(或区)中每种构件集的评级结果,按《民用建筑可靠性鉴定标准》GB 50292—2015的规定确定其安全性等级。

⑤可根据本前述评定结果,按《民用建筑可靠性鉴定标准》GB 50292—2015的规定确定上部承重结构承载功能的安全性等级。

(3)在代表层(或区)中,主要构件集安全性等级的评定,可根据该种构件集内每一受检构件的评定结果,按表2.5(标准表7.3.5)的分级标准评级。主要构件是指其自身失效将导致其他构件失效,并危及承重结构系统安全工作的构件,如框架结构中的框架柱和框架梁。

表2.5 (标准表7.3.5)主要构件集安全性等级的评定

等级	多层及高层房屋	单层房屋
a_u	该构件集内,不含c_u级和d_u级,可含b_u级,但含量不多于25%	该构件集内,不含c_u级和d_u级,可含b_u级,但含量不多于30%
b_u	该构件集内,不含d_u级;可含c_u级,但含量不应多于15%	该构件集内,不含d_u级,可含c_u级,但含量不应多于20%
c_u	该构件集内,可含c_u级和d_u级;当仅含c_u级时,其含量不应多于40%;当仅含d_u级时,其含量不应多于10%;当同时含有c_u级和d_u级时,c_u级含量不应多于25%;d_u级含量不应多于3%	该构件集内,可含c_u级和d_u级;当仅含c_u级时,其含量不应多于50%;当仅含d_u级时,其含量不应多于15%;当同时含有c_u级和d_u级时,c_u级含量不应多于30%;d_u级含量不应多于5%
d_u	该构件集内,c_u级或d_u级含量多于C_u级的规定数	该构件集内,c_u级和d_u级含量多于C_u级的规定数

(4)在代表层(或区)中,一般构件集安全性等级的评定,应按表2.6(标准表7.3.6)的分级标准评级。一般构件是指其自身失效为孤立事件,不会导致其他构件失效的构件,如楼板构件。

表2.6 (标准表7.3.6)一般构件集安全性等级的评定

等级	多层及高层房屋	单层房屋
a_u	该构件集内,不含c_u级和d_u级;可含b_u级;但含量不应多于30%	该构件集内,不含c_u级和d_u级;可含b_u级;但含量不应多于35%

续表

等级	多层及高层房屋	单层房屋
b_u	该构件集内,不含 d_u 级;可含 c_u 级;但含量不应多于20%	该构件集内,不含 d_u 级;可含 c_u 级;但含量不应多于25%
c_u	该构件集内,可含 c_u 级和 d_u 级,但 c_u 级含量不应多于40%;d_u 级含量不应多于10%	该构件集内,可含 c_u 级和 d_u 级,但 c_u 级含量不应多于50%;d_u 级含量不应多于15%
d_u	该构件集内,c_u 级和 d_u 级含量多于 C_u 级的规定数	该构件集内,c_u 级和 d_u 级含量多于 C_u 级的规定数

(5)各代表层(或区)的安全性等级,应按该代表层(或区)中各主要构件集间的最低等级确定。当代表层(或区)中一般构件集的最低等级比主要构件集最低等级低二级或三级时,该代表层(或区)所评的安全性等级应降一级或降二级。

(6)上部结构承载功能的安全性等级,可按下列规定确定。

① A_u 级,不含 C_u 级和 D_u 级代表层(或区);可含 B_u 级,但含量不多于30%。

② B_u 级,不含 D_u 级代表层(或区);可含 C_u 级,但含量不多于15%。

③ C_u 级,可含 C_u 级和 D_u 级代表层(或区);当仅含 C_u 级时,其含量不多于50%;当仅含 D_u 级时,其含量不多于10%;当同时含有 C_u 级和 D_u 级时,其 C_u 级含量不应多于25%,D_u 级含量不多于5%。

④ D_u 级,其 C_u 级或 D_u 级代表层(或区)的含量多于 C_u 级的规定数。

(7)结构整体牢固性等级的评定,可按表2.7(标准表7.3.9)的规定,先评定其每一检查项目的等级,并应按下列原则确定该结构整体性等级。

① 当四个检查项目均不低于 B_u 级时,可按占多数的等级确定。

② 当仅一个检查项目低于 B_u 级时,可根据实际情况定为 B_u 级或 C_u 级。

③ 每个项目评定结果取 A_u 级或 B_u 级,应根据其实际完好程度确定;取 C_u 级或 D_u 级,应根据其实际严重程度确定。

表2.7 (标准表7.3.9)结构整体牢固性等级的评定

检查项目	A_u 级或 B_u 级	C_u 级或 D_u 级
结构布置及构造	布置合理,形成完整的体系,且结构选型及传力路线设计正确,符合国家现行设计规范规定	布置不合理,存在薄弱环节,未形成完整的体系;或结构选型、传力路线设计不当,不符合国家现行设计规范规定,或结构产生明显振动

检查项目	A_u级或B_u级	C_u级或D_u级
支撑系统或其他抗侧力系统的构造	构件长细比及连接构造符合国家现行设计规范规定,形成完整的支撑系统,无明显残损或施工缺陷,能传递各种侧向作用	构件长细比或连接构造不符合国家现行设计规范规定,未形成完整的支撑系统,或构件连接已失效或有严重缺陷,不能传递各种侧向作用
结构、构件间的联系	设计合理、无疏漏;锚固、拉结、连接方式正确、可靠,无松动变形或其他残损	设计不合理,多处疏漏;或锚固、拉结、连接不当,或已松动变形,或已残损
砌体结构中圈梁及构造柱的布置与构造	布置正确,截面尺寸、配筋及材料强度等符合国家现行设计规范规定,无裂缝或其他残损,能起闭合系统作用	布置不当,截面尺寸、配筋及材料强度不符合国家现行设计规范规定,已开裂,或有其他残损,或不能起到闭合系统作用

(8)对上部承重结构不适于承载的侧向位移,应根据其检测结果,按下列规定评级。

① 当检测值已超出表2.8(标准表7.3.10)界限,且有部分构件出现裂缝、变形或其他局部损坏迹象时,应根据实际严重程度定为C_u级或D_u级。

② 当检测值虽已超出表2.8界限,但尚未发现上款所述情况时,应进一步进行计入该位移影响的结构内力计算分析,并应按《民用建筑可靠性鉴定标准》GB 50292—2015的规定,验算各构件的承载能力,当验算结果均不低于b_u级时,仍可将该结构定为B_u级,但宜附加观察使用一段时间的限制。当构件承载能力的验算结果有低于b_u级时,应定为C_u级。

③ 对某些构造复杂的砌体结构,当按本条第2款内容进行计算分析有困难时,各类结构不适于承载的侧向位移等级的评定可直接按表2.8(标准表7.3.10)规定的界限值评级。

表2.8 (标准表7.3.10)各类结构不适于承载的侧向位移等级的评定

检查项目	结构类别			顶点位移 C_u级或D_u级	层间位移 C_u级或D_u级
结构平面内的侧向位移	混凝土结构或钢结构	单层建筑		$>H/150$	—
		多层建筑		$>H/200$	$>H_i/150$
		高层建筑	框架	$>H/250$或$>300mm$	$>H_i/150$
			框架剪力墙 框架筒体	$>H/300$或$>400mm$	$>H_i/250$
	砌体结构	单层建筑	墙 $H \leqslant 7m$	$>H/250$	—
			墙 $H > 7m$	$>H/300$	—
			柱 $H \leqslant 7m$	$>H/300$	—
			柱 $H > 7m$	$>H/330$	—

续表

检查项目	结构类别				顶点位移	层间位移
					C_u级或D_u级	C_u级或D_u级
结构平面内的侧向位移	砌体结构	多层建筑	墙	$H \leqslant 10\text{m}$	$>H/300$	$>H_i/300$
				$H>10\text{m}$	$>H/330$	
			柱	$H \leqslant 10\text{m}$	$>H/330$	$>H_i/330$
	单层排架平面外侧倾				$>H/350$	—

注:1. H为结构顶点高度;H_i为第i层层间高度。

2. 墙包括带壁柱墙。

(9)上部承重结构的安全性等级,应根据GB 50292前述评定结果,按下列原则确定。

① 应按上部结构承载功能和结构侧向位移或倾斜的评级结果,取其中较低一级作为上部承重结构(子单元)的安全性等级。

② 当上部承重结构按上款被评为B_u级,但若发现各主要构件集所含的C_u级构件处于下列情况之一时,宜将所评等级降为C_u级:出现C_u级构件交汇的节点连接;不止一个C_u级存在于人群密集场所或其他破坏后果严重的部位。

③ 当上部承重结构按本前述评为C_u级,但当发现其主要构件集有下列情况之一时,宜将所评等级降为D_u级:多层或高层房屋中,其底层柱集为C_u级;多层或高层房屋的底层,或任一空旷层,或框支剪力墙结构的框架层的柱集为D_u级;在人群密集场所或其他破坏后果严重部位,出现不止一个D_u级构件;任何种类房屋中,有50%以上的构件为C_u级。

④ 当上部承重结构按本条前款被评为A_u级或B_u级,而结构整体性等级为C_u级或D_u级时,应将所评的上部承重结构安全性等级降为C_u级。

(10)对检测、评估认为可能存在整体稳定性问题的大跨度结构,应根据实际检测结果建立计算模型,采用可行的结构分析方法进行整体稳定性验算;当验算结果尚能满足设计要求时,仍可评为B_u级;当验算结果不满足设计要求时,应根据其严重程度评为C_u级或D_u级,并应参与上部承重结构安全性等级评定。

(11)当建筑物受到振动作用引起使用者对结构安全表示担心,或振动引起的结构构件损伤已可通过目测判定时,应按《民用建筑可靠性鉴定标准》GB 50292—2015附录M的规定进行检测与评定。当评定结果对结构安全性有影响时,应将上部承重结构安全性鉴定所评等级降低一级,且不应高于C_u级。

3. 围护系统的承重部分子单元安全性鉴定评级

围护系统承重部分的安全性,应在该系统专设的和参与该系统工作的各种承重构件的安全性评级的基础上,根据该部分结构承载功能等级和结构整体性等级的评定结果进行确定。

(1)当评定一种构件集的安全性等级时,应根据每一受检构件的评定结果及其构件类别,分别按《民用建筑可靠性鉴定标准》GB 50292—2015上部承重部结构子单元主要构件集和一般构件集安全性鉴定评级的规定评级。

(2)当评定围护系统的计算单元或代表层的安全性等级时,应按《民用建筑可靠性鉴定标准》GB 50292—2015的各代表层(或区)的安全性等级鉴定评级规定评级。

(3)围护系统的结构承载功能的安全性等级,应按《民用建筑可靠性鉴定标准》GB 50292—2015上部结构承载功能的安全性等级评定标准确定。

(4)当评定围护系统承重部分的结构整体性时,应按《民用建筑可靠性鉴定标准》GB 50292—2015结构整体牢固性等级评定规定评级。

(5)围护系统承重部分的安全性等级,应根据(3)(4)的评定结果,按下列规定确定。

① 当仅有 A_u 级和 B_u 级时,可按占多数级别确定。

② 当含有 C_u 级或 D_u 级时,可按下列规定评级:当 C_u 级或 D_u 级属于结构承载功能问题时,可按最低等级确定;当 C_u 级或 D_u 级属于结构整体性问题时,可定为 C_u 级;围护系统承重部分评定的安全性等级,不应高于上部承重结构的等级。

2.2.3　鉴定单元安全性评级

鉴定单元是指根据被鉴定建筑物的结构特点和结构体系的种类,而将该建筑物划分成一个或若干个可以独立进行鉴定的区段,每一区段为一鉴定单元,既可以是整栋建筑,也可以是以变形缝等区分的建筑独立区段。

在被鉴定建筑子单元安全性鉴定评级的基础上,应对鉴定单元安全性进行评级,以完成安全性鉴定目的和要求。鉴定单元的安全性评级应注意:

(1)民用建筑第三层次鉴定单元的安全性鉴定评级,应根据其地基基础、上部承重结构和围护系统承重部分等的安全性等级,以及与整幢建筑有关的其他安全问题进行评定。

(2)鉴定单元的安全性等级,应根据《民用建筑可靠性鉴定标准》GB 50292—2015所做出的地基基础、上部承重结构和围护系统承重部分评定结果,按下列规定评级。

① 一般情况下,应根据地基基础和上部承重结构的评定结果按其中较低等级确定。

② 当鉴定单元的安全性等级被评为 A_u 级或 B_u 级但围护系统承重部分的等级为 C_u 级或 D_u 级时,可根据实际情况将鉴定单元所评等级降低一级或二级,但最后所定的等级不得低于 C_{su} 级。

(3)有下列任一情况,可直接评为 D_{su} 级。

① 建筑物处于有危房的建筑群中,且直接受到其威胁。

② 建筑物朝一方向倾斜,且速度开始变快。

(4)当新测定的建筑物动力特性,与原先记录或理论分析的计算值相比,有下列变化时,可判其承重结构可能有异常,但应经进一步检查、鉴定后再评定该建筑物的安全性等级。

① 建筑物基本周期显著变长或基本频率显著下降。

② 建筑物振型有明显改变或振幅分布无规律。

2.2.4　混凝土结构建筑安全性鉴定

混凝土结构建筑在我国既有建筑中占有较大比重,对安全性鉴定要求较多、较复杂。安全性鉴定初步勘察、详细调查与检测和构件安全性鉴定评级一般规定、子单元和鉴定单元鉴定评级规定见前述内容,本节重点介绍混凝土结构构件安全性鉴定评级内容、方法和要求。

1. 混凝土结构构件安全性鉴定评级基本原则

混凝土结构构件安全性鉴定评级在建筑调查和检测资料、数据的基础上,按照《民用建筑可靠性鉴定标准》GB 50292—2015规定进行评定。

混凝土结构构件的安全性鉴定,应按承载能力、构造、不适于承载的位移或变形、裂缝或其他损伤四个检查项目,分别评定每一受检构件的等级,并取其中最低一级作为该构件安全性等级。构造、不适于承载的位移或变形、裂缝或其他损伤评定项目主要以调查和检测为基础,承载能力结合调查和检测数据通过计算确定。

2. 混凝土结构构件安全性鉴定评级具体规定

(1)当按承载能力评定混凝土结构构件的安全性等级时,应按表2.9(标准表5.2.2)的规定分别评定每一验算项目的等级,并应取其中最低等级作为该构件承载能力的安全性等级。混凝土结构倾覆、滑移、疲劳的验算,应按国家现行相关规范进行。

表2.9　(标准表5.2.2)按承载能力评定的混凝土结构构件安全性等级

构件类别	安全性等级			
	a_u级	b_u级	c_u级	d_u级
主要构件及节点、连接	$R/\gamma_0 S \geqslant 1.00$	$R/\gamma_0 S \geqslant 0.95$	$R/\gamma_0 S \geqslant 0.90$	$R/\gamma_0 S < 0.90$
一般构件	$R/\gamma_0 S \geqslant 1.00$	$R/\gamma_0 S \geqslant 0.90$	$R/\gamma_0 S \geqslant 0.85$	$R/\gamma_0 S < 0.85$

注:R:结构构件的抗力;S:结构构件的作用效应;γ_0:结构重要性系数。

(2)当按构造评定混凝土结构构件的安全性等级时,应按表2.10(标准表5.2.3)分别评定每个检查项目的等级,并应取其中最低等级作为该构件构造的安全性等级。

表2.10 （标准表5.2.3）按构造评定的混凝土结构构件安全性等级

检查项目	a_u级或b_u级	c_u级或d_u级
结构构造	结构、构件的构造合理,符合国家现行相关规范要求	结构、构件的构造不当,或有明显缺陷,不符合国家现行相关规范要求
连接或节点构造	连接方式正确,构造符合国家现行相关规范要求,无缺陷,或仅有局部的表面缺陷,工作无异常	连接方式不当,构造有明显缺陷,已导致焊缝或螺栓等发生变形、滑移、局部拉脱、剪坏或裂缝
受力预埋件	构造合理,受力可靠,无变形、滑移、松动或其他损坏	构造有明显缺陷,已导致预埋件发生变形、滑移、松动或其他损坏

（3）当混凝土结构构件的安全性按不适于承载的位移或变形评定时,应符合下列规定。

① 对桁架的挠度,当其实测值大于其计算跨度的1/400时,应按本节（2）要求验算其承载能力。验算时,应考虑由位移产生的附加应力的影响,并应按下列规定评级:当验算结果不低于b_u级时,仍可定为b_u级;当验算结果低于b_u级时,应根据其实际严重程度定为c_u级或d_u级。

② 对除桁架外其他混凝土受弯构件不适于承载的变形的评定,应按表2.11的规定评级。

表2.11 （标准表5.2.4）除桁架外其他混凝土受弯构件不适于承载的变形的评定

检查项目	构件类别		c_u级或d_u级
挠度	主要受弯构件,如主梁、托梁等		$>l_0/200$
	一般受弯构件	$l_0 \leqslant 7m$	$>l_0/120$,或$>47mm$
		$7m < l_0 \leqslant 9m$	$>l_0/150$,或$>50mm$
		$l_0 > 9m$	$>l_0/180$
侧向弯曲的矢高	预制屋面梁或深梁		$>l_0/400$

注:1. l_0为计算跨度。

2. 评定结果取c_u级或d_u级,应根据其实际严重程度确定。

③ 对柱顶的水平位移或倾斜,当其实测值大于《民用建筑可靠性鉴定标准》GB 50292—2015中各类结构不适于承载的侧向位移等级的评定表所列的限值时,应按下列规定评级:当该位移与整个结构有关时,应根据《民用建筑可靠性鉴定标准》GB 50292—2015中各类结构不适于承载的侧向位移等级的评级结果,取与上部承重结构相同的级别作为该柱的水平位移等级;当该位移只是孤立事件时,则应在柱的承载能力验算中考虑此附加位移的影响,并按《民用建筑可靠性鉴定标准》GB 50292—2015中各类结构不适于承载的侧向位移等级的

评级规定评级;当该位移尚在发展时,应直接定为d_u级。

(4)混凝土结构构件不适于承载的裂缝宽度的评定,应按表2.12(标准表5.2.5)的规定进行评级,并应根据其实际严重程度定为c_u级或d_u级。

表2.12　(标准表5.2.5)混凝土结构构件不适于承载的裂缝宽度的评定

检查项目	环境	构件类别		c_u级或d_u级
受力主筋处的弯曲裂缝、一般弯剪裂缝和受拉裂缝宽度/mm	室内正常环境	钢筋混凝土	主要构件	>0.50
			一般构件	>0.70
		预应力混凝土	主要构件	>0.20(0.30)
			一般构件	>0.30(0.50)
	高湿度环境	钢筋混凝土	任何构件	>0.40
		预应力混凝土		>0.10(0.20)
剪切裂缝和受压裂缝/mm	任何环境	钢筋混凝土或预应力混凝土		出现裂缝

注:1. 剪切裂缝系指斜拉裂缝和斜压裂缝。

　2. 高湿度环境系指露天环境、开敞式房屋易遭飘雨部位、经常受蒸汽或冷凝水作用的场所,以及与土壤直接接触的部件等。

　3. 括号内的限值适用于热轧钢筋配筋的预应力混凝土构件。

　4. 裂缝宽度以表面测量值为准。

(5)当混凝土结构构件出现下列情况之一的非受力裂缝时,也应视为不适于承载的裂缝,并应根据其实际严重程度定为c_u级或d_u级。

① 因主筋锈蚀或腐蚀,导致混凝土产生沿主筋方向开裂、保护层脱落或掉角。

② 因温度、收缩等作用产生的裂缝,其宽度已超过表2.11规定的弯曲裂缝宽度值50%,且分析表明已显著影响结构的受力。

(6)当混凝土结构构件同时存在受力和非受力裂缝时,应按本节(5)(6)分别评定其等级,并取其中较低一级作为该构件的裂缝等级。

(7)当混凝土结构构件有较大范围损伤时,应根据其实际严重程度直接定为c_u级或d_u级。

2.2.5　钢筋混凝土结构教学楼安全性鉴定实例

××市×××中学教学楼,地上四层,建筑高度16.1m(至檐口高度),建筑面积4600m²,主要功能为教学和实验用房,耐火等级为二级。结构形式为钢筋混凝土框架结构,楼板采用预制预应力钢筋混凝土圆孔板(卫生间为现浇混凝土楼板);基础形式为柱下条形钢筋混凝土基础,天然地基。外墙为砖墙,内墙为加气混凝土砌块。建筑设计使用年限为50年,抗震设防烈度8度。教学楼建设于1986年,建成30余年来,一直按原设计功能使用。使用期间,教学楼各层走廊在原水磨石楼地面基础上铺设了地砖,各层教室在水泥砂浆楼地面上铺设了地砖。

近年来,发现教学楼楼板出现裂缝,部分内外墙存在不同程度开裂,屋顶多处漏水;学校拟对教学楼进行装修,装修范围为内墙、顶棚刷涂料和外墙刷涂料,更换外门窗。×××中学对教学楼的安全性存疑,遂对教学楼进行检测鉴定。

经过初步勘察发现,教学楼使用功能未改变,装修不改变主体结构和功能布置,荷载增加不大,没有增加教学楼使用年限的需要。通过与×××中学沟通,按照《民用建筑可靠性鉴定标准》GB 50292—2015第3.1节规定,不属于第3.1.1条第1款需要进行可靠性鉴定的范围,按照第3.1.1条第2款第4项规定,可以仅进行建筑安全性鉴定。

合同签订后,×××中学提供了教学楼部分设计图纸、工程地质勘察报告,未提供施工质量保证、验收资料。

公司设立×××中学教学楼检测鉴定项目组,为保证检测鉴定工作的及时、准确,特别邀请了×××建筑设计院的两位结构专家参与检测鉴定工作。拟定了检测鉴定工作方案,根据工程资料的缺失情况,确定了检测项目及要求。

项目组安排检测人员按拟定的检测方案进行了相关检测并编制了检测报告和相应记录。

项目组工程技术人员和邀请专家按照《民用建筑可靠性鉴定标准》GB 50292—2015第4章要求,共同对教学楼进行了详细勘察并编制了勘察记录,保留了影像资料。

项目组工程技术人员和邀请专家根据检测结果和现场勘查情况,采用PKPM软件,按照现行规范,对教学楼建模计算,计算结果表明,承载力满足安全性要求。

按照前述程序、方法和《民用建筑可靠性鉴定标准》GB 50292—2015第5章、第6章、第7章、第9章要求,分结构构件、子单元和建筑物三个层次进行了安全性鉴定评级。主要构件和一般构件安全性评定为a_u级;地基基础子单元安全性评定为a_u级,主体承重结构子单元安全性评定为a_u级,教学楼安全性评定为A_{su}级。

对勘查中发现的楼板、内外墙开裂等问题,建议结合装修工程一并处理。

按照《民用建筑可靠性鉴定标准》GB 50292—2015第12章要求,编写《×××教学楼结构安全性检测鉴定报告》如下所示。

\multicolumn{4}{c}{×××教学楼结构安全性检测鉴定报告}			
工程名称	\multicolumn{3}{c}{×××教学楼}		
工程地点	\multicolumn{3}{c}{××市××区××路南侧,××路西侧}		
委托单位	\multicolumn{3}{c}{×××中学}		
建设单位	\multicolumn{3}{c}{×××}		
设计单位	\multicolumn{3}{c}{×××}		
勘察单位	\multicolumn{3}{c}{×××}		
施工单位	\multicolumn{3}{c}{×××}		
监理单位	\multicolumn{3}{c}{×××}		
抽样日期	2021年7月8—15日	检测日期	2021年7月8—15日
检测数量	详见报告	检验类别	委托
检测鉴定项目	\multicolumn{3}{l}{1.建筑物垂直度检测;2.混凝土构件布置与尺寸复核;3.钻芯法检测混凝土抗压强度;4.混凝土碳化深度检测;5.钢筋扫描检测;6.钢筋直径检测;7.钢筋保护层厚度检测}		
检测鉴定仪器	\multicolumn{3}{l}{经纬仪;直尺;混凝土钻孔机;数字式碳化深度测量仪 LR-TH10;钢卷尺;游标卡尺;一体式钢筋扫描仪 LR-G200}		
鉴定依据	\multicolumn{3}{l}{1.《民用建筑可靠性鉴定标准》GB 50292—2015 2.《建筑工程施工质量验收统一标准》GB 50300—2013 3.《建筑地基基础工程施工质量验收规范》GB 50202—2018 4.《混凝土结构工程施工质量验收规范》GB 50204—2015 5.《砌体工程施工质量验收规范》GB 50203—2011 6.《建筑结构荷载规范》GB 50009—2012 7.《建筑地基基础设计规范》GB 50007—2011 8.《混凝土结构设计规范》GB 50010—2010(2015版) 9.《砌体结构设计规范》GB 50003—2011 10.《建筑抗震设计规范》GB 50011—2010(2016版) 11.《建筑抗震鉴定标准》GB 50023—2009 12.《混凝土结构加固设计规范》GB 50367—2013 13.《砌体结构加固设计规范》GB 50702—2011 14.《房屋裂缝检测与处理技术规程》CECS293—2011 15.鉴定委托书及相关资料 16.现场勘查记录及影像资料}		
检测依据	\multicolumn{3}{l}{1.《建筑结构检测技术标准》GB/T 50344—2019 2.《钻芯法检测混凝土强度技术规程》JGJ/T 384—2016 3.《混凝土中钢筋检测技术规程》JGJ/T 152—2008 4.《混凝土结构工程施工质量验收规范》GB 50204—2015 5.《回弹法检测混凝土抗压强度技术规程》JGJ/T 23—2011}		

1. 工程概况

×××教学楼位于××市,于1986年建成并交付使用(工程外观见附件1)。

建筑专业:教学楼为地上四层主要功能为教学和实验用房,室内外高差0.9m,建筑面积4600m²,建筑高度16.1m(至檐口高度)。屋面防水层为二毡三油焊大砂子,找平层为20mm厚水泥砂浆,保温为110mm厚水泥珍珠岩,最薄处100mm。建筑外窗为钢窗,门木门。外墙饰面材料为水刷石,门厅、走廊等公共部分楼、地面为水泥砂浆、水磨石,顶棚为麻刀灰喷大白二道,墙面为石灰砂浆喷大白,墙裙为水泥砂浆刷油漆。

结构专业:工程为框架结构、预制空心楼板,采用天然地基,地耐力为10t/m²,采用钢筋混凝土柱下条形基础。各层楼板及屋面采用180mm厚预制空心楼板,预制板采用一板一带布置,板上设40mm厚现浇层。各层卫生间等特殊部位、现浇墙梁和室外雨棚为现浇板。混凝土强度:基础及基础梁板为200#、垫层为100#。主体结构框架梁、柱为300#。楼梯、构造柱、现浇板部位、现浇墙梁和室外雨棚混凝土为200#,预制板接缝及现浇层混凝土为200#细石混凝土。钢筋为Ⅰ级、Ⅱ级,A3钢,16锰,现浇层钢筋为A3钢,采用搭接接头。钢筋保护层厚度:基础底板为35mm;梁、柱为25mm;地上框架梁、柱为25mm,板为15mm。

基础墙体为100#砖、75#水泥砂浆砌筑;首层外墙、中间隔墙均为砖砌体;二层至四层外围护墙体外侧为120mm厚砖砌体,内侧为加气块混合砂浆砌筑;二层至四层中间隔墙均为加气块混合砂浆砌筑;砖为100#,混合砂浆为50#。在标高0.44m、0.92m、4.72m、8.54m、12.34m处所有纵横墙做60mm厚配筋50#砂浆带(或150#混凝土),沿整个楼层做通长且封闭;1~16轴横墙除此外再增设(每层)两道砂浆带,框架梁下皮加一道,往下间隔1.5m增设一道。

2. 检测鉴定的目的和范围

鉴定的目的:通过对×××教学楼主体结构安全性检测鉴定,为改造装修和工程加固设计提供依据。

鉴定的范围:×××教学楼基础及主体结构工程,建筑面积共4600m²。

3. 工程资料

委托单位提供了×××教学楼的建筑、结构原始施工图纸,未提供设计变更、竣工图、地勘报告和施工技术资料等资料。

4. 现场勘查

2021年7月3日,在委托方人员带领下,我公司专家组对×××教学楼进行了现场勘查,情况如下。

1)地基基础工程

该工程采用天然地基,钢筋混凝土柱下条形基础,工程勘查未发现地基明显缺陷和不均沉降现象,未发现因不均匀沉降而引起主体结构产生裂缝和变形等质量问题,建筑地基和基础无静载缺陷,地基基础现状完好。

2)结构体系及其整体牢固性

经现场检查,该工程为钢筋混凝土框架结构,楼、屋面采用预制混凝土空心板,卫生间等部位采用现浇板,钢筋混凝土柱下条形基础,结构平面布置整体规则,竖向抗侧力构件连续、房屋无错层,结构体系与提供的原始施工图纸相符合。

3)结构构件构造及连接节点

经现场检查,未发现柱、梁受力裂缝等影响结构安全的质量问题,结构构件构造及连接节点未发现受力开裂、外闪、脱出等质量缺陷,上部结构基本完好。

4)结构缺陷、损伤和腐蚀

经现场检查,未发现柱、梁等构件严重施工缺陷和施工偏差,构件未出现受力裂缝、连接节点未发现受力开裂等影响结构安全的质量问题。

5)结构位移和变形

经现场检查,未发现柱、梁等构件严重变形和位移,结构顶点层间无位移,满足规范要求。

6)围护系统承重部分

经检查,该工程围护墙、楼梯间墙体完好、屋面防水等围护系统现状基本完好。

7)使用改造情况

该工程自使用以来至本次检测鉴定为止使用功能未发生大的改变,二层以上走廊在原设计水磨石楼面的基础上又增加了地面地砖,教室增加了地砖,额外增加了走廊和教室荷载。

8)现场勘查问题

勘查中发现工程存在的质量问题如下：

① 室内隔墙裂缝,详见附件2图(一)。

② 卫生间墙面瓷砖脱落,详见附件2图(二)。

③ 走廊瓷砖个别部位开裂,详见附件2图(三)。

④ 屋面个别处渗漏,详见附件2图(四)。

5. 检测结果

1)建筑物垂直度检测

根据《混凝土结构工程施工质量验收规范》GB 50204—2015,采用经纬仪、钢直尺对楼房垂直度进行检测,检测结果符合规范要求,检测汇总结果见表(一)至表(四)。

建筑物垂直度检测结果汇总表(一)

工程名称	×××教学楼		仪器设备	经纬仪、钢直尺
结构类型	框架结构		检测数量	4角
检测结果				
序号	检测位置	实测值/mm	允许偏差/mm	判定
1	16/D(西)	6	21	合格
2	16/D(南)	15	21	合格
⋮	⋮	⋮	⋮	⋮
备注	全高H≤300m允许偏差H/30 000+20,全高H＞300m允许偏差为H/10 000且<80			

2)构件布置及尺寸复核

使用钢尺等量测构件尺寸,对照设计图纸查看、量测轴线位置、构件位置与尺寸、节点处位置与尺寸偏差,根据《混凝土结构工程施工质量验收规范》GB 50204—2015进行抽样,轴线位置抽检15个轴线,柱抽检13个构件,梁抽检20个构件,梁柱节点抽检33个构件,检测结果见表(二)。

混凝土构件轴线位置检测结果汇总表(二)

工程名称	×××教学楼		仪器设备		钢卷尺
结构类型	框架结构		检测数量		15个轴线
检测结果					
序号	检测区间	检测结果			判定
		实测偏差较大值/mm	实测偏差较大值偏差/mm	允许偏差/mm	
1	4-16,A–D轴	6303	3	8	合格
备注	检查柱轴线,沿纵、横两个方向测量,并取其中偏差的较大值(H_1、H_2、H_3分别为中部、下部及其他部位)				
检测结果					
序号	构件名称	设计轴线位置/mm	轴线位置实测值/mm		
			H_1	H_2	H_3	平均值
1	一层4/A–B轴	6300	6301	6302	6303	6302
2	一层4/B–C轴	2700	2702	2703	2071	2702
⋮	⋮	⋮	⋮	⋮	⋮	⋮

混凝土构件位置与尺寸偏差检测结果汇总表(三)

工程名称	×××教学楼				仪器设备			钢卷尺		
结构类型	框架结构				检测数量			33个构件		

梁高检测结果

序号	构件名称	板下梁高设计值/mm	梁高实测值/mm			检测结果			判定
			H_1	H_2	H_3	平均值/mm	平均值偏差/mm	允许偏差/mm	
1	一层梁2/B-C轴(梁中)	470	468	470	470	469	−1	+10,−5	合格
2	一层梁4/B-C轴(梁中)	470	472	469	470	470	0	+10,−5	合格
⋮	⋮	⋮	⋮	⋮	⋮	⋮	⋮	⋮	⋮

测点示意图	

H_2点为一侧边跨中点,H_1点、H_3点距两支座各0.1m

备注	梁高为板下梁高(板下梁高设计值=梁高设计值−板厚设计值)										
1	一层柱2/C轴(柱中)	500×500	506	505	502	504	503	503	504	503	+4,+3	+10,−5	合格
2	一层柱4/B轴(柱中)	500×500	502	504	503	503	502	503	504	503	+3,+3	+10,−5	合格
⋮	⋮	⋮	⋮	⋮	⋮	⋮	⋮	⋮	⋮	⋮	⋮	⋮	⋮

测点示意图	

柱截面尺寸示意图

b_1、h_1为柱上部检测数据,b_2、h_2为柱中部检测数据,b_3、h_3为柱下部检测数据

节点处位置与尺寸偏差检测结果汇总表(四)

工程名称	×××教学楼		仪器设备	钢卷尺
结构类型	框架结构		检测数量	33个构件

梁高检测结果

序号	构件名称	板下梁高设计值/mm	梁高实测值/mm			检测结果			判定
			H_1	H_2	H_3	平均值/mm	平均值偏差/mm	允许偏差/mm	
1	一层梁2/B-C轴(梁端)	470	474	474	473	474	+4	+10,-5	合格
2	一层梁4/B-C轴(梁端)	470	472	474	471	472	+2	+10,-5	合格
⋮	⋮	⋮	⋮	⋮	⋮	⋮	⋮	⋮	⋮

测点示意图	H_2点为一侧边跨中点,H_1点、H_3点距两支座各0.1m

备注	梁高为板下梁高(板下梁高设计值=梁高设计值-板厚设计值)

1	一层柱2/C轴(柱顶)	500×500	498	503	503	501	504	505	507	505	+1,+5	+10,-5	合格
2	一层柱4/B轴(柱顶)	500×500	500	500	501	500	503	500	501	501	0,+1	+10,-5	合格
⋮	⋮	⋮	⋮	⋮	⋮	⋮	⋮	⋮	⋮	⋮	⋮	⋮	⋮

测点示意图	柱截面尺寸示意图 b_1、h_1为柱上部检测数据,b_2、h_2为柱中部检测数据,b_3、h_3为柱下部检测数据

3)混凝土抗压强度检测

根据《钻芯法检测混凝土强度技术规程》JGJ/T 384—2016,对梁混凝土强度进行抽样,共抽取15个芯样,检测结果符合设计要求,混凝土强度检测结果汇总见表(五)。

钻芯法检测混凝土抗压强度检测结果汇总表(五)

工程名称	×××教学楼		仪器设备		混凝土钻孔机	
结构类型	框架结构		检测数量		15个构件(15个芯样)	
检测结果						
检测区间	设计强度等级	抗压强度平均值/MPa	标准差	推定区间上限值/MPa	推定区间下限值/MPa	混凝土强度推定值/MPa
一至三层梁柱	300#	31.5	2.05	29.2	26.2	29.2
结论	一至三层所测芯样试件混凝土抗压强度推定上限值位为29.2MPa,大于设计强度等级300#,符合设计要求					
检测结果						
序号	构件名称	混凝土设计强度等级		芯样直径/mm		芯样抗压强度/MPa
1	一层柱6/B轴	300#		99.0		31.0
2	一层柱10/B轴	300#		99.5		29.4
⋮	⋮	⋮		⋮		⋮

4)混凝土碳化深度检测

使用数字式碳化深度测量仪检测混凝土碳化深度,根据《回弹法检测混凝土抗压强度技术规程》JGJ/T 152—2019共抽检33个构件,检测结果汇总见表(六)。

混凝土碳化深度检测结果汇总表(六)

工程名称		×××教学楼		仪器设备	数字式碳化深度测量仪LR-TH10	
结构类型		框架结构		检测数量	33个构件	
检测结果						
序号	构件名称	碳化深度值/mm				碳化值/mm
		测点1	测点2	测点3	平均	
1	一层梁2/B-C轴	6.00	6.00	6.00	6.0	6.0
		6.00	6.00	6.00	6.0	
		6.00	6.00	6.00	6.0	
2	一层梁4/B-C轴	6.00	6.00	6.00	6.0	6.0
		6.00	6.00	6.00	6.0	
		6.00	6.00	6.00	6.0	
⋮	⋮	⋮	⋮	⋮	⋮	⋮

5)混凝土构件钢筋配置检测

使用一体式钢筋扫描仪扫描检测混凝土构件钢筋、节点钢筋,根据《建筑结构检测技术标准》GB/T 50344—2019,B类进行抽样,梁抽检20个构件,柱抽检13个构件,板抽检3个构件,节点26个构件,结果符合设计要求,检测结果汇总见表(七)和表(八)。

混凝土构件钢筋间距、钢筋根数检测结果汇总表(七)

工程名称		×××教学楼		仪器设备	一体式钢筋扫描仪LR-G200	
结构类型		框架结构		检测数量	36个构件	
检测结果						
序号	构件名称	设计配筋		检测结果		
				钢筋数量/根	钢筋间距/mm	钢筋间距平均值/mm
1	一层梁2/B-C轴(梁中)	底部下排纵向受力钢筋	3Φ25	3	—	—
		箍筋	Φ8@100	—	599	100
2	一层柱2/C轴(柱中)	一侧面纵向受力钢筋	6Φ25	6	—	—
		箍筋	Φ10@200	—	1190	198
3	一层板6-7/A-B轴	底部下排水平分布筋	ΦA6@200		1180	197
		底部上排垂直分布筋	Φ8@150		881	147
⋮	⋮	⋮	⋮	⋮	⋮	⋮

节点处钢筋间距、钢筋根数检测结果汇总表(八)

工程名称		×××教学楼		仪器设备	一体式钢筋扫描仪LR-G200	
结构类型		框架结构		检测数量	26个构件	
检测结果						
序号	构件名称	设计配筋		检测结果		
				钢筋数量/根	钢筋间距/mm	钢筋间距平均值/mm
1	一层梁2/B-C轴(梁端)	底部下排纵向受力钢筋	3Φ25	3	—	—
		箍筋	Φ8@100	—	573	96
2	一层梁4/B-C轴(梁端)	底部下排纵向受力钢筋	3Φ25	3	—	—
		箍筋	Φ8@100	—	580	97
⋮	⋮	⋮	⋮	⋮	⋮	⋮

6)钢筋直径检测

根据《混凝土中钢筋检测技术标准》JGJ/T 152—2019第5.2.1条:"单位工程建筑面积不大于2000m²同牌号同规格的钢筋应作为一个检测批",对该工程柱、梁钢筋直径进行抽测,Φ25钢筋抽测14根,Φ22钢筋抽测10根,Φ20钢筋抽测10根,Φ18钢筋抽测8根,Φ10钢筋抽测14根,AΦ8钢筋抽测10根,检测结果汇总见表(九)。

钢筋直径检测结果汇总表（九）

工程名称		×××教学楼		仪器设备		游标卡尺		
结构类型		框架结构		检测数量		17个构件		
检测结果								
序号	构件名称	设计要求		钢筋直径检测结果				
		钢筋直径/mm		直径实测值/mm	公称直径/mm	公称尺寸/mm	偏差值/mm	允许偏差/mm	结果判定
1	一层梁 11/A-B轴	一侧面纵向受力钢筋	1⌀25+2⌀22	22.4	22	21.3	+1.1	±0.5	不符合标准要求
		箍筋	φ8@200	7.5	8	—	-0.5	±0.3	不符合标准要求
2	一层柱 6/B轴	一侧面纵向受力钢筋	4⌀25	22.7	25	24.2	-1.5	±0.5	不符合标准要求
		箍筋	φ10@200	8.3	10	—	-1.7	±0.3	不符合标准要求
⋮	⋮	⋮	⋮	⋮	⋮	⋮	⋮	⋮	⋮

7）钢筋保护层厚度检测

对该工程梁、板、柱钢筋保护层进行检测，根据《建筑结构检测技术标准》GB/T 50344—2019，B类进行抽样，梁抽检20个构件，柱抽检13个构件，板抽检3个构件，节点处26个构件，检测结果汇总见表（十）和表（十一）。

混凝土构件钢筋保护层厚度检测结果汇总表（十）

工程名称		×××教学楼	仪器设备		一体式钢筋扫描仪LR-G200	
结构类型		框架结构	检测数量		36个构件	
检测结果						
构件类别	设计值/mm	计算值/mm	允许偏差/mm	保护层厚度检测值		
				所测点数	合格点数	合格点率/%
梁	25	—	+10,-7	67	67	100
板	15	—	+8,-5	18	17	94.4
结论	所检测梁类构件合格点率为100%，板类构件合格点率为94.4%，符合标准要求					
备注	1. 判定保护层厚度是否合格时，以计算值加减允许偏差进行计算判定； 2. 根据《混凝土结构工程施工质量验收规范》GB 50204—2015规定：当全部钢筋保护层厚度检验的合格率为90%及以上，且检验结果中不合格点的最大偏差均不大于允许偏差的1.5倍时，可判为合格。					
检测结果						
序号	构件名称	设计配筋		设计值/mm	检测结果/mm	
1	一层柱2/C轴（柱中）	6⌀25		25	一侧面纵向受力钢筋：24、27、(36)、30、28、27	
		φ10@200				
2	一层柱4/B轴（柱中）	6⌀25		25	一侧面纵向受力钢筋：25、28、25、26、33、31	
		φ10@200				
⋮	⋮	⋮		⋮	⋮	

节点处钢筋保护层厚度检测结果汇总表（十一）

工程名称	×××教学楼			仪器设备	一体式钢筋扫描仪LR-G200	
结构类型	框架结构			检测数量	26个构件	
检测结果						
构件类别	设计值/mm	计算值/mm	允许偏差/mm	保护层厚度检测值		
				所测点数	合格点数	合格点率/%
梁	25	—	+10,−7	44	44	100
结论	所检测梁类构件合格点率为100%，符合标准要求					
备注	1. 判定保护层厚度是否合格时，以计算值加减允许偏差进行计算判定； 2. 根据《混凝土结构工程施工质量验收规范》GB 50204—2015规定：当全部钢筋保护层厚度检验的合格率为90%及以上，且检验结果中不合格点的最大偏差均不大于允许偏差的1.5倍时，可判为合格					
检测结果						
序号	构件名称	设计配筋	设计值/mm	检测结果/mm		
1	一层柱2/C轴（柱顶）	6Φ25 Φ10@100	25	一侧面纵向受力钢筋：26、27、22、25、28、22		
2	一层柱4/B轴（柱顶）	6Φ25 Φ10@100	25	一侧面纵向受力钢筋：26、30、28、29、31、36		
⋮	⋮	⋮	⋮	⋮		

8）房屋裂缝检测

对房屋裂缝、外观质量缺陷情况进行调查，框架结构与填充墙的交接部位裂缝及墙体抹灰裂缝等，对主体结构的安全性基本没有影响。

6. 检测结论

（1）所测建筑物垂直度检测结果符合规范要求。

（2）所测构件布置及尺寸复核结果符合设计要求。

（3）所测构件混凝土抗压强度（推定值29.2MPa）符合设计要求。

（4）所测构件混凝土碳化深度检测结果为6mm。

（5）所检构件混凝土构件钢筋配置符合设计要求。

（6）所检构件钢筋直径基本符合设计要求。

（7）所检构件钢筋保护层厚度基本符合设计要求。

7. 结构安全性等级鉴定

1）结构构件承载力验算

（1）柱轴压比验算满足规范要求。

（2）柱、梁、配筋验算满足规范要求。

（3）结构承载力验算计算书，详见附件3。

2）结构安全性等级评定

根据《民用建筑可靠性鉴定标准》GB 50292—2015和现场检测结果，对建筑安全性进行鉴定评级，按照构件、子单元和鉴定单元三个层次，逐层对该建筑物进行评级。

（1）构件评级。

① 按承载能力评定，依据《混凝土结构设计规范》GB 50010—2010（2015年版）和《建筑结构荷载规范》GB 50009—2012的有关规定，应用PKPM软件验算鉴定工程承载能力。验算结果表明，该工程各层构件安

全度 $R/(\gamma_0 S) \geq 1.0$，按照《民用建筑可靠性鉴定标准》GB 50292—2015 表5.2.2要求，构件的承载能力评定为 a_u 级。

② 按构造评定，按照《民用建筑可靠性鉴定标准》GB 50292—2015要求，混凝土构件安全性按构造评定时，应按规范表5.2.3规定，分别评定两个检查项目的等级，然后取其中较低一级作为该构件构造的安全性等级。依据规范规定，该工程在现场勘查过程中，结构构造合理，连接和节点构造连接方式正确，符合现行设计规范要求，混凝土结构构件构造等级评定为 a_u 级。

③ 按不适于承载的位移或变形评定，经设计验算和现场勘查，未发生不适于承载的位移或变形，混凝土结构构件评定为 a_u 级。

④ 按不适于承载的裂缝或其他损伤评定，经现场勘查，该工程未发现因主筋锈蚀或腐蚀导致混凝土产生沿主筋方向开裂、保护层脱落或掉角；混凝土构件未有较大范围的损伤，按照《民用建筑可靠性鉴定标准》GB 50292—2015的有关规定，混凝土结构构件评定为 a_u 级。

（2）子单元评级。

① 地基基础：经现场勘查，该建筑地基基础未见明显静载缺陷，现状完好，且上部结构中，未发现由于地基不均匀沉降造成的显著结构构件开裂和倾斜，不影响整体承载，地基基础综合评为 A_u 级。

② 上部承重结构：上部承重结构子单元的安全性鉴定评级，应根据其结构承载功能等级、结构整体性等级，以及结构侧向位移等级的评定结果进行确定。

a. 结构承载功能等级评定，通过结构计算分析结果，该工程各层主要构件和一般构件均满足承载要求，按照《民用建筑可靠性鉴定标准》GB 50292—2015有关规定主要构件集和次要构件集均评为 a_u 级，上部承重结构承载功能评为 A_u 级。

b. 结构整体牢固性等级的评定，该工程的结构布置及构造布置合理，形成完整的体系，且结构选型及传力设计正确；构件长细比及连接构造符合设计规范规定，形成完整的支撑体系，无明显残损和施工缺陷，能传递各种侧向作用；结构构件间的联系设计合理、无疏漏、锚固、拉结、连接方式正确可靠，无松动变形和其他残损，按照《民用建筑可靠性鉴定标准》GB 50292—2015有关规定结构整体牢固性等级评为 A_u 级。

c. 按不适宜承载的侧向位移评定，根据现场勘验和检测结果，按照《民用建筑可靠性鉴定标准》GB 50292—2015有关规定，该工程按照上部承重结构不适宜承载的侧向位移评定为 A_u 级。

上部承重结构安全性评定：按照《民用建筑可靠性鉴定标准》GB 50292—2015第7.3.11条规定，上部承重结构安全性评为 A_u 级。

③ 维护系统承重部分：应根据该部分结构承载功能等级和结构整体性等级的评定结果进行确定，按照《民用建筑可靠性鉴定标准》GB 50292—2015第7.4.6条规定，维护系统承重部分评为 A_u 级。

3）鉴定单元安全性评级

鉴定单元安全性鉴定评级，根据其地基基础、上部承重结构的安全性等级进行评定。该工程结构安全性评级结果见表（十三）。

鉴定单元综合评定表（十二）

鉴定单元	层次	二	三
	层名	子单元评定	鉴定单元综合评定
	等级	A_u、B_u、C_u、D_u	A_{su}、B_{su}、C_{su}、D_{su}
×××教学楼	地基基础	A_u	
	上部承重结构	A_u	A_{su}
	围护系统承重部分	A_u	

8. 鉴定结论

专家组依据现场勘查、检测结果、荷载验算和国家相关规范标准,经综合分析论证,对×××教学楼工程安全性提出检测鉴定意见如下。

(1)现场勘查,未发现工程出现基础不均匀沉降、柱、梁受力裂缝,结构构件构造连节点未发现受力裂缝、存在明显缺陷等影响结构安全的质量问题。

(2)×××教学楼工程安全性鉴定等级为A_{su}级。

9. 处理建议

对现场勘查发现的工程质量问题,结合本次加固改造一并采取措施处理。

10. 专家组成员

专家信息及确认签字表(十三)

姓名	职称	签字
×××	×××	
×××	×××	
×××	×××	

11. 附件

(1)工程外观图1张,详见附件1。

(2)工程现场勘查问题4张,详见附件2。

(3)结构承载力验算计算书,附件3(略)。

(4)鉴定委托书及相关资料(略)。

(5)专家职称和技术人员职称证书(略)。

(6)鉴定机构资质材料(略)。

附件1　工程外观图

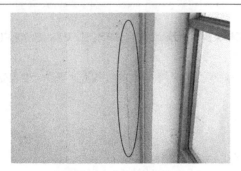

图(一) 室内隔墙裂缝

图(二) 卫生间墙面瓷砖脱落

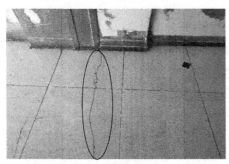

图(三) 走廊瓷砖开裂

图(四) 屋面个别处渗漏

附件2 工程现场勘查问题

2.2.6 砌体结构建筑安全性鉴定

砌体结构建筑在我国既有建筑中占比最高,使用寿命在30年以上的民用建筑,特别是住宅建筑,绝大多数都是砌体结构,临近使用寿命的砌体结构建筑越来越多,基本都需要进行检测鉴定。安全性鉴定初步勘察、详细调查与检测和构件安全性鉴定评级一般规定、子单元和鉴定单元鉴定评级规定见前述内容,本节重点介绍砌体结构构件安全性鉴定评级内容、方法和要求。

1. 砌体结构构件安全性鉴定评级基本原则

砌体结构构件的安全性鉴定,应按承载能力、构造、不适于承载的位移和裂缝或其他损伤四个检查项目,分别评定每一受检构件等级,并取其中最低一级作为该构件的安全性等级。

2. 砌体结构构件安全性鉴定评级具体规定

(1)当按承载能力评定砌体结构构件的安全性等级时,应按表2.13的(标准表5.4.2)规定分别评定每一验算项目的等级,并取其中最低等级作为该构件承载能力的安全性等级。砌体结构倾覆、滑移、漂浮的验算,应按国家现行有关规范的规定进行。

表2.13　（标准表5.4.2）按承载能力评定的砌体构件安全性等级

构件类别	安全性等级			
	a_u级	b_u级	c_u级	d_u级
主要构件及连接	$R/(\gamma_0 S) \geqslant 1.00$	$R/(\gamma_0 S) \geqslant 0.95$	$R/(\gamma_0 S) \geqslant 0.90$	$R/(\gamma_0 S) < 0.90$
一般构件	$R/(\gamma_0 S) \geqslant 1.00$	$R/(\gamma_0 S) \geqslant 0.90$	$R/(\gamma_0 S) \geqslant 0.85$	$R/(\gamma_0 S) < 0.85$

（2）当按连接及构造评定砌体结构构件的安全性等级时,应按表2.14(标准表5.4.3)的规定分别评定每个检查项目的等级,并取其中最低等级作为该构件的安全性等级。

表2.14　（标准表5.4.3）按连接及构造评定砌体结构构件安全性等级

检查项目	安全性等级	
	a_u级或b_u级	c_u级或d_u级
墙、柱的高厚比	符合国家现行相关规范的规定	不符合国家现行相关规范的规定,且已超过国家标准《砌体结构设计规范》GB 50003—2011规定限值的10%
连接及构造	连接及砌筑方式正确,构造符合国家现行相关规范规定,无缺陷或仅有局部的表面缺陷,工作无异常	连接及砌筑方式不当,构造有严重缺陷,已导致构件或连接部位开裂、变形、位移、松动,或已造成其他损坏

注:1. 构件支承长度的检查与评定包含在"连接及构造"的项目中。
　　2. 构造缺陷包括施工遗留的缺陷。

（3）当砌体结构构件安全性按不适于承载的位移或变形评定时,应符合下列规定。

① 对墙、柱的水平位移或倾斜,当其实测值大于表2.8(标准表7.3.10)所列的限值时,应按下列规定评级:当该位移与整个结构有关时,应根据评定结果,取与上部承重结构相同的级别作为该墙、柱的水平位移等级;当该位移只是孤立事件时,则应在其承载能力验算中考虑此附加位移的影响;当验算结果不低于b_u级时,仍可定为b_u级;当验算结果低于b_u级时,应根据其实际严重程度定为c_u级或d_u级;当该位移尚在发展时,应直接定为d_u级。

② 除带壁柱墙外,对偏差或使用原因造成的其他柱的弯曲,当其矢高实测值大于柱的自由长度的1/300时,应在其承载能力验算中计入附加弯矩的影响,并应根据验算结果按（3）,上述①中当该位移知识孤立事件时原则评级。

(4)当砌体结构的承重构件出现下列受力裂缝时,应视为不适于承载的裂缝,并应根据其严重程度评为 c_u 级或 d_u 级。

①桁架、主梁支座下的墙、柱的端部或中部,出现沿块材断裂或贯通的竖向裂缝或斜裂缝。

②空旷房屋承重外墙的变截面处,出现水平裂缝或沿块材断裂的斜向裂缝。

③砖砌过梁的跨中或支座出现裂缝;或虽未出现肉眼可见的裂缝,但发现其跨度范围内有集中荷载。

④其他明显的受压、受弯或受剪裂缝。

(5)当砌体结构、构件出现下列非受力裂缝时,应视为不适于承载的裂缝,并应根据其实际严重程度评为 c_u 级或 d_u 级。

①纵横墙连接处出现通长的竖向裂缝。

②承重墙体墙身裂缝严重,且最大裂缝宽度已大于5mm。

③独立柱已出现宽度大于1.5mm的裂缝,或有断裂、错位迹象。

④其他显著影响结构整体性的裂缝。

(6)当砌体结构、构件存在可能影响结构安全的损伤时,应根据其严重程度直接定为 c_u 级或 d_u 级。

2.2.7 砌体结构宿舍楼安全性鉴定实例

××市×××中学宿舍楼,地上六层,建筑高度19.5m(室外地面至屋面板上皮),建筑面积6000m²,主要功能为男女学生宿舍用房,耐火等级为二级。结构形式为砌体结构,承重墙红机砖砌筑;楼板采用预制预应力钢筋混凝土圆孔板(卫生间为现浇混凝土楼板);基础形式为墙下条形砖基础,天然地基。建筑设计使用年限为50年,抗震设防烈度8度。宿舍楼分两期建设,中间设有变形缝,西侧部分建设于1985年,东侧部分建设于1986年。建成30余年来,一直按原设计宿舍功能使用。使用期间未进行改造、加固和明显增加荷载的装修,未遇到对建筑造成影响的自然灾害。

近年来,发现宿舍楼楼板出现裂缝,部分内外墙存在不同程度开裂,屋顶和卫生间楼板、外墙多处漏水;为改善学生居住条件,学校拟对宿舍楼进行装修,装修范围为内墙、顶棚刷涂料和外墙刷涂料,更换外门窗。×××中学对宿舍楼的安全性存疑,遂委托本公司对宿舍楼进行检测鉴定。

经过初步勘察发现,宿舍楼使用功能未改变,装修不改变主体体结构和功能布置,荷载增加不大,×××中学没有增加宿舍楼使用年限的需要。通过与×××中学沟通,按照《民用建筑可靠性鉴定标准》GB 50292—2015第3.1节规定,不属于第3.1.1条第1款需要进行可靠性鉴定的范围,按照第3.1.1条第2款第4项规定,可以仅进行建筑安全性鉴定。

合同签订后,×××中学提供了宿舍楼部分建筑、结构设计图纸,未提供工程地质勘察报告和施工质量保证、验收资料。

公司设立××中学宿舍楼检测鉴定项目组,为保证检测鉴定工作的及时、准确,特别邀请了×××建筑设计院的两位结构专家参与检测鉴定工作。拟定了检测鉴定工作方案,根据工程资料的缺失情况,确定了检测项目及要求。

项目组安排检测人按拟定的检测方案进行了建筑倾斜变形和砖、砌筑砂浆强度等相关检测并编制了检测报告和相应记录。

项目组工程技术人员和邀请专家按照《民用建筑可靠性鉴定标准》GB 50292—2015第4章要求,共同对宿舍楼进行了详细勘察并编制了勘察记录,保留了影像资料。

项目组工程技术人员和邀请专家根据检测结果和现场勘查情况,采用PKPM软件,按照现行规范,对宿舍楼建模计算承载力和墙体高厚比,计算结果表明,承载能力、墙体高厚比满足安全性要求。

按照前述程序、方法和《民用建筑可靠性鉴定标准》GB 50292—2015第5章、第6章、第7章、第9章要求,分结构构件、子单元和建筑物三个层次进行了安全性鉴定评级。主要构件和一般构件安全性评定为a_u级;地基基础子单元安全性评定为a_u级,主体承重结构安全性评定为A_u级,宿舍楼安全性评定为A_{su}级。

对勘查中发现的楼板、内外墙开裂、渗漏等问题,建议结合装修工程一并处理。

按照《民用建筑可靠性鉴定标准》GB 50292—2015第12章要求,编写《×××宿舍楼结构安全性检测鉴定报告》如下所示。

×××宿舍楼结构安全性检测鉴定报告

工程名称	×××宿舍楼		
工程地点	××市××区××路南侧,××路西侧		
委托单位	×××中学		
建设单位	×××		
设计单位	×××		
勘察单位	×××		
施工单位	2021年7月8—15日	检测日期	2021年7月8—15日
监理单位	详见报告	检验类别	委托
检测鉴定项目	1. 建筑物垂直度检测 2. 构件布置与尺寸复核 3. 贯入法检测砂浆强度 4. 回弹法检测烧结砖强度 5. 钻芯法检测混凝土抗压强度 6. 混凝土碳化深度检测;钢筋扫描检测 7. 钢筋直径检测;钢筋保护层厚度检测 8. 砖砌体内拉结钢筋检测		
检测鉴定仪器	经纬仪;直尺;混凝土钻孔机;数字式碳化深度测量仪LR-TH10;贯入式砂浆强度检测仪SJY800B;砖回弹仪HT75-A;钢筋扫描仪PS200;钢卷尺;游标卡尺;一体式钢筋扫描仪LR-G200		
鉴定依据	1.《民用建筑可靠性鉴定标准》GB 50292—2015 2.《建筑工程施工质量验收统一标准》GB 50300—2013 3.《建筑地基基础工程施工质量验收规范》GB 50202—2018 4.《混凝土结构工程施工质量验收规范》GB 50204—2015 5.《砌体工程施工质量验收规范》GB 50203—2011 6.《建筑结构荷载规范》GB 50009—2012 7.《建筑地基基础设计规范》GB 50007—2011 8.《混凝土结构设计规范》GB 50010—2010(2015版) 9.《砌体结构设计规范》GB 50003—2011 10.《建筑抗震设计规范》GB 50011—2010(2016版) 11.《建筑抗震鉴定标准》GB 50023—2009 12.《混凝土结构加固设计规范》GB 50367—2013 13.《砌体结构加固设计规范》GB 50702—2011 14.《房屋裂缝检测与处理技术规程》CECS293:2011 15. 鉴定委托单及相关资料 16. 现场勘查记录及影像资料		
检测依据	1.《建筑结构检测技术标准》GB/T 50344—2019 2.《钻芯法检测混凝土强度技术规程》JGJ/T 384—2016 3.《混凝土中钢筋检测技术规程》JGJ/T 152—2008 4.《砌体工程现场检测技术标准》GB/T 50315—2011 5.《混凝土结构现场检测技术标准》GB/T 50784—2013 6.《贯入法检测砌筑砂浆抗压强度技术规程》JGJ/T 136—2001		

1. 工程概况

×××宿舍楼工程位于××市,于1996年建成并交付使用(工程外观见附件1)。

建筑专业:该宿舍楼为多层公共建筑,主要功能为学生宿舍,地上六层,建筑高度19.5m(室外地面至屋面板上皮),占地面积1000m²,建筑面积6000m²,室内外高差0.45m。13、14轴间设有变形缝,1~13轴为一期,1995年建成,14~26轴为二期,1996年建成。耐火等级为二级,设计使用年限为50年,抗震设防烈度为8度。

屋面原防水层为二毡三油焊大砂子(后经维修,现屋顶防水为SBS改性沥青防水卷材)。建筑外窗为钢窗(已更换为塑钢窗+中空玻璃),内外门均为木门。外墙饰面材料为水刷石,门厅、走廊等公共部分楼地面为水磨石,宿舍地面为水泥砂浆,顶棚为麻刀灰喷大白二道(经多次维修,现为白色内墙涂料),墙面为石灰砂浆抹灰喷大白(经多次维修,现为白色内墙涂料),墙裙为水泥砂浆刷油漆。

结构专业:工程为砌体结构、预制空心楼板,采用天然地基,地基承载力特征值为120kPa,采用钢筋混凝土墙下条形基础。各层楼板及屋面采用130mm厚预制空心楼板,板缝、板带宽度40~300mm不等,预制板选用图集为京92G41。梁、卫生间等特殊部位、室外雨棚为现浇。承重墙在±0.000附近设有300mm高、宽度同墙厚钢筋混凝土地圈梁,在各层楼板及屋面板处设有240mm或150mm高、宽度同墙厚钢筋混凝土圈梁;在外墙转角处、内横墙与外纵墙交界处、内纵墙与山墙交接处、部分横墙与内纵墙交接处等部位设置钢筋混凝土构造柱,截面为240mm×240mm。混凝土强度:基础为C20,垫层为C10,梁、圈梁、构造柱、卫生间等处现浇板、雨篷混凝土均为C20,预制板接缝为C20细石混凝土。钢筋为Ⅰ级、Ⅱ级,采用搭接接头。钢筋保护层厚度:基础为35mm,其余均为25mm。门窗过梁为预制钢筋混凝土过梁,采用图集为G322。

基础墙体为MU10红机砖,M10水泥砂浆砌筑;地上外墙370mm厚、内墙240mm厚,采用100#红机砖、M10混合砂浆砌筑。女儿墙以上采用M5水泥砂浆砌筑250mm厚珍珠岩空心砌块。

2. 检测鉴定目的和范围

鉴定的目的:通过对×××宿舍楼主体结构安全性检测鉴定,为改造装修和工程加固设计提供依据。

鉴定的范围:×××宿舍楼基础及主体结构工程,建筑面积共6000m²。

3. 工程资料

委托单位提供了×××宿舍楼的建筑、结构原始施工图纸,未提供设计变更、竣工图、地勘报告和施工技术资料等资料。

4. 现场勘查

2021年7月3日,在委托方人员带领下我公司专家组对×××宿舍楼进行了现场勘查,情况如下。

1)地基基础工程

该工程采用天然地基,钢筋混凝土墙下条形基础,工程勘查中未发现地基明显缺陷和不均匀沉降现象,未发现因不均匀沉降而引起主体结构产生裂缝和变形等质量问题,建筑地基和基础无静载缺陷,地基基础现状完好。

2)结构体系及其整体牢固性

经现场检查,该工程为砌体结构,竖向承重构件为砖砌体,水平承重构件采用预制混凝土空心板,卫生间等部位采用现浇板,钢筋混凝土墙下条形基础,结构平面布置整体规则,竖向抗侧力构件连续、房屋无错层,结构体系与提供的原始施工图纸相符合。

3)结构构件构造及连接节点

经现场检查,未发现墙体、梁受力裂缝等影响结构安全的质量问题,结构构件构造及连接节点未发现受力开裂、外闪、脱出等质量缺陷,上部结构基本完好。

4)结构缺陷、损伤和腐蚀

经现场检查,未发现墙体、梁等构件严重施工缺陷和施工偏差,构件未出现受力裂缝、连接节点未发现受力开裂等影响结构安全的质量问题。

5)结构位移和变形

经现场检查,未发现墙体、梁等构件严重变形和位移,结构顶点层间无位移,满足规范要求。

6)围护系统承重部分

经检查,该工程围护墙、楼梯间墙体完好、屋面防水等围护系统现状基本完好。

7)使用改造情况

该工程自使用以来至本次检测鉴定,经多次维护和维修,屋面原防水层为二毡三油焊大砂子现为SBS改性沥青防水卷材;建筑外窗原钢窗更换为塑钢窗+中空玻璃。

8)现场勘查问题

勘查中发现工程存在的质量问题如下。

(1)北侧女儿墙屋面板位置墙体开裂,有渗漏痕迹,详见附件2图(一);

(2)卫生间墙体外侧有渗漏、受潮痕迹,粉刷层粉化、脱落,详见附件2图(二);

(3)卫生间顶板渗漏痕迹、粉刷脱落,详见附件2图(三);

(4)4层南走廊中部楼板渗漏、粉刷脱落,详见附件2图(四)。

5. 检测结果

1)建筑物垂直度检测

根据《砌体结构工程施工质量验收规范》GB 50203—2011,采用经纬仪、钢直尺对楼房垂直度进行检测,检测结果符合规范要求,检测结果汇总见表(一)。

垂直度检测结果汇总表(一)

工程名称		×××宿舍楼	仪器设备	经纬仪、钢直尺
结构类型		砌体结构	检测数量	4角
检测结果				
序号	检测位置	实测值/mm	允许偏差/mm	判定
1	26/K(西)	5	21	合格
2	26/K(南)	9	21	合格
⋮	⋮	⋮	⋮	⋮
备注	全高(H)≤300m 允许偏差 $H/30\,000+20$,全高(H)>300m 允许偏差为 $H/10\,000$ 且≤80			

2)构件布置及尺寸复核

使用钢尺等量测构件尺寸,对照设计图纸查看、量测轴线位置、构件布置、墙垛尺寸、轴线位置,根据《砌体结构工程施工质量验收规范》GB 50203—2011进行抽样,轴线位置抽检12个轴线,梁抽检32个构件,柱抽检32个构件,墙垛尺寸抽检30个构件,检测结果见表(二)至表(五)。

轴线位置检测结果汇总表(二)

工程名称	×××宿舍楼	仪器设备	钢卷尺
结构类型	砌体结构	检测数量	12个轴线

检测结果				

—	检测区间	检测结果			判定
		实测偏差较大值/mm	实测偏差较大值偏差/mm	允许偏差/mm	
	4-13,C-H轴	5406	6	8	合格

备注	检查柱轴线,沿纵、横两个方向测量,并取其中偏差的较大值(H_1、H_2、H_3分别为中部、下部及其他部位)

序号	构件名称	设计轴线位置/mm	轴线位置实测值/mm			
			H_1	H_2	H_3	平均值
1	一层4-5/C轴	3300	3303	3306	3302	3304
2	一层5-6/C轴	3300	3304	3303	3300	3302
⋮	⋮	⋮	⋮	⋮	⋮	⋮

混凝土构件位置与尺寸偏差检测结果汇总表(三)

工程名称	×××宿舍楼	仪器设备	钢卷尺
结构类型	砌体结构	检测数量	64个构件

梁高检测结果									

序号	构件名称	板下梁高设计值/mm	梁高实测值/mm				检测结果			判定
			H_1	H_2	H_3	平均值/mm	平均值偏差/mm	允许偏差/mm	
1	一层梁7/E-F轴	170	172	171	176	173	+3	+10,-5	合格
2	一层梁10/E-F轴	170	173	171	173	172	+2	+10,-5	合格
⋮	⋮	⋮	⋮	⋮	⋮	⋮	⋮	⋮	⋮

测点示意图	

梁高示意图

H_2点为一侧边跨中点,H_1点、H_3点距两支座各0.1m

备注	梁高为板下梁高(板下梁高设计值=梁高设计值-板厚设计值)

混凝土构件位置与尺寸偏差检测结果汇总表(四)

截面尺寸检测结果												

序号	构件名称	截面尺寸设计值/mm	截面尺寸实测值								平均值偏差/mm	允许偏差/mm	判定
			b_1	b_2	b_3	平均值	h_1	h_2	h_3	平均值			
1	一层柱17/E轴	240×240	241	235	250	242	248	236	243	242	+2,+2	+10,-5	合格
2	一层柱17/F轴	240×240	235	235	243	238	244	237	246	242	-2,+2	+10,-5	合格
⋮	⋮	⋮	⋮	⋮	⋮	⋮	⋮	⋮	⋮	⋮	⋮	⋮	⋮

续表

测点示意图	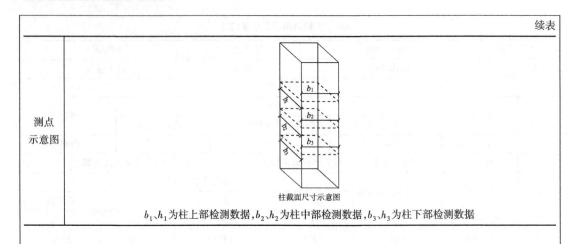

柱截面尺寸示意图

b_1、h_1为柱上部检测数据,b_2、h_2为柱中部检测数据,b_3、h_3为柱下部检测数据

墙垛尺寸检测结果汇总表(五)

工程名称	×××宿舍楼	仪器设备	钢卷尺
结构类型	砌体结构	检测数量	30个构件
检测结果			
序号	构件名称	设计墙垛尺寸/mm	实测值/mm
1	一层21-22/H轴(东)	900	860
2	一层25-26/H轴(西)	900	1200
⋮	⋮	⋮	⋮

3)砂浆抗压强度检测

根据《砌体工程现场检测技术标准》GB/T 50315—2011,使用贯入式砂浆强度检测仪贯入法检测砌筑砂浆抗压强度,共抽取36个构件,检测结果见表(六)。

贯入法检测砌筑砂浆抗压强度检测结果汇总表(六)

工程名称	×××宿舍楼	仪器设备	贯入式砂浆强度检测仪SJY800B
结构类型	砌体结构	检测数量	36个构件

检测结果										
序号	构件名称	贯入深度平均值/mm	砂浆抗压强度换算值/MPa	砂浆强度换算值的平均值/MPa	砂浆强度换算值的最小值/MPa	砂浆强度换算值的标准差	砂浆强度换算值的变异系数	0.91倍砂浆强度换算值的平均值/MPa	1.18倍砂浆强度换算值的最小值/MPa	砂浆抗压强度推定值/MPa
1	一层墙19/D-E轴	3.23	12.5	13.6	12.4	1.30	0.10	12.4	16.4	12.4
2	一层墙18/H-I轴	2.97	15.0							
3	一层墙6-7/E轴	3.14	13.3							
4	一层墙7-8/F轴	2.91	15.7							
5	一层墙9-10/E轴	3.25	12.4							
6	一层墙20-21/J轴	3.22	12.6							
⋮	⋮	⋮	⋮	⋮	⋮	⋮	⋮	⋮	⋮	⋮

4)烧结砖抗压强度检测

根据《砌体工程现场检测技术标准》GB/T 50315—2011,使用砖回弹仪采用回弹法检测烧结砖强度,共抽取36个构件,检测结果见表(七)。

回弹法检测烧结砖强度结果汇总表(七)

工程名称		×××宿舍楼			仪器设备		砖回弹仪 HT75-A		
结构类型		砌体结构			检测数量		36个构件		
检测结果									
序号	检测单元	构件名称(测区)	抗压强度代表值/MPa	烧结砖设计强度等级	抗压强度平均值/MPa	抗压强度最小值/MPa	抗压强度标准值/MPa	烧结砖推定强度等级
1	一层墙体	19/D–E轴	13.1	MU10	13.2	12.5	12.2	MU10
		18/H–I轴	12.9					
		6–7/E轴	13.3	MU10	13.2	12.5	12.2	MU10
		7–8/F轴	14.2					
		9–10/E轴	13.1					
		20–21/J轴	12.5					
2	二层墙体	11/C–E轴	12.7	MU10	12.1	11.5	11.2	MU10
		20/H–I轴	12.5					
		15–17/E轴	11.5					
		9–10/E轴	12.3					
		20–21/J轴	11.5					
		20–21/I轴	12.1					
		5–6/F轴	12.0					
		7–8/F轴	12.1					
		10–11/E轴	11.4					
		12–13/F轴	11.3					
		12–13/E轴	11.7					
⋮	⋮	⋮	⋮	⋮	⋮	⋮	⋮	⋮

5)混凝土抗压强度检测

根据《钻芯法检测混凝土强度技术规程》JGJ/T 384—2016,对梁混凝土强度进行抽样,共抽取20个芯样,检测结果见表(八)。

钻芯法检测混凝土抗压强度检测结果汇总表(八)

工程名称	×××宿舍楼	仪器设备	混凝土钻芯机
结构类型	砌体结构	检测数量	20个构件(20个芯样)

检测结果						
检测区间	设计强度等级	抗压强度平均值/MPa	标准差	推定区间上限值/MPa	推定区间下限值/MPa	混凝土强度推定值/MPa
一层至四层柱、梁	C20	23.5	2.29	20.8	18.0	20.8
序号	构件名称	混凝土设计强度等级	芯样直径/mm		芯样抗压强度/MPa	
1	一层柱 7/E轴	C20	75.0		22.3	
2	一层柱 17/E轴	C20	74.5		22.2	
⋮	⋮	⋮	⋮		⋮	

6)混凝土碳化深度检测

使用数字式碳化深度测量仪检测混凝土碳化深度,根据《回弹法检测混凝土抗压强度技术规程》JGJ/T 23—2011共抽检64个构件,检测结果汇总见表(九)。

混凝土碳化深度检测结果汇总表(九)

工程名称	×××宿舍楼	仪器设备	数字式碳化深度测量仪 LR-TH10
结构类型	砌体结构	检测数量	64个构件

检测结果					
序号	构件名称	碳化深度值/mm			碳化值/mm
		测点1	测点2	测点3	平均	
1	一层梁 7/E-F轴	6.00	6.00	6.00	6.0	6.0
		6.00	6.00	6.00	6.0	
		6.00	6.00	6.00	6.0	
2	一层梁 10/E-F轴	6.00	6.00	6.00	6.0	6.0
		6.00	6.00	6.00	6.0	
		6.00	6.00	6.00	6.0	
⋮	⋮	⋮	⋮	⋮	⋮	⋮

7)混凝土构件钢筋配置检测

使用一体式钢筋扫描仪扫描检测混凝土构件钢筋、节点钢筋,根据《建筑结构检测技术标准》GB/T 50344—2019,B类进行抽样,梁抽检32个构件,柱抽检32个构件,板抽检5个构件,检测结果见表(十)。

钢筋间距、钢筋根数检测结果汇总表（十）

工程名称	×××宿舍楼		仪器设备	一体式钢筋扫描仪LR-G200		
结构类型	砌体结构		检测数量	69个构件		
检测结果						
序号	构件名称	设计配筋		检测结果		
				钢筋数量/根	钢筋间距/mm	钢筋间距平均值/mm
1	一层梁7/E-F轴	底部下排纵向受力钢筋	2Φ10+1Φ14	3	—	—
		箍筋	Φ6@200	—	1200	200
2	一层柱17/E轴	一侧面纵向受力钢筋	2Φ12	2	—	—
		箍筋	Φ6@200	—	1160	193
3	一层板22-23/H-I轴	底部下排水平分布筋	Φ10@140	—	842	140
		底部上排垂直分布筋	Φ6@200	—	1199	200
⋮	⋮	⋮	⋮	⋮	⋮	⋮

8）钢筋直径检测

根据《混凝土中钢筋检测技术标准》JGJ/T 152—2019第5.2.1条："单位工程建筑面积不大于2000m²同牌号同规格的钢筋应作为一个检测批"，对该工程柱、梁钢筋直径进行抽测，Φ14钢筋抽测9根，Φ12钢筋抽测6根，Φ12钢筋抽测8根，Φ6钢筋抽测6根，检测结果汇总见表（十一）。

混凝土构件钢筋直径检测结果汇总表（十一）

工程名称	×××宿舍楼			仪器设备		游标卡尺		
结构类型	砌体结构			检测数量		10个构件		
检测结果								
序号	构件名称	设计要求		钢筋直径检测结果				
		钢筋直径/mm		直径实测值/mm	公称直径/mm	公称尺寸/mm	偏差值/mm	允许偏差/mm	结果判定
1	六层柱18/H轴	一侧面纵向受力钢筋	2Φ12	11.8	12	11.5	+0.3	±0.4	符合标准要求
		箍筋	Φ6@200	6.8	6	—	+0.8	±0.3	不符合标准要求
		箍筋	Φ6@200	6.5	6	—	+0.5	±0.3	不符合标准要求
2	三层梁16-18/H轴	底部下排纵向受力钢筋	3Φ12	11.4	12	11.5	-0.1	±0.4	符合标准要求
		箍筋	Φ6@200	6.3	6	—	+0.3	±0.3	符合标准要求
		箍筋	Φ6@200	6.2	6	—	+0.2	±0.3	符合标准要求
⋮	⋮	⋮	⋮	⋮	⋮	⋮	⋮	⋮	⋮

9)钢筋保护层厚度检测

对该工程梁、板、柱钢筋保护层进行检测,根据《建筑结构检测技术标准》GB/T 50344—2019,B类进行抽样,梁抽检32个构件,柱抽检32个构件,板抽检5个构件,检测结果见表(十二)。

混凝土构件钢筋保护层厚度检测结果汇总表(十二)

工程名称		×××宿舍楼		仪器设备		一体式钢筋扫描仪LR-G200	
结构类型		砌体结构		检测数量		69个构件	
检测结果							
构件类别	设计值/mm	计算值/mm	允许偏差/mm	保护层厚度检测值			
				所测点数	合格点数	合格点率/%	
梁	25	—	+10,−7	96	94	97.9	
板	15	—	+8,−5	30	29	96.7	
检测结果							
序号	构件名称	设计配筋	设计值/mm	检测结果/mm			
1	一层梁7/E-F轴	2φ10+1φ14	25	底部下排纵向受力钢筋:28、25、27			
		φ6@200					
2	一层柱17/E轴	2φ12	25	一侧面纵向受力钢筋:26、26			
		φ6@200					
3	一层板 22-23/H-I轴	⊈10@140	15	板底受力钢筋:16、14、18、15、17、14			
		φ6@200					
⋮	⋮	⋮	⋮	⋮			

10)砖砌体内拉结钢筋检测

根据《砌体结构工程施工质量验收规范》GB 50203—2011进行抽样,使用剔凿方法检测墙拉结钢筋设置,检测墙体均设置拉结钢筋,抽检10个构件,检测结果见表(十三)。

墙体拉结钢筋检测结果汇总表(十三)

工程名称		×××宿舍楼	
结构类型	砌体结构	检测数量	13个构件
检测结果			
序号	构件名称	是否有墙拉筋	
1	三层墙7-8/E轴	否	
2	二层墙11/C-E轴	否	
⋮	⋮	⋮	

11)房屋裂缝检测

对房屋裂缝、外观质量缺陷情况进行调查,裂缝主要为温度收缩裂缝,对主体结构的安全性基本没有影响。

6. 检测结论

(1)所检测建筑物垂直度符合规范要求

(2)所复核构件布置及尺寸符合设计要求。

（3）所测构件混凝土抗压强度符合设计要求。

（4）所测墙体砌筑砂浆抗压强度符合设计要求。

（5）所测墙体烧结砖抗压强度符合设计要求。

（6）所测混凝土构件钢筋数量、间距符合设计要求。

（7）钢筋直径基本符合设计要求，部分钢筋直径不符合检测标准要求，但不影响主体结构安全。

（8）所检测构件钢筋保护层厚度符合设计要求。

（9）所检测砖砌体中墙体拉结钢筋设置部分不符合设计要求。

7. 结构安全性等级鉴定

1）结构构件承载力验算

（1）墙受压承载力计算，墙受压承载力验算结果（抗力与荷载效应之比：$\varphi fA/N$）均大于 1.0，满足规范要求。

（2）墙高厚比验算，1~6层高厚比β验算结果均大于允许高厚比$[\beta]$，满足规范要求。

（3）结构承载力验算计算书详见后附附件3。

2）结构安全性等级评定

根据《民用建筑可靠性鉴定标准》GB 50292—2015和现场检测结果，对建筑安全性进行鉴定评级，按照构件、子单元和鉴定单元三个层次，逐层对该建筑物进行评级。

（1）构件评级。

① 主要构件安全性鉴定分以下几种类型。

a. 按承载能力评定，依据《混凝土结构设计规范》GB 50010—2010（2015年版）和《建筑结构荷载规范》GB 50009—2012的有关规定，应用PKPM软件验算鉴定工程承载能力。验算结果表明，该工程各层构件安全度 $R/（\gamma_0 S）\geqslant 1.0$，按照《民用建筑可靠性鉴定标准》GB 50292—2015第5.4.2条要求，构件的承载能力评定为a_u级。

b. 按构造评定，该工程砌体墙柱高厚比符合《砌体结构设计规范》GB 50003—2011要求，连接及砌筑方式正确，构造符合国家现行相关规范的规定，该工程经现场勘查，未发现存在严重缺陷，工作无异常。按照《民用建筑可靠性鉴定标准》GB 50292—2015第5.4.3条要求，砌体结构构件构造等级评定为a_u级。

c. 按不适于承载的位移或变形评定，经设计验算和现场勘查，未发生不适于承载的位移和变形，砌体结构构件评定为a_u级。

d. 按裂缝或其他损伤评定，经现场勘查，该工程未发现不适于承载的裂缝；混凝土构件未有较大范围的损伤，按照《民用建筑可靠性鉴定标准》GB 50292—2015中的有关规定，砌体结构构件评定为a_u级。

主要构件应按承载能力、构造、不适于承载的位移和裂缝或其他损伤四个检查项目，分别评定每一受检构件等级，并应取其中最低一级作为该构件的安全性等级，该工程主要构件安全性鉴定评为a_u级。

② 一般构件的安全性鉴定分以下几种类型。

a. 按承载力评定，依据《建筑结构荷载规范》GB 50009—2012及相关图集中的有关规定，该建筑楼（屋）面板的配筋均满足要求，该建筑楼板构件的承载力评为a_u级。

b. 按结构构件构造和连接评定，现场勘查中发未现该建筑构件构造和连接缺陷，楼板构件构造和连接的安全性评级为a_u级。

c. 按结构构件变形与损伤评定，该建筑楼板构件未发现明显变形和损伤，构件变形与损伤可评为a_u级。

多层砌体结构的一般构件为楼板、非承重墙及附属结构，其安全性鉴定，应按承载力、构造和连接、变形与损伤三个项目评定，并取其中较低一级作为该构件的安全性等级，该工程一般构件安全性鉴定评为a_u级。

(2)子单元评级。

① 地基基础:经现场勘查,该建筑地基基础未见明显静载缺陷,现状完好,且上部结构中未发现由于地基不均匀沉降造成的显著结构构件开裂和倾斜,不影响整体承载。地基基础综合评为A_u级。

② 上部承重结构:上部承重结构子单元的安全性鉴定评级,应根据其结构承载功能等级、结构整体性等级以及结构侧向位移等级的评定结果进行确定。

a. 按结构承载功能评定,通过结构计算分析结果,该工程各层主要构件和一般构件均满足承载要求,按照《民用建筑可靠性鉴定标准》GB 50292—2015中有关规定主要构件集和次要构件集均评为a_u级,上部承重结构承载功能评为A_u级。

b. 按结构整体牢固性等级的评定,该工程的结构布置及构造布置合理,形成完整的体系,且结构选型及传力设计正确;构件长细比及连接构造符合设计规范规定,形成完整的支撑体系,无明显残损和施工缺陷,能传递各种侧向作用;结构构件间的联系设计合理、无疏漏、锚固、拉结、连接方式正确可靠,无松动变形和其他残损;砌体结构中的圈梁及构造柱布置正确,截面尺寸、配筋及材料强度等符合设计规范规定,无裂缝和其他残损,能起闭合系统作用,按照《民用建筑可靠性鉴定标准》GB 50292—2015有关规定结构整体牢固性等级评为A_u级。

c. 按不适宜承载的侧向位移评定,根据现场勘验和检测结果,按照《民用建筑可靠性鉴定标准》GB 50292—2015有关规定,该工程按照上部承重结构不适宜承载的侧向位移评定为A_u级。

上部承重结构安全性评定:按照《民用建筑可靠性鉴定标准》GB 50292—2015第7.3.11条规定,上部承重结构安全性上部承重结构安全性评为A_u级。

③ 围护系统承重部分:该建筑围护系统承重部分的安全性,在该系统专设的和参与该系统工作的各种承重构件的安全性评级的基础上,根据该部分结构承载功能等级和结构整体性等级的评定结果确定,该工程墙体均为A_u级,围护系统承重部分整体评为A_u级。

(3)鉴定单元安全性评级。

鉴定单元安全性鉴定评级,根据其地基基础、上部承重结构以及围护系统承重部分的安全性等级进行评定。该工程结构安全性评级结果见表(十四)。

鉴定单元综合评定表(十四)

鉴定单元	层次	二	三
	层名	子单元评定	鉴定单元综合评定
	等级	A_u、B_u、C_u、D_u	A_{su}、B_{su}、C_{su}、D_{su}
×××宿舍楼	地基基础	A_u	
	上部承重结构	A_u	A_{su}
	围护系统承重部分	A_u	

8. 检测鉴定结论

专家组依据现场勘查、检测结果、荷载验算和国家相关规范标准,经综合分析论证,对×××宿舍楼工程安全性提出检测鉴定意见如下。

(1)现场勘查,未发现工程出现基础不均匀沉降、墙体及楼板受力开裂等影响结构安全的质量问题,结构构件构造连节点未发现受力裂缝等影响结构安全的质量问题。

(2)×××宿舍楼工程安全性鉴定等级评为A_{su}级。

9. 处理建议

对现场勘查发现的工程质量问题,结合本次加固改造一并采取措施处理。

10. 专家组成员

专家信息及确认签字表(十四)

姓名	职称	签字
×××	×××	
×××	×××	
×××	×××	

11. 附件

(1)工程外观图2张,详见附件1。

(2)工程现场勘查问题图4张,详见附件2。

(3)结构承载力验算计算书,详见附件3(略)。

(4)鉴定委托单及相关资料(略)。

(5)专家职称和技术人员职称证书(略)。

(6)鉴定机构资质材料(略)。

图(一)　×××宿舍楼外观

图(二)　×××宿舍楼外观

附件1　工程外观

图(一)　女儿墙渗水、根部开裂

图(二)　卫生间墙外侧渗漏痕迹、粉刷脱落

附件2　工程现场勘查问题

图（三）　卫生间顶板渗漏痕迹、粉刷脱落

图（四）　四层南走廊中部楼板渗漏、粉刷脱落

附件2　工程现场勘查问题

2.2.8　钢结构建筑安全性鉴定

钢结构结构建筑安全性鉴定初步勘察、详细调查与检测和构件安全性鉴定评级一般规定、子单元和鉴定单元鉴定评级规定见前述内容,本节重点介绍钢结构构件安全性鉴定评级内容、方法和要求。

1. 钢结构构件安全性鉴定评级基本原则

钢结构构件安全性鉴定评级在建筑调查和检测资料、数据的基础上,根据建筑类别,分别按照《民用建筑可靠性鉴定标准》GB 50292—2015、《工业建筑可靠性鉴定标准》GB 50144—2019、《高耸与复杂钢结构检测与鉴定标准》GB50018—2016 的规定进行评定。三个标准对钢结构构件安全性鉴定评级主要内容大体相同,因建筑类别不同又各有区别,其中《民用建筑可靠性鉴定标准》GB 50292—2015要求如下:

钢结构构件的安全性鉴定应按承载能力、构造及不适于承载的位移或变形三个检查项目,分别评定每一受检构件的等级;钢结构节点、连接域的安全性鉴定,应按承载能力和构造两个检查项目,分别评定每一节点、连接域等级;对冷弯薄壁型钢结构、轻钢结构、钢桩,以及地处有腐蚀性介质的工业区,或高湿、临海地区的钢结构,还应以不适于承载的锈蚀作为检查项目评定其等级,然后取其中最低一级作为该构件的安全性等级。

2. 钢结构构件安全性鉴定评级具体规定

1)按承载能力评定钢结构构件

当按承载能力评定钢结构构件的安全性等级时,应按表2.15(标准表5.3.2)的规定分别评定每一验算项目的等级,并应取其中最低等级作为该构件承载能力的安全性等级。钢结构倾覆、滑移、疲劳、脆断的验算,应按国家现行规范的规定进行;节点、连接域的验算应包括其板件和连接的验算。

表2.15 （标准表5.3.2）按承载能力评定的钢结构构件安全性等级

构件类别	安全性等级			
	a_u级	b_u级	c_u级	d_u级
主要构件及节点、连接域	$R/(\gamma_0 S) \geqslant 1.00$	$R/(\gamma_0 S) \geqslant 0.95$	$R/(\gamma_0 S) \geqslant 0.90$	$R/(\gamma_0 S) < 0.90$ 或当构件或连接出现脆性断裂、疲劳开裂或局部失稳变形迹象时
一般构件	$R/(\gamma_0 S) \geqslant 1.00$	$R/(\gamma_0 S) \geqslant 0.90$	$R/(\gamma_0 S) \geqslant 0.85$	$R/(\gamma_0 S) < 0.85$ 或当构件或连接出现脆性断裂、疲劳开裂或局部失稳变形迹象时

2）按构造评定钢结构构件

当按构造评定钢结构构件的安全性等级时,应按表2.16（标准表5.3.3）分别评定每个检查项目的等级,并应取其中最低等级作为该构件构造的安全性等级。

表2.16 （标准表5.3.3）按构造评定的钢结构构件安全性等级

检查项目	安全性等级	
	a_u级或b_u级	c_u级或d_u级
构件构造	构件组成形式、长细比或高跨比、宽厚比或高厚比等符合国家现行相关规范规定;无缺陷,或仅有局部表面缺陷;工作无异常	构件组成形式、长细比或高跨比、宽厚比或高厚比等符合国家现行相关规范规定;存在明显缺陷,已影响或显著影响正常工作
节点、连接构造	节点构造、连接方式正确,符合国家现行相关规范规定;构造无缺陷或仅有局部的表面缺陷,工作无异常	节点构造、连接方式不当,不符合国家现行相关规范规定;构造有明显缺陷,已影响或现转影响正常工作

注:1. 构造缺陷还包括施工遗留的缺陷:对焊缝系指夹渣、气泡、咬边、烧穿、漏焊、少焊、未焊透以及焊脚尺寸不足等;对铆钉或螺栓系指漏铆、漏栓、错位、错排及掉头等;其他施工遗留的缺陷根据实际情况确定。

2. 节点、连接构造的局部表面缺陷包括焊缝表面质量稍差、焊缝尺寸稍有不足、连接板位置稍有偏差等;节点、连接构造的明显缺陷包括焊接部位有裂纹,部分螺栓或铆钉有松动、变形、断裂、脱落或节点板、连接板、铸件有裂纹或显著变形等。

3）当钢结构构件的安全性按不适于承载的位移或变形评定时

（1）对桁架、屋架或托架的挠度,当其实测值大于桁架计算跨度的1/400时,应按《民用建筑可靠性鉴定标准》GB 50292—2015中按承载能力评定钢结构构件的安全行等级要求验算其承载能力。验算时,应考虑由于位移产生的附加应力的影响,并按下列原则评级。

① 当验算结果不低于b_u级时,仍定为b_u级,但宜附加观察使用一段时间的限制;

② 当验算结果低于b_u级时,应根据其实际严重程度定为c_u级或d_u级。

（2）对桁架顶点的侧向位移,当其实测值大于桁架高度的1/200,且有可能发展时,应定为c_u级或d_u级。

(3)对其他钢结构受弯构件不适于承载的变形的评定,应按表2.17(标准表5.3.4-1)的规定评级。

表2.17　(标准表5.3.4-1)其他钢结构受弯构件不适于承载的变形的评定

检查项目	构件类别			c_u级或d_u级
挠度	主要构件	网架	屋盖的短向	$>l_s/250$,且可能发展
			楼盖的短向	$>l_s/200$,且可能发展
	一般构件	主梁、托梁		$>l_0/200$
		其他梁		$>l_0/150$
		檩条梁		$>l_0/100$
侧向弯曲的矢高	深梁			$>l_0/400$
	一般实腹梁			$>l_0/350$

注:l_0为构件计算跨度;l_s为网架短向计算跨度。

(4)对柱顶的水平位移或倾斜,当其实测值大于《民用建筑可靠性鉴定标准》GB 50292—2015中各类结构不适于承载的侧向位移等级的评定表所列的限值时,应按下列规定评级。

① 当该位移与整个结构有关时,应根据《民用建筑可靠性鉴定标准》GB 50292—2015中各类结构不适于承载的侧向位移等级的评定,取与上部承重结构相同的级别作为该柱的水平位移等级。

② 当该位移只是孤立事件时,则应在柱的承载能力验算中考虑此附加位移的影响,并按表2.10的规定评级。

③ 当该位移尚在发展时,应直接定为d_u级。

(5)对偏差超限或其他使用原因引起的柱、桁架受压弦杆的弯曲,当弯曲矢高实测值大于柱的自由长度的1/660时,应在承载能力的验算中考虑其所引起的附加弯矩的影响,并按表2.15的规定评级。

(6)对钢桁架中有整体弯曲变形,但无明显局部缺陷的双角钢受压腹杆,其整体弯曲变形不大于表2.18(标准表5.3.4-2)规定的限值时,其安全性可根据实际完好程度评为a_u级或b_u级;当整体弯曲变形已大于该表规定的限值时,应根据实际严重程度评为c_u级或d_u级。

表2.18　(标准表5.3.4-2)钢桁架双角钢受压腹杆整体弯曲变形限值

$\sigma=N/\varphi A$	对a_u级和b_u级压杆的双向弯曲限值			
	方向	弯曲矢高与杆件长度之比		
f	平面外	1/550	1/750	≤1/850	—
	平面内	1/1000	1/900	1/800	—

续表

$\sigma=N/\varphi A$	对a_u级和b_u级压杆的双向弯曲限值			
	方向	弯曲矢高与杆件长度之比		
0.9f	平面外	1/350	1/450	1/550	≤1/850
	平面内	1/1000	1/750	1/650	1/500
0.8f	平面外	1/250	1/350	1/550	≤1/850
	平面内	1/1000	1/500	1/400	1/350
0.7f	平面外	1/200	1/250	≤1/300	—
	平面内	1/750	1/450	1/350	—
≤0.6f	平面外	1/150	≤1/200	—	—
	平面内	1/400	1/350	—	—

（7）当钢结构构件的安全性按不适于承载的锈蚀评定时,应按剩余的完好截面验算其承载能力,并应同时兼顾锈蚀产生的受力偏心效应,并应按表2.19（标准表5.3.5）的规定评级。

表2.19 （标准表5.3.5）钢结构构件不适于承载的锈蚀的评定

等级	评定标准
c_u	在结构的主要受力部位,构件截面平均锈蚀深度Δt大于$0.1t$,但不大于$0.15t$
d_u	在结构的主要受力部位,构件截面平均锈蚀深度Δt大于$0.15t$

注:表中t为锈蚀部位构件原截面的壁厚,或钢板的板厚。

（8）对钢索构件的安全性评定,除应按前述第（2）~（5）条规定的项目评级外,还应按下列补充项目评级。

① 索中有断丝,若当断丝数不超过索中钢丝总数的5%时,可定为c_u级;当断丝数超过5%时,应定为d_u级。

② 索构件发生松弛,应根据其实际严重程度定为c_u级或d_u级。

③ 对下列情况,应直接定为d_u级:索节点锚具出现裂纹;索节点出现滑移;索节点锚塞出现渗水裂缝。

（9）对钢网架结构的焊接空心球节点和螺栓球节点的安全性鉴定,除应按前述第（2）、（3）条规定的项目评级外,尚应按下列项目评级。

① 空心球壳出现可见的变形时,应定为c_u级。

② 空心球壳出现裂纹时,应定为d_u级。

③ 螺栓球节点的套筒松动时,应定为c_u级。

④ 螺栓未能按设计要求的长度拧入螺栓球时,应定为d_u级。

⑤ 螺栓球出现裂纹,应定为d_u级。

⑥螺栓球节点的螺栓出现脱丝,应定为d_u级。

(10)对摩擦型高强度螺栓连接,当其摩擦面有翘曲,未能形成闭合面时,应直接定为c_u级。

(11)对大跨度钢结构支座节点,当铰支座不能实现设计所要求的转动或滑移时,应定为c_u级。当支座的焊缝出现裂纹、锚栓出现变形或断裂时,应定为d_u级。

(12)对橡胶支座,当橡胶板与螺栓或锚栓发生挤压变形时,应定为c_u级。当橡胶支座板相对支承柱或梁顶面发生滑移时,应定为c_u级。当橡胶支座板严重老化时,应定为d_u级。

2.2.9 钢结构多层厂房安全性鉴定实例

×××加工项目,多层工业厂房,建筑高度29.7m,建筑面积1894m²,主要功能为粉料生产,耐火等级为二级。结构形式为钢框架结构,楼板采用花纹钢板和钢格板;基础形式为柱下独立基础,桩基。外墙、屋面板为树脂瓦。建筑设计混凝土结构使用年限为50年,钢结构25年,抗震设防烈度8度。该厂房分两期建设于2008年和2012年,建成以来,一直按原设计功能使用。使用期间,对外围护树脂瓦及其龙骨进行了修缮。

业主拟对该项目进行产能改造,加工使用荷载,根据改造要求,委托本公司对该多层厂房进行安全性检测鉴定。

经过初步勘察发现,该厂房使用功能未改变,主体体结构和功能布置与图纸相符,但构件节点域、防腐存在明显缺陷,对结构安全有影响,据此进行建筑安全性鉴定。

该项目配合鉴定工作提供了竣工图纸和部分施工验收资料,鉴定单位按项目情况组建了鉴定项目组,项目组专家结合现场调查及资料情况确定了检测项目及要求,并拟定了检测鉴定工作方案。

项目组安排检测人员按拟定的检测方案进行了相关检测并编制了检测报告和相应记录。检测项目主要包括基础短柱混凝土抗压强度、钢筋直径及数量、钢筋保护层、柱垂直度、梁挠度、梁柱节点焊缝、节点完整性、轴线位置、混凝土构件截面、钢构件截面及钢构件表面硬度等项目。

项目组工程技术人员和专家按照《工业建筑可靠性鉴定标准》GB 50144—2019第4章要求,对该项目厂房进行了详细勘查并编制了勘查记录,保留了影像资料。

项目组工程技术人员和专家根据检测结果和现场勘查情况,采用PKPM软件,按照现行规范,对厂房建模计算,计算结果表明,存在少量构件承载力不满足规范要求。

按照前述程序、方法和《工业建筑可靠性鉴定标准》GB 50144—2019第5章、第6章、第7章、第8章要求,分结构构件、子单元和建筑物三个层次进行了安全性鉴定评级。主要构件的承载能力评级为a级,局部一般构件评定为c级;钢结构构件的构造等级评定为b级。结构系统评级,地基基础子单元安全性评定为A级,上部承重结构安全性评定为B级,围护结构安全性评定为C级。鉴定单元安全性评级为二级。报告认为该结构具备改造条件,在改造设计中把低评级构件及有缺陷的节点、涂装锈蚀影响等一并考虑,进行进一步处理。

按照《工业建筑可靠性鉴定标准》GB 50144—2019第10章要求,编写了《×××钢结构安全性检测鉴定报告》见下表。

×××钢结构安全性检测鉴定报告		
工程名称	×××加工项目	
工程地点	×××	
委托单位	×××	
建设单位	×××	
设计单位	×××	
勘察单位	×××	
施工单位	×××	
监理单位	×××	
抽样日期	2022年2月—3月3日	检测日期　2022年2月—3月3日
检测数量	详见报告内	检验类别　委托
检测鉴定项目	1. 回弹-龄期修正法检测混凝土抗压强度等级;2. 钢筋扫描检测;3. 钢筋保护层厚度检测;4. 钢结构柱垂直度变形检测;5. 钢结构梁挠度检测;6. 钢结构对接焊缝超声波检测内部缺陷;7. 钢框架连接节点的完整性检测;8. 轴线位置检测;9. 混凝土构件截面尺寸偏差检测;10. 钢构件截面尺寸偏差检测;11. 钢构件表面硬度检测	
检测鉴定仪器	回弹仪、钢筋扫描仪、游标卡尺、钢卷尺、超声波探伤仪、水准仪、经纬仪、水准仪、全站仪等	
鉴定依据	1.《工业建筑可靠性鉴定标准》GB 50144—2019 2.《建筑工程施工质量验收统一标准》GB 50300—2013 3.《建筑地基基础工程施工质量验收规范》GB 50202—2018 4.《混凝土结构工程施工质量验收规范》GB 50204—2015 5.《砌体工程施工质量验收规范》GB 50203—2011 6.《建筑结构荷载规范》GB 50009—2012 7.《建筑地基基础设计规范》GB 50007—2011 8.《混凝土结构设计规范》GB 50010—2010(2015版) 9.《砌体结构设计规范》GB 50003—2011 10.《建筑抗震设计规范》GB 50011—2010(2016版) 11.《构筑物抗震鉴定标准》GB 50117—2014 12.《钢结构工程施工质量验收标准》GB 50205—2020 13. 鉴定委托书及相关资料 14. 现场勘查记录及影像资料	
检测依据	1.《建筑结构检测技术标准》GB/T 50344—2019 2.《钢结构现场检测技术标准》GB/T 50621—2010 3.《回弹法检测混凝土抗压强度技术规程》JGJ/T 23—2011 4.《混凝土中钢筋检测技术规程》JGJ/T 152—2019 5.《混凝土结构工程施工质量验收规范》GB 50204—2015 6.《钢结构工程施工质量验收标准》GB 50205—2020	

1. 工程概况

×××加工项目位于河北省唐山市×××,工程于2012年4月建成交付使用,工程外观见附件1。

本工程为多层工业厂房,建筑面积1894m²,建筑高度29.7m,主体结构形式为钢框架结构,主结构钢材Q345B,地脚螺栓Q345B,高强螺栓10.9级,采用锚栓端承式刚接柱脚,柱脚底标高±0.000;柱混凝土强度等级为C30,钢筋采用HPB235、HRB335;一期施工采用预应力混凝土管桩,二期采用钻孔灌注桩。钢结构防腐采用环氧带锈防腐底漆两道,环氧带锈防腐面漆两道,涂层厚度150um。工程于2008年进行一期施工,2011年进行二期施工并最终完工。

本工程设计使用年限:混凝土结构50年,钢结构25年。结构安全等级二级,抗震设防类别为丙类,地基基础设计等级为丙级,建筑构件耐火等级为二级。该地区按中国地震动峰值加速区划图为抗震设防烈度8度0.20g,按中国地震动加速度反应谱特征周期区划图特征周期值为0.45s。

工程原设计气象条件:基本风压:$W_0 = 0.5 \text{kN/m}^2 (n = 50)$,地面粗糙度 B 类,基本雪压:$S_0 = 0.35 \text{kN/m}^2 (n = 50)$。地质水文资料:场地类别Ⅲ类,设计抗震设防烈度8度,设计地震分组第三组,设计基本地震加速度为0.20g。

2. 检测鉴定范围和目的

通过现场检测鉴定,对×××加工项目的结构安全性进行检测鉴定。

3. 工程资料

委托单位提供了该项目的建筑、结构等施工图纸、桩基资料及基础主体施工技术资料。

4. 现场勘查

2022年2月11日,在委托方人员带领下我公司专家组对×××加工项目进行了现场勘查,情况如下。

1)结构体系

经观察检查,该工程主体为钢框架结构,采用锚栓端承式刚接柱脚,地上结构体系与提供的原始施工图纸相符合。

2)结构构件构造及连接节点

经观察检查,未发现工程出现基础不均匀沉降、柱、梁受力裂缝等影响结构安全的质量问题,少部分构件、节点存在缺陷和损伤、锈蚀等影响结构安全的质量问题。

3)楼板、楼梯及栏杆

该项目楼板采用花纹钢板、钢格栅板混合布置,楼梯、局部花纹钢板存在锈蚀,破损,部分洞口栏杆锈蚀严重,钢格板部分基本完好。

4)围护结构

经检查,该工程围护墙板采用冷弯薄壁墙梁、树脂瓦面层,屋面采用冷弯薄壁檩条、FRP压型采光板面层等维护系统,现状墙面外观基本完整,局部墙板脱落,屋面板破损。

5)使用改造情况

该工程自使用以来至本次检测鉴定为止使用功能基本未发生改变;墙梁存在因锈蚀损坏而附加设置的情况。

6)现场勘查问题

勘查中发现工程存在的质量问题如下。

(1)柱局部连接板高强螺栓焊接栏杆,详见附件2图(一)。

(2)梁柱节点域缺少加劲肋,详见附件2图(二)。

(3)楼梯梁局部削弱严重,详见附件2图(三)。

(4)局部平台钢格板变形,详见附件2图(四)。

(5)楼梯梁、楼梯平台板锈蚀,详见附件2图(五)。

(6)楼梯顶层平台钢格板镀锌层锈蚀,详见附件2图(六)。

5. 检测结果

(1)回弹-龄期修正法检测混凝土抗压强度等级、钢筋扫描检测、钢筋保护层厚度检测、混凝土构件截面尺寸偏差检测(略)。

(2)钢结构变形检测(柱垂直度检测)。

采用经纬仪对钢结构立柱倾斜进行检测,共检测钢柱12根,符合规范7根,不符合规范5根,其中超差较大钢柱2根,检测汇总结果见表(一)和表(二),检测报告详见附件5。

立柱倾斜测量数据表(一)

位置		X值/m	Y值/m	ΔX/m	ΔY/m
4交H	顶部	984.450	012.792	0.161	−0.006
4交H	底部	984.289	012.798		
⋮	⋮	⋮	⋮	⋮	⋮

注:ΔX、ΔY数值由顶部数值减底部数值所得。

厂房立柱倾斜计算数据表(二)

编号	位置	H/m	X倾斜率	Y倾斜率
1	4交H	29.00	0.006	0
2	6交H	29.00	0.001	0
⋮	⋮	⋮	⋮	⋮

(3)钢结构变形检测(梁挠度检测)。

采用经纬仪对钢结构梁挠度进行检测,共检测钢梁24根,检测结果符合规范要求,检测数据见表(三),检测报告详见附件5。

厂房梁挠度测量数据表(三)

梁编号	数据1	数据2	数据3
1-1	3.822	3.823	3.823
1-2	2.917	2.914	2.925
⋮	⋮	⋮	⋮

(4)钢结构焊缝超声波检测内部缺陷。

采用超声波探伤仪对钢结构梁柱节点内部缺陷进行检测,检测结果符合规范要求,检测汇总结果见表(四)。

钢结构内部缺陷检测结果汇总表（四）

工程名称	×××加工项目		仪器设备	超声波探伤仪
结构部位	梁柱接点		检测数量	20个构件
检测结果				
序号	构件名称及检测部位	母材厚度/焊缝长度/mm	检测长度/mm	验收等级	检测结果
1	一层梁4-5/A轴4轴方向	14/200	200	Ⅲ级	符合要求
2	一层梁5/G-H轴H轴方向	14/200	200	Ⅲ级	符合要求
⋮	⋮	⋮	⋮	⋮	⋮

（5）节点的完整性检测。

对钢结构梁柱节点完整性进行全数检测，缺陷问题汇总结果见表（五）。

节点完整性检测结果汇总表（五）

序号	构件名称	检测结果
1	一层梁4/B-D轴	D轴方向螺栓不合规，翼缘板焊缝错位
2	一层梁4/(1/E)-G轴	G轴方向螺栓不合规
⋮	⋮	⋮

（6）轴线位置检测

对钢结构轴线位置进行检测，有1处不符合设计要求，汇总结果见表（六）和表（七）。

轴线位置检测结果汇总表（六）

工程名称	×××加工项目			仪器设备	钢卷尺
结构类型	钢结构			检测数量	8个轴线
检测结果					
序号	检测区间	检测结果			判定
		实测偏差较大值/mm	实测偏差较大值偏差/mm	允许偏差/mm	
1	4-6，A-H轴	8488	12	6	不合格
备注	检查柱轴线，沿纵、横两个方向测量，并取其中偏差的较大值（H_1、H_2、H_3分别为中部、下部及其他部位）				

轴线位置检测数据汇总表（七）

序号	构件名称	设计轴线位置/mm	轴线位置实测值/mm			
			H_1	H_2	H_3	平均值
1	一层4-5/A轴	8500	8490	8488	8487	8488
2	一层5-6/A轴	8500	8504	8487	8490	8494
⋮	⋮	⋮	⋮	⋮	⋮	⋮

（7）钢构件截面尺寸偏差检测。

使用钢卷尺盒尺、数显游标卡尺、超声波测厚仪等量测构件尺寸，对照设计图纸查看、量测轴线位置、构件位置及尺寸,所检33个构件中29个符合设计要求,5个不符合设计要求,结果汇总如表(八)。

钢结构构件尺寸检测结果汇总表(八)

工程名称	×××加工项目		仪器设备	盒尺、数显游标卡尺、超声波测厚仪
结构部位	钢柱、钢梁		检测数量	33个构件
检测结果				
序号	构件名称及检测部位	设计要求/mm	实测值/mm	检测结果
1	一层柱5/G轴	500×500×12×25	500×500×12×25	符合要求
2	一层柱6/(1/E)轴	400×400×13×21	400×400×13×21	符合要求
⋮	⋮	⋮	⋮	⋮

(8)钢构件表面硬度检测。

使用便携里氏硬度计对钢构件表面硬度进行检测,检测×处,推断强度不低于Q345构件×处,达不到Q345的构件×处,结果汇总如表(九)所示。

里氏硬度统计表(九)

检测位置	代表值1 /HL	代表值2 /HL	代表值3 /HL	代表值4 /HL	代表值5 /HL	抗拉强度/MPa $f_{b,min}/f_{b,max}$	抗拉强度/MPa 推定值/特征值	推断材质
一层柱5/B轴	349	439	384	344	367	352/557	455/352	达不到Q345
一层柱6/A轴	362	309	454			393/543	468/393	达不到Q345
⋮	⋮	⋮	⋮	⋮	⋮	⋮	⋮	⋮

6. 检测结论

(1)所测构件混凝土抗压强度符合设计要求。

(2)所检构件钢筋直径、数量基本符合设计要求。

(3)所检构件钢筋保护层厚度符合设计要求。

(4)所测钢结构柱垂直度检测结果符合规范7根,不符合规范5根,其中超差较大钢柱2根。

(5)所测钢结构梁挠度检测结果符合规范要求。

(6)所测钢结构梁柱节点焊缝检测符合设计要求。

(7)全数检查节点完整性,存在64处缺陷问题。

(8)所检轴线位置1处不符合设计要求。

(9)所检混凝土构件截面尺寸符合设计要求。

(10)所检钢构件截面尺寸5处不符合设计要求。

(11)所检钢构件表面硬度有3个构件低于设计强度。

7. 结构安全等级鉴定

1)结构构件承载力验算

(1)本工程结构承载力验算时,经调查,设备恒载和活载的取值。

① 标高8.660m结构层,设备V0703A恒载392kN,活载1308kN;设备V0704A恒载360kN,活载820kN;设备GFX-Ⅶ.2-2Ab恒载80kN。

② 标高14.750m结构层,设备S0701A恒载20kN,活载76kN;设备S0701A恒载20kN,活载56kN。

③ 标高17.850m结构层,设备V0706A恒载588kN,活载952kN;设备V0705A恒载152kN,活载408kN。

（2）结构承载力验算结构如下。

① 标高3.400m结构层，位于B、1/C、G轴上介于4轴与5轴之间的钢梁面内稳定应力超限，最大超限8%，不满足规范要求，其他梁柱应力满足规范要求。

② 标高8.660m结构层，5轴交B轴、5轴交G轴钢柱稳定超限，最大超限3%，不满足规范要求，其余柱、梁应力满足规范要求。

③ 标高14.750m、17.85m、21.500m、29.000m结构层，梁柱应力满足规范要求。

（3）结构承载力验算计算书详见附件3。

2）结构安全性等级评定

根据《工业建筑可靠性鉴定标准》GB 50144—2019和现场检测结果，对建筑安全性进行鉴定评级，按照构件、结构系统和鉴定单元三个层次，逐层对该建筑物进行评级。

（1）构件评级。

① 按承载能力评定：按照《工业建筑可靠性鉴定标准》GB 50144—2019第6.3条要求，钢构件安全性等级按承载能力、构造两个项目评定，取其中较低等级作为构件安全等级。

评定时钢构件的承载力项目应按规范表6.3.2（见表十）规定评定等级。构件抗力应结合实际的材料性能、缺陷损伤、腐蚀、过大变形和偏差等因素对承载能力分析后确定。

钢构件承载能力评定等级表（十）

构件种类		评定标准			
		a	b	c	d
重要构件、连接	$R/(\gamma_0 S)$	≥1.0	<1.0 ≥0.95	<0.95 ≥0.88	<0.88
次要构件	$R/(\gamma_0 S)$	≥1.0	<1.0 ≥0.92	<1.0 ≥0.85	<0.85

依据《钢结构设计标准》GB 50017—2017、《钢结构通用规范》GB 55006—2021和《建筑结构荷载规范》GB 50009—2012中的有关规定，应用PKPM软件验算鉴定工程承载能力。验算结果表明：该工程各层构件安全度$R/(\gamma_0 S) \geq 1.0$，构件的承载能力评定为a。局部构件安全度$0.88 \leq R/(\gamma_0 S) < 0.95$的承载能力评定为$c$级。

② 按构造评定：按照《工业建筑可靠性鉴定标准》GB 50144—2019要求，钢结构构件的构造项目包括构件构造和节点、连接构造，应根据对构件安全使用的影响按规范表6.3.4（见表十一）的规定评定等级，然后取其中较低等级作为该构件构造项目的评定等级。

规范表6.3.4 钢结构构件构造的评定等级表（十一）

检查项目	a级或b级	c级或d级
构件构造	构件组成形式、长细比或高跨比、宽厚比或高厚比等符合或基本符合国家现行标准规定；无缺陷或仅有局部表面缺陷；工作无异常	构件组成形式、长细比或高跨比、宽厚比或高厚比等不符合国家现行设计标准要求；存在明显缺陷，已影响或显著影响正常工作

续表

检查项目	a级或b级	c级或d级
节点、连接构造	节点、连接方式正确,符合或基本符合国家现行标准规定;无缺陷或仅有局部的表面缺陷,如焊缝表面质量稍差、焊缝尺寸稍有不足、连接板位置稍有偏差等;但工作无异常	节点、连接方式不当,不符合国家现行标准规定,构造有明显缺陷;如焊接部位有裂纹;部分螺栓或铆钉有松动、变形、断裂、脱落或节点板、连接板、铸件有裂纹或显著变形;已影响或显著影响正常工作

依据《钢结构通用规范》GB 55006—2021规定,该工程在现场勘查过程中,结构构造合理,连接和节点构造连接方式正确,符合现行设计规范要求,钢结构构件构造等级评定为b级。

(2)结构系统评级。

① 地基基础:经查阅地质工程勘察报告及有关图纸资料,结合现场勘查,该建筑地基基础状态稳定、现状完好,未见明显静载缺陷,且上部结构中未发现由于地基不均匀沉降造成的显著结构构件开裂和倾斜,不影响整体承载。地基基础综合评为A级。

② 上部承重结构:上部承重结构的安全性等级,按结构整体性和承载功能两个项目评定,并取其中较低的评定等级作为上部承重结构的安全性等级。结合现场勘查和结构计算分析结果,该工程上部承重结构整体性评为B级、承载功能评为B级,上部承重结构安全性评为B级。

③ 维护结构:围护结构系统的安全性等级,按围护结构的承载功能和构造连接两个项目进行评定,并取两个项目中较低的评定等级作为该围护结构系统的安全性等级。结合现场勘查和结构计算分析结果,该工程围护结构的承载功能评为C级、构造连接评为B级,围护结构安全性评为C级。

(3)鉴定单元安全性评级。

鉴定单元安全性鉴定评级,根据其地基基础、上部承重结构和围护结构的安全性等级进行评定。该工程结构安全性评级结果见表(十二)。

鉴定单元安全性综合评定表(十二)

鉴定单元	层次	二	三
×××加工项目	层名	结构系统评定	鉴定单元综合评定
	等级	A、B、C、D	一、二、三、四
	地基基础	A	二
	上部承重结构	B	
	围护结构	C	

8. 鉴定结论

专家组依据现场勘查、检测结果、荷载验算和国家相关规范标准,经综合分析论证,提出唐山某公司硅粉加工项目工程安全性鉴定意见如下。

(1)现场勘查,未发现工程出现基础不均匀沉降、柱、梁受力裂缝、钢结构构件受力变形、失稳等影响结构安全的质量问题,结构构件构造连节点未发现受力裂缝、存在明显缺陷等影响结构安全的质量问题。

(2)该工程安全性鉴定等级为二级。

(3)标高3.400m结构层,位于B、G轴上介于4轴与5轴之间的钢梁稳定应力超限,应进行加固处理。

9. 处理建议

(1)该工程继续使用需要进行加固处理,应由有资质的设计和施工单位完成。

（2）对现场勘查及检测发现的工程质量问题，结合本次加固改造一并采取措施处理。

10. 专家组成员

专家信息及确认签字（十三）

姓名	职称	签字
×××	正高级工程师	
×××	高级工程师	
×××	教　授	

11. 附件

（1）工程外观照片1张，详见附件1。

（2）工程现场勘查问题照片6张，详见附件2。

（3）结构承载力验算计算书，详见附件3。（略）

（4）测量检测报告。（略）

（5）鉴定委托书及相关资料。（略）

（6）专家职称和技术人员职称证书。（略）

（7）鉴定机构资质材料。（略）

附件1　工程外观

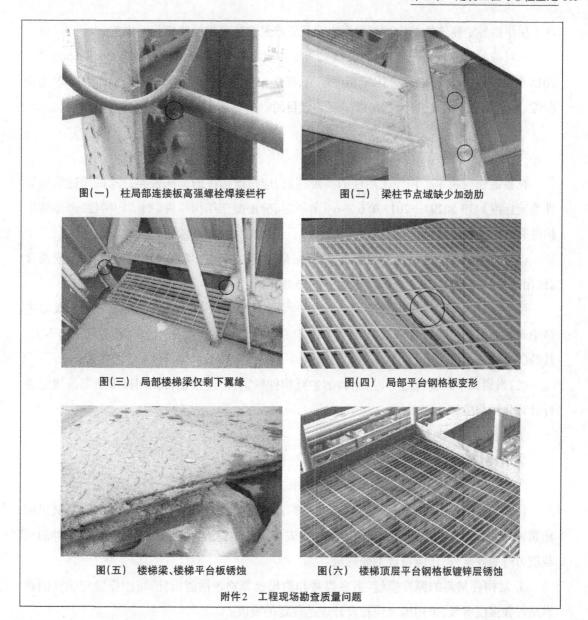

图(一)　柱局部连接板高强螺栓焊接栏杆　　　图(二)　梁柱节点域缺少加劲肋

图(三)　局部楼梯梁仅剩下翼缘　　　　　　图(四)　局部平台钢格板变形

图(五)　楼梯梁、楼梯平台板锈蚀　　　图(六)　楼梯顶层平台钢格板镀锌层锈蚀

附件2　工程现场勘查质量问题

2.3　建筑使用性鉴定

建筑使用性鉴定是指对民用建筑使用功能的适用性和耐久性所进行的调查、检测、分析、验算和评定等一系列活动。重点在于建筑与功能的匹配情况评定,而不在于承载能力。

建筑使用性鉴定是指对民用建筑使用功能的适用性和耐久性所进行的调查、检测、分析、验算和评定等一系列活动。重点在于建筑与功能的匹配情况评定,而不在于承载能力。

如前所述,《民用建筑可靠性鉴定标准》GB 50292—2015规定,对建筑物使用维护的常规检查和建筑物有较高舒适度要求时,应进行使用性鉴定。

使用性鉴定建筑物的检查与检测内容及要求见前述可靠性鉴定相关内容。

在对被鉴定建筑检查与检测完成后,需要按照《民用建筑可靠性鉴定标准》GB 50292—2015规定的内容和方法,结合国家相关规范、标准,对被鉴定建筑构件使用性鉴定、子单元安全性、鉴定单元安全性进行评级,以实现鉴定目的。

2.3.1 构件使用性鉴定评级

被鉴定建筑物单个构件使用性的鉴定评级,应根据构件的不同种类,按《民用建筑可靠性鉴定标准》GB 50292—2015第6.2~6.5节规定,分混凝土结构构件、钢结构构件、砌体结构构件和木结构构件四类进行使用性鉴定评级。进行构件使用性鉴定评级时应注意:

(1)使用性鉴定,应以现场的调查、检测结果为基本依据。鉴定采用的检测数据,应符合《民用建筑可靠性鉴定标准》GB 50292—2015规定。

使用性鉴定虽不涉及安全问题,但它对检测的要求并不低于安全性鉴定。因为其鉴定结论是作为对构件进行维修、耐久性维护处理或功能改造的主要依据。倘若鉴定结论不实,其经济后果也是很严重的。

(2)当遇到下列情况之一时,结构的主要构件鉴定,尚应按正常使用极限状态的规定进行计算分析与验算。

① 检测结果需与计算值进行比较。

② 检测只能取得部分数据,需通过计算分析进行鉴定。

③ 改变建筑物用途、使用条件或使用要求。

(3)对被鉴定的结构构件进行计算和验算,除应符合国家现行设计规范的规定和《民用建筑可靠性鉴定标准》GB 50292—2015构件安全性鉴定评级中验算被鉴定结构或构件的承载能力时的规定外,还应符合下列规定。

① 对构件材料的弹性模量、剪变模量和泊松比等物理性能指标,可根据鉴定确认的材料品种和强度等级,采用国家现行设计规范规定的数值。

② 验算结果应按国家现行标准规定的限值进行评级。当验算合格时,可根据其实际完好程度评为 a_s 级或 b_s 级;当验算不合格时,应定为 c_s 级。

③ 当验算结果与观察不符时,应进一步检查设计和施工方面可能存在的差错。

(4)当同时符合下列条件时,构件的使用性等级,可根据实际工作情况直接评为 a_s 级或 b_s 级。

① 经详细检查未发现构件有明显的变形、缺陷、损伤、腐蚀,也没有累积损伤问题。

② 经过长时间的使用,构件状态仍然良好或基本良好,能够满足下一目标使用年限内的正常使用要求。

③ 在下一目标使用年限内,构件上的作用和环境条件与过去相比不会发生显著变化。

(5)当需评估混凝土构件、钢结构构件和砌体构件的耐久性及其剩余耐久年限时,可分别按照《民用建筑可靠性鉴定标准》GB 50292—2015 附录 C、附录 D 和附录 E 进行评估。

2.3.2 子单元使用性鉴定评级

在结构构件使用性评级的基础上,应进行建筑使用性的第二层次子单元使用性鉴定评级。被鉴定建筑子单元为鉴定单元中细分的单元,一般按地基基础、上部承重结构和围护系统划分为三个子单元。

1. 子单元安全性评级基本规定

(1)应按地基基础、上部承重结构和围护系统的承重部分划分为三个子单元,并应分别按《民用建筑可靠性鉴定标准》GB 50292—2015 第 8.2~8.4 节规定的鉴定方法和评级标准进行评定。

(2)当仅要求对某个子单元的使用性进行鉴定时,对该子单元与其他相邻子单元之间的交叉部位,也应进行检查。当发现存在使用性问题时,应在鉴定报告中提出处理意见。

(3)当需按正常使用极限状态的要求对被鉴定结构进行验算时,其所采用的分析方法和基本数据,应符合《民用建筑可靠性鉴定标准》GB 50292—2015 第 6.1.4 条的规定。

2. 地基基础子单元使用性鉴定评级

地基基础的使用性,可根据其上部承重结构或围护系统的工作状态评定。当评定地基基础的使用性等级时,应按下列规定评级。

① 当上部承重结构和围护系统的使用性检查未发现问题,或所发现问题与地基基础无关时,可根据实际情况定为 A_s 级或 B_s 级。

② 当上部承重结构和围护系统所发现的问题与地基基础有关时,可根据上部承重结构和围护系统所评的等级,取其中较低一级作为地基基础使用性等级。

地基基础属隐蔽工程,在建筑物已建成情况下,检查困难,非不得已不进行直接检查。通过观测上部承重结构和围护系统的工作状态及其所产生的影响正常使用的问题,间接判断地基基础的使用性是否满足设计要求。确需开挖基础进行检查,才能做出符合实际的判断,鉴定人员认为有必要开挖时,可按开挖检查结果进行评级。

3. 上部承重结构子单元使用性鉴定评级

上部承重结构子单元的使用性鉴定评级,应根据其所含各种构件集的使用性等级和结构的侧向位移等级进行评定。当建筑物的使用要求对振动有限制时,还应评估振动的影响。

(1)当评定一种构件集的使用性等级时,应按下列规定评级。

① 对单层房屋,应以计算单元中每种构件集为评定对象。

② 对多层和高层房屋,应随机抽取若干层为代表层进行评定,代表层的选择参照安全性鉴定评级内容。

(2)在计算单元或代表层中,评定一种构件集的使用性等级时,应根据该层该种构件中每一受检构件的评定结果,按下列规定评级。

① a_s 级,该构件集内,不含 c_s 级构件,可含 b_s 级构件,但含量不多于35%。

② b_s 级,该构件集内,可含 c_s 级构件,但含量不多于25%。

③ c_s 级,该构件集内,c_s 级含量多于 b_s 级的规定数。

④ 对每种构件集的评级,在确定各级百分比含量的限值时,应对主要构件集取下限,对一般构件集取偏上限或上限,但应在检测前确定所采用的限值。

(3)各计算单元或代表层的使用性等级,应按下条的规定进行确定。

(4)上部结构使用功能的等级,应根据计算单元或代表层所评的等级,按下列规定进行确定。

① A_s 级,不含 C_s 级的计算单元或代表层,可含 B_s 级,但含量不多于30%。

② B_s 级,可含 C_s 级的计算单元或代表层,但含量不多于20%。

③ C_s 级,在该计算单元或代表层中,C_s 级含量多于 B_s 的规定值。

(5)当上部承重结构的使用性需考虑侧向位移的影响时,可采用检测或计算分析的方法进行鉴定,应按下列规定进行评级。

① 对检测取得的主要由综合因素引起的侧向位移值,应按表2.20(标准表8.3.6)结构侧向位移限制等级的规定评定每一测点的等级,并应按下列原则分别确定结构顶点和层间的位移等级。

a. 对结构顶点,应按各测点中占多数的等级确定。

b. 对层间,应按各测点最低的等级确定。

c. 根据以上两项评定结果,应取其中较低等级作为上部承重结构侧向位移使用性等级。

② 当检测有困难时,应在现场取得与结构有关参数的基础上,采用计算分析方法进行鉴定。当计算的侧向位移不超过表2.20(标准表8.3.6)中 B_s 级界限时,可根据该上部承重结构的完好程度评为 A_s 级或 B_s 级。当计算的侧向位移值已超出表(2.20)中 B_s 级的界限时,应定为 C_s 级。

表2.20 （标准表8.3.6）结构的侧向位移限值

检查项目	结构类别		位移限值		
			A_s级	B_s级	C_s级
钢筋混凝土结构或钢结构的侧向位移	多层框架	层间	$\leqslant H_i/500$	$\leqslant H_i/400$	$>H_i/400$
		结构顶点	$\leqslant H/600$	$\leqslant H/500$	$>H/500$
钢筋混凝土结构或钢结构的侧向位移	高层框架	层间	$\leqslant H_i/600$	$\leqslant H_i/500$	$>H_i/500$
		结构顶点	$\leqslant H/700$	$\leqslant H/600$	$>H/600$
	框架—剪力墙框架—筒体	层间	$\leqslant H_i/800$	$\leqslant H_i/700$	$>H_i/700$
		结构顶点	$\leqslant H/900$	$\leqslant H/800$	$>H/800$
	筒中筒剪力墙	层间	$\leqslant H_i/950$	$\leqslant H_i/850$	$>H_i/850$
		结构顶点	$\leqslant H/1100$	$\leqslant H/900$	$>H/900$
砌体结构侧向位移	以墙承重的多层房屋	层间	$\leqslant H_i/550$	$\leqslant H_i/450$	$>H_i/450$
		结构顶点	$\leqslant H/650$	$\leqslant H/550$	$>H/550$
	以柱承重的多层房屋	层间	$\leqslant H_i/600$	$\leqslant H_i/500$	$>H_i/500$
		结构顶点	$\leqslant H/700$	$\leqslant H/600$	$>H/600$

注：H为结构顶点高度；H_i为第i层的层间高度。

（6）上部承重结构的使用性等级，应根据上述评定结果，按上部结构使用功能和结构侧移所评等级，并应取其中较低等级作为其使用性等级。

（7）当考虑建筑物所受的振动作用可能对人的生理、仪器设备的正常工作、结构的正常使用产生不利影响时，可按《民用建筑可靠性鉴定标准》GB 50292—2015附录M的规定进行振动对上部结构影响的使用性鉴定。

4. 围护系统子单元使用性鉴定评级

围护系统（子单元）的使用性鉴定评级，应根据该系统的使用功能及其承重部分的使用性等级进行评定。

（1）当对围护系统使用功能等级评定时，应按表2.21（标准表8.4.2）规定的检查项目及其评定标准逐项评级，并应按下列原则确定围护系统的使用功能等级。

① 般情况下，可取其中最低等级作为围护系统的使用功能等级。

② 当鉴定的房屋对表2.21（标准表8.4.2）中各检查项目的要求有主次之分时，也可取主要项目中的最低等级作为围护系统使用功能等级。

③ 当按上款主要项目所评的等级为A_s级或B_s级，但有多于一个次要项目为C_s级时，应将围护系统所评等级降为C_s级。

表2.21 （标准表8.4.2)围护系统使用功能等级的评定

检查项目	A_s 级	B_s 级	C_s 级
屋面防水	防水构造及排水设施完好，无老化、渗漏及排水不畅的迹象	构造、设施基本完好，或略有老化迹象，但尚不渗漏及积水	构造、设施不当或已损坏，或有渗漏，或积水
吊顶	构造合理，外观完好，建筑功能符合设计要求	构造稍有缺陷，或有轻微变形或裂纹，或建筑功能略低于设计要求	构造不当或已损坏，或建筑功能不符合设计要求，或出现有碍外观的下垂
非承重内墙	构造合理，与主体结构有可靠联系，无可见变形，面层完好，建筑功能符合设计要求	略低于A_s级要求，但尚不显著影响其使用功能	已开裂、变形，或已破损，或使用功能不符合设计要求
外墙	墙体及其面层外观完好，无开裂、变形；墙脚无潮湿迹象；墙厚符合节能要求	略低于A_s级要求，但尚不显著影响其使用功能	不符合A_s级要求，且已显著影响其使用功能
门窗	外观完好，密封性符合设计要求，无剪切变形迹象，开闭或推动自如	略低于A_s级要求，但尚不显著影响其使用功能	门窗构件或其连接已损坏，或密封性差，或有剪切变形，已显著影响其使用功能
地下防水	完好，且防水功能符合设计要求	基本完好，局部可能有潮湿迹象，但尚不渗漏	有不同程度损坏或有渗漏
其他防护设施	完好，且防护功能符合设计要求	有轻微缺陷，但尚不显著影响其防护功能	有损坏，或防护功能不符合设计要求

（2)当评定围护系统承重部分的使用性时，应按《民用建筑可靠性鉴定标准》GB 50292—2015评定一种构件集的使用性等级时的标准评级其每种构件的等级，并应取其中最低等级作为该系统承重部分使用性等级。

（3)围护系统的使用性等级，应根据其使用功能和承重部分使用性的评定结果，按较低的等级确定。

（4)对围护系统使用功能有特殊要求的建筑物，除应按《民用建筑可靠性鉴定标准》GB 50292—2015鉴定评级外，尚应按国家现行标准进行评定。当评定结果合格时，可维持按本标准所评等级不变；当不合格时，应将所评的等级降为C_s级。

2.3.3 鉴定单元使用性鉴定评级

民用建筑鉴定单元的使用性鉴定评级，应根据地基基础、上部承重结构和围护系统的使用性等级，以及与整幢建筑有关的其他使用功能问题进行评定。

（1）鉴定单元的使用性等级，应根据子单元使用性鉴定评级的评定结果，按三个子单元中最低的等级确定。

（2）当鉴定单元的使用性等级按上条评为 A_{ss} 级或 B_{ss} 级，但遇到下列情况之一时，宜将所评等级降为 C_{ss} 级。

① 房屋内外装修已大部分老化或残损。

② 房屋管道、设备已需全部更新。

2.3.4　混凝土结构建筑使用性鉴定评级

使用性鉴定初步勘察、详细调查与检测和构件使用性鉴定评级一般规定、子单元和鉴定单元鉴定评级规定见前述内容，本节重点介绍混凝土结构构件使用性鉴定评级内容、方法和要求。

1. 混凝土结构构件使用性鉴定评级基本原则

混凝土结构构件使用性鉴定评级在建筑调查和检测资料、数据的基础上，按照《民用建筑可靠性鉴定标准》GB 50292—2015 规定，按如下原则进行评定。

（1）应按位移或变形、裂缝、缺陷和损伤四个检查项目，分别评定每一受检构件的等级，并取其中最低一级作为该构件使用性等级。

（2）混凝土结构构件碳化深度的测定结果，主要用于鉴定分析，不参与评级。但当构件主筋已处于碳化区内时，则应在鉴定报告中指出，并应结合其他项目的检测结果提出处理建议。

2. 混凝土结构构件使用性鉴定评级具体规定

（1）当混凝土桁架和其他受弯构件的使用性按其挠度检测结果评定时，应按下列规定评级。

① 当检测值小于计算值及国家现行设计规范限值时，可评为 a_s 级。

② 当检测值大于或等于计算值，但不大于国家现行设计规范限值时，可评为 b_s 级。

③ 当检测值大于国家现行设计规范限值时，应评为 c_s 级。

（2）当混凝土柱的使用性需要按其柱顶水平位移或倾斜检测结果评定时，应按下列规定评级。

① 当该位移的出现与整个结构有关时，应根据子单元使用性鉴定评级的评定结果，取与上部承重结构相同的级别作为该柱的水平位移等级。

② 当该位移的出现只是孤立事件时，可根据其检测结果直接评级。评级所需的位移限值，可按表2.8所列的层间位移限值乘以1.1的系数确定。

（3）当混凝土结构构件的使用性按其裂缝宽度检测结果评定时，应符合下列规定。

① 当有计算值时。

a．当检测值小于计算值及国家现行设计规范限值时，可评为 a_s 级。

b．当检测值大于或等于计算值，但不大于国家现行设计规范限值时，可评为 b_s 级。

c．当检测值大于国家现行设计规范限值时，应评为 c_s 级。

② 当无计算值时，构件裂缝宽度等级的评定应按表2.22(标准表6.2.4-1)的规定评级。

③ 对沿主筋方向出现的锈迹或细裂缝，应直接评为 c_s 级。

④ 当一根构件同时出现两种或以上的裂缝，应分别评级，并应取其中最低一级作为该构件的裂缝等级。

表2.22　（标准表6.2.4-1)钢筋混凝土构件裂缝宽度等级的评定

检查项目	环境类别和作用等级	构件种类		裂缝评定标准		
				a_s 级	b_s 级	c_s 级
受力主筋处的弯曲裂缝或弯剪裂缝宽度/mm	I -A	主要构件	屋架、托架	≤0.15	≤0.20	>0.20
			主梁、托梁	≤0.20	≤0.30	>0.30
		一般构件		≤0.25	≤0.40	>0.40
	I -B、I -C	任何构件		≤0.15	≤0.20	>0.20
	II	任何构件		≤0.10	≤0.15	>0.15
	III、IV	任何构件		无肉眼可见的裂缝	≤0.10	>0.10

注：1．对拱架和屋面梁，应分别按屋架和主梁评定。

　　2．裂缝宽度应以表面量测的数值为准。

(4)混凝土构件的缺陷和损伤等级的评定应按表2.23(标准表6.2.5)的规定评级。

表2.23　（标准表6.2.5)混凝土构件的缺陷和损伤等级的评定

检查项目	a_s 级	b_s 级	c_s 级
缺陷	无明显缺陷	局部有缺陷，但缺陷深度小于钢筋保护层厚度	有较大范围的缺陷，或局部的严重缺陷，且缺陷深度大于钢筋保护层厚度
钢筋锈蚀损伤	无锈蚀现象	探测表明有可能锈蚀	已出现沿主筋方向的锈蚀裂缝，或明显的锈迹
混凝土腐蚀损伤	无腐蚀损伤	表面有轻度腐蚀损伤	有明显腐蚀损伤

2.3.5　钢筋混凝土结构教学楼使用性鉴定实例

××市×××职业学校教学楼，地上五层，建筑高度20.4m（至檐口高度），建筑面积14 888.71m²，主要功能为教学和办公用房，分为A、B、C、D四个区，耐火等级为二级。结构形式为钢筋混凝土框架结构,楼盖采用全现浇梁板结构体系;采用钢筋混凝土夯扩桩、承台基础,单桩承载力标准值≥1400kN。外墙为砖墙,内墙为加气混凝土砌块。建筑设计使用年限为50年,地类别为Ⅲ类,建筑抗震设防类别为丙类,抗震设防烈度为8度、设计基本加速度值为0.20g,框架抗震等级为三级,建筑结构安全等级为二级。教学楼建设于2003年,当年建成并投入使用,至今未改变功能使用、未增加荷载。

×××职业中学拟与其他院校合并,合并后该教学楼仍然作为教学用房使用,为保证其适用性,遂委托本公司对教学楼进行适用性检测鉴定。

经过初步勘察发现,教学楼使用功能未改变,×××中学没有增加教学楼使用年限的需要,仅需要评价教学楼的适用性。通过与×××职业学校协商,按照《民用建筑可靠性鉴定标准》GB 50292—2015第3.1节规定,不属于第3.1.1条第1款的需要进行可靠性鉴定的范围,不属于第2款第4项规定需要进行建筑安全性鉴定的范围,按照第3.1.1条第3款第1项的规定,可仅进行建筑使用性鉴定。

合同签订后,×××中学提供了教学楼部分设计图纸,未提供工程地质勘察报告,未提供施工质量保证、验收资料。

检测鉴定项目组拟定了检测鉴定工作方案,根据工程资料的缺失情况,确定了检测项目及要求。

项目组安排检测人员按拟定的检测方案进行了相关检测并编制了检测报告和相应记录。检测项目包括建筑物垂直度检测、结构构件布置及尺寸复核、梁、柱构件混凝土抗压强度、构件混凝土碳化深度检测、混凝土构件钢筋配置检测、混凝土构件钢筋直径检测、构件钢筋保护层厚度检测。

项目组工程技术人员按照《民用建筑可靠性鉴定标准》GB 50292—2015第4章要求,对教学楼进行了详细勘察并编制了勘察记录,保留了影像资料。

项目组工程技术人员根据检测结果和现场勘查情况,按照前述程序、方法和《民用建筑可靠性鉴定标准》GB 50292—2015第6章、第8章、第9章要求,分结构构件、子单元和建筑物三个层次进行了安全性鉴定评级。结构构件安全性评定为a_s级;地基基础子单元使用性评定为A_s级,主体承重结构子单元使用性评定为A_s级,围护系统子单元使用性评定为A_s级,教学楼使用性评定为A_{ss}级。

对勘查中发现的装饰梁露筋、饰面层开裂、卫生间和屋面渗漏等问题,建议结合外保温工程一并处理。

按照《民用建筑可靠性鉴定标准》GB 50292—2015第12章要求,编写《×××教学楼使用性检测鉴定报告》如下所示。

×××教学楼使用性检测鉴定报告

工程名称	×××教学楼		
工程地点	××市××区××路南侧,××路西侧		
委托单位	×××中学		
建设单位	×××		
设计单位	×××		
勘察单位	×××		
施工单位	×××		
监理单位	×××		
抽样日期	2021年7月8—15日	检测日期	2021年7月8—15日
检测数量	详见报告	检验类别	委托
检测鉴定项目	1. 建筑物垂直度检测 2. 混凝土构件布置与尺寸复核 3. 钻芯法检测混凝土抗压强度 4. 混凝土碳化深度检测 5. 钢筋扫描检测 6. 钢筋直径检测 7. 钢筋保护层厚度检测		
检测鉴定仪器	经纬仪;直尺;混凝土钻孔机;数字式碳化深度测量仪 LR-TH10;钢卷尺;游标卡尺;一体式钢筋扫描仪 LR-G200		
鉴定依据	1.《民用建筑可靠性鉴定标准》GB 50292—2015 2.《建筑工程施工质量验收统一标准》GB 50300—2013 3.《建筑地基基础工程施工质量验收标准》GB 50202—2018 4.《混凝土结构工程施工质量验收规范》GB 50204—2015 5..《砌体工程施工质量验收规范》GB 50203—2011 6.《建筑结构荷载规范》GB 50009—2012 7.《建筑地基基础设计规范》GB 50007—2011 8.《混凝土结构设计规范》GB 50010—2010(2015版) 9.《砌体结构设计规范》GB 50003—2011 10.《建筑抗震设计规范》GB 50011—2010(2016版) 11.《建筑抗震鉴定标准》GB 50023—2009 12.《混凝土结构加固设计规范》GB 50367—2013 13.《砌体结构加固设计规范》GB 50702—2011 14.《房屋裂缝检测与处理技术规程》CECS293—2011 15. 鉴定委托书及相关资料 16. 现场勘查记录及影像资料		
检测依据	1.《建筑结构检测技术标准》GB/T 50344—2019 2.《钻芯法检测混凝土强度技术规程》JGJ/T 384—2016 3.《混凝土中钢筋检测技术规程》JGJ/T 152—2008 4.《混凝土结构工程施工质量验收规范》GB 50204—2015 5.《回弹法检测混凝土抗压强度技术规程》JGJ/T 23—2011		

1. 工程概况

×××教学楼位于××市,于2003年12月建成并交付使用(工程外观见附件1图一)。

建筑专业:主体结构形式均为地上五层框架结构,在平面上分为A、B、C、D四个区,主要功能为教学、办公用房,建筑面积14 888.71m²,建筑总高度20.4m,室内外高差0.6m。耐火等级为二级,建筑物耐久年限为50年。

屋面防水等级为Ⅲ级,采用高聚物改性沥青防水卷材,屋面保温为70mm厚聚苯板,建筑外窗为塑钢窗中空玻璃,内门为木门、防火门。外墙饰面材料为涂料、局部为干挂铝塑板和明框玻璃幕墙,内墙饰面为乳胶漆和墙砖,顶棚饰面材料为卫生间、走廊为吊顶,其他为涂料,楼、地面为瓷砖、局部为水泥和花岗岩。

结构专业:地类别为Ⅲ类,建筑抗震设防类别为丙类,抗震设防烈度为8度,设计基本加速度值为0.20g,框架抗震等级为三级,建筑结构安全等级为二级,设计基准期50年。

工程采用全现浇钢筋混凝土框架、楼盖采用全现浇梁板结构体系。采用钢筋混凝土夯扩桩、承台基础,单桩承力标准值≥1400KN。混凝土强度等级:承台及地梁为C30,垫层为C10,首层框架柱、梁、板、楼梯为C35,二至五层框架柱、梁、板、楼梯为C30,构造柱、过梁、抗震扁带为C25。钢筋混凝土保护层厚度:基础承台底面下筋为50mm,框架梁、柱、次梁主筋为25mm,板受力钢筋为15mm,楼板中的分布筋、梁柱中箍筋和构造钢筋为15mm。钢筋为Ⅰ级(强度设计值f_y=210N/mm²)、Ⅱ级(强度设计值f_y=300N/mm²),框架柱主筋采用机械连接接头,框架梁主筋直径>25mm时、次梁主筋直径≥22mm时采用焊接接头,其余钢筋采用搭接接头。±0.000m以下填充墙采用MU10砖M5水泥砂浆砌筑,±0.000m以上填充墙采用陶粒混凝土砌块M5混合砂浆砌筑,墙长大于5m时、填充墙端部、独立墙端头、墙体转角处、纵横墙交接处及门洞两侧加设构造柱。层高超过4m时,外纵横填充墙在窗台处、内墙在门过梁处设一道60mm厚通长抗震现浇扁带;填充墙砌体沿柱高每500mm设墙体拉结筋。

2. 检测鉴定目的和范围

鉴定的目的:通过现场检测鉴定,对×××教学楼使用性进行检测鉴定。

鉴定的范围:×××教学楼工程,建筑面积共14 888.71m²。

3. 工程资料

委托单位提供了该教学楼的建筑、结构原始施工图纸、地勘报告,未提供设计变更、竣工图和施工技术资料等资料。

4. 现场勘查

2021年7月3日,在委托方人员带领下我公司专家组对×××教学楼进行了现场勘查,情况如下。

1)地基基础工程

该工程为钢筋混凝土夯扩桩、承台基础,工程勘查未发现因地基明显缺陷和不均沉降现象,未发现因不均匀沉降而引起主体结构产生裂缝和变形等质量问题,建筑地基和基础无静载缺陷,地基基础现状完好。

2)结构体系及其整体牢固性

经现场检查,该工程为钢筋混凝土框架结构,楼、屋面采用现浇钢筋混凝土板,结构平面布置整体规则,竖向抗侧力构件连续、房屋无错层,结构体系与提供的原始施工图纸相符合。

3)结构构件构造及连接节点

经现场检查,未发现柱、梁受力裂缝等影响结构安全的质量问题,结构构件构造及连接节点未发现受力开裂、外闪、脱出等质量缺陷,上部结构完好。

4)结构缺陷、损伤和腐蚀

经现场检查,未发现柱、梁等构件严重施工缺陷和施工偏差,构件未出现受力裂缝,连接节点未发现受力开裂等影响结构安全的质量问题。

5)结构位移和变形

经现场检查,未发现柱、梁等构件严重变形和位移,结构顶点层间无位移,满足规范要求。

6)围护结构的现状

经检查,该工程围护墙、楼梯间墙体完好、屋面防水等围护系统现状基本完好。

7)使用改造情况

该工程自使用以来至本次检测鉴定加上使用功能未发生改变。

8)现场勘查问题

勘查发现工程存在的质量问题如下。

(1)外墙个别部位抹灰裂缝、饰面层开裂、脱落,详见附件2图(一)。

(2)个别卫生间渗漏,详见附件2图(二)。

(3)个别填充墙砌体顶部裂缝,详见附件2图(三)。

(4)个别部位抹灰裂缝、饰面层裂缝、脱落,详见附件2图(四)。

(5)屋面局部渗漏,详见附件2图(五)。

(6)屋面装饰梁露箍筋,详见附件2图(六)。

5. 检测结果

1)建筑物垂直度检测

根据《混凝土结构工程施工质量验收规范》GB 50204—2015,采用经纬仪、钢直尺对楼房垂直度进行检测,检测结果符合规范要求,检测汇总结果见表(一)。

建筑物垂直度检测结果汇总表(一)

工程名称		×××教学楼	仪器设备	经纬仪、钢直尺
结构类型		框架结构	检测数量	5角
检测结果				
序号	检测位置	实测值/mm	允许偏差/mm	判定
1	1/A(西)	18	21	合格
2	1/A(南)	16	21	合格
⋮	⋮	⋮	⋮	⋮
备注	全高(H)≤300m 允许偏差H/30 000+20,全高(H)>300m 允许偏差为H/10 000且≤80			

2)构件布置及尺寸复核

使用钢尺等量测构件尺寸,对照设计图纸查看、量测轴线位置,构件位置与尺寸,节点处位置与尺寸偏差,根据《混凝土结构工程施工质量验收规范》GB 50204—2015进行抽样,轴线抽检32个,柱抽检32个构件,梁抽检32个构件,梁柱节点抽检64个构件,检测结果见表(二)至表(六)。

混凝土构件轴线位置检测结果汇总表(二)

工程名称	×××教学楼	仪器设备	钢卷尺
结构类型	框架结构	检测数量	32个轴线

检测结果

序号	检测区间	检测结果			判定
		实测偏差较大值/mm	实测偏差较大值偏差/mm	允许偏差/mm	
1	2-7,A-E轴	9006	6	8	合格
2	2-7,J-P轴	9006	6	8	合格
⋮	⋮	⋮	⋮	⋮	⋮
备注	检查柱轴线,沿纵、横两个方向测量,并取其中偏差的较大值(H_1、H_2、H_3分别为中部、下部及其他部位)				

检测结果

序号	构件名称	设计轴线位置/mm	轴线位置实测值/mm			
			H_1	H_2	H_3	平均值
1	二层2/A-C轴	7200	7201	7206	7207	7 205
2	二层2/C-D轴	2400	2405	2401	2402	2 403
⋮	⋮	⋮	⋮	⋮	⋮	⋮
备注	检查柱轴线,沿纵、横两个方向测量,并取其中偏差的较大值(H_1、H_2、H_3别为中部、下部及其他部位)					

混凝土构件位置与尺寸偏差检测结果汇总表(三)

工程名称	×××教学楼	仪器设备	钢卷尺
结构类型	框架结构	检测数量	32个构件

梁高检测结果

序号	构件名称	板下梁高设计值/mm	梁高实测值/mm				检测结果		判定
			H_1	H_2	H_3	平均值/mm	平均值偏差/mm	允许偏差/mm	
1	一层梁6-7/M轴(梁中)	750	745	750	754	750	0	+10,-5	合格
2	一层梁6-7/V轴(梁中)	750	750	751	756	752	+2	+10,-5	合格
⋮	⋮	⋮	⋮	⋮	⋮	⋮	⋮	⋮	⋮

测点示意图	 H_2点为一侧边跨中点,H_1点、H_3点距两支座各0.1
备注	梁高为板下梁高(板下梁高设计值=梁高设计值-板厚设计值)

混凝土构件位置与尺寸偏差检测结果汇总表(四)

截面尺寸检测结果

序号	构件名称	截面尺寸设计值/mm	截面尺寸实测值								平均值偏差/mm	允许偏差/mm	判定
			b_1	b_2	b_3	平均值	h_1	h_2	h_3	平均值			
1	一层柱9/Y轴(柱中)	500×500	508	506	496	503	509	496	502	502	+3,+2	+10,−5	合格
2	一层柱9/X轴(柱中)	500×500	502	499	507	503	507	496	500	501	+3,+1	+10,−5	合格
⋮	⋮	⋮	⋮	⋮	⋮	⋮	⋮	⋮	⋮	⋮	⋮	⋮	⋮

测点示意图	
	柱截面尺寸示意图

b_1、h_1为柱上部检测数据,b_2、h_2为柱中部检测数据,b_3、h_3为柱下部检测数据

节点处位置与尺寸偏差检测结果汇总表(五)

工程名称	×××学楼	仪器设备	钢卷尺
结构类型	框架结构	检测数量	64个构件

梁高检测结果

序号	构件名称	板下梁高设计值/mm	梁高实测值/mm			检测结果			判定
			H_1	H_2	H_3	平均值/mm	平均值偏差/mm	允许偏差/mm	
1	一层梁6-7/M轴(梁端)	750	755	756	751	754	+4	+10,−5	合格
2	一层梁6-7/V轴(梁端)	750	749	755	748	751	+1	+10,−5	合格
⋮	⋮	⋮	⋮	⋮	⋮	⋮	⋮	⋮	⋮

测点示意图	

H_2点为一侧边跨中点,H_1点、H_3点距两支座各0.1m

备注	梁高为板下梁高(板下梁高设计值=梁高设计值−板厚设计值)

节点处位置与尺寸偏差检测结果汇总表(六)

序号	构件名称	截面尺寸设计值/mm	截面尺寸实测值								平均值偏差/mm	允许偏差/mm	判定
			b_1	b_2	b_3	平均值	h_1	h_2	h_3	平均值			
		截面尺寸检测结果											
1	一层柱 9/Y 轴（柱顶）	500×500	499	495	499	498	496	497	497	497	−2,−3	+10,−5	合格
2	一层柱 9/X 轴（柱顶）	500×500	496	497	496	496	502	500	502	501	−4,+1	+10,−5	合格
⋮	⋮	⋮	⋮	⋮	⋮	⋮	⋮	⋮	⋮	⋮	⋮	⋮	⋮

测点示意图

柱截面尺寸示意图

b_1、h_1 为柱上部检测数据,b_2、h_2 为柱中部检测数据,b_3、h_3 为柱下部检测数据

3)混凝土抗压强度检测

根据《钻芯法检测混凝土强度技术规程》JGJ/T 384—2016,对梁混凝土强度进行抽样,共抽取 40 个芯样,检测结果符合设计要求,混凝土强度检测结果汇总见表(七)。

钻芯法检测混凝土抗压强度检测结果汇总表(七)

工程名称	×××教学楼	仪器设备	混凝土钻芯机
结构类型	框架结构	检测数量	40 个构件(40 个芯样)

检测结果					
检测区间	设计强度等级	抗压强度平均值/MPa	标准差	推定区间上限值/MPa	推定区间下限值/MPa	混凝土强度推定值/MPa
一层梁、柱	C35	39.4	3.16	35.7	31.8	35.7
二至四层梁、柱	C30	35.4	3.52	31.3	27.0	31.3
结论	1. 一层所测芯样试件混凝土抗压强度推定上限值位为 35.7MPa,大于设计强度等级 C35,符合设计要求; 2. 二至四层所测芯样试件混凝土抗压强度推定上限值位 31.3MPa,大于设计强度等级 C30,符合设计要求				

检测结果				
序号	构件名称	混凝土设计强度等级	芯样直径/mm	芯样抗压强度/MPa
1	一层柱 9/K 轴	C35	75.0	44.9
2	一层梁 9-10/N 轴	C35	75.0	38.1
⋮	⋮	⋮	⋮	⋮

4)混凝土碳化深度检测

使用数字式碳化深度测量仪检测混凝土碳化深度,根据《回弹法检测混凝土抗压强度技术规程》JGJ/T 23—2011共抽检64个构件,检测结果汇总见表(八)。

混凝土碳化深度测量检测结果汇总表(八)

工程名称		×××教学楼		仪器设备		数字式碳化深度测量仪 LR-TH10
结构类型		框架结构		检测数量		64个构件
检测结果						
序号	构件名称	碳化深度值/mm				碳化值/mm
		测点1	测点2	测点3	平均	
1	一层梁6-7/M轴	6.00	6.00	6.00	6.0	6.0
		6.00	6.00	6.00	6.0	
		6.00	6.00	6.00	6.0	
2	一层梁6-7/V轴	6.00	6.00	6.00	6.0	6.0
		6.00	6.00	6.00	6.0	
		6.00	6.00	6.00	6.0	
⋮	⋮	⋮	⋮	⋮	⋮	⋮

5)混凝土构件钢筋配置检测

使用一体式钢筋扫描仪扫描检测混凝土构件钢筋、节点钢筋,根据《建筑结构检测技术标准》GB/T 50344—2019,B类进行抽样,梁抽检32个构件,柱抽检32个构件,板抽检20个构件,节点64个,结果符合设计要求,检测结果汇总见表(九)。

混凝土构件钢筋间距、钢筋根数检测结果汇总表(九)

工程名称		×××教学楼		仪器设备	一体式钢筋扫描仪 LR-G200	
结构类型		框架结构		检测数量	84个构件	
检测结果						
序号	构件名称	设计配筋		检测结果		
				钢筋数量/根	钢筋间距/mm	钢筋间距平均值/mm
1	一层梁6-7/M轴(梁中)	底部下排纵向受力钢筋	4⌀22	4	—	—
		箍筋	⌀10@200	—	1217	203
2	一层柱6/V轴(柱中)	一侧面纵向受力钢筋	5⌀22	5	—	—
		箍筋	⌀10@200	—	1197	200
3	一层板4-5/T-V轴	底部下排水平分布筋	⌀8@120	—	748	125
		底部上排垂直分布筋	⌀8@200	—	1176	196
⋮	⋮	⋮	⋮	⋮	⋮	⋮

节点处钢筋间距、钢筋根数检测结果汇总表(十)

工程名称		×××教学楼	仪器设备	一体式钢筋扫描仪LR-G200
结构类型		框架结构	检测数量	64个构件

序号	构件名称	设计配筋		检测结果		
				钢筋数量/根	钢筋间距/mm	钢筋间距平均值/mm
1	一层梁6-7/M轴 (梁端)	底部下排纵向受力钢筋	4Φ22	4	—	—
		箍筋	Φ10@100	—	608	101
2	一层柱6/V轴 (柱顶)	一侧面纵向受力钢筋	5Φ22	5	—	—
		箍筋	Φ10@100	—	614	102
⋮	⋮	⋮	⋮	⋮	⋮	⋮

6) 钢筋直径检测

根据《混凝土中钢筋检测技术标准》JGJ/T 152—2019第5.2.1条:"单位工程建筑面积不大于2000m² 同牌号同规格的钢筋应作为一个检测批。"对该工程柱、梁钢筋直径进行抽测,Φ25钢筋抽测3根,Φ22钢筋抽测30根,Φ20钢筋抽测12根,Φ14钢筋抽测6根,Φ10钢筋抽测6根,检测结果汇总见表(十一)。

钢筋直径检测结果汇总表(十一)

工程名称		×××教学楼	仪器设备	游标卡尺
结构类型		框架结构	检测数量	16个构件

序号	构件名称	设计要求		钢筋直径检测结果					
		钢筋直径/mm		直径实测值/mm	公称直径/mm	公称尺寸/mm	偏差值/mm	允许偏差/mm	结果判定
1	一层柱 10/K轴	一侧面纵向受力钢筋	5Φ22	21.6	22	21.3	+0.3	±0.5	符合标准要求
		箍筋	Φ10@200	10.0	10	—	0	±0.3	符合标准要求
2	二层梁 2-3/D轴	一侧面纵向受力钢筋	1Φ25+2Φ14 +1Φ20	19.9	20	19.3	+0.6	±0.5	不符合标准要求
⋮	⋮	⋮	⋮	⋮	⋮	⋮	⋮	⋮	⋮

7) 钢筋保护层厚度检测

对该工程梁、板、柱钢筋保护层进行检测,根据《建筑结构检测技术标准》GB/T 50344—2019,B类进行抽样,梁抽检32个构件,柱抽检32个构件,板抽检20个构件,检测结果汇总见表(十二)和表(十三)。

混凝土构件钢筋保护层厚度检测结果汇总表(十二)

工程名称		×××教学楼		仪器设备		一体式钢筋扫描仪LR-G200
结构类型		框架结构		检测数量		84个构件

检测结果						
构件类别	设计值/mm	计算值/mm	允许偏差/mm	保护层厚度检测值		
				所测点数	合格点数	合格点率/%
梁	25	—	+10,−7	108	107	99.1
板	15	—	+8,−5	120	118	98.3
结论	所检测梁类构件合格点率为99.1%,板类构件合格点率为98.3%,符合标准要求。					
备注	1. 判定保护层厚度是否合格时,以计算值加减允许偏差进行计算判定; 2. 根据《混凝土结构工程施工质量验收规范》GB 50204—2015规定:当全部钢筋保护层厚度检验的合格率为90%及以上,且检验结果中不合格点的最大偏差均不大于允许偏差的1.5倍时,可判为合格; 3. 检测部位及数据见附页					

检测结果				
序号	构件名称	设计配筋	设计值/mm	检测结果/mm
1	一层梁6-7/M轴 (梁中)	4Φ22 Φ10@200	25	底部下排纵向受力钢筋:25、22、27、25
2	一层柱6/V轴 (柱中)	5Φ22 Φ10@200	25	一侧面纵向受力钢筋:23、26、27、27、27
3	一层板 4-5/T-V轴	Φ8@120 Φ8@200	15	14、16、16、13、15、16
⋮	⋮	⋮	⋮	⋮

节点处钢筋保护层厚度检测结果汇总表(十三)

工程名称		×××教学楼		仪器设备		一体式钢筋扫描仪LR-G200
结构类型		框架结构		检测数量		64个构件

检测结果						
构件类别	设计值/mm	计算值/mm	允许偏差/mm	保护层厚度检测值		
				所测点数	合格点数	合格点率/%
梁	25	—	+10,−7	108	106	98.1
结论	所检测梁类构件合格点率为98.1%,符合标准要求					
备注	1. 判定保护层厚度是否合格时,以计算值加减允许偏差进行计算判定; 2. 根据《混凝土结构工程施工质量验收规范》GB 50204—2015规定:当全部钢筋保护层厚度检验的合格率为90%及以上,且检验结果中不合格点的最大偏差不大于允许偏差的1.5倍时,可判为合格					

检测结果				
序号	构件名称	设计配筋	设计值/mm	检测结果/mm
1	一层梁6-7/M轴(梁端)	4Φ22 Φ10@100 Φ10@100	25	底部下排纵向受力钢筋:26、26、25、28
2	二层柱6/C轴(柱顶)	5Φ22 Φ10@100	25	一侧面纵向受力钢筋:23、24、24、28、25
⋮	⋮	⋮	⋮	⋮

8)房屋裂缝检测

对房屋裂缝、外观质量缺陷情况进行调查,主要包括房屋四周室外散水与墙体交接处出现裂缝;分布在框架结构与填充墙的交接部位裂缝;墙体抹灰裂缝等,对主体结构的安全性基本没有影响。

6. 检测结论

(1)所测建筑物垂直度结果符合规范要求。

(2)所测构件布置及尺寸复核结果符合设计要求。

(3)所测构件混凝土抗压强度符合设计要求。

(4)所测构件混凝土碳化深度结果为6mm。

(5)所检构件混凝土构件钢筋配置符合设计要求。

(6)所检构件钢筋直径基本符合设计要求,部分钢筋直径不符合检测标准要求,但不影响主体结构安全。

(7)所检构件钢筋保护层厚度基本符合设计要求。

7. 使用性等级鉴定

根据《民用建筑可靠性鉴定标准》GB 50292—2015和现场检测结果,对建筑使用性进行鉴定评级,按照构件、子单元和鉴定单元三个层次,逐层对该建筑物进行评级。

1)构件评级

(1)按位移或变形评定,现场对所有混凝土柱检查未发现柱顶产生位移或倾斜情况;混凝土梁未产生挠度变形情况,构件使用性评定为a_s级。

(2)按裂缝宽度检测结果评定,混凝土构件对于现场发现的裂缝,对裂缝表面宽度检测均在0.2mm以下,属于温度收缩裂缝,按照《民用建筑可靠性鉴定标准》GB 50292—2015相关要求,构件使用性评定为a_s级。

(3)按混凝土构件的缺陷和损伤评定,经现场勘查,该工程混凝土构件无明显缺陷,无腐蚀损伤,钢筋无锈蚀现象,构件使用性评定为a_s级。

按照《民用建筑可靠性鉴定标准》GB 50292—2015要求,混凝土结构构件的使用性鉴定按应按位移或变形、裂缝、缺陷和损伤四个检查项目,分别评定每一受检构件的等级,并取其中最低一级作为该构件使用性等级,该工程构件使用性评定为a_s级,混凝土结构构件碳化深度的测定结果,主要用于鉴定分析,不参与评级。

2)子单元评级

(1)地基基础:经现场勘查,该建筑地基基础未见明显缺陷,现状完好,且上部结构中未发现由于地基不均匀沉降造成的显著结构构件开裂和倾斜,上部结构使用性检查所发现的问题与地基基础无关,地基基础使用性评为A_s级。

(2)上部承重结构:上部承重结构子单元的使用性鉴定评级,应根据其所含各种构件集的使用性等级和结构侧向位移等级进行评定。

① 按各种构件集的使用性等级评定,该工程各层主要构件和一般构件均满足使用要求,按照《民用建筑可靠性鉴定标准》GB 50292—2015中有关规定每种构件集使用性均评为a_s级。

② 结构侧向位移等级进行评定,根据现场勘验和检测结果,综合分析结构顶点和层间位移变形情况,按照《民用建筑可靠性鉴定标准》GB 50292—2015有关规定,该工程按照上部承重结构侧向位移等级使用性评定为A_s级。

按照《民用建筑可靠性鉴定标准》GB 50292—2015有关规定,该工程上部承重结构承载功能使用性评为A_s级。

（3）围护系统：围护系统的使用性鉴定评级，根据该系统的使用功能及其承重部分的使用性等级进行评定。

① 按使用功能评定，按照《民用建筑可靠性鉴定标准》GB 50292—2015第8.4.2条规定评定如下：

屋面防水，防水构造不当，有渗漏，评为C_s级。

吊顶，构造合理，外观基本完好，建筑功能符合要求，评为A_s级。

非承重内墙，构造合理，与主体结构有可靠联系，无可见变形，面层卫生间部位损坏严重，评为B_s级。

外墙，墙体及其面层外观大部分完好，个别处开裂、无变形；墙角个别处潮湿迹象，墙厚符合节能要求，评为B_s级。

门窗，外观基本完好，个别部位密封胶开裂，无剪切变形，不显著影响使用功能，评为B_s级。

其他防护设施，基本完好，略有表面损坏，但防护功能符合设计要求，评为B_s级。

综合上述情况，根据《民用建筑可靠性鉴定标准》GB 50292—2015中有关规定，围护系统使用功能使用性评定为B_s级。

② 按围护系统承重部分评定，承重部分的使用性鉴定评级，应根据其所含各种构件集的使用性等级和结构侧向位移等级进行评定，根据现场检查和检测结果，围护系统承重部分使用性评为A_s级。

根据《民用建筑可靠性鉴定标准》GB 50292—2015中有关规定，该工程围护系统使用性评为B_s级。

3）鉴定单元安全性评级

鉴定单元使用性鉴定评级，根据其地基基础、上部承重结构和维护系统的使用性等级，以及与整幢建筑有关的其他使用功能问题进行评定，详见表（十五）。

鉴定单元使用性综合评定表（十五）

鉴定单元	层次	二	三
	层名	子单元评定	鉴定单元综合评定
	等级	A_s、B_s、C_s	A_{ss}、B_{ss}、C_{ss}
×××教学楼	地基基础	A_s	
	上部承重结构	A_s	B_{ss}
	维护系统	B_s	

8. 鉴定结论

专家组依据现场勘查、检测结果、荷载验算和国家相关规范标准，经综合分析论证，对×××教学楼工程安全性提出检测鉴定意见如下。

（1）现场勘查，未发现工程出现基础不均匀沉降、柱、梁受力裂缝，钢结构构件受力变形、失稳等影响结构安全的质量问题，结构构件构造连节点未发现受力裂缝、存在明显缺陷等影响结构安全的质量问题。

（2）×××教学楼工程使用性鉴定等级为B_{ss}级。

9. 处理建议

对现场勘查发现的工程质量问题，采取措施处理。

10. 专家组成员

专家信息及确认签字(十六)

姓名	职称	签字
×××	正高级工程师	
×××	高级工程师	
×××	教授	

11. 附件

(1)工程外观图 1 张,详见附件 1。

(2)工程现场勘查问题图 6 张,详见附件 2。

(3)鉴定委托书及相关资料(略)。

(4)专家职称和技术人员职称证书(略)。

(5)鉴定机构资质材料(略)。

附件 1 工程外观

图(一) 外立面装饰架抹灰开裂、饰面层脱落

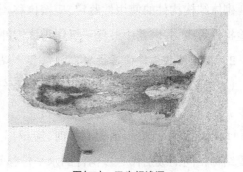

图(二) 卫生间渗漏

附件 2 工程现场勘查问题

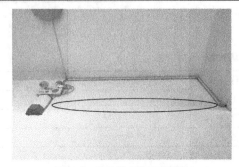

图(三) 填充墙砌体顶部裂缝

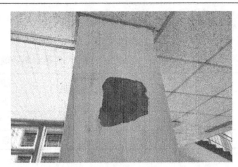

图(四) 柱面抹灰饰面层脱落

图(五) 屋面局部渗漏

图(六) 屋面装饰梁露箍筋

附件2 工程现场勘查问题

2.3.6 砌体结构建筑使用性鉴定

如前所述,砌体结构建筑临近使用寿命的越来越多,多数需要进行检测鉴定。使用性鉴定初步勘察、详细调查与检测和构件使用性鉴定评级一般规定、子单元和鉴定单元鉴定评级规定见前述内容,本节重点介绍砌体结构构件使用性鉴定评级内容、方法和要求。

1. 砌体结构构件使用性鉴定评级基本原则

砌体结构构件的使用性鉴定,应按位移、非受力裂缝、腐蚀三个检查项目,分别评定每一受检构件等级,并取其中最低一级作为该构件的安全性等级。

2. 砌体结构构件使用性鉴定评级具体规定

(1)当砌体墙、柱的使用性按其顶点水平位移或倾斜的检测结果评定时,应按下列原则评级。

① 当该位移与整个结构有关时,应根据上部承重结构侧向位移的评定结果,取与上部承重结构相同的级别作为该构件的水平位移等级。

② 当该位移只是孤立事件时,则可根据其检测结果直接评级。评级所需的位移限值,可按标准层间位移限值乘以1.1的系数确定。

③ 构造合理的组合砌体墙、柱应按混凝土墙、柱评定。

(2)当砌体结构构件的使用性按非受力裂缝检测结果评定时,应按表2.24(标准表6.4.3)

的规定评级。

表 2.24 （标准表 6.4.3）砌体结构构件的使用性按非受力裂缝检测结果评定

检查项目	构件类别	a_s 级	b_s 级	c_s 级
非受力裂缝宽度/mm	墙及带壁柱墙	无肉眼可见裂缝	≤1.5	>1.5
	柱	无肉眼可见裂缝	无肉眼可见裂缝	出现肉眼裂缝

注：对无可见裂缝的柱，取 a_s 级或 b_s 级，可根据其实际完好程度确定。

（3）当砌体结构构件的使用性按其腐蚀，包括风化和粉化的检测结果评定时，砌体结构构件腐蚀等级的评定应按表 2.25（标准表 6.4.4）的规定评级。

表 2.25 （标准表 6.4.4）砌体结构构件腐蚀等级的评定

检查部位		a_s 级	b_s 级	c_s 级
块材	实心砖	无腐蚀现象	小范围出现腐蚀现象，最大腐蚀深度不大于6mm，且无发展趋势	较大范围出现腐蚀现象或最大腐蚀深度大于6mm，或腐蚀有发展趋势
	多孔砖空心砖小砌块	无腐蚀现象	小范围出现腐蚀现象，最大腐蚀深度不大于3mm，且无发展趋势	较大范围出现腐蚀现象或最大腐蚀深度大于3mm，或腐蚀有发展趋势
砂浆层		无腐蚀现象	小范围出现腐蚀现象，最大腐蚀深度不大于10mm，且无发展趋势	较大范围出现腐蚀现象或最大腐蚀深度大于10mm，或腐蚀有发展趋势
砌体内部钢筋		无锈蚀现象	有锈蚀可能或有轻微锈蚀现象	明显锈蚀或锈蚀有发展趋势

2.3.7 砌体结构宿舍楼安全性鉴定实例

××市××县×××中学宿舍楼，地上五层（局部六层），建筑高度16.95m（局部20.55m）（室外地面至屋面板上皮），建筑面积7461m²，主要功能为男女学生宿舍用房，耐火等级为二级。结构形式为砌体结构，承重墙采用KP1砌筑，局部采用配筋；现浇钢筋混凝土楼、屋盖；基础形式为钢筋混凝土筏板基础，天然地基。建筑设计使用年限为50年，抗震设防烈度8度。建设于2003年，作为初中学生宿舍使用至今。使用期间未进行改造和大规模的装修。

×××中学发现宿舍楼陆续出现屋顶、外墙渗漏，墙内侧装修存在不同程度空鼓、开裂、脱落，屋顶露天混凝土构件破损、露筋；×××中学对宿舍楼的使用性存疑，遂委托本公司对宿舍楼进行使用性检测鉴定。

经过初步勘察发现,宿舍楼距使用年限尚有近30年时间,且没有增加使用年限的需要,未改变使用功能,也未进行过改造。通过与×××中学沟通,按照《民用建筑可靠性鉴定标准》GB 50292—2015第3.1节规定,不属于第3.1.1条第1款需要进行可靠性鉴定的范围,不属于第2款第4项规定需要进行建筑安全性鉴定的范围,按照第3.1.1条第3款第1项的规定,可仅进行建筑使用性鉴定。

合同签订后,×××中学提供了宿舍楼部分建筑、结构设计图纸,未提供工程地质勘察报告和施工质量保证、验收资料。

×××中学宿舍楼检测鉴定项目组根据初步勘察情况,拟定了检测鉴定工作方案,根据工程资料的缺失情况,确定了检测项目及要求。

项目组安排检测人员按拟定的检测方案进行了建筑物垂直、结构构件布置及尺寸、构件混凝土抗压强度、墙体砌筑砂浆抗压强度、墙体KP1烧结砖抗压强度、结构构件混凝土碳化深度、混凝土构件钢筋配置、构件钢筋保护层厚度、砖砌体中墙体拉结钢筋设置等项目检测并编制了检测报告和相应记录。

项目组工程技术人员按照《民用建筑可靠性鉴定标准》GB 50292—2015第4章要求,对宿舍楼进行了详细勘察并编制了勘察记录,保留了影像资料。

项目组工程技术人员和邀请专家根据检测结果和现场勘查情况,按照前述程序、方法和《民用建筑可靠性鉴定标准》GB 50292—2015第6章、第8章、第9章要求,分结构构件、子单元和建筑物三个层次进行了使用性鉴定评级。结构构件使用性按位移、非受力裂缝宽度检测结果、腐蚀三项评定均为A_s级;地基基础子单元使用性评定为A_s级,主体承重结构子单元使用性评定为A_s级,围护系统子单元使用性评定为C_s级,教学楼使用性评定为A_{ss}级。

对勘查中发现的墙面饰面层空鼓、开裂、脱落和屋顶、楼板渗漏等问题,影响使用功能和观感,建议采取相应措施处理。

按照《民用建筑可靠性鉴定标准》GB 50292—2015第12章要求,编写《×××宿舍楼使用性检测鉴定报告》如下所示。

×××宿舍楼使用性检测鉴定报告

工程名称	×××宿舍楼		
工程地点	××市××区××路南侧,××路西侧		
委托单位	×××中学		
建设单位	×××		
设计单位	×××		
勘察单位	×××		
施工单位	2021年7月8—15日	检测日期	2021年7月8—15日
监理单位	详见报告	检验类别	委托
检测鉴定项目	1. 建筑物垂直度检测 2. 构件布置与尺寸复核 3. 贯入法检测砂浆强度 4. 回弹法检测烧结砖强度 5. 钻芯法检测混凝土抗压强度 6. 混凝土碳化深度检测;钢筋扫描检测 7. 钢筋直径检测;钢筋保护层厚度检测 8. 砖砌体内拉结钢筋检测		
检测鉴定仪器	经纬仪;直尺;混凝土钻孔机;数字式碳化深度测量仪 LR-TH10;贯入式砂浆强度检测仪 SJY800B;砖回弹仪 HT75-A;钢筋扫描仪 PS200;钢卷尺;游标卡尺;一体式钢筋扫描仪 LR-G200		
鉴定依据	1.《民用建筑可靠性鉴定标准》GB 50292—2015 2.《建筑工程施工质量验收统一标准》GB 50300—2013 3.《建筑地基基础工程施工质量验收规范》GB 50202—2018 4.《混凝土结构工程施工质量验收规范》GB 50204—2015 5.《砌体工程施工质量验收规范》GB 50203—2011 6.《建筑结构荷载规范》GB 50009—2012 7.《建筑地基基础设计规范》GB 50007—2011 8.《混凝土结构设计规范》GB 50010—2010(2015版) 9.《砌体结构设计规范》GB 50003—2011 10.《建筑抗震设计规范》GB 50011—2010(2016版) 11.《建筑抗震鉴定标准》GB 50023—2009 12.《混凝土结构加固设计规范》GB 50367—2013 13.《砌体结构加固设计规范》GB 50702—2011 14.《房屋裂缝检测与处理技术规程》CECS293:2011 15. 鉴定委托单及相关资料 16. 现场勘查记录及影像资料		
检测依据	1.《建筑结构检测技术标准》GB/T 50344—2019 2.《钻芯法检测混凝土强度技术规程》JGJ/T 384—2016 3.《混凝土中钢筋检测技术规程》JGJ/T 152—2008 4.《砌体工程现场检测技术标准》GB/T 50315—2011 5.《混凝土结构工程施工质量验收规范》GB 50204—2015 6.《贯入法检测砌筑砂浆抗压强度技术规程》JGJ/T 136—2001 7.《回弹法检测混凝土抗压强度技术规程》JGJ/T 23—2011		

1. 工程概况

×××宿舍楼工程位于××市,于2005年建成并交付使用[工程外观见附件1图(一)、图(二)]。

建筑专业:某宿舍楼为多层公共建筑,主要功能为学生宿舍,主体建筑5层,局部6层(楼梯间),主体建筑高度16.95m(局部6层、建筑高度20.55m),建筑面积7461m²,耐火等级为二级,设计使用年限为50年,抗震设防烈度为8度。

屋面防水等级为三级,采用高聚物改性沥青防水卷材,排水口及泛水等部位均在防水层下面铺卷材一层,雨水口周围加铺卷材两层。屋面突出部位及转角处的找平层,抹成平缓的半圆弧形,半径控制在100~120mm。屋面保温为80mm厚聚苯板,外墙保温采用50mm厚聚苯板保温。

所有窗户为塑钢窗,内门为实木门,阳台门为塑钢门。墙体地下为实心烧结页岩标砖,地上为KP1页岩多孔砖墙。

结构专业:宿舍楼工程为砌体结构、局部采用配筋砌体,现浇钢筋混凝土楼、屋盖,采用天然地基,地耐力为110kPa,采用筏板基础。首层板厚100mm,2~4层板厚110mm,5层及顶层板厚120mm。±0.000以上砖墙采用KP1多孔砖,强度等级均为MU15,砂浆采用M15混合砂浆。

五层及五层以下外墙圈梁为240mm×250mm,内墙圈梁为240mm×180mm,在外墙转角处、内横墙与外纵墙交界处、内纵墙与山墙交界处、部分横墙与内纵墙交接处等部位设置钢筋混凝土构造柱,截面尺寸240mm×240mm。现浇梁、板、构造柱、圈梁、过梁、楼梯混凝土强度采用C25,基础采用C30。钢筋保护层厚度:梁30mm、柱30mm、楼板20mm、基础底板下筋保护层厚度40mm,钢筋为Ⅰ级、Ⅱ级,采用搭接接头。

2. 检测鉴定目的和范围

鉴定的目的:通过现场检测鉴定,对×××宿舍楼使用性进行检测鉴定。

鉴定的范围:×××宿舍工程,建筑面积共7461m²。

3. 工程资料

委托单位提供了该宿舍楼的部分建筑、结构原始施工图纸、地勘报告,未提供设计变更、竣工图和施工技术资料等资料。

4. 现场勘查

2021年7月3日,在委托方人员带领下我公司专家组对×××宿舍楼进行了现场勘查,情况如下。

1)地基基础工程

该工程采用天然地基,筏板基础,工程勘查中未发现因地基明显缺陷和不均沉降现象,未发现因不均匀沉降而引起主体结构产生裂缝和变形等质量问题,建筑地基和基础无静载缺陷,地基基础现状完好。

2)结构体系及其整体牢固性

经现场检查,该工程为砌体结构,竖向承重构件为砖砌体,水平承重构件采用钢筋混凝土现浇板,钢筋混凝土筏片基础,结构平面布置整体规则,竖向抗侧力构件连续,房屋无错层,结构体系与提供的原始施工图纸相符合。

3)结构构件构造及连接节点

经现场检查,未发现墙体、梁受力裂缝等影响结构安全的质量问题,结构构件构造及连接节点未发现受力开裂、外闪、脱出等质量缺陷,上部结构基本完好。

4)结构缺陷、损伤和腐蚀

经现场检查,未发现墙体、梁等构件严重施工缺陷和施工偏差,构件未出现受力裂缝、连接节点未发现受力开裂等影响结构安全的质量问题。

5)结构位移和变形

经现场检查,未发现墙体、梁等构件严重变形和位移,结构顶点层间无位移,满足规范要求。

6)围护系统承重部分

经检查,该工程围护墙、楼梯间墙体完好、屋面防水等围护系统现状基本完好。

7)使用改造情况

该工程自使用以来至本次检测鉴定为止使用功能未发生改变。

8)现场勘查问题

勘查发现工程存在的质量问题如下。

(1)宿舍楼东南角外墙根部散水处墙体局部受损,详见附件2图(一)。

(2)房间存在顶棚渗漏,饰面层开裂、起鼓、脱落,详见附件2图(二)。

(3)卫生间墙体外侧有渗漏、受潮痕迹,粉刷层粉化、脱落,详见附件2图(三)。

(4)5层走廊楼板渗漏、粉刷脱落,详见附件2图(四)。

(5)5层楼梯间墙体抹灰开裂、局部脱落,详见附件2图(五)。

(6)屋顶突出屋面的装饰用钢筋混凝土构件混凝土脱落、钢筋外露、锈蚀,详见附件2图(六)。

5. 检测结果

1)建筑物垂直度检测

根据《砌体结构工程施工质量验收规范》GB 50203—2011,采用经纬仪、钢直尺对楼房垂直度进行检测,检测结果符合规范要求,检测汇总结果见表(一)。

建筑物垂直度检测结果汇总表(一)

工程名称		×××宿舍楼	仪器设备	经纬仪、钢直尺
结构类型		砌体结构	检测数量	4角
检测结果				
序号	检测位置	实测值/mm	允许偏差/mm	判定
1	1/D(西)	19	21	合格
2	1/D(南)	18	21	合格
⋮	⋮	⋮	⋮	⋮
备注	全高(H)≤300m 允许偏差 $H/30\,000+20$,全高(H)＞300m 允许偏差为 $H/10\,000$ 且≤80			

2)构件布置及尺寸复核

使用钢尺等量测构件尺寸,对照设计图纸查看、量测轴线位置、构件布置、墙垛尺寸、轴线位置,根据《砌体结构工程施工质量验收规范》GB 50203—2011进行抽样,梁抽检32个构件,柱抽检32个构件,墙垛尺寸抽检25个构件,轴线位置抽检14个轴线,检测结果见表(二)至表(四)。

混凝土构件位置与尺寸偏差检测结果汇总表(二)

工程名称	×××宿舍楼				仪器设备		钢卷尺	
结构类型	砌体结构				检测数量		64个构件	

梁高检测结果

序号	构件名称	板下梁高设计值/mm	梁高实测值/mm			检测结果			判定
			H_1	H_2	H_3	平均值/mm	平均值偏差/mm	允许偏差/mm	
1	一层梁4/F-G轴	160	160	170	157	162	+2	+10,−5	合格
2	一层梁6/F-G轴	160	159	163	159	160	0	+10,−5	合格
⋮	⋮	⋮	⋮	⋮	⋮	⋮	⋮	⋮	⋮

测点示意图	 梁高示意图 梁高示意图 H_2点为一侧边跨中点,H_1点、H_3点距两支座各0.1m
备注	梁高为板下梁高(板下梁高设计值=梁高设计值−板厚设计值)

截面尺寸检测结果

序号	构件名称	截面尺寸设计值/mm	截面尺寸实测值								平均值偏差/mm	允许偏差/mm	判定
			b_1	b_2	b_3	平均值	h_1	h_2	h_3	平均值			
1	一层柱 4/F轴	240×240	239	239	247	242	248	237	247	244	+2,+4	+10,−5	合格
2	一层柱 6/G轴	240×240	236	241	235	237	249	249	239	246	−3,+6	+10,−5	合格
⋮	⋮	⋮	⋮	⋮	⋮	⋮	⋮	⋮	⋮	⋮	⋮	⋮	⋮

测点示意图	 柱截面尺寸示意图 b_1、h_1为柱上部检测数据,b_2、h_2为柱中部检测数据,b_3、h_3为柱下部检测数据

墙垛尺寸检测结果汇总表(三)

工程名称	×××宿舍楼	仪器设备	钢卷尺
结构类型	砌体结构	检测数量	25个构件
检测结果			
序号	构件名称	设计墙垛尺寸/mm	实测值/mm
1	一层21-23/G轴(东)	1050	1140
2	一层20-23/G轴(中)	1050+1050=2100	2140
⋮	⋮	⋮	⋮

轴线位置检测结果汇总表(四)

工程名称	×××宿舍楼		仪器设备	钢卷尺
结构类型	砌体结构		检测数量	14个轴线
检测结果				
序号	检测区间	检测结果		判定
		实测偏差较大值/mm	实测偏差较大值偏差/mm	允许偏差/mm	
1	4-14,D-L轴	5107	7	8	合格
备注	检查柱轴线,沿纵、横两个方向测量,并取其中偏差的较大值(H_1、H_2、H_3分别为中部、下部及其他部位)				

检测结果					
序号	构件名称	设计轴线位置/mm	轴线位置实测值/mm			
			H_1	H_2	H_3	平均值
1	一层4-5/D轴	3600	3607	3600	3605	3604
2	一层5-6/D轴	3600	3604	3607	3602	3604
⋮	⋮	⋮	⋮	⋮	⋮	⋮

3)砂浆抗压强度检测

根据《砌体工程现场检测技术标准》GB/T 50315—2011,使用贯入式砂浆强度检测仪贯入法检测砌筑砂浆抗压强度,共抽取30个构件,检测结果见表(五)。

砌筑砂浆抗压强度检测结果汇总表(五)

工程名称		×××宿舍楼				仪器设备		贯入式砂浆强度检测仪 SJY800B		
结构类型		砌体结构				检测数量		30个构件		
检测结果										
序号	构件名称	贯入深度平均值/mm	砂浆抗压强度换算值/MPa	砂浆强度换算值的平均值/MPa	砂浆强度换算值的最小值/MPa	砂浆强度换算值的标准差	砂浆强度换算值的变异系数	0.91倍砂浆强度换算值的平均值/MPa	1.18倍砂浆强度换算值的最小值/MPa	砂浆抗压强度推定值/MPa
1	一层墙 20-21/D轴	2.75	17.6	18.1	16.6	1.13	0.06	16.5	19.6	16.5
2	一层墙 17-18/E轴	2.77	17.4							
3	一层墙 7-8/G轴	2.68	18.6							
4	一层墙 5-6/F轴	2.58	20.2							
⋮	⋮	⋮	⋮	⋮	⋮	⋮	⋮	⋮	⋮	⋮

4)烧结砖抗压强度检测

根据《砌体工程现场检测技术标准》GB/T 50315—2011,使用砖回弹仪采用回弹法检测烧结砖强度,共抽取30个构件,检测结果见表(六)。

烧结砖强度结果汇总表(六)

工程名称		×××宿舍楼		仪器设备		砖回弹仪 HT75-A		
结构类型		砌体结构		检测数量		30个构件		
检测结果								
序号	检测单元	构件名称(测区)	抗压强度代表值/MPa	烧结砖设计强度等级	抗压强度平均值/MPa	抗压强度最小值/MPa	抗压强度标准值/MPa	烧结砖推定强度等级
1	一层墙体	20-21/D轴	17.2	MU15	17.5	16.9	16.5	MU15
		17-18/E轴	17.2					
		7-8/G轴	18.5					
		5-6/F轴	16.9					
		10-11/F轴	17.8					
		16-17/D轴	17.6					
2	二层墙体	21-23/E轴	17.6	MU15	17.3	16.5	16.3	MU15
		17-18/E轴	17.6					
		12-13/F轴	17.5					
		8-9/F轴	17.7					
		7-8/G轴	16.5					
		26-27/D轴	16.6					
⋮	⋮	⋮	⋮	⋮	⋮	⋮	⋮	⋮

5)混凝土抗压强度检测

根据《钻芯法检测混凝土强度技术规程》JGJ/T 384—2016,对梁混凝土强度进行抽样,共抽取20个芯样,检测结果见表(七)。

混凝土抗压强度检测结果汇总表(七)

工程名称	×××宿舍楼		仪器设备		混凝土钻孔机	
结构类型	砌体结构		检测数量		20个构件(20个芯样)	
检测结果						
检测区间	设计强度等级	抗压强度平均值/MPa	标准差	推定区间上限值/MPa	推定区间下限值/MPa	混凝土强度推定值/MPa
一层至四层柱、梁	C25	28.8	2.30	26.2	22.9	26.2
结论	一层至四层所测芯样试件混凝土抗压强度推定上限值位为26.2MPa,大于设计强度等级C25,符合设计要求					
检测结果						
序号	构件名称	混凝土设计强度等级		芯样直径/mm		芯样抗压强度/MPa
1	一层柱 17/E轴	C25		74.5		31.6
2	一层柱 8/G轴	C25		75.5		27.6
⋮	⋮	⋮		⋮		⋮

6)混凝土碳化深度检测

使用数字式碳化深度测量仪检测混凝土碳化深度,根据《回弹法检测混凝土抗压强度技术规程》JGJ/T 23—2011共抽检64个构件,检测结果汇总见表(八)。

碳化深度检测结果汇总表(八)

工程名称	×××宿舍楼			仪器设备	数字式碳化深度测量仪 LR-TH10
结构类型	砌体结构			检测数量	64个构件
检测结果					
序号	构件名称	碳化深度值/mm			碳化值/mm
		测点1	测点2	测点3	平均	

序号	构件名称	测点1	测点2	测点3	平均	碳化值/mm
1	一层梁 4/F-G轴	6.00	6.00	6.00	6.0	6.0
		6.00	6.00	6.00	6.0	
		6.00	6.00	6.00	6.0	
2	一层梁 6/F-G轴	6.00	6.00	6.00	6.0	6.0
		6.00	6.00	6.00	6.0	
		6.00	6.00	6.00	6.0	
⋮	⋮	⋮	⋮	⋮	⋮	⋮

7)混凝土构件钢筋配制检测

使用一体式钢筋扫描仪扫描检测混凝土构件钢筋、节点钢筋,根据《建筑结构检测技术标准》GB/T 50344—2019,B类进行抽样,梁抽检32个构件,柱抽检32个构件,板抽检32个构件,检测结果见表(九)。

钢筋间距、钢筋根数检测结果汇总表(九)

工程名称	×××宿舍楼		仪器设备	一体式钢筋扫描仪LR-G200	
结构类型	砌体结构		检测数量	96个构件	
检测结果					
序号	构件名称	设计配筋	检测结果		
			钢筋数量/根	钢筋间距/mm	钢筋间距平均值/mm
1	一层梁4/F-G轴	底部下排纵向受力钢筋 2Φ16	2	—	—
		箍筋 Φ8@200	—	1188	198
2	一层柱4/F轴	一侧面纵向受力钢筋 2Φ12	2	—	—
		箍筋 Φ6@200	—	1179	196
3	一层板6-7/D-F轴	底部下排水平分布筋 Φ10@180		1080	180
		底部上排垂直分布筋 Φ10@150		909	152
⋮	⋮	⋮	⋮	⋮	⋮

8)钢筋直径检测

根据《混凝土中钢筋检测技术标准》JGJ/T 152—2019第5.2.1条:"单位工程建筑面积不大于2000m² 同牌号同规格的钢筋应作为一个检测批。"对该工程柱、梁钢筋直径进行抽测,Φ18钢筋抽测9根,Φ16钢筋抽测8根,Φ12钢筋抽测6根,Φ12钢筋抽测4根,Φ8钢筋抽测8根,Φ6钢筋抽测4根,检测结果汇总见表(十)。

钢筋直径检测结果汇总表(十)

工程名称	×××宿舍楼		仪器设备		游标卡尺		
结构类型	砌体结构		检测数量		13个构件		
检测结果							
序号	构件名称	设计要求	钢筋直径检测结果				
		钢筋直径/mm	直径实测值/mm	公称直径/mm	公称尺寸/mm	偏差值/mm	允许偏差/mm	结果判定
1	四层梁23/G-J轴	底部下排纵向受力钢筋 2Φ12	11.5	12	11.5	0	±0.4	符合标准要求
		箍筋 Φ8@250	7.6	8	—	-0.4	±0.3	不符合标准要求
2	一层柱4/F轴	一侧面纵向受力钢筋 2Φ12	11.4	12	11.5	-0.1	±0.4	符合标准要求
			11.3	12	11.5	-0.2	±0.4	符合标准要求
		箍筋 Φ6@200	5.9	6	—	-0.1	±0.3	符合标准要求
			5.9	6	—	-0.1	±0.3	符合标准要求
⋮	⋮	⋮	⋮	⋮	⋮	⋮	⋮	⋮

9)钢筋保护层厚度检测

对该工程梁、板、柱钢筋保护层进行检测,根据《建筑结构检测技术标准》GB/T 50344—2019,B类进行抽样,梁抽检32个构件,柱抽检32个构件,板抽检32个构件,检测结果见表(十一)。

钢筋保护层厚度检测结果汇总表(十一)

工程名称		×××宿舍楼		仪器设备		一体式钢筋扫描仪 LR-G200
结构类型		砌体结构		检测数量		96个构件
检测结果						
构件类别	设计值/mm	计算值/mm	允许偏差/mm	保护层厚度检测值		
				所测点数	合格点数	合格点率/%
梁	30	38	+10,-7	66	64	97.0
板	20	—	+8,-5	192	189	98.4
结论	所检测梁类构件合格点率为97.0%,板类构件合格点率为98.4%,符合标准要求。					
备注	1. 判定保护层厚度是否合格时,以计算值加减允许偏差进行计算判定; 2. 根据《混凝土结构工程施工质量验收规范》GB 50204—2015 规定:当全部钢筋保护层厚度检验的合格率为90%及以上,且检验结果中不合格点的最大偏差均不大于允许偏差的1.5倍时,可判为合格					

检测结果				
序号	构件名称	设计配筋	计算值/mm	检测结果/mm
1	一层梁4/F-G轴	2Φ16	38	底部下排纵向受力钢筋:39、42
		φ8@200		
2	一层柱4/F轴	2Φ12	36	一侧面纵向受力钢筋:34、32
		φ6@200		
3	一层板6-7/D-F轴	φ10@180	20	23、20、25、22、24、21
		φ10@150		
⋮	⋮	⋮	⋮	⋮

10)砖砌体内拉结钢筋检测

根据《砌体结构工程施工质量验收规范》GB 50203—2011 进行抽样,使用剔凿方法检测墙拉结钢筋设置,检测墙体均设置拉结钢筋,抽检10个构件,检测结果见表(十二)。

墙拉筋检测结果汇总表(十二)

工程名称		×××宿舍楼	
结构类型	砌体结构	检测数量	10个构件
检测结果			
序号	构件名称		是否有墙拉筋
1	一层墙20-21/D轴		是
2	二层墙17-18/E轴		是
⋮	⋮		⋮

11)房屋裂缝检测

对房屋裂缝、外观质量缺陷情况进行调查,其主要有温度收缩,墙体抹灰裂缝等,对主体结构的安全性基本没有影响。

6. 检测结论

(1)所检测建筑物垂直度符合规范要求。

(2)所复核构件布置及尺寸符合设计要求。

(3)所测构件混凝土抗压强度符合设计要求。

(4)所测墙体砌筑砂浆抗压强度符合设计要求。

(5)所测墙体烧结砖抗压强度符合设计要求。

(6)所测构件混凝土碳化深度检测结果为6mm。

(7)所检构件混凝土构件钢筋配置符合设计要求。

(8)所测混凝土构件钢筋直径基本符合设计要求,极少部分不符合检测标准要求,但不影响主体结构安全。

(9)所检测构件钢筋保护层厚度符合设计要求。

(10)所检测砖砌体中墙体拉结钢筋设置符合设计要求。

7. 使用性等级鉴定

根据《民用建筑可靠性鉴定标准》GB 50292—2015和现场检测结果,对建筑使用性进行鉴定评级,按照构件、子单元和鉴定单元三个层次,逐层对该建筑物进行评级。

1)构件评级

(1)按位移评定,现场对所有砌体墙、柱检查未发现柱顶产生位移,构件使用性评定为a_s级。

(2)按非受力裂缝宽度检测结果评定,五层个别墙体现场发现的墙体非受力裂缝,对裂缝表面宽度检测均在0.15mm以下,属于温度收缩裂缝,按照《民用建筑可靠性鉴定标准》GB 50292—2015相关要求,该构件使用性评定为b_s级,其他部位构件使用性评定为a_s级。

(3)按腐蚀评定,经现场勘查,该工程多孔砖、砂浆层、砌体内部钢筋无腐蚀现象,构件使用性评定为a_s级。

按照《民用建筑可靠性鉴定标准》GB 50292—2015要求,砌体结构构件的使用性鉴定按应按位移、非受力裂缝、腐蚀等三个检查项目,分别评定每一受检构件的等级,并取其中最低一级作为该构件使用性等级,该工程构件使用性评定为a_s级。

2)子单元评级

(1)地基基础:经现场勘查,该建筑地基基础未见明显缺陷,现状完好,且上部结构中未发现由于地基不均匀沉降造成的显著砌体结构构件开裂和倾斜,上部结构使用性检查所发现的问题与地基基础无关,地基基础使用性评为a_s级。

(2)上部承重结构:上部承重结构子单元的使用性鉴定评级,应根据其所含各种构件集的使用性等级和结构侧向位移等级进行评定。

(3)按各种构件集的使用性等级评定:该工程五层个别部位虽有b_s级构件,但含量在30%以下,按照《民用建筑可靠性鉴定标准》GB 50292—2015有关规定,每种构件集使用性均评为a_s级。

(4)结构侧向位移等级进行评定:根据现场勘验和检测结果,综合分析结构顶点和层间位移变形情况,按照《民用建筑可靠性鉴定标准》GB 50292—2015有关规定,该工程按照上部承重结构侧向位移等级使用性评定为A_s级。

结合现场勘查和检测结果,该工程上部承重结构承载功能使用性评为A_s级。

(5)围护系统。

围护系统的使用性鉴定评级,根据该系统的使用功能及其承重部分的使用性等级进行评定。

按使用功能评定,现场检查情况如下。

① 屋面防水,五层走廊楼板渗漏,防水构造不当,评为C_s级。

② 吊顶、走廊、宿舍、楼梯间存在顶棚渗漏,饰面层开裂、起鼓、脱落,评为C_s。

③非承重内墙,构造合理,与主体结构有可靠联系,无可见变形,面层基本完好,评为B_s级。

④外墙,墙体及其面层外观大部分完好,个别处开裂、无变形;墙角个别处潮湿迹象,墙厚符合节能要求,评为B_s级。

⑤门窗,外观基本完好,个别部位密封胶开裂,无剪切变形,不显著影响使用功能,评为B_s级。

⑥其他防护设施,基本完好,略有表面损坏,但防护功能符合设计要求,评为B_s级。

综合上述情况,根据《民用建筑可靠性鉴定标准》GB 50292—2015有关规定,围护系统使用功能使用性评定为C_s级。

按围护系统承重部分评定,承重部分的使用性鉴定评级,应根据其所含各种构件集的使用性等级和结构侧向位移等级进行评定,根据现场检查和检测结果,围护系统承重部分使用性评为A_s级。

根据《民用建筑可靠性鉴定标准》GB 50292—2015有关规定,该工程围护系统使用性评为C_s级。

3)鉴定单元安全性评级

鉴定单元使用性鉴定评级,根据其地基基础、上部承重结构和维护系统的使用性等级,以及与整幢建筑有关的其他使用功能问题进行评定,详见表(十三)。

鉴定单元使用性综合评定表(十三)

鉴定单元	层次	二	三
	层名	子单元评定	鉴定单元综合评定
	等级	A_s、B_s、C_s	A_{ss}、B_{ss}、C_{ss}
×××宿舍楼	地基基础	A_s	
	上部承重结构	A_s	C_{ss}
	维护系统	C_s	

8. 鉴定结论

专家组依据现场勘查、检测结果、荷载验算和国家相关规范标准,经综合分析论证,对×××宿舍楼工程安全性提出检测鉴定意见如下。

(1)现场勘查,未发现工程出现基础不均匀沉降、墙体及楼板受力开裂等影响结构安全的质量问题,结构构件构造连节点未发现受力裂缝等影响结构安全的质量问题。

(2)对×××工程使用性鉴定等级评为C_{ss}级。

9. 处理建议

对现场勘查发现的工程质量问题,采取措施处理。

10. 专家组成员

专家信息及确认签字(十四)

姓名	职称	签字
×××	正高级工程师	
×××	高级工程师	
×××	教授	

11. 附件

(1)工程外观2张(附件1)。

(2)工程现场勘查问题6张(附件2)。

(3)鉴定委托书及相关资料(略)。

(4)专家职称和技术人员职称证书(略)。

(5)鉴定机构资质材料(略)。

图(一) 某宿舍楼外观

图(二) 某宿舍楼外观

附件1 工程外观

图(一) 外墙散水处墙体局部受损

图(二) 宿舍楼板渗漏、粉刷起鼓脱落

图(三) 楼梯间墙体渗漏痕迹、粉刷脱落

图(四) 走廊楼板渗漏、粉刷脱落

附件2 工程现场勘查质量问题

图（五） 顶层楼梯间顶棚渗漏、粉刷脱落　　图（六） 屋顶装饰构件混凝土脱落、钢筋锈蚀

附件2　工程现场勘查质量问题

2.3.8　钢结构建筑使用性鉴定

使用性鉴定初步勘察、详细调查与检测和构件使用性鉴定评级一般规定、子单元和鉴定单元鉴定评级规定见前述内容，本节重点介绍钢结构构件使用性鉴定评级内容、方法和要求。

1. 钢结构构件使用性鉴定评级基本原则

钢结构构件使用性鉴定评级在建筑调查和检测资料、数据的基础上，根据建筑类别，分别按照《民用建筑可靠性鉴定标准》GB 50292—2015、《工业建筑可靠性鉴定标准》GB 50144—2019、《高耸与复杂钢结构检测与鉴定标准》GB 50018—2016 的规定进行评定。三个标准对钢结构构件使用性鉴定评级主要内容大体相同，又各有区别，其中《民用建筑可靠性鉴定标准》GB 50292—2015 要求如下。

钢结构构件的使用性鉴定，应按位移或变形、缺陷和锈蚀或腐蚀三个检查项目，分别评定每一受检构件等级，并以其中最低一级作为该构件的使用性等级；对钢结构受拉构件，除应按以上三个检查项目评级外，尚应以长细比作为检查项目参与上述评级。

2. 钢结构构件使用性鉴定评级具体规定

（1）当钢桁架和其他受弯构件的使用性按其挠度检测结果评定时，应按下列规定评级。

① 当检测值小于计算值及国家现行设计规范限值时，可评为 a_s 级。

② 当检测值大于或等于计算值，但不大于国家现行设计规范限值时，可评为 b_s 级。

③ 当检测值大于国家现行设计规范限值时，可评为 c_s 级。

④ 在一般构件的鉴定中，对检测值小于国家现行设计规范限值的情况，可直接根据其完好程度定为 a_s 级或 b_s 级。

（2）当钢柱的使用性按其柱顶水平位移（或倾斜）检测结果评定时，应按下列原则评级。

① 当该位移的出现与整个结构有关时，可采用检测或计算分析的方法进行鉴定，并根据《民用建筑可靠性鉴定标准》GB 50292—2015 第8.3.6条进行评级，取与上部承重结构相同的级别作为该柱的水平位移等级。

② 当该位移的出现只是孤立事件时,可根据其检测结果直接评级,评级所需的位移限值,可按《民用建筑可靠性鉴定标准》GB 50292—2015结构的侧向位移限值确定。

（3）当钢结构构件的使用性按缺陷和损伤的检测结果评定时,应按表2.26（标准表6.3.4）的规定评级。

表2.26 （标准表6.3.4)钢结构构件的使用性按缺陷和损伤的检测结果评定

检查项目	a_s级	b_s级	c_s级
桁架、屋架不垂直度	不大于桁架高度的1/250,且不大于15mm	略大于A_s级允许值,尚不影响使用	大于A_s级允许值,已影响使用
受压构件平面内的弯曲矢高	不大于构件自由长度的1/1000,且不大于10mm	不大于构件自由长度的1/660	大于构件自由长度的1/660
实腹梁侧向弯曲矢高	不大于构件计算跨度的1/660	不大于构件跨度的1/500	大于构件跨度的1/500
其他缺陷或损伤	无明显缺陷或损伤	局部有表面缺陷或损伤,尚不影响正常使用	有较大范围缺陷或损伤,且已影响正常使用

（4）对钢索构件,当索的外包裹防护层有损伤性缺陷时,应根据其影响正常使用的程度评为b_s级或c_s级。

（5）当钢结构受拉构件的使用性按长细比的检测结果评定时,应按表2.27（标准表6.3.6）的规定评级。

表2.27 （标准表6.3.6)钢结构受拉构件的使用性按长细比的检测结果评定

构件类别		a_s级或b_s级	c_s级
重要受拉构件	桁架拉杆	≤350	>350
	网架支座附近处拉杆	≤300	>300
一般受拉构件		≤400	>400

注：1. 评定结果取a_s级或b_s级,可根据其实际完好程度确定。

2. 当钢结构受拉构件的长细比虽略大于b_s级的限值,但当该构件的下垂矢高尚不影响其正常使用时,仍可定为b_s级。

3. 张紧的圆钢拉杆的长细比不受本表限制。

（6）当钢结构构件的使用性按防火涂层的检测结果评定时,应按表2.28（标准表6.3.7)的规定评级。

表2.28　（标准表6.3.7）钢结构构件的使用性按防火涂层的检测结果评定

基本项目	a_s	b_s	c_s
外观质量	涂膜无空鼓、开裂、脱落、霉变、粉化等现象	涂膜局部开裂，膨胀型涂料涂层裂纹宽度不大于0.5mm；非膨胀型涂料涂层裂纹宽度不大于1.0mm；边缘局部脱落；对防火性能无明显影响	防火涂膜开裂，膨胀型涂料涂层裂纹宽度大于0.5mm；非膨胀型涂料涂层裂纹宽度大于1.0mm；重点防火区域涂层局部脱落；对结构防火性能产生明显影响
涂层附着力	涂层完整	涂层完整程度达到70%	涂层完整程度低于70%
涂膜厚度	厚度符合设计或国家现行规范规定	厚度小于设计要求，但小于设计厚度的测点数不大于10%，且测点处实测厚度不小于设计厚度的90%；非膨胀型防火涂料涂膜，厚度小于设计厚度的面积不大于20%，且最薄处厚度不小于设计厚度的85%，厚度不足部位的连续长度不大于1m，并在5m范围内无类似情况	达不到b_s级的要求

2.3.9　钢结构多层厂房使用性鉴定实例

×××加工项目，多层工业厂房，建筑高度29.7m，建筑面积1894m²，主要功能为粉料生产，耐火等级为二级。结构形式为钢框架结构，楼板采用花纹钢板和钢格板；基础形式为柱下独立基础，桩基。外墙、屋面板为树脂瓦。建筑设计混凝土结构使用年限为50年，钢结构25年，抗震设防烈度8度。该厂房分两期建设于2008年和2012年，建成以来，一直按原设计功能使用。使用期间，对外围护树脂瓦及其龙骨进行了修缮。

业主拟对该项目进行产能改造，加工使用荷载，根据改造要求，委托本公司对该多层厂房进行使用性检测鉴定。

检测鉴定项目组拟定了检测鉴定工作方案，根据工程资料的缺失情况和现场调查情况，确定了检测项目及要求。

项目组安排检测人员按拟定的检测方案进行了相关检测并编制了检测报告和相应记录。检测项目包括柱垂直度检测、梁挠度检测及节点完整性检测、轴线位置检测。

项目组工程技术人员按照《工业建筑可靠性鉴定标准》GB 50144—2019第4章要求，对厂房进行了详细勘察并编制了勘察记录，保留了影像资料。

项目组工程技术人员根据检测结果和现场勘查情况，按照前述程序、方法和《工业建筑可靠性鉴定标准》GB 50144—2019第6章、第7章、第8章要求，分结构构件、子单元和建筑物三个层次进行了使用性鉴定评级。结构构件使用性评定为b级；地基基础使用性评定为A

级,上部承重结构使用性评定为 *B* 级,围护系统使用性评定为 *B* 级,整体建筑使用性评定为二级。

对勘查中发现的钢楼板、楼梯、栏杆及部分构件锈蚀、屋面板、墙板破损等问题,建议结合结构改造一并处理。

按照《工业建筑可靠性鉴定标准》GB 50144—2019 第 12 章要求,编写《×××钢结构使用性检测鉴定报告》详见下表。

×××钢结构使用性检测鉴定报告		
工程名称	×××工程	
工程地点	×××	
委托单位	×××	
建设单位	×××	
设计单位	×××	
勘察单位	×××	
施工单位	×××	
监理单位	×××	
抽样日期	2022年2月23—3月3日	检测日期	2022年2月23—3月3日
检测数量	详见报告内	检验类别	委托
检测鉴定项目	1. 钢结构柱垂直度变形检测 2. 钢结构梁挠度检测 3.. 钢结构对接焊缝超声波检测内部缺陷 4. 钢框架连接节点的完整性检测 5. 轴线位置检测 6. 钢构件截面尺寸偏差检测 7. 钢构件表面硬度检测	
检测鉴定仪器	游标卡尺、钢卷尺、超声波探伤仪、水准仪、经纬仪、水准仪、全站仪等	
鉴定依据	1.《工业建筑可靠性鉴定标准》GB 50144—2019 2.《建筑工程施工质量验收统一标准》GB 50300—2013 3.《建筑结构荷载规范》GB 50009—2012 4.《建筑抗震设计规范》GB 50011—2010(2016年版) 5.《钢结构工程施工质量验收标准》GB 50205—2020 6. 鉴定委托书及相关资料 7. 现场勘查记录及影像资料	
检测依据	1.《建筑结构检测技术标准》GB/T 50344—2019 2.《钢结构现场检测技术标准》GB/T 50621—2010 3.《钢结构工程施工质量验收标准》GB 50205—2020	

1. 工程概况

×××项目位于河北省唐山市×××,工程于2012年4月建成交付使用,工程外观见附件1图(一)。

本工程为多层工业厂房,建筑面积1894m²,建筑高度29.7m,主体结构形式为钢框架结构,主结构钢材 Q345B,地脚螺栓 Q345B,高强螺栓 10.9级,采用锚栓端承式刚接柱脚,柱脚底标高±0.000;柱混凝土强度等级为C30,钢筋采用HPB235、HRB335;一期施工采用预应力混凝土管桩,二期采用钻孔灌注桩。钢结构防腐采用环氧带锈防腐底漆两道,环氧带锈防腐面漆两道,涂层厚度150um。工程于2008年进行一期施工,2011年进行二期施工并最终完工。

本工程设计使用年限:混凝土结构50年,钢结构25年。结构安全等级二级,抗震设防类别为丙类,地基基础设计等级为丙级,建筑构件耐火等级为二级。抗震设防烈度8度0.20g,特征周期值为0.45s。

工程原设计气象条件:基本风压:$W_0 = = 0.5\text{kN/m}^2(n=50)$,地面粗糙度B类,基本雪压:$S_0 = 0.35\text{kN/m}^2$($n=50$)。地质水文资料:场地类别Ⅲ类,设计抗震设防烈度8度,设计地震分组第三组,设计基本地震加速度为小于0.20g。

2. 检测鉴定范围和目的

通过现场检测鉴定,对×××钢结构工程的使用性进行检测鉴定。

3. 工程资料

委托单位提供了该项目的建筑、结构等施工图纸、桩基资料及基础主体施工技术资料。

4. 现场勘查

2022年2月11日,在委托方人员带领下,我公司专家组对×××工程进行了现场勘查,情况如下。

1)结构体系

经观察检查,该工程主体为钢框架结构,采用锚栓端承式刚接柱脚,地上结构体系与提供的原始施工图纸相符合。

2)结构构件构造及连接节点

经观察检查,未发现工程出现基础不均匀沉降、柱、梁受力裂缝等影响结构安全的质量问题,少部分构件、节点存在缺陷和损伤、锈蚀等影响结构安全的质量问题。

3)楼板、楼梯及栏杆

该项目楼板采用花纹钢板、钢格栅板混合布置,楼梯、局部花纹钢板存在锈蚀,破损,部分洞口栏杆锈蚀严重,钢格板部分基本完好。

4)围护结构

经检查,该工程围护墙板采用冷弯薄壁墙梁、树脂瓦面层,屋面采用冷弯薄壁檩条、FRP压型采光板面层等维护系统,现状墙面外观基本完整,局部墙板脱落,屋面板破损。

5)使用改造情况

该工程自使用以来至本次检测鉴定为止使用功能基本未发生改变;墙梁存在因锈蚀损坏而附加设置的情况。

6)现场勘查问题

勘查中发现工程存在的质量问题如下。

(1)避雷接地扁钢锈蚀,详见附件2照片1。

(2)局部缺少墙面板,详见附件2照片2。

(3)洞口栏杆错口点焊,扁钢变形,详见附件2照片3。

(4)楼梯梁、楼梯平台板、钢格板锈蚀,详见附件2照片4。

(5)屋面板破损、屋面有异物、天沟落水管脱落,详见附件2照片5、照片6。

5. 检测结果

1)钢结构变形检测(柱垂直度检测)

采用经纬仪对钢结构立柱倾斜进行检测,共检测钢柱12根,符合规范7根,不符合规范5根,其中超差较大钢柱2根,检测汇总结果见表(一)和表(二)。

立柱倾斜测量数据(一)

位置		X值/m	Y值/m	ΔX/m	ΔY/m
4交H	顶部	984.450	012.792	0.161	−0.006
4交H	底部	984.289	012.798		
6交H	顶部	019.533	003.261	0.019	−0.002
6交H	底部	019.514	003.263		
⋮	⋮	⋮	⋮	⋮	⋮

注:ΔX、ΔY数值由顶部数值减底部数值所得。

厂房立柱倾斜计算数据(二)

序号	位置	H/m	X倾斜率	Y倾斜率
1	4交H	29.00	0.006	0
2	6交H	29.00	0.001	0
⋮	⋮	⋮	⋮	⋮

2)钢结构变形检测(梁挠度检测)

采用经纬仪对钢结构梁挠度进行检测,共检测钢梁24根,检测结果符合规范要求,检测数据见表(三)。

厂房梁挠度测量数据表(三)

梁编号	数据1	数据2	数据3
1−1	3.822	3.823	3.823
1−2	2.917	2.914	2.925
⋮	⋮	⋮	⋮

3)节点的完整性检测

对钢结构梁柱节点完整性进行全数检测,缺陷问题汇总结果见表(四)。

节点完整性检测结果汇总表(四)

序号	构件名称	检测结果
1	一层梁4/B−D轴	D轴方向螺栓不合规,翼缘板焊缝错位
2	一层梁4/(1/E)−G轴	G轴方向螺栓不合规
⋮	⋮	⋮

4)轴线位置检测

对钢结构轴线位置进行检测,有1处不符合设计要求,汇总结果见表(五)和表(六)。

轴线位置检测结果汇总表（五）

工程名称	×××加工项目		仪器设备	钢卷尺
结构类型	钢结构		检测数量	8个轴线

检测结果					
序号	检测区间	检测结果			判定
		实测偏差较大值/mm	实测偏差较大值偏差/mm	允许偏差/mm	
1	4-6,A-H轴	8488	12	6	不合格
备注	检查柱轴线,沿纵、横两个方向测量,并取其中偏差的较大值（H_1、H_2、H_3分别为中部、下部及其他部位）				

轴线位置检测数据汇总表（六）

检测结果						
序号	构件名称	设计轴线位置/mm	轴线位置实测值/mm			
			H_1	H_2	H_3	平均值
1	一层 4-5/A轴	8500	8490	8488	8487	8488
2	一层 5-6/A轴	8500	8504	8487	8490	8494
⋮	⋮	⋮	⋮	⋮	⋮	⋮

6. 检测结论

检测结论如下。

（1）所测钢结构柱垂直度结果:符合规范7根,不符合规范5根,其中超差较大钢柱2根。

（2）所测钢结构梁挠度结果符合规范要求。

（3）全数检查节点完整性,存在64处缺陷问题。

（4）所检轴线位置1处不符合设计要求。

7. 结构使用性等级鉴定

1）构件评级

按照《工业建筑可靠性鉴定标准》GB 50144—2019第6.3.8条要求,钢构件使用性等级按变形、偏差、一般构造和腐蚀等项目进行评定,并应取其中最低等级作为构件的使用性等级。

钢构件变形满足现行相关标准规定和设计要求,评定等级为a;钢构件的偏差包括施工过程中产生的偏差和使用过程中出现的永久性变形,个别不满足现行相关标准规定,尚不明显影响正常使用,评定等级为b;钢构件发生轻微腐蚀,腐蚀和防腐评定等级为b。

综上,构件使用性评定等级为b。

2）结构系统评级

（1）地基基础:依据规范规定,地基基础的使用性等级,宜根据上部承重结构和围护结构使用状况按表（七）（规范表7.2.5）的规定评定等级。

地基基础的使用性评定等级（七）

评定等级	评定标准
A	上部承重结构和围护结构的使用状况良好或所出现的问题与地基基础无关
B	上部承重结构或围护结构的使用状况基本正常,结构或连接因地基基础变形有个别损伤
C	上部承重结构和围护结构的使用状况不完全正常,结构或连接因地基变形有局部或大面积损伤

上部承重结构和围护结构所出现的问题与地基基础无关,故地基基础使用性评定等级为A。

(2)上部承重结构:上部承重结构的使用性等级按上部承重结构使用状况和结构水平位移两个项目评定,并取其中较低的评定等级作为上部承重结构的使用性等级。

上部承重结构使用状况评定等级为B,结构水平位移评定等级为A,故上部承重结构使用性评定等级为B。

(3)围护系统:围护结构系统的使用性等级,根据围护结构的使用状况、围护结构系统的使用功能两个项目评定,并取两个项目中较低评定等级作为该围护结构系统的使用性等级。

围护结构的使用状况的评定等级为B,围护结构系统的使用功能评定等级为B,故围护结构系统的使用性等级为B。

3)鉴定单元使用性评级

鉴定单元使用性鉴定评级,根据其地基基础、上部承重结构和围护结构的使用性等级进行评定。该工程结构使用性评级结果见表(八)。

鉴定单元使用性综合评定表(八)

鉴定单元	层次	二	三
×××加工项目	层名	结构系统评定	鉴定单元综合评定
	等级	A、B、C	一、二、三
	地基基础	A	二
	上部承重结构	B	
	围护系统	B	

8. 鉴定结论

专家组依据现场勘查、检测结果、荷载验算和国家相关规范标准,经综合分析论证,提出×××钢结构工程使用性鉴定意见如下。

(1)现场勘查,未发现钢结构构件受力变形、失稳等影响结构安全的质量问题,结构构件构造连节点未发现存在明显缺陷等影响结构安全的质量问题。

(2)该工程使用性鉴定等级为二级。

9. 处理建议

(1)该工程继续使用需要进行加固处理,应由有资质的设计和施工单位完成。

(2)对现场勘查及检测发现的工程质量问题,结合本次加固改造一并采取措施处理。

10. 专家组成员

专家信息及确认签字(九)

姓名	职称	签字
×××	正高级工程师	
×××	高级工程师	
×××	教授	

11. 附件

(1)工程外观照片1张(附件1)。

(2)工程现场勘查问题照片6张(附件2)。

(3)测量检测报告。(略)

(4)鉴定委托书及相关资料。(略)

(5)专家职称和技术人员职称证书。(略)

(6)鉴定机构资质材料。(略)

附件1　工程外观

图(一)　避雷接地扁钢未防护

图(二)　局部缺少墙面板

附件2　工程现场勘查质量问题

图(三) 洞口栏杆错口点焊,扁钢变形

图(四) 顶层楼梯栏杆锈透

图(五) 屋面板破损且屋面有异物

图(六) 天沟落水管脱落

附件2 工程现场勘查质量问题

2.4 可靠性鉴定工程实例

2.4.1 混凝土结构实验楼可靠性鉴定实例

×××中学科学实验楼位于××市××区,主要功能为教学实验室、办公用房和教室,建筑面积6990m²,在平面上分为五段,Ⅰ、Ⅱ段为地上一层二层,Ⅲ、Ⅳ段为地上三层,Ⅴ段为地上四层,建筑高度15m(至檐口高度),耐火等级为二级。结构类型为现浇钢筋混凝土框架结构,楼板为现浇混凝土楼板。Ⅰ、Ⅱ区采用天然地基,Ⅲ、Ⅳ、Ⅴ区采用复合地基,采用钢筋混凝土柱下条形基础。抗震设防烈度为8度,内外墙为加气混凝土砌块砌筑。设计使用年限50年,1996年建成并交付使用。

×××中学科学实验楼原为其他单位建造并一直使用,现转让给×××中学,使用功能不变,现拟对该工程进行加固改造,延长使用年限。为此,委托本公司对科学实验楼进行可靠性检测鉴定。

经过初步勘查发现,科学实验楼已使用近25年时间。通过与×××中学沟通,将来不改变其使用功能,但需要根据使用要求进行改造,延长使用期限15年。按照《民用建筑可靠性鉴定标准》GB 50292—2015 第 3.1 节规定,属于第 3.1.1 条第 1 款需要进行可靠性鉴定的范围,需进行建筑可靠性鉴定。

合同签订后,×××中学提供了科学实验楼部分建筑、结构设计图纸,未提供工程地质勘察报告和施工质量保证、验收资料。

××中学科学实验楼检测鉴定项目组根据初步勘查情况,拟定了检测鉴定工作方案,根据工程资料的缺失情况,确定了检测项目及要求。

按拟定的检测方案进行了建筑物垂直、结构构件布置及尺寸、构件混凝土抗压强度、结构构件混凝土碳化深度、混凝土构件钢筋配置和直径、构件钢筋保护层厚度等项目检测并编制了检测报告和相应记录。

按照前述内容,《民用建筑可靠性鉴定标准》GB 50292—2015 第 4 章要求,对科学实验楼进行了详细勘查并编制了勘查记录,保留了影像资料。

根据检测结果和现场勘查情况,按照前述程序、方法和《民用建筑可靠性鉴定标准》GB 50292—2015 第 5~10 章要求,分别进行安全性、使用性鉴定评级,最后综合评定建筑可靠性。

用 PKPM 软件进行了结构构件承载力验算,柱轴压比和柱、梁、配筋验算满足规范要求。

按照构件、子单元和鉴定单元三个层次,逐层对该建筑物进行安全性评级,构件的承载能力评定为 a_u 级。地基基础、上部结构、维护系统承重部分均评定为 A_u 级。鉴定单元安全性综合评定为 A_{su} 级。

按照构件、子单元和鉴定单元三个层次,逐层对该建筑物进行使用性评级。构件使用性评定为 a_s 级。除围护系统评定 C_s 外,地基基础、上部结构评定为 A_s 级。鉴定单元使用性综合评定为 C_{ss} 级。

在安全性 A_{su} 级、使用性 C_{ss} 级评级的基础上,综合评定科技楼可靠性为 Ⅱ 级。

建议对发现的工程质量问题,结合加固改造一并采取措施处理。

按照《民用建筑可靠性鉴定标准》GB 50292—2015 第 12 章要求,编写《×××中学科学实验楼可靠性检测鉴定报告》如下表所示。

×××中学科学实验楼可靠性检测鉴定报告				
工程名称	×××科学实验楼			
工程地点	××市××区×××道××号			
委托单位	×××中学			
建设单位	×××中学			
设计单位	×××			
勘察单位	×××			
抽样日期	2021年7月8—15日	检测日期		2021年7月8—15日
检测数量	见报告	检验类别		委托
检测鉴定项目	1. 建筑物垂直度检测 2. 混凝土构件布置与尺寸复核 3. 钻芯法检测混凝土抗压强度 4. 混凝土碳化深度检测 5. 钢筋扫描检测 6. 钢筋直径检测 7. 钢筋保护层厚度检测			
检测鉴定仪器	经纬仪;直尺;混凝土钻孔机;数字式碳化深度测量仪LR-TH10;钢卷尺;游标卡尺;一体式钢筋扫描仪LR-G200			
鉴定依据	1.《民用建筑可靠性鉴定标准》GB 50292—2015 2.《建筑工程施工质量验收统一标准》GB 50300—2013 3.《建筑地基基础工程施工质量验收标准》GB 50202—2018 4.《混凝土结构工程施工质量验收规范》GB 50204—2015 5.《砌体工程施工质量验收规范》GB 50203—2011 6.《建筑结构荷载规范》GB 50009—2012 7.《建筑地基基础设计规范》GB 50007—2011 8.《混凝土结构设计规范》GB 50010—2010(2015版) 9.《砌体结构设计规范》GB 50003—2011 10.《建筑抗震设计规范》GB 50011—2010(2016版) 11.《建筑抗震鉴定标准》GB 50023—2009 12.《混凝土结构加固设计规范》GB 50367—2013 13.《砌体结构加固设计规范》GB 50702—2011 14.《房屋裂缝检测与处理技术规程》CECS293—2011 15. 鉴定委托书及相关资料 16. 现场勘查记录及影像资料			
检测依据	1.《建筑结构检测技术标准》GB/T 50344—2019 2.《钻芯法检测混凝土强度技术规程》JGJ/T 384—2016 3.《混凝土中钢筋检测技术规程》JGJ/T 152—2008 4.《混凝土结构工程施工质量验收规范》GB 50204—2015 5.《回弹法检测混凝土抗压强度技术规程》JGJ/T 23—2011			

1. 工程概况

×××科学实验楼位于××市××区××道××号,于1996年建成并交付使用[工程外观见附件1图(一)、图(二)]。

建筑专业:×××科学实验楼在平面上分为5个段,Ⅰ、Ⅱ段为地上一层二层,Ⅲ、Ⅳ段为地上三层,Ⅴ段为地上四层,主要功能为教学实验室、办公用房和教室,建筑面积6990m²,建筑高度15m(至檐口高度)。外墙饰面材料为涂料,楼、地面为水磨石、地砖,顶棚为涂料,墙面为涂料、瓷砖。

结构专业:场地类别Ⅲ类,抗震设防烈度为8度,框架抗震等级为二级。工程结构类型为现浇钢筋混凝土框架结构,楼板为现浇混凝土楼板。Ⅰ、Ⅱ区采用天然地基,Ⅲ、Ⅳ、Ⅴ区采用复合地基,采用钢筋混凝土柱下条形基础。混凝土强度等级:垫层为C10,其他均为C30。钢筋保护层厚度:基础为35mm、梁、柱为25mm;板厚≤100mm时为10mm、板厚>100mm时为10mm。钢筋为Ⅰ级(f_y=210MPa)、Ⅱ级(f_y=310MPa),φ>22mm的主梁钢筋及边梁的通长钢筋、首层柱主筋采用焊接接头,其他可采用焊接或搭接接头。内外墙围护墙为加气混凝土砌块M5砂浆砌筑,间距500mm设置拉结筋,设置构造柱,墙顶与梁底采取顶紧措施,隔墙中沿门洞标高处设置一道180mm高墙梁。

2. 检测鉴定目的和范围

(1)鉴定的目的:通过对×××科学实验楼主体结构可靠性检测鉴定,为改造装修和工程加固设计提供依据。

(2)鉴定的范围:×××科学实验楼基础及主体结构工程,建筑面积6990m²。

3. 工程资料

委托单位提供了×××科学实验楼的建筑、结构原始施工图纸,未提供设计变更、竣工图、地勘报告和施工技术资料等资料。

4. 现场勘查

2021年7月3日,在委托方人员带领下,我公司专家组对×××科学实验楼进行了现场勘查,情况如下。

1)地基基础工程

Ⅰ、Ⅱ区采用天然地基,Ⅲ、Ⅳ、Ⅴ区采用复合地基,采用钢筋混凝土柱下条形基础,工程勘查未发现因地基明显缺陷和不均匀沉降现象,未发现因不均匀沉降而引起主体结构产生裂缝和变形等质量问题,建筑地基和基础无静载缺陷,地基基础现状完好。

2)结构体系及其整体牢固性

经现场观察检查,该工程为现浇钢筋混凝土框架结构,楼、屋面为现浇混凝土楼板,结构平面布置整体规则,竖向抗侧力构件连续、房屋无错层,结构体系与提供的原始施工图纸相符合。

3)结构构件构造及连接节点

经现场检查,未发现柱、梁受力裂缝等影响结构安全的质量问题,结构构件构造及连接节点未发现受力开裂、外闪、脱出等质量缺陷,上部结构基本完好。

4)结构缺陷、损伤和腐蚀

经现场检查,未发现柱、梁等构件严重施工缺陷和施工偏差,构件未出现受力裂缝、连接节点未发现受力开裂等影响结构安全的质量问题。

5)结构位移和变形

经现场检查,未发现柱、梁等构件严重变形和位移,结构顶点层间无位移,满足规范要求。

6)围护系统承重部分

经检查,该工程围护墙、楼梯间墙体完好、屋面防水等围护系统现状基本完好。

7)使用改造情况

该工程自使用以来至本次检测鉴定为止定使用功能未发生大的改变。

8)现场勘查问题

勘查中发现工程存在的质量问题如下。

(1)外墙女儿墙裂缝,见附件2图(一)。

(2)阳台顶部开裂严重,见附件2图(二)。

(3)个别填充墙砌体裂缝,见附件2图(三)。

(4)个别楼板局部裂缝、有渗漏痕迹,见附件2图(四)。

(5)变形缝处渗漏,见附件2图(五)。

(6)屋面渗漏,见附件2图(六)。

5. 检测结果

1)建筑物垂直度检测

根据《混凝土结构工程施工质量验收规范》GB 50204—2015,采用经纬仪、钢直尺对楼房垂直度进行检测,检测结果符合规范要求,检测汇总结果见表(一)。

建筑物垂直度检测结果汇总表(一)

工程名称		×××科学实验楼	仪器设备	经纬仪、钢直尺
结构类型		框架结构	检测数量	4角
检测结果				
序号	检测位置	实测值/mm	允许偏差/mm	判定
1	31/S(西)	7	20	合格
2	31/S(南)	11	20	合格
⋮	⋮	⋮	⋮	⋮
备注	全高(H)≤300m 允许偏差 $H/30\,000+20$,全高(H)>300m 允许偏差为 $H/10\,000$ 且≤80			

2)构件布置及尺寸复核

使用钢尺等量测构件尺寸,对照设计图纸查看、量测轴线位置、构件位置与尺寸,节点处位置与尺寸偏差,根据《混凝土结构工程施工质量验收规范》GB 50204—2015进行抽样,柱抽检40个构件,梁抽检52个构件,梁柱节点抽检40个构件,检测结果见表(二)至表(六)。

混凝土构件轴线位置检测结果汇总表(二)

工程名称		×××科学实验楼		仪器设备	钢卷尺
结构类型		框架结构		检测数量	40个构件
检测结果					
序号	构件名称	设计轴线位置/mm	轴线位置实测值/mm		
			H_1	H_2	H_3	平均值
1	1区一层1/B–B1轴	5000	5003	5002	5001	5002
2	1区一层1/B1–B2轴	5000	5005	5000	5003	5003
⋮	⋮	⋮	⋮	⋮	⋮	⋮

混凝土构件位置与尺寸偏差检测结果汇总表（三）

工程名称	×××科学实验楼			仪器设备		钢卷尺	
结构类型	框架结构			检测数量		52个构件	

梁高检测结果

序号	构件名称	板下梁高设计值/mm	梁高实测值（mm）				检测结果		判定
			H_1	H_2	H_3	平均值/mm	平均值偏差/mm	允许偏差/mm	
1	一层梁26/Q-R轴（梁中）	600	602	604	600	602	+2	+10，-5	合格
2	一层梁20/Q-R轴（梁中）	600	598	597	600	599	-1	+10，-5	合格
⋮	⋮	⋮	⋮	⋮	⋮	⋮	⋮	⋮	⋮

测点示意图	 梁高示意图 H_2点为一侧边跨中点，H_1点、H_3点距两支座各0.1m
备注	梁高为板下梁高=（板下梁高设计值=梁高设计值-板厚设计值）

混凝土构件位置与尺寸偏差检测结果汇总表（四）

截面尺寸检测结果

序号	构件名称	截面尺寸设计值/mm	截面尺寸实测值								平均值偏差/mm	允许偏差/mm	判定
			b_1	b_2	b_3	平均值	h_1	h_2	h_3	平均值			
1	一层柱29/Q轴（柱中）	400×450	403	404	400	402	454	452	455	454	+2，+4	+10，-5	合格
2	一层柱20/R轴（柱中）	400×450	401	400	399	400	451	448	448	449	0，-1	+10，-5	合格
⋮	⋮	⋮	⋮	⋮	⋮	⋮	⋮	⋮	⋮	⋮	⋮	⋮	⋮

测点示意图	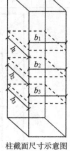 柱截面尺寸示意图 b_1、h_1为柱上部检测数据，b_2、h_2为柱中部检测数据，b_3、h_3为柱下部检测数据

节点处位置与尺寸偏差检测结果汇总表(五)

工程名称	×××科学实验楼				仪器设备		钢卷尺		
结构类型	框架结构				检测数量		40个构件		

梁高检测结果

序号	构件名称	板下梁高设计值/mm	梁高实测值/mm			检测结果			判定
			H_1	H_2	H_3	平均值/mm	平均值偏差/mm	允许偏差/mm	
1	V区一层梁7/Q–R轴(梁端)	600	605	603	601	603	+3	+10,−5	合格
2	V区一层梁14/Q–R轴(梁端)	600	598	600	602	600	0	+10,−5	合格
⋮	⋮	⋮	⋮	⋮	⋮	⋮	⋮	⋮	⋮

测点示意图	

H_2点为一侧边跨中点,H_1点、H_3点距两支座各0.1m

备注	梁高为板下梁高=(板下梁高设计值=梁高设计值−板厚设计值)

节点处位置与尺寸偏差检测结果汇总表(六)

截面尺寸检测结果

序号	构件名称	截面尺寸设计值/mm	截面尺寸实测值								平均值偏差/mm	允许偏差/mm	判定
			b_1	b_2	b_3	平均值	h_1	h_2	h_3	平均值			
1	V区一层柱7/Q轴(柱顶)	400×450	402	403	401	402	452	450	454	452	+2,+2	+10,−5	合格
2	V区一层柱14/R轴(柱顶)	400×450	405	400	402	402	453	451	455	453	+2,+3	+10,−5	合格
⋮	⋮	⋮	⋮	⋮	⋮	⋮	⋮	⋮	⋮	⋮	⋮	⋮	⋮

测点示意图	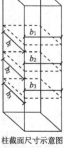

柱截面尺寸示意图

b_1、h_1为柱上部检测数据,b_2、h_2为柱中部检测数据,b_3、h_3为柱下部检测数据

3)混凝土抗压强度检测

根据《钻芯法检测混凝土强度技术规程》JGJ/T 384—2016,对梁混凝土强度进行抽样,共抽取 15 个芯样,检测结果符合设计要求,混凝土强度检测结果汇总见表(七)。

混凝土抗压强度检测结果汇总表(七)

工程名称	×××科学实验楼		仪器设备		混凝土钻孔机	
结构类型	框架结构		检测数量		15 个构件(15 个芯样)	
检测结果						
检测区间	设计强度等级	抗压强度平均值/MPa	标准差	推定区间上限值/MPa	推定区间下限值/MPa	混凝土强度推定值/MPa
一至三层梁	C30	33.1	1.46	31.5	29.3	31.5
结论	一层至三层所测芯样试件混凝土抗压强度推定上限值位 31.5MPa,大于设计强度等级 C30,符合设计要求					
检测结果						
序号	构件名称		混凝土设计强度等级	芯样直径/mm		芯样抗压强度/MPa
1	二层梁 22/G-J 轴		C30	98.0		34.8
2	二层梁 22/A-(2/A)轴		C30	101.0		34.0
⋮	⋮		⋮	⋮		⋮

4)混凝土碳化深度检测

使用数字式碳化深度测量仪检测混凝土碳化深度,根据《回弹法检测混凝土抗压强度技术规程》JGJ/T 23—2011 共抽检 64 个构件,检测结果汇总见表(八)。

混凝土碳化深度检测结果汇总表(八)

工程名称	×××科学实验楼		仪器设备	数字式碳化深度测量仪 LR-H10		
结构类型	框架结构		检测数量	64 个构件		
检测结果						
序号	构件名称	碳化深度值/mm				碳化值/mm
		测点 1	测点 2	测点 3	平均	
1	一层梁 26/Q-R 轴	6.00	6.00	6.00	6.0	6.0
		6.00	6.00	6.00	6.0	
		6.00	6.00	6.00	6.0	
2	一层梁 20/Q-R 轴	6.00	6.00	6.00	6.0	6.0
		6.00	6.00	6.00	6.0	
		6.00	6.00	6.00	6.0	
⋮	⋮	⋮	⋮	⋮	⋮	⋮

5)混凝土构件钢筋配置检测

使用一体式钢筋扫描仪扫描检测混凝土构件钢筋、节点钢筋,根据《建筑结构检测技术标准》GB/T 50344—2019,B 类进行抽样,梁抽检 32 个构件,柱抽检 20 个构件,板抽检 20 个构件,结果符合设计要求,检测结果汇总见表(九)和表(十)。

混凝土构件钢筋间距、钢筋根数检测结果汇总表（九）

工程名称	×××科学实验楼		仪器设备	一体式钢筋扫描仪LR-G200	
结构类型	框架结构		检测数量	72个构件	
检测结果					
序号	构件名称	设计配筋		检测结果		
				钢筋数量/根	钢筋间距/mm	钢筋间距平均值/mm
1	一层梁26/Q-R轴（梁中）	底部下排纵向受力钢筋	4⬥20	4	—	—
		箍筋	φ8@100	—	615	102
2	一层柱29/Q轴（柱中）	一侧面纵向受力钢筋	4⬥25+1⬥28	5	—	—
		箍筋	φ12@200	—	1190	198
3	一层板26-29/Q-R轴	底部下排水平分布筋	φ8@150		899	150
		底部上排垂直分布筋	φ8@150		885	148
⋮	⋮	⋮	⋮	⋮	⋮	⋮

节点处钢筋间距、钢筋根数检测结果汇总表（十）

工程名称	×××科学实验楼		仪器设备	一体式钢筋扫描仪LR-G200	
结构类型	框架结构		检测数量	40个构件	
检测结果					
序号	构件名称	设计配筋		检测结果		
				钢筋数量/根	钢筋间距/mm	钢筋间距平均值/mm
1	Ⅴ区一层梁7/Q-R轴（梁端）	底部下排纵向受力钢筋	4⬥20	4	—	—
		箍筋	φ8@100	—	609	102
2	Ⅴ区一层柱7/Q轴（柱顶）	一侧面纵向受力钢筋	5⬥25	5	—	—
		箍筋	φ12@100	—	601	100
⋮	⋮	⋮	⋮	⋮	⋮	⋮

6）钢筋直径检测

根据《混凝土中钢筋检测技术标准》JGJ/T 152—2019第5.2.1条："单位工程建筑面积不大于2000m²同牌号同规格的钢筋应作为一个检测批。"对该工程柱、梁钢筋直径进行抽测，⬥32钢筋抽测18根，⬥25钢筋抽测22根，⬥22钢筋抽测14根，⬥20钢筋抽测18根，φ12钢筋抽测16根，φ10钢筋抽测14根，φ8钢筋抽测14根，检测结果汇总见表（十一）。

混凝土构件钢筋直径检测结果汇总表(十一)

工程名称		×××科学实验楼		仪器设备		游标卡尺		
结构类型		框架结构		检测数量		29个构件		
检测结果								
序号	构件名称	设计要求		钢筋直径检测结果				
		钢筋直径/mm		直径实测值/mm	公称直径/mm	公称尺寸/mm	偏差值/mm	允许偏差/mm	结果判定
1	1区一层柱10/B1轴	一侧面纵向受力钢筋	5⏀32	31.6	32	31.0	+0.6	±0.6	符合标准要求
		箍筋	Φ10@200	10.5	10	—	+0.5	±0.3	不符合标准要求
2	3区一层梁23/A-B轴	底部下排纵向受力钢筋	4⏀25	24.3	25	24.2	+0.1	±0.5	符合标准要求
		箍筋	Φ8@200	7.7	8	—	-0.3	±0.3	符合标准要求
⋮	⋮	⋮		⋮	⋮	⋮	⋮	⋮	⋮

7)钢筋保护层厚度检测

对该工程梁、板、柱钢筋保护层进行检测,根据《建筑结构检测技术标准》GB/T 50344—2019,B类进行抽样,梁抽检32个构件,柱抽检20个构件,板抽检20个构件,检测结果汇总见表(十二)和表(十三)。

混凝土构件钢筋保护层厚度检测结果汇总表(十二)

工程名称		×××科学实验楼	仪器设备	一体式钢筋扫描仪LR-G200	
结构类型		框架结构	检测数量	72个构件	
检测结果					
构件类别	设计值/mm	计算值/mm	允许偏差/mm	保护层厚度检测值		
				所测点数	合格点数	合格点率/%
梁	25	—	+10,−7	128	128	100
板	15	—	+8,−5	120	120	100
结论	所检测梁类构件合格点率为100%,板类构件合格点率为100%,符合标准要求					
备注	1. 判定保护层厚度是否合格时,以计算值加减允许偏差进行计算判定; 2. 根据《混凝土结构工程施工质量验收规范》GB 50204—2015规定:当全部钢筋保护层厚度检验的合格率为90%及以上,且检验结果中不合格点的最大偏差均不大于允许偏差的1.5倍时,可判为合格					
检测结果						
序号	构件名称	设计配筋	设计值/mm	检测结果/mm		
1	一层梁26/Q-R轴(梁中)	4⏀20	25	底部下排纵向受力钢筋:27、28、28、29		
		Φ8@100				
2	一层板26-29/Q-R轴	Φ8@150	15	19、17、20、16、20、14		
		Φ8@150				
⋮	⋮	⋮	⋮	⋮		

节点处钢筋保护层厚度检测结果汇总表(十三)

工程名称	×××科学实验楼		仪器设备	一体式钢筋扫描仪LR-G200	
结构类型	框架结构		检测数量	40个构件	
检测结果					
构件类别	设计值/mm	计算值/mm	允许偏差/mm	保护层厚度检测值		
				所测点数	合格点数	合格点率/%
梁	25	—	+10,−7	78	77	98.7
结论	所检测梁类构件合格点率为98.7%,符合标准要求。					
备注	1. 判定保护层厚度是否合格时,以计算值加减允许偏差进行计算判定; 2. 根据《混凝土结构工程施工质量验收规范》GB 50204—2015规定:当全部钢筋保护层厚度检验的合格率为90%及以上,且检验结果中不合格点的最大偏差均不大于允许偏差的1.5倍时,可判为合格					

检测结果				
序号	构件名称	设计配筋	设计值/mm	检测结果/mm
1	Ⅴ区一层梁7/Q-R轴(梁端)	4⌀20 Φ8@100	25	底部下排纵向受力钢筋:20、26、30、28
2	Ⅴ区一层梁14/Q-R轴(梁端)	4⌀20 Φ8@100	25	底部下排纵向受力钢筋:23、30、32、24
⋮	⋮	⋮	⋮	⋮

6. 检测结论

(1)所测建筑物垂直度检测结果符合规范要求。

(2)所测构件布置及尺寸复核结果符合设计要求。

(3)所测构件混凝土抗压强度(推定值31.5MPa)符合设计要求。

(4)所测构件混凝土碳化深度检测结果为6mm。

(5)所检构件混凝土构件钢筋配置符合设计要求。

(6)所检构件钢筋直径基本符合设计要求。

(7)所检构件钢筋保护层厚度符合设计要求。

7. 结构可靠性等级鉴定

1)结构构件承载力验算

(1)柱轴压比验算满足规范要求。

(2)柱、梁、配筋验算满足规范要求。

(3)结构承载力验算计算书见附件3。

2)结构安全性等级评定

根据《民用建筑可靠性鉴定标准》GB 50292—2015和现场检测结果,对建筑安全性进行鉴定评级,按照构件、子单元和鉴定单元三个层次,逐层对该建筑物进行评级。

(1)构件评级。

① 按承载能力评定:依据《混凝土结构设计规范》GB 50010—2010(2015版)和《建筑结构荷载规范》GB 50009—2012中的有关规定,应用PKPM软件验算鉴定工程承载能力。验算结果表明,该工程各层构件安全度$R/(\gamma_0 S) \geqslant 1.0$,按照《民用建筑可靠性鉴定标准》GB 50292—2015表5.2.2要求,构件的承载能力评定为a_u级。

② 按构造评定:按照《民用建筑可靠性鉴定标准》GB 50292—2015要求,混凝土构件安全性按构造评定

时,应按规范表5.2.3规定,分别评定两个检查项目的等级,然后取其中较低一级作为该构件构造的安全性等级。依据规范规定,该工程在现场勘查过程中结构构造合理,连接和节点构造连接方式正确,符合现行设计规范要求,混凝土结构构件构造等级评定为a_u级。

③ 按不适于承载的位移或变形评定:经设计验算和现场勘查,未发生不适于承载的位移或变形,混凝土结构构件评定为a_u级。

④ 按不适于承载的裂缝或其他损伤评定:经现场勘查,该工程未发现因主筋锈蚀或腐蚀导致混凝土产生沿主筋方向开裂、保护层脱落或掉角;混凝土构件未有较大范围的损伤,按照《民用建筑可靠性鉴定标准》GB 50292—2015有关规定,混凝土结构构件评定为a_u级。

(2)子单元评级。

① 地基基础:经现场勘查,该建筑地基基础未见明显静载缺陷,现状完好,且上部结构中未发现由于地基不均匀沉降造成的显著结构构件开裂和倾斜,不影响整体承载,地基基础综合评为A_u级。

② 上部承重结构:上部承重结构子单元的安全性鉴定评级,应根据其结构承载功能等级、结构整体性等级,以及结构侧向位移等级的评定结果进行确定。

结构承载功能评定,通过结构计算分析结果,该工程各层主要构件和一般构件均满足承载要求,按照《民用建筑可靠性鉴定标准》GB 50292—2015有关规定主要构件集和次要构件集均评为a_u级,上部承重结构承载功能评为A_u级。

结构整体牢固性等级的评定,该工程的结构布置及构造布置合理,形成完整的体系,且结构选型及传力设计正确;构件长细比及连接构造符合设计规范规定,形成完整的支撑体系,无明显残损和施工缺陷,能传递各种侧向作用;结构构件间的联系设计合理、无疏漏、锚固、拉结、连接方式正确可靠,无松动变形和其他残损,按照《民用建筑可靠性鉴定标准》GB 50292—2015有关规定结构整体牢固性等级评为A_u级。

按不适宜承载的侧向位移评定,根据现场勘验和检测结果,按照《民用建筑可靠性鉴定标准》GB 50292—2015有关规定,该工程按照上部承重结构不适宜承载的侧向位移评定为A_u级。

上部承重结构安全性评定,按照《民用建筑可靠性鉴定标准》GB 50292—2015第7.3.11条规定,上部承重结构安全性评为A_u级。

③ 维护系统承重部分:应根据该部分结构承载功能等级和结构整体性等级的评定结果进行确定,按照《民用建筑可靠性鉴定标准》GB 50292—2015第7.4.6条规定,维护系统承重部分评为A_u级。

(3)鉴定单元安全性评级。

鉴定单元安全性鉴定评级,根据其地基基础、上部承重结构的安全性等级进行评定。该工程结构安全性评级结果见表(十四)。

鉴定单元综合评定表(十四)

鉴定单元	层次	二	三
	层名	子单元评定	鉴定单元综合评定
	等级	A_u、B_u、C_u、D_u	A_{su}、B_{su}、C_{su}、D_{su}
×××科学实验楼	地基基础	A_u	A_{su}
	上部承重结构	A_u	
	围护系统承重部分	A_u	

8. 使用性等级鉴定

根据《民用建筑可靠性鉴定标准》GB 50292—2015和现场检测结果,对建筑使用性进行鉴定评级,按照构件、子单元和鉴定单元三个层次,逐层对该建筑物进行评级。

1)构件评级

(1)按位移或变形评定,现场对所有混凝土柱检查未发现柱顶产生位移或倾斜情况;混凝土梁未产生挠度变形情况,构件使用性评定为 a_s 级。

(2)按裂缝宽度检测结果评定,混凝土构件对于现场发现的裂缝,对裂缝表面宽度检测均在 0.2mm 以下,属于填充墙砌体温度收缩裂缝,按照《民用建筑可靠性鉴定标准》GB 50292—2015 相关要求,构件使用性评定为 a_s 级。

(3)按混凝土构件的缺陷和损伤评定:经现场勘查,该工程混凝土构件无明显缺陷,无腐蚀损伤,钢筋无锈蚀现象,构件使用性评定为 a_{ss} 级。

按照《民用建筑可靠性鉴定标准》GB 50292—2015 要求,混凝土结构构件的使用性鉴定按应按位移或变形、裂缝、缺陷和损伤四个检查项目,分别评定每一受检构件的等级,并取其中最低一级作为该构件使用性等级,该工程构件使用性评定为 a_s 级,混凝土结构构件碳化深度的测定结果,主要用于鉴定分析,不参与评级。

2)子单元评级

(1)地基基础:经现场勘查,该建筑地基基础未见明显缺陷,现状完好,且上部结构中未发现由于地基不均匀沉降造成的显著结构构件开裂和倾斜,上部结构使用性检查所发现的问题与地基基础无关,地基基础使用性评为 A_s 级。

(2)上部承重结构:上部承重结构子单元的使用性鉴定评级,应根据其所含各种构件集的使用性等级和结构侧向位移等级进行评定。

① 按各种构件集的使用性等级评定,该工程各层主要构件和一般构件均满足使用要求,按照《民用建筑可靠性鉴定标准》GB 50292—2015 有关规定,每种构件集使用性均评为 a_s 级。

② 结构侧向位移等级进行评定,根据现场勘验和检测结果,综合分析结构顶点和层间位移变形情况,按照《民用建筑可靠性鉴定标准》GB 50292—2015 有关规定,该工程按照上部承重结构侧向位移等级使用性评定为 A_s 级。

按照《民用建筑可靠性鉴定标准》GB 50292—2015 有关规定,该工程上部承重结构承载功能使用性评为 A_s 级。

(3)围护系统。

围护系统的使用性鉴定评级,根据该系统的使用功能及其承重部分的使用性等级进行评定。

① 按使用功能评定,现场检查情况如下。

屋面防水:防水构造不当,防水层老化,有渗漏,评为 C_s 级。

吊顶:已经损坏严重,影响使用功能,评为 C_s 级。

非承重内墙:无可见变形,填充墙砌体裂缝较多,面层卫生间部位损坏严重,评为 C_s 级。

外墙:墙体裂缝较多,面层涂料大部分脱落、开裂;墙角潮湿迹象,影响使用功能,评为 C_s 级。

门窗:外观基本完好,个别部位密封胶开裂,无剪切变形,不显著影响使用功能,评为 B_s 级。

其他防护设施:阳台栏板露筋,表面损坏,影响使用功能,评为 C_s 级。

综合上述情况,根据《民用建筑可靠性鉴定标准》GB 50292—2015 有关规定,围护系统使用功能使用性评定为 C_s 级。

② 按围护系统承重部分评定。承重部分的使用性鉴定评级,应根据其所含各种构件集的使用性等级和结构侧向位移等级进行评定,根据现场检查和检测结果,围护系统承重部分使用性评为 B_s 级。

根据《民用建筑可靠性鉴定标准》GB 50292—2015 有关规定,该工程围护系统使用性评为 C_s 级。

3)鉴定单元使用性评级

鉴定单元使用性鉴定评级,根据其地基基础、上部承重结构和维护系统的使用性等级,以及与整幢建筑有关的其他使用功能问题进行评定,详见表(十五)所示。

鉴定单元使用性综合评定表(十五)

鉴定单元	层次	二	三
×××科学实验楼	层名	子单元评定	鉴定单元综合评定
	等级	A_s、B_s、C_s	A_{ss}、B_{ss}、C_{ss}
	地基基础	A_s	C_{ss}
	上部承重结构	A_s	
	维护系统	C_s	

9. 可靠性鉴定评级

根据《民用建筑可靠性鉴定标准》GB 50292—2015第10章和第3.2.5条有关规定,×××科学实验楼可靠性鉴定等级评定如表(十六)。

可靠性综合评定(十六)

	层次	二	三
	层名	子单元评定	鉴定单元综合评定
安全性	等级	A_u、B_u、C_u、D_u	A_{su}、B_{su}、C_{su}、D_{su}
	地基基础	A_u	A_{su}
	上部承重结构	A_u	
	围护系统承重部分	A_u	
使用性	等级	A_s、B_s、C_s	A_{ss}、B_{ss}、C_{ss}
	地基基础	A_s	C_{ss}
	上部承重结构	A_s	
	维护系统	C_s	
可靠性	等级	A、B、C、D	Ⅰ、Ⅱ、Ⅲ、Ⅳ
	地基基础		Ⅱ
	上部承重结构	—	
	维护系统		

10. 鉴定结论

专家组依据现场勘查、检测结果、荷载验算和国家相关规范标准,经综合分析论证,对×××科学实验楼工程可靠性提出检测鉴定意见如下。

×××科学实验楼工程可靠性鉴定等级为Ⅱ级。

11. 处理建议

对现场勘查发现的工程质量问题,结合本次加固改造一并采取措施处理。

12. 专家组成员

专家信息及确认签字(十七)

姓名	职称	签字
×××	正高级工程师	
×××	高级工程师	
×××	教　授	

13. 附件

(1)工程外观照片2张(附件1)。

(2)工程现场勘查问题照片6张(附件2)。

(3)结构承载力验算计算书(附件3)(略)。

(4)鉴定委托书及相关资料(略)。

(5)专家职称和技术人员职称证书(略)。

(6)鉴定机构资质材料(略)。

图一　×××科学实验楼外观(一)

图二　×××科科学实验楼外观(二)

附件1　工程外观

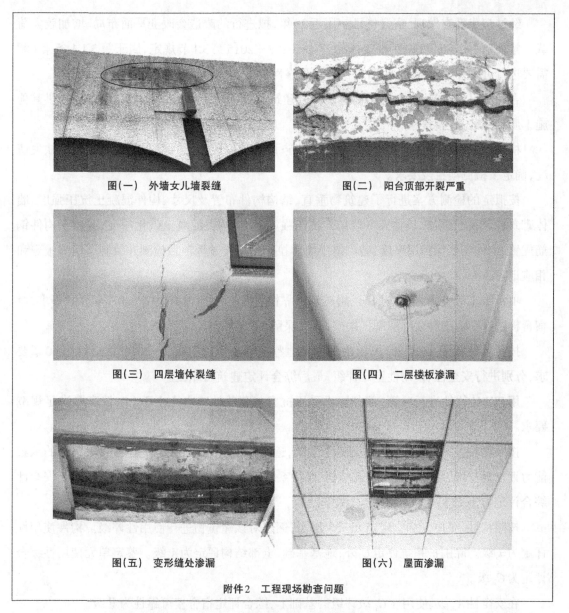

图(一)　外墙女儿墙裂缝　　　　　　　　图(二)　阳台顶部开裂严重

图(三)　四层墙体裂缝　　　　　　　　　图(四)　二层楼板渗漏

图(五)　变形缝处渗漏　　　　　　　　　图(六)　屋面渗漏

附件2　工程现场勘查问题

2.4.2　砌体结构宿舍楼可靠性鉴定实例

××市××县××中学宿舍楼,地上五层(局部六层),建筑高度16.95m,局部20.55m(室外地面至屋面板上皮),建筑面积7461m²,耐火等级为二级。结构形式为砌体结构,承重墙采用KP1砌筑,局部配筋;现浇钢筋混凝土楼、屋盖;基础形式为钢筋混凝土筏板基础,天然地基。建筑设计使用年限为50年,抗震设防烈度8度。建设于2003年。

××中学发现宿舍楼陆续出现屋顶、外墙渗漏等问题,且室内没有卫生间;××中学拟对宿舍楼进行加固改造,遂委托本公司对宿舍楼进行可靠性检测鉴定。

经过初步勘查发现,宿舍楼已使用近20年,拟进行的改造会改变平面布局、增加较大荷载。按照《民用建筑可靠性鉴定标准》GB 50292—2015第3.1节规定,属于第3.1.1条第1款需要进行可靠性鉴定的范围,需进行建筑可靠性鉴定。

合同签订后,××中学提供了宿舍楼部分建筑、结构设计图纸、地质勘察报告,未提供其他施工质量保证、验收资料。

检测鉴定项目组根据初步勘查情况,拟定了检测鉴定工作方案,根据工程资料的缺失情况,确定了检测项目及要求。

按拟定的检测方案进行了建筑物垂直、结构构件布置及尺寸、构件混凝土抗压强度、墙体砌筑砂浆抗压强度、墙体KP1烧结砖抗压强度、结构构件混凝土碳化深度、混凝土构件钢筋配置、构件钢筋保护层厚度、砖砌体中墙体拉结钢筋设置等项目检测并编制了检测报告和相应记录。

项目组工程技术人员按照《民用建筑可靠性鉴定标准》GB 50292—2015第4章要求,对宿舍楼进行了详细勘察并编制了勘察记录,保留了影像资料。

按照前述程序、方法和《民用建筑可靠性鉴定标准》GB 50292—2015第5章~第10章要求,分别进行安全性、使用性鉴定评级,最后综合评定建筑可靠性。

用PKPM软件进行验算,部分墙垛受压抗力与荷载效应之比小于1.0;墙高厚满足规范要求。

按照构件、子单元和鉴定单元三个层次,逐层对该建筑物进行安全性评级,构件的承载能力评定为b_u级。地基基础、上部结构、维护系统承重部分均评定为A_u级。鉴定单元安全性综合评定为A_{su}级。

按照构件、子单元和鉴定单元三个层次,逐层对该建筑物进行使用性评级。构件使用性评定为a_s级。除围护系统评定C_s外,地基基础、上部结构评定为A_s级。鉴定单元使用性综合评定为C_{ss}级。

在安全性A_{su}级、使用性C_{ss}级评级的基础上,综合评定宿舍楼可靠性为Ⅱ级。

建议对发现的工程质量问题,结合加固改造一并采取措施处理。

按照《民用建筑可靠性鉴定标准》GB 50292—2015第12章要求,编写《××中学宿舍楼可靠性检测鉴定报告》如下表所示。

		××中学宿舍楼可靠性检测鉴定报告	
工程名称		×××宿舍楼	
工程地点		××市××区	
委托单位		××中学	
建设单位		×××	
设计单位		×××	
勘察单位		×××	
施工单位	2021年7月8—15日	检测日期	2021年7月8—15日
监理单位	详见报告	检验类别	委托
检测鉴定项目	1. 建筑物垂直度检测 2. 构件布置与尺寸复核 3. 贯入法检测砂浆强度 4. 回弹法检测烧结砖强度 5. 钻芯法检测混凝土抗压强度 6. 混凝土碳化深度检测；钢筋扫描检测 7. 钢筋直径检测；钢筋保护层厚度检测 8. 砖砌体内拉结钢筋检测		
检测鉴定仪器	经纬仪；直尺；混凝土钻孔机；数字式碳化深度测量仪 LR-TH10；贯入式砂浆强度检测仪 SJY800B；砖回弹仪 HT75-A；钢筋扫描仪 PS200；钢卷尺；游标卡尺；一体式钢筋扫描仪 LR-G200		
鉴定依据	1.《民用建筑可靠性鉴定标准》GB 50292—2015 2.《建筑工程施工质量验收统一标准》GB 50300—2013 3.《建筑地基基础工程施工质量验收规范》GB 50202—2018 4.《混凝土结构工程施工质量验收规范》GB 50204—2015 5.《砌体工程施工质量验收规范》GB 50203—2011 6.《建筑结构荷载规范》GB 50009—2012 7.《建筑地基基础设计规范》GB 50007—2011 8.《混凝土结构设计规范》GB 50010—2010(2015 版) 9.《砌体结构设计规范》GB 50003—2011 10.《建筑抗震设计规范》GB 50011—2010(2016 版) 11.《建筑抗震鉴定标准》GB 50023—2009 12.《混凝土结构加固设计规范》GB 50367—2013 13.《砌体结构加固设计规范》GB 50702—2011 14.《房屋裂缝检测与处理技术规程》CECS293:2011 15. 鉴定委托单及相关资料 16. 现场勘查记录及影像资料		
检测依据	1.《建筑结构检测技术标准》GB/T 50344—2019 2.《钻芯法检测混凝土强度技术规程》JGJ/T 384—2016 3.《混凝土中钢筋检测技术规程》JGJ/T 152—2008 4.《砌体工程现场检测技术标准》GB/T 50315—2011 5.《混凝土结构工程施工质量验收规范》GB 50204—2015 6.《贯入法检测砌筑砂浆抗压强度技术规程》JGJ/T 136—2001 7.《回弹法检测混凝土抗压强度技术规程》JGJ/T 23—2011		

1. 工程概况

×××宿舍楼工程位于××市,于1999年建成并交付使用(工程外观见附件1)。

建筑专业:×××宿舍楼为地上五层,建筑高度14.75m(室外地面至屋面板顶),建筑面积3230m²,室内外高差0.55m。屋面为水泥焦渣找坡,水泥珍珠岩保温,二毡三油防水层。建筑外窗为钢窗,内外门均为木门。外墙为清水墙,楼、地面为水泥砂浆,墙面、顶棚为石灰砂浆抹灰、纸筋灰罩面刷涂料。

结构专业:工程为砌体结构、钢筋混凝土现浇板,采用天然地基,采用钢筋混凝土墙下条形基础。承重墙在±0.000附近设有180mm高钢筋混凝土地圈梁,在各层楼板及屋面板处设120mm、150mm高钢筋混凝土圈梁。所有圈梁纵横拉通;在外墙转角处、内横墙与外纵墙交界处、内纵墙与山墙交接处、部分横墙与内纵墙交接处等部位设置钢筋混凝土构造柱。混凝土强度:基础为C25,垫层为C10,梁、圈梁、构造柱、现浇板、雨篷混凝土均为C25,预制板板缝为C18细石混凝土。钢筋为Ⅰ级、Ⅱ级,采用搭接接头。钢筋保护层厚度:基础为35mm,构造柱、圈梁为20mm,现浇板为10mm。地上外墙360mm厚、内墙240mm厚,采用MU15KP1烧结砖、M15砂浆砌筑。阳台为露天阳台,栏板为40mm厚预制板,焊接拼装。

2. 检测鉴定目的和范围

鉴定的目的:通过现场检测鉴定,对×××中学宿舍楼可靠性进行检测鉴定。

鉴定的范围:×××中学宿舍工程,建筑面积共3230m²。

3. 工程资料

委托单位提供了该宿舍楼的部分建筑、结构原始施工图纸、地勘报告,未提供设计变更、竣工图和施工技术资料等资料。

4. 现场勘查

2021年7月3日,在委托方人员带领下,我公司专家组对该宿舍楼进行了现场勘查,情况如下。

1)地基基础工程

该工程采用天然地基,钢筋混凝土墙下条形基础,工程勘查未发现因地基明显缺陷和不均沉降现象,未发现因不均匀沉降而引起主体结构产生裂缝和变形等质量问题,建筑地基和基础无静载缺陷,地基基础现状完好。

2)结构体系及其整体牢固性

经现场检查,该工程为砌体结构,竖向承重构件为砖砌体,水平承重构件采用钢筋混凝土现浇板,结构平面布置整体规则,竖向抗侧力构件连续、房屋无错层,结构体系与提供的原始施工图纸相符合。

3)结构构件构造及连接节点

经现场检查,未发现墙体、梁受力裂缝等影响结构安全的质量问题,结构构件构造及连接节点未发现受力开裂、外闪、脱出等质量缺陷,上部结构基本完好。

4)结构缺陷、损伤和腐蚀

经现场检查,未发现墙体、梁等构件严重施工缺陷和施工偏差,构件未出现受力裂缝、连接节点未发现受力开裂等影响结构安全的质量问题。

5)结构位移和变形

经现场检查,未发现墙体、梁等构件严重变形和位移,结构顶点层间无位移,满足规范要求。

6)围护系统承重部分

经检查,该工程围楼梯间墙体完好,屋面防水等围护系统现状基本完好,不封闭阳台栏板损坏严重。

7)使用改造情况

该工程自使用以来至本次检测鉴定为止使用功能未发生改变。

8)现场勘查问题

勘查发现工程存在的质量问题如下。

(1)外墙勒脚抹灰脱落,见附件2图(一)。

(2)阳台栏板损坏严重,见附件2图(二)和图(三)。

(3)外墙渗漏内墙面发霉,见附件2图(四)。

5. 检测结果

1)建筑物垂直度检测

根据《砌体结构工程施工质量验收规范》GB 50203—2011,采用经纬仪、钢直尺对楼房垂直度进行检测,检测结果符合规范要求,检测汇总结果见表(一)。

建筑物垂直度检测结果汇总表(一)

工程名称	×××宿舍楼		仪器设备	经纬仪、钢直尺
结构类型	砌体结构		检测数量	4角
检测结果				
序号	检测位置	实测值/mm	允许偏差/mm	判定
1	1/D(西)	19	21	合格
2	1/D(南)	18	21	合格
⋮	⋮	⋮	⋮	⋮
备注	全高(H)≤300m 允许偏差$H/30\,000+20$,全高(H)>300m 允许偏差为$H/10\,000$且≤80			

2)构件布置及尺寸复核

使用钢尺等量测构件尺寸,对照设计图纸查看、量测轴线位置、构件布置、墙垛尺寸、轴线位置,根据《砌体结构工程施工质量验收规范》GB 50203—2011进行抽样,梁抽检32个构件,柱抽检32个构件,墙垛尺寸抽检25个构件,轴线位置抽检14个轴线,检测结果见表(二)、表(三)和表(四)。

混凝土构件位置与尺寸偏差检测结果汇总表（二）

工程名称	×××宿舍楼	仪器设备	钢卷尺
结构类型	砌体结构	检测数量	64个构件

梁高检测结果

序号	构件名称	板下梁高设计值/mm	梁高实测值/mm			检测结果			判定
			H_1	H_2	H_3	平均值/mm	平均值偏差/mm	允许偏差/mm	
1	一层梁4/F-G轴	160	160	170	157	162	+2	+10，-5	合格
2	一层梁6/F-G轴	160	159	163	159	160	0	+10，-5	合格
⋮	⋮	⋮	⋮	⋮	⋮	⋮	⋮	⋮	⋮

测点示意图	

H_2点为一侧边跨中点，H_1点、H_3点距两支座各0.1m

备注	梁高为板下梁高(板下梁高设计值=梁高设计值-板厚设计值)

截面尺寸检测结果

序号	构件名称	截面尺寸设计值/mm	截面尺寸实测值								平均值偏差/mm	允许偏差/mm	判定
			b_1	b_2	b_3	平均值	h_1	h_2	h_3	平均值			
1	一层柱4/F轴	240×240	239	239	247	242	248	237	247	244	+2，+4	+10，-5	合格
2	一层柱6/G轴	240×240	236	241	235	237	249	249	239	246	-3，+6	+10，-5	合格
⋮	⋮	⋮	⋮	⋮	⋮	⋮	⋮	⋮	⋮	⋮	⋮	⋮	⋮

测点示意图	

柱截面尺寸示意图

b_1、h_1为柱上部检测数据，b_2、h_2为柱中部检测数据，b_3、h_3为柱下部检测数据

墙垛尺寸检测结果汇总表(三)

工程名称		×××宿舍楼	仪器设备	钢卷尺
结构类型		砌体结构	检测数量	25个构件
检测结果				
序号	构件名称	设计墙垛尺寸/mm		实测值/mm
1	一层21–23/G轴(东)	1050		1140
2	一层20–23/G轴(中)	1050+1050=2100		2140
⋮	⋮	⋮		⋮

轴线位置检测结果汇总表(四)

工程名称		×××宿舍楼		仪器设备		钢卷尺
结构类型		砌体结构		检测数量		14个轴线
检测结果						
序号	检测区间	检测结果				判定
		实测偏差较大值/mm	实测偏差较大值偏差/mm	允许偏差/mm		
备注	检查柱轴线,沿纵、横两个方向测量,并取其中偏差的较大值(H_1、H_2、H_3分别为中部、下部及其他部位)					
检测结果						

序号	构件名称	设计轴线位置/mm	轴线位置实测值/mm			
			H_1	H_2	H_3	平均值
1	一层4–5/D轴	3600	3607	3600	3605	3604
2	一层5–6/D轴	3600	3604	3607	3602	3604
⋮	⋮	⋮	⋮	⋮	⋮	⋮

3)砂浆抗压强度检测

根据《砌体工程现场检测技术标准》GB/T 50315—2011,使用贯入式砂浆强度检测仪贯入法检测砌筑砂浆抗压强度,共抽取30个构件,检测结果见表(五)。

砌筑砂浆抗压强度检测结果汇总表(五)

工程名称		×××宿舍楼		仪器设备		贯入式砂浆强度检测仪SJY800B		
结构类型		砌体结构		检测数量		30个构件		
检测结果								
序号	构件名称	贯入深度平均值/mm	砂浆抗压强度换算值/MPa	砂浆强度换算值的平均值/MPa	砂浆强度换算值的最小值/MPa	砂浆强度换算值的标准差	砂浆强度换算值的变异系数	0.91倍砂浆强度换算值的平均值/MPa	1.18倍砂浆强度换算值的最小值/MPa	砂浆抗压强度推定值/MPa
1	一层墙20–21/D轴	2.75	17.6						
2	一层墙17–18/E轴	2.77	17.4						
3	一层墙7–8/G轴	2.68	18.6	18.1	16.6	1.13	0.06	16.5	19.6	16.5
4	一层墙5–6/F轴	2.58	20.2						
5	一层墙10–11/F轴	2.70	18.3						
6	一层墙16–17/D轴	2.83	16.6						

续表

工程名称	×××宿舍楼		仪器设备	贯入式砂浆强度检测仪 SJY800B					
结构类型	砌体结构		检测数量	30个构件					
检测结果									
序号	构件名称	贯入深度平均值/mm	砂浆抗压强度换算值/MPa	砂浆强度换算值的平均值/MPa	砂浆强度换算值的最小值/MPa	砂浆强度换算值的标准差	砂浆强度换算值的变异系数	0.91倍砂浆强度换算值的平均值/MPa	1.18倍砂浆强度换算值的最小值/MPa	砂浆抗压强度推定值/MPa
⋮	⋮	⋮	⋮	⋮	⋮	⋮	⋮	⋮	⋮	⋮

4)烧结砖抗压强度检测

根据《砌体工程现场检测技术标准》GB/T 50315—2011,使用砖回弹仪采用回弹法检测烧结砖强度,共抽取30个构件,检测结果见表(六)。

烧结砖强度结果汇总表(六)

工程名称	×××宿舍楼		仪器设备		砖回弹仪 HT75-A			
结构类型	砌体结构		检测数量		30个构件			
检测结果								
序号	检测单元	构件名称(测区)	抗压强度代表值/MPa	烧结砖设计强度等级	抗压强度平均值/MPa	抗压强度最小值/MPa	抗压强度标准值/MPa	烧结砖推定强度等级
1	一层墙体	20-21/D轴	17.2	MU15	17.5	16.9	16.5	MU15
		17-18/E轴	17.2					
		7-8/G轴	18.5					
		5-6/F轴	16.9					
		10-11/F轴	17.8					
		16-17/D轴	17.6					
2	二层墙体	21-23/E轴	17.6	MU15	17.3	16.5	16.3	MU15
		17-18/E轴	17.6					
		12-13/F轴	17.5					
		8-9/F轴	17.7					
		7-8/G轴	16.5					
		26-27/D轴	16.6					
⋮	⋮	⋮	⋮	⋮	⋮	⋮	⋮	⋮

5)混凝土抗压强度检测

根据《钻芯法检测混凝土强度技术规程》JGJ/T 384—2016,对梁混凝土强度进行抽样,共抽取20个芯样,检测结果见表(七)。

混凝土抗压强度检测结果汇总表(七)

工程名称	×××宿舍楼		仪器设备		混凝土钻孔机	
结构类型	砌体结构		检测数量		20个构件(20个芯样)	
检测结果						
检测区间	设计强度等级	抗压强度平均值/MPa	标准差	推定区间上限值/MPa	推定区间下限值/MPa	混凝土强度推定值/MPa
一层至五层柱、梁	C25	28.8	2.30	26.2	22.9	26.2
结论	一层至五层所测芯样试件混凝土抗压强度推定上限值位为26.2MPa,大于设计强度等级C25,符合设计要求					
检测结果						
序号	构件名称	混凝土设计强度等级		芯样直径/mm		芯样抗压强度/MPa
1	一层柱17/E轴	C25		74.5		31.6
2	一层柱8/G轴	C25		75.5		27.6
⋮	⋮	⋮		⋮		⋮

6)混凝土碳化深度检测

使用数字式碳化深度测量仪检测混凝土碳化深度,根据《回弹法检测混凝土抗压强度技术规程》JGJ/T 23—2011共抽检64个构件,检测结果汇总见表(八)。

碳化深度检测结果汇总表(八)

工程名称	×××宿舍楼		仪器设备	数字式碳化深度测量仪LR-TH10	
结构类型	砌体结构		检测数量	64个构件	
检测结果					
序号	构件名称	碳化深度值/mm			碳化值/mm
		测点1	测点2	测点3	平均	

序号	构件名称	测点1	测点2	测点3	平均	碳化值/mm
1	一层梁4/F-G轴	6.00	6.00	6.00	6.0	6.0
		6.00	6.00	6.00	6.0	
		6.00	6.00	6.00	6.0	
2	一层梁6/F-G轴	6.00	6.00	6.00	6.0	6.0
		6.00	6.00	6.00	6.0	
		6.00	6.00	6.00	6.0	
⋮	⋮	⋮	⋮	⋮	⋮	⋮

7)混凝土构件钢筋配制检测

使用一体式钢筋扫描仪扫描检测混凝土构件钢筋、节点钢筋,根据《建筑结构检测技术标准》50344—2019,B类进行抽样,梁抽检32个构件,柱抽检32个构件,板抽检32个构件,检测结果见表(九)。

钢筋间距、钢筋根数检测结果汇总表（九）

工程名称	×××宿舍楼			仪器设备	一体式钢筋扫描仪 LR-G200	
结构类型	砌体结构			检测数量	96个构件	
检测结果						

序号	构件名称	设计配筋		检测结果		
				钢筋数量/根	钢筋间距/mm	钢筋间距平均值/mm
1	一层梁 4/F-G轴	底部下排纵向受力钢筋	2Φ16	2	—	—
		箍筋	φ8@200	—	1188	198
2	一层柱 4/F轴	一侧面纵向受力钢筋	2Φ12	2	—	—
		箍筋	φ6@200	—	1179	196
3	一层板3-4 /G-K轴	底部下排水平分布筋	φ10@180		1071	178
		底部上排垂直分布筋	φ10@150	—	895	149
⋮	⋮	⋮	⋮	⋮	⋮	⋮

8）钢筋直径检测

根据《混凝土中钢筋检测技术标准》JGJ/T 152—2019第5.2.1条："单位工程建筑面积不大于2000m² 同牌号同规格的钢筋应作为一个检测批。"对该工程柱、梁钢筋直径进行抽测，Φ16钢筋抽测10根，Φ14钢筋抽测12根，Φ12钢筋抽测18根，φ10钢筋抽测12根，φ8钢筋抽测10根，φ6钢筋抽测8根，检测结果见表（十）。

钢筋直径检测结果汇总表（十）

工程名称	×××宿舍楼		仪器设备	游标卡尺	
结构类型	砌体结构		检测数量	16个构件	
检测结果					

序号	构件名称	设计要求		钢筋直径检测结果					
		钢筋直径/mm		直径实测值/mm	公称直径/mm	公称尺寸/mm	偏差值/mm	允许偏差/mm	结果判定
1	一层柱 4/F轴	一侧面纵向受力钢筋	2Φ12	11.4	12	11.5	-0.1	±0.4	符合标准要求
				11.3	12	11.5	-0.2	±0.4	符合标准要求
		箍筋	φ6@200	5.9	6	—	-0.1	±0.3	符合标准要求
				5.9	6	—	-0.1	±0.3	符合标准要求
2	一层梁 4/F-G轴	底部下排纵向受力钢筋	2Φ16	15.3	16	15.4	-0.1	±0.4	符合标准要求
				15.3	16	15.4	-0.1	±0.4	符合标准要求
		箍筋	φ8@200	7.8	8	—	-0.2	±0.3	符合标准要求
⋮	⋮	⋮	⋮	⋮	⋮	⋮	⋮	⋮	⋮

9）钢筋保护层厚度检测

对该工程梁、板、柱钢筋保护层进行检测，根据《建筑结构检测技术标准》GB/T 50344—2019，B类进行抽样，梁抽检32个构件，柱抽检20个构件，板抽检20个构件，检测结果见表（十一）。

钢筋保护层厚度检测结果汇总表(十一)

工程名称		×××宿舍楼		仪器设备		一体式钢筋扫描仪LR-G200	
结构类型		砌体结构		检测数量		96个构件	
检测结果							
构件类别	设计值/mm	计算值/mm	允许偏差/mm	保护层厚度检测值			
				所测点数	合格点数	合格点率/%	
梁	30	38	+10, -7	66	64	97.0	
板	20	—	+8, -5	192	189	98.4	
结论	所检测梁类构件合格点率为97.0%,板类构件合格点率为98.4%,符合标准要求。						
备注	1. 判定保护层厚度是否合格时,以计算值加减允许偏差进行计算判定; 2. 根据《混凝土结构工程施工质量验收规范》GB 50204—2015规定:当全部钢筋保护层厚度检验的合格率为90%及以上,且检验结果中不合格点的最大偏差均不大于允许偏差的1.5倍时,可判为合格						

检测结果				
序号	构件名称	设计配筋	计算值/mm	检测结果/mm
1	一层梁4/F-G轴	2Φ16	38	底部下排纵向受力钢筋:39、42
		Φ8@200		
2	一层柱4/F轴	2Φ12	36	一侧面纵向受力钢筋:34、32
		Φ6@200		
3	一层板3-4/G-K轴	Φ10@180	20	21、25、20、23、21、24
		Φ10@150		
⋮	⋮	⋮	⋮	⋮

10)砖砌体内拉结钢筋检测

根据《砌体结构工程施工质量验收规范》GB 50203—2011进行抽样,使用剔凿方法检测墙拉结钢筋设置,检测墙体均设置拉结钢筋,抽检10个构件,检测结果见表(十二)。

墙拉筋检测结果汇总表(十二)

工程名称		×××宿舍楼	
结构类型	砌体结构	检测数量	10个构件
检测结果			
序号	构件名称		是否有墙拉筋
1	一层墙20-21/D轴		是
2	二层墙17-18/E轴		是
⋮	⋮		⋮

11)房屋裂缝检测

对房屋裂缝、外观质量缺陷情况进行调查,其主要有温度收缩,墙体抹灰裂缝等,对主体结构的安全性基本没有影响。

6. 检测结论

(1)所检测建筑物垂直度符合规范要求。

(2)所复核构件布置及尺寸符合设计要求。

(3)所测构件混凝土抗压强度符合设计要求。

(4)所测墙体砌筑砂浆抗压强度符合设计要求。

(5)所测墙体烧结砖抗压强度符合设计要求。

(6)所测构件混凝土碳化深度检测结果为6mm。

(7)所检构件混凝土构件钢筋配置符合设计要求。

(8)所测混凝土构件钢筋直径基本符合设计要求,极少部分不符合检测标准要求,但不影响主体结构安全。

(9)所检测构件钢筋保护层厚度符合设计要求。

(10)所检测砖砌体中墙体拉结钢筋设置符合设计要求。

7. 可靠性等级鉴定

1)结构构件承载力验算

(1)墙受压承载力计算,墙受压承载力验算结果(抗力与荷载效应之比:$\phi fA/N$)均大于1.0,满足规范要求。

(2)墙高厚比验算,1~5层高厚比β验算结果均大于允许高厚比$[\beta]$,满足规范要求。

(3)结构承载力验算计算书详见附件3。

2)结构安全性等级评定

根据《民用建筑可靠性鉴定标准》GB 50292—2015和现场检测结果,对建筑安全性进行鉴定评级,按照构件、子单元和鉴定单元三个层次,逐层对该建筑物进行评级。

(1)构件评级。

① 主要构件安全性鉴定。

a.按承载能力评定,依据《混凝土结构设计规范》GB 50010—2010(2015版)和《建筑结构荷载规范》GB 50009—2012中的有关规定,应用PKPM软件验算鉴定工程承载能力。验算结果表明,该工程各层构件安全度$R/(\gamma_0 S) \geqslant 1.0$,按照《民用建筑可靠性鉴定标准》GB 50292—2015第5.4.2条要求,构件的承载能力评定为a_u级。

b.按构造评定,该工程砌体墙柱高厚比符合《砌体结构设计规范》GB 50003—2011要求,连接及砌筑方式正确,构造符合国家现行相关规范的规定,该工程经现场勘查,未发现存在严重缺陷,工作无异常。按照《民用建筑可靠性鉴定标准》GB 50292—2015第5.4.3条要求,砌体结构构件构造等级评定为a_u级。

c.按不适于承载的位移或变形评定,经设计验算和现场勘查,未发生不适于承载的位移和变形,砌体结构构件评定为a_u级。

d.按裂缝或其他损伤评定,经现场勘查,该工程未发现不适于承载的裂缝;混凝土构件未有较大范围的损伤,按照《民用建筑可靠性鉴定标准》GB 50292—2015有关规定,砌体结构构件评定为a_u级。

主要构件应按承载能力、构造、不适于承载的位移和裂缝或其他损伤四个检查项目,分别评定每一受检构件等级,并应取其中最低一级作为该构件的安全性等级,该工程主要构件安全性鉴定评为a_u级。

② 一般构件的安全性鉴定。

a按承载力评定,依据《建筑结构荷载规范》GB 50009—2012及相关图集中的有关规定,该建筑楼(屋)面板的配筋均满足要求,该建筑楼板构件的承载力评为a_u级。

b.按结构构件构造和连接评定,现场勘查中发未现该建筑构件构造和连接缺陷,楼板构件构造和连接的安全性评级为a_u级。

c.按结构构件变形与损伤评定,该建筑楼板构件未发现明显变形和损伤,构件变形与损伤可评为a_u级。

多层砌体结构的一般构件为楼板、非承重墙及附属结构,其安全性鉴定,应按承载力、构造和连接、变形与损伤三个项目评定,并取其中较低一级作为该构件的安全性等级,该工程一般构件安全性鉴定评为a_u级。

(2)子单元评级。

① 地基基础:经现场勘查,该建筑地基基础未见明显静载缺陷,现状完好,且上部结构中未发现由于地基不均匀沉降造成的显著结构构件开裂和倾斜,不影响整体承载。地基基础综合评为A_u级。

② 上部承重结构:上部承重结构子单元的安全性鉴定评级,应根据其结构承载功能等级,结构整体性等级以及结构侧向位移等级的评定结果进行确定。

a.按结构承载功能评定,通过结构计算分析结果,该工程各层主要构件和一般构件均满足承载要求,按照《民用建筑可靠性鉴定标准》GB 50292—2015有关规定主要构件集和次要构件集均评为a_u级,上部承重结构承载功能评为A_u级。

b.按结构整体牢固性等级的评定,该工程的结构布置及构造布置合理,形成完整的体系,且结构选型及传力设计正确;构件长细比及连接构造符合设计规范规定,形成完整的支撑体系,无明显残损和施工缺陷,能传递各种侧向作用;结构构件间的联系设计合理、无疏漏、锚固、拉结、连接方式正确可靠,无松动变形和其他残损;砌体结构中的圈梁及构造柱布置正确,截面尺寸、配筋及材料强度等符合设计规范规定,无裂缝和其他残损,能起闭合系统作用,按照《民用建筑可靠性鉴定标准》GB 50292—2015有关规定结构整体牢固性等级评为A_u级。

c.按不适宜承载的侧向位移评定,根据现场勘验和检测结果,按照《民用建筑可靠性鉴定标准》GB 50292—2015中有关规定,该工程按照上部承重结构不适宜承载的侧向位移评定为A_u级。

上部承重结构安全性评定:按照《民用建筑可靠性鉴定标准》GB 50292—2015第7.3.11条规定,上部承重结构安全性上部承重结构安全性评为A_u级。

(3)围护系统承重部分。

该建筑围护系统承重部分的安全性,在该系统专设的和参与该系统工作的各种承重构件的安全性评级的基础上,根据该部分结构承载功能等级和结构整体性等级的评定结果确定,该工程墙体均为A_u级,围护系统承重部分整体评为A_u级。

3)鉴定单元安全性评级

鉴定单元安全性鉴定评级,根据其地基基础、上部承重结构,以及围护系统承重部分的安全性等级进行评定。该工程结构安全性评级结果见表(十三)。

鉴定单元安全性评定表(十三)

鉴定单元	层次	二	三
	层名	子单元评定	鉴定单元综合评定
	等级	A_u、B_u、C_u、D_u	A_{su}、B_{su}、C_{su}、D_{su}
×××宿舍楼	地基基础	A_u	
	上部承重结构	A_u	A_{su}
	围护系统承重部分	A_u	

8. 使用性等级鉴定

根据《民用建筑可靠性鉴定标准》GB 50292—2015和现场检测结果,对建筑使用性进行鉴定评级,按照构件、子单元和鉴定单元三个层次,逐层对该建筑物进行评级。

1)构件评级

(1)按位移评定,现场对所有砌体墙、柱检查未发现柱顶产生位移,构件使用性评定为A_s级。

(2)按非受力裂缝宽度检测结果评定,五层个别墙体现场发现的墙体非受力裂缝,对裂缝表面宽度检测均在0.15mm以下,属于温度收缩裂缝,按照《民用建筑可靠性鉴定标准》GB 50292—2015相关要求,该构件使用性评定为b_s级,其他部位构件使用性评定为a_s级。

3)按腐蚀评定,经现场勘查,该工程多孔砖、砂浆层、砌体内部钢筋无腐蚀现象,构件使用性评定为a_s级。

按照《民用建筑可靠性鉴定标准》GB 50292—2015要求,砌体结构构件的使用性鉴定按应按位移、非受力裂缝、腐蚀三个检查项目,分别评定每一受检构件的等级,并取其中最低一级作为该构件使用性等级,该工程构件使用性评定为a_s级。

2)子单元评级

(1)地基基础:经现场勘查,该建筑地基基础未见明显缺陷,现状完好,且上部结构中未发现由于地基不均匀沉降造成的显著砌体结构构件开裂和倾斜,上部结构使用性检查所发现的问题与地基基础无关,地基基础使用性评为A_s级。

(2)上部承重结构:上部承重结构子单元的使用性鉴定评级,应根据其所含各种构件集的使用性等级和结构侧向位移等级进行评定。

① 按各种构件集的使用性等级评定,该工程五层个别部位虽有b_s级构件,但含量在30%以下,按照《民用建筑可靠性鉴定标准》GB 50292—2015有关规定每种构件集使用性均为a_s级。

② 结构侧向位移等级进行评定:根据现场勘验和检测结果,综合分析结构顶点和层间位移变形情况,按照《民用建筑可靠性鉴定标准》GB 50292—2015有关规定,该工程按照上部承重结构侧向位移等级使用性评定为A_s级。

结合现场勘查和检测结果,该工程上部承重结构承载功能使用性评为A_s级。

(3)围护系统。

围护系统的使用性鉴定评级,根据该系统的使用功能及其承重部分的使用性等级进行评定。

① 按使用功能评定,现场检查情况如下。

屋面防水:五层走廊楼板渗漏,防水构造不当,评为C_s级。

吊顶:走廊、宿舍、楼梯间已存在顶棚渗漏,饰面层开裂、起鼓、脱落,评为C_s级。

非承重内墙:构造合理,与主体结构有可靠联系,无可见变形,面层基本完好,评为B_s级。

外墙:墙体及其面层外观大部分完好,个别处开裂、无变形;墙角个别处潮湿迹象,墙厚符合节能要求,评为B_s级。

门窗:外观基本完好,个别部位密封胶开裂,无剪切变形,不显著影响使用功能,评为B_s级。

其他防护设施:阳台栏板损坏严重,影响防护功能,评为C_s级。

综合上述情况,根据《民用建筑可靠性鉴定标准》GB 50292—2015有关规定,围护系统使用功能使用性评定为C_s级。

② 按围护系统承重部分评定,承重部分的使用性鉴定评级,应根据其所含各种构件集的使用性等级和结构侧向位移等级进行评定,根据现场检查和检测结果,围护系统承重部分使用性评为A_s级。

根据《民用建筑可靠性鉴定标准》GB 50292—2015有关规定,该工程围护系统使用性评为C_s级。

3)鉴定单元使用性评级

鉴定单元使用性鉴定评级,根据其地基基础、上部承重结构和维护系统的使用性等级,以及与整幢建筑有关的其他使用功能问题进行评定,详见表(十四)所示。

鉴定单元使用性综合评定表(十四)

鉴定单元	层次	二	三
	层名	子单元评定	鉴定单元综合评定
×××宿舍楼	等级	A_s、B_s、C_s	A_{ss}、B_{ss}、C_{ss}
	地基基础	A_s	
	上部承重结构	A_s	C_{ss}
	围护系统	C_s	

9. 可靠性鉴定评级

根据《民用建筑可靠性鉴定标准》GB 50292—2015第10章和第3.2.5条有关规定,可靠性鉴定等级评定表(十五)。

可靠性综合评定(十五)

	层次	二	三
	层名	子单元评定	鉴定单元综合评定
安全性	等级	A_u、B_u、C_u、D_u	A_{su}、B_{su}、C_{su}、D_{su}
	地基基础	A_u	
	上部承重结构	A_u	A_{su}
	围护系统承重部分	A_u	
使用性	等级	A_s、B_s、C_s	A_{ss}、B_{ss}、C_{ss}
	地基基础	A_s	
	上部承重结构	A_s	C_{ss}
	维护系统	C_s	
可靠性	等级	A、B、C、D	Ⅰ、Ⅱ、Ⅲ、Ⅳ
	地基基础		
	上部承重结构		Ⅱ
	围护系统		

10. 鉴定结论

专家组依据现场勘查、检测结果、荷载验算和国家相关规范标准,经综合分析论证,对×××宿舍楼工程可靠性提出检测鉴定意见如下。

×××宿舍楼工程可靠性鉴定等级为Ⅱ级。

11. 处理建议

对现场勘查发现的工程质量问题,采取措施处理。

12. 专家组成员

专家信息及确认签字(十六)

姓名	职称	签字
×××	正高级工程师	
×××	高级工程师	
×××	教授	

13. 附件

(1)工程外观图1张(附件1)。

(2)工程现场勘查问题图4张(附件2)。

(3)结构承载力验算计算书(附件3)(略)。

(4)鉴定委托书及相关资料(略)。

(5)专家职称和技术人员职称证书(略)。

(6)鉴定机构资质材料(略)。

附件1　工程外观

图(一)　外墙勒脚抹灰脱落

图(二)　阳台栏板损坏严重

图(三)　阳台栏板损坏严重

图(四)　外墙渗漏内墙面发霉

附件2　工程现场勘查问题

2.4.3　钢结构多层加工项目可靠性鉴定实例

×××加工项目,多层工业厂房,建筑高度29.7m,建筑面积1894m²,主要功能为粉料生产,耐火等级为二级。结构形式为钢框架结构,楼板采用花纹钢板和钢格板;基础形式为柱下独立基础,桩基。外墙、屋面板为树脂瓦。建筑设计混凝土结构使用年限为50年,钢结构25年,抗震设防烈度8度。该厂房分两期建设于2008年和2012年,建成以来,一直按原设计功能使用。使用期间,对外围护树脂瓦及其龙骨进行了修缮。

业主拟对该项目进行产能改造,加工使用荷载,根据改造要求,委托本公司对该多层厂房进行可靠性检测鉴定。

×××加工项目检测鉴定项目组根据初步勘查情况,拟定了检测鉴定工作方案,根据工程资料的缺失情况,确定了检测项目及要求。

按拟定的检测方案进行了建筑物垂直度、梁挠度、结构构件布置及尺寸、基础短柱混凝土抗压强度、钢筋配置和直径、钢筋保护层厚度、截面尺寸、钢构件截面尺寸、钢构件表面硬度、焊缝无损检测、节点完整性等项目检测并编制了检测报告和相应记录。

按照前述内容《工业建筑可靠性鉴定标准》GB 50144—2019第4章要求,对多层厂房进行了详细勘查并编制了勘查记录,保留了影像资料。

根据检测结果和现场勘查情况,按照前述程序、方法和《工业建筑可靠性鉴定标准》GB 50144—2019第5~8章要求,分别进行安全性、使用性鉴定评级,最后综合评定建筑可靠性。

用PKPM软件进行了结构构件承载力验算,部分钢梁钢柱稳定应力超限。

按照前述程序、方法和《工业建筑可靠性鉴定标准》GB 50144—2019第5章、第6章、第7章、第8章要求,分结构构件、子单元和建筑物三个层次进行了安全性鉴定评级。主要构件的承载能力评级为a级,局部一般构件评级为c级;钢结构构件的构造等级评定为b级。结构系统评级,地基基础子单元安全性评定为A级,上部承重结构安全性评定为B级,围护结构安全性评定为C级。鉴定单元安全性评级为二级。

按照前述程序、方法和《工业建筑可靠性鉴定标准》GB 50144—2019第6章、第7章、第8章要求,分结构构件、子单元和建筑物三个层次进行了使用性鉴定评级。结构构件使用性评定为b级;地基基础使用性评定为A级,上部承重结构使用性评定为B级,围护系统使用性评定为B级,整体建筑使用性评定为二级。

在安全性鉴定、使用性鉴定的基础上,可评定该工程可靠性鉴定等级为二级。

建议对发现的工程质量问题,结合加固改造一并采取措施处理。

按照《工业建筑可靠性鉴定标准》GB 50144—2019第10章要求,编写《×××加工项目厂房结构可靠性检测鉴定报告》如下表。

×××加工项目厂房结构可靠性检测鉴定报告		
工程名称	×××加工项目	
工程地点	×××	
委托单位	×××	
建设单位	×××	
设计单位	×××	
勘察单位	×××	
施工单位	×××	
监理单位	×××	
抽样日期	2022年2月23—3月3日	检测日期	2022年2月23—3月3日
检测数量	详见报告内	检验类别	委托
检测鉴定项目	1. 回弹—龄期修正法检测混凝土抗压强度等级 2. 钢筋扫描检测 3. 钢筋保护层厚度检测 4. 钢结构柱垂直度变形检测 5. 钢结构梁挠度检测 6. 钢结构对接焊缝超声波检测内部缺陷 7. 钢框架连接节点的完整性检测 8. 轴线位置检测 9. 混凝土构件截面尺寸偏差检测 10. 钢构件截面尺寸偏差检测 11. 钢构件表面硬度检测	
检测鉴定仪器	回弹仪、钢筋扫描仪、游标卡尺、钢卷尺、超声波探伤仪、水准仪、经纬仪、水准仪、全站仪等	
鉴定依据	1.《工业建筑可靠性鉴定标准》GB 50144—2019 2.《建筑工程施工质量验收统一标准》GB 50300—2013 3.《建筑地基基础工程施工质量验收规范》GB 50202—2018 4.《混凝土结构工程施工质量验收规范》GB 50204—2015 5.《砌体工程施工质量验收规范》GB 50203—2011 6.《建筑结构荷载规范》GB 50009—2012 7.《建筑地基基础设计规范》GB 50007—2011 8.《混凝土结构设计规范》GB 50010—2010(2015年版) 9.《砌体结构设计规范》GB 50003—2011 10.《建筑抗震设计规范》GB 50011—2010(2016年版) 11.《构筑物抗震鉴定标准》GB 50117—2014 12.《钢结构工程施工质量验收标准》GB 50205—2020 13. 鉴定委托书及相关资料 14. 现场勘查记录及影像资料	
检测依据	1.《建筑结构检测技术标准》GB/T 50344—2019 2.《钢结构现场检测技术标准》GB/T 50621—2010 3.《回弹法检测混凝土抗压强度技术规程》JGJ/T 23—2011 4.《混凝土中钢筋检测技术规程》JGJ/T 152—2019 5.《混凝土结构工程施工质量验收规范》GB 50204—2015 6.《钢结构工程施工质量验收标准》GB 50205—2020	

1. 工程概况

×××加工项目位于河北省唐山市×××,工程于2012年4月建成交付使用,工程外观见附件1图(一)。

本工程为多层工业厂房,建筑面积1894m²,建筑高度29.7m,主体结构形式为钢框架结构,主结构钢材Q345B,地脚螺栓Q345B,高强螺栓10.9级,采用锚栓端承式刚接柱脚,柱脚底标高±0.000;柱混凝土强度等级为C30,钢筋采用HPB235、HRB335;一期施工采用预应力混凝土管桩,二期采用钻孔灌注桩。钢结构防腐采用环氧带锈防腐底漆两道,环氧带锈防腐面漆两道,涂层厚度150um。工程于2008年进行一期施工,2011年进行二期施工并最终完工。

本工程设计使用年限:混凝土结构50年,钢结构25年。结构安全等级二级,抗震设防类别为丙类,地基基础设计等级为丙级,建筑构件耐火等级为二级。该地区按中国地震动峰值加速区划图为抗震设防烈度8度0.20g,按中国地震动加速度反应谱特征周期区划图特征周期值为0.45s。

工程原设计气象条件:基本风压:W_0=0.5kN/m²(n=50),地面粗糙度B类,基本雪压:S_0=0.35kN/m²(n=50)。地质水文资料:场地类别Ⅲ类,设计抗震设防烈度8度,设计地震分组第三组,设计基本地震加速度为小于0.20g。

2. 检测鉴定范围和目的

通过现场检测和分析鉴定,对×××加工项目的结构可靠性进行检测鉴定。

3. 工程资料

委托单位提供了该项目的建筑、结构等施工图纸、桩基资料及基础主体施工技术资料。

4. 现场勘查

2022年2月11日,在委托方人员带领下,我公司专家组对×××加工项目进行了现场勘查,情况如下。

1)结构体系

经观察检查,该工程主体为钢框架结构,采用锚栓端承式刚接柱脚,地上结构体系与提供的原始施工图纸相符合。

2)结构构件构造及连接节点

经观察检查,未发现工程出现基础不均匀沉降、柱、梁受力裂缝等影响结构安全的质量问题,少部分构件、节点存在缺陷和损伤、锈蚀等影响结构安全的质量问题。

3)楼板、楼梯及栏杆

该项目楼板采用花纹钢板、钢格栅板混合布置,楼梯、局部花纹钢板存在锈蚀,破损,部分洞口栏杆锈蚀严重,钢格板部分基本完好。

4)围护结构

经检查,该工程围护墙板采用冷弯薄壁墙梁、树脂瓦面层,屋面采用冷弯薄壁檩条、FRP压型采光板面层等维护系统,现状墙面外观基本完整,局部墙板脱落,屋面板破损。

5)使用改造情况

该工程自使用以来至本次检测鉴定为止,使用功能基本未发生改变;墙梁存在因锈蚀损坏而附加设置的情况。

6)现场勘查问题

勘查中发现工程存在的质量问题如下。

(1)柱根部锈蚀严重,详见附件2图(一);

(2)梁柱节点缺少加劲肋,详见附件2图(二);

(3)框架节点锈蚀严重,墙梁锈透,详见附件2图(三);

(4)柱局部高强度螺栓连接接头锈蚀严重,详见附件2图(四);

(5)局部墙梁支承不足,详见附件2图(五)。

(6)顶层新旧墙梁都有锈蚀,详见附件2图(六)。

5.检测结果

(1)回弹–龄期修正法检测混凝土抗压强度等级、钢筋扫描检测、钢筋保护层厚度检测、混凝土构件截面尺寸偏差检测(略)。

(2)钢结构变形检测(柱垂直度检测)。

采用经纬仪对钢结构立柱倾斜进行检测,共检测钢柱12根,符合规范7根,不符合规范5根,其中超差较大钢柱2根,检测汇总结果见表(一)和表(二),检测报告详见附件5。

立柱倾斜测量数据(一)

位置		X值/m	Y值/m	ΔX/m	ΔY/m
4交H	顶部	984.450	012.792	0.161	−0.006
4交H	底部	984.289	012.798		
6交H	顶部	019.533	003.261	0.019	−0.002
6交H	底部	019.514	003.263		
⋮	⋮	⋮	⋮	⋮	⋮

注:ΔX、ΔY数值由顶部数值减底部数值所得。

厂房立柱倾斜计算数据(二)

序号	位置	H/m	X倾斜率	Y倾斜率
1	4交H	29.00	0.006	0
2	6交H	29.00	0.001	0
⋮	⋮	⋮	⋮	⋮

(3)钢结构变形检测(梁挠度检测)。

采用经纬仪对钢结构梁挠度进行检测,共检测钢梁24根,检测结果符合规范要求,检测数据见表(三),检测报告详见附件5。

厂房梁挠度测量数据表(三)

梁编号	数据1	数据2	数据3
1-1	3.822	3.823	3.823
1-2	2.917	2.914	2.925
⋮	⋮	⋮	⋮

(4)钢结构焊缝超声波检测内部缺陷。

采用超声波探伤仪对钢结构梁柱节点内部缺陷进行检测,检测结果符合规范要求,检测汇总结果见表(四)。

钢结构内部缺陷检测结果汇总表(四)

工程名称	×××加工项目		仪器设备		超声波探伤仪
结构部位	梁柱接点		检测数量		20个构件
检测结果					
序号	构件名称及检测部位	母材厚度/焊缝长度/mm	检测长度/mm	验收等级	检测结果
1	一层梁4–5/A轴4轴方向	14/200	200	Ⅲ级	符合要求
2	一层梁5/G–H轴H轴方向	14/200	200	Ⅲ级	符合要求
⋮	⋮	⋮	⋮	⋮	⋮

(5)节点的完整性检测。

对钢结构梁柱节点完整性进行全数检测,缺陷问题汇总结果见表(五)。

节点完整性检测结果汇总表(五)

序号	构件名称	检测结果
1	一层梁4/B–D轴	D轴方向螺栓不合规,翼缘板焊缝错位
2	一层梁4/(1/E)–G轴	G轴方向螺栓不合规
⋮	⋮	⋮

(6)轴线位置检测。

对钢结构轴线位置进行检测,有1处不符合设计要求,汇总结果见表(六)和表(七)。

轴线位置检测结果汇总表(六)

工程名称	×××加工项目		仪器设备	钢卷尺
结构类型	钢结构		检测数量	8个轴线
检测结果				
序号	检测区间	检测结果		判定
		实测偏差较大值/mm	实测偏差较大值偏差/mm	允许偏差/mm
1	4–6,A–H轴	8488	12	6	不合格
备注	检查柱轴线,沿纵、横两个方向测量,并取其中偏差的较大值(H_1、H_2、H_3分别为中部、下部及其他部位)			

轴线位置检测数据汇总表(七)

序号	构件名称	设计轴线位置/mm	轴线位置实测值/mm			
			H_1	H_2	H_3	平均值
		检测结果				
1	一层4–5/A轴	8500	8490	8488	8487	8488
2	一层5–6/A轴	8500	8504	8487	8490	8494
⋮	⋮	⋮	⋮	⋮	⋮	⋮

(7)钢构件截面尺寸偏差检测。

使用钢卷尺盒尺、数显游标卡尺、超声波测厚仪等量测构件尺寸,对照设计图纸查看、量测轴线位置、构件位置及尺寸,所检33个构件中29个符合设计要求,5个不符合设计要求,结果汇总如表(八)所示。

钢结构构件尺寸检测结果汇总表(八)

工程名称		×××加工项目		仪器设备	盒尺、数显游标卡尺、超声波测厚仪
结构部位		钢柱、钢梁		检测数量	33个构件
检测结果					
序号	构件名称及检测部位	设计要求/mm		实测值/mm	检测结果
1	一层柱5/G轴	500×500×12×25		500×500×12×25	符合要求
2	一层柱6/(1/E)轴	400×400×13×21		400×400×13×21	符合要求
⋮	⋮	⋮		⋮	⋮

(8)钢构件表面硬度检测。

使用便携里氏硬度计对钢构件表面硬度进行检测,检测X处,推断强度不低于Q345德构件有X处,达不到Q345的构件有X处,结果汇总如表(九)所示。

里氏硬度统计表(九)

检测位置	代表值1 /HL	代表值2 /HL	代表值3 /HL	代表值4 /HL	代表值5 /HL	抗拉强度/MPa $f_{b,min}/f_{b,max}$	抗拉强度/MPa 推定值/特征值	推断材质
一层柱5/B轴	349	439	384	344	367	352/557	455/352	达不到Q345
一层柱6/A轴	362	309	454			393/543	468/393	达不到Q345
⋮	⋮	⋮	⋮	⋮	⋮	⋮	⋮	⋮

6. 检测结论

检测结论如下。

(1)所测构件混凝土抗压强度符合设计要求。

(2)所检构件钢筋直径、数量基本符合设计要求。

(3)所检构件钢筋保护层厚度符合设计要求。

(4)所测钢结构柱垂直度结果,符合规范7根,不符合规范5根,其中超差较大钢柱2根。

(5)所测钢结构梁挠度结果符合规范要求。

(6)所测钢结构梁柱节点焊缝结果符合设计要求。

(7)全数检查节点完整性,存在64处缺陷问题。

(8)所检轴线位置有1处不符合设计要求。

(9)所检混凝土构件截面尺寸符合设计要求。

(10)所检钢构件截面尺寸有5处不符合设计要求。

(11)所检钢构件表面硬度有3个构件低于设计强度。

7. 结构可靠性等级鉴定

本工程的结构可靠性鉴定评级,包括安全性和使用性两个方面的评级。

1)结构安全性等级鉴定

(1)结构构件承载力验算。

本工程结构承载力验算时,经调查,设备恒载和活载的取值为:

标高 8.660m 结构层,设备 V0703A 恒载 392kN,活载 1308kN;设备 V0704A 恒载 360kN,活载 820kN;设备 GFX-Ⅶ.2-2Ab 恒载 80kN。

标高 14.750m 结构层,设备 S0701A 恒载 20kN,活载 76kN;设备 S0701A 恒载 20kN,活载 56kN。

标高 17.850m 结构层,设备 V0706A 恒载 588kN,活载 952kN;设备 V0705A 恒载 152kN,活载 408kN。

结构承载力验算结构如下。

标高 3.400m 结构层,位于 B、1/C、G 轴上介于 4 轴与 5 轴之间的钢梁面内稳定应力超限,最大超限 8%,不满足规范要求,其他梁柱应力满足规范要求。

标高 8.660m 结构层,5 轴交 B 轴、5 轴交 G 轴钢柱稳定超限,最大超限 3%,不满足规范要求,其余柱、梁应力满足规范要求。

标高 14.750m、17.850m、21.500m、29.000m 结构层,梁柱应力满足规范要求。

(2)结构安全性等级评定。

根据《工业建筑可靠性鉴定标准》GB 50144—2019 和现场检测结果,对建筑安全性进行鉴定评级,按照构件、结构系统和鉴定单元三个层次,逐层对该建筑物进行评级。

(3)构件评级。

按承载能力评定,按照《工业建筑可靠性鉴定标准》GB 50144—2019 第 6.3 节要求,钢构件安全性等级按承载能力、构造两个项目评定,取其中较低等级作为构件安全等级。

评定时钢构件的承载力项目应按规范表 6.3.2 表(十)规定评定等级。构件抗力应结合实际的材料性能、缺陷损伤、腐蚀、过大变形和偏差等因素对承载能力分析后确定。

钢构件承载能力评定等级(十)

构件类别		评定标准			
		a	b	c	d
重要构件、连接	$R/(\gamma_0 S)$	$\geqslant 1.0$	<1.0 $\geqslant 0.95$	<0.95 $\geqslant 0.88$	<0.88
次要构件	$R/(\gamma_0 S)$	$\geqslant 1.0$	<1.0 $\geqslant 0.92$	<1.0 $\geqslant 0.85$	<0.85

依据《钢结构设计标准》GB 50017—2017、《钢结构通用规范》GB 55006—2021 和《建筑结构荷载规范》GB 50009—2012 有关规定,应用 PKPM 软件验算鉴定工程承载能力。验算结果表明:该工程各层构件安全度 $R/(\gamma_0 S) \geqslant 1.0$,构件的承载能力评定为 a 级。局部构件安全度 $0.88 \leqslant R/(\gamma_0 S) <0.95$ 的承载能力评定为 c 级。

按构造评定:按照《工业建筑可靠性鉴定标准》GB 50144—2019 要求,钢结构构件的构造项目包括构件构造和节点、连接构造,应根据对构件安全使用的影响按规范表 6.3.4 表(十一)的规定评定等级,然后取其中较低等级作为该构件构造项目的评定等级。

钢结构构件构造的评定等级(十一)

检查项目	a级或b级	c级或d级
构件构造	构件组成形式、长细比或高跨比、宽厚比或高厚比等符合或基本符合国家现行标准规定;无缺陷或仅有局部表面缺陷;工作无异常	构件组成形式、长细比或高跨比、宽厚比或高厚比等不符合国家现行设计标准要求;存在明显缺陷,已影响或显著影响正常工作
节点、连接构造	节点、连接方式正确,符合或基本符合国家现行标准规定;无缺陷或仅有局部的表面缺陷,如焊缝表面质量稍差、焊缝尺寸稍有不足、连接板位置稍有偏差等;但工作无异常	节点、连接方式不当,不符合国家现行标准规定,构造有明显缺陷;如焊接部位有裂纹;部分螺栓或铆钉有松动、变形、断裂、脱落或节点板、连接板、铸件有裂纹或显著变形;已影响或显著影响正常工作

依据规范规定,该工程在现场勘查过程中,结构构造合理,连接和节点构造连接方式正确,符合现行设计规范要求,钢结构构件构造等级评定为b级。

(4)结构系统评级:地基基础,经查阅地质工程勘察报告及有关图纸资料,结合现场勘查,该建筑地基基础状态稳定、现状完好,未见明显静载缺陷,且上部结构中未发现由于地基不均匀沉降造成的显著结构构件开裂和倾斜,不影响整体承载。地基基础综合评为A级。

上部承重结构:上部承重结构的安全性等级,按结构整体性和承载功能两个项目评定,并取其中较低的评定等级作为上部承重结构的安全性等级。结合现场勘查和结构计算分析结果,该工程上部承重结构整体性评为B级、承载功能评为B级,上部承重结构安全性评为B级。

维护结构:围护结构系统的安全性等级,按围护结构的承载功能和构造连接两个项目进行评定,并取两个项目中较低的评定等级作为该围护结构系统的安全性等级。结合现场勘查和结构计算分析结果,该工程围护结构的承载功能评为C级、构造连接评为B级,围护结构安全性评为C级。

(5)鉴定单元安全性评级:鉴定单元安全性鉴定评级,根据其地基基础、上部承重结构和围护结构的安全性等级进行评定。该工程结构安全性评级结果见表(十二)。

鉴定单元安全性综合评定表(十二)

鉴定单元	层次	二	三
×××加工项目	层名	结构系统评定	鉴定单元综合评定
	等级	A、B、C、D	一、二、三、四
	地基基础	A	二
	上部承重结构	B	
	围护结构	C	

2)结构使用性等级鉴定

(1)构件评级:按照《工业建筑可靠性鉴定标准》GB 50144—2019第6.3.8条要求,钢构件使用性等级按变形、偏差、一般构造和腐蚀等项目进行评定,并应取其中最低等级作为构件的使用性等级。

钢构件变形满足现行相关标准规定和设计要求,评定等级为a;钢构件的偏差包括施工过程中产生的偏差和使用过程中出现的永久性变形,个别不满足现行相关标准规定,尚不明显影响正常使用,评定等级为b;钢构件发生轻微腐蚀,腐蚀和防腐评定等级为b。

综上,构件使用性评定等级为b。

（2）结构系统评级：地基基础：依据规范规定，地基基础的使用性等级，宜根据上部承重结构和围护结构使用状况按表7.2.5（见表十三）的规定评定等级。

地基基础的使用性评定等级（十三）

评定等级	评定标准
A	上部承重结构和围护结构的使用状况良好或所出现的问题与地基基础无关
B	上部承重结构或围护结构的使用状况基本正常，结构或连接因地基基础变形有个别损伤
C	上部承重结构和围护结构的使用状况不完全正常，结构或连接因地基变形有局部或大面积损伤

上部承重结构和围护结构所出现的问题与地基基础无关，故地基基础使用性评定等级为A。

上部承重结构：上部承重结构的使用性等级按上部承重结构使用状况和结构水平位移两个项目评定，并取其中较低的评定等级作为上部承重结构的使用性等级。

上部承重结构使用状况评定等级为B，结构水平位移评定等级为A，故上部承重结构使用性评定等级为B。

维护系统：围护结构系统的使用性等级，根据围护结构的使用状况、围护结构系统的使用功能两个项目评定，并取两个项目中较低评定等级作为该围护结构系统的使用性等级。

围护结构的使用状况的评定等级为B，围护结构系统的使用功能评定等级为B，故围护结构系统的使用性等级为B。

（3）鉴定单元使用性评级：鉴定单元使用性鉴定评级，根据其地基基础、上部承重结构和围护结构的使用性等级进行评定。该工程结构使用性评级结果见表（十四）。

鉴定单元使用性综合评定表（十四）

鉴定单元	层次	二	三
	层名	结构系统评定	鉴定单元综合评定
	等级	A、B、C	一、二、三
×××加工项目	地基基础	A	
	上部承重结构	B	二
	围护系统	B	

8．鉴定结论

专家组依据现场勘查、检测结果、荷载验算和国家相关规范标准，经综合分析论证，提出×××加工项目工程安全性鉴定意见如下。

（1）现场勘查，未发现工程出现基础不均匀沉降、柱、梁受力裂缝，钢结构构件受力变形、失稳等影响结构安全的质量问题，结构构件构造连节点未发现受力裂缝、存在明显缺陷等影响结构安全的质量问题。

（2）该工程安全性鉴定等级为二级，使用性鉴定等级为二级。

（3）该工程可靠性鉴定等级为二级。

（4）标高3.400m结构层，位于B、G轴上介于4轴与5轴之间的钢梁稳定应力超限，应进行加固处理。

9．处理建议

（1）该工程继续使用需进行加固处理，应由有资质的设计和施工单位完成。

（2）对现场勘查及检测发现的工程质量问题，结合本次加固改造一并采取措施处理。

10. 专家组成员

专家信息及确认签字(十五)

姓名	职称	签字
×××	正高级工程师	
×××	高级工程师	
×××	教授	

11. 附件

(1)工程外观照片1张(附件1)。

(2)工程现场勘查问题照片6张(附件2)。

(3)结构承载力验算计算书(附件3)(略)。

(4)测量检测报告(略)。

(5)鉴定委托书及相关资料(略)。

(6)专家职称和技术人员职称证书(略)。

(7)鉴定机构资质材料(略)。

附件1　工程外观

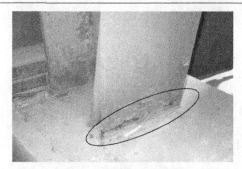

图(一)　柱根部锈蚀严重

图(二)　梁柱节点缺少加劲肋

图(三)　框架节点锈蚀严重、墙梁锈透

图(四)　柱局部高强度螺栓连接接头锈蚀严重

图(五)　局部墙梁支承条件不足

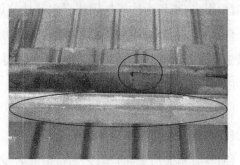

图(六)　顶层新旧墙梁都已锈蚀

附件2　工程现场勘查质量问题

第3章 建筑工程抗震鉴定

3.1 现有建筑工程抗震鉴定

3.1.1 建筑工程抗震鉴定简述

地震是威胁建筑结构安全的主要自然灾害之一,近年来由于地震造成的人员伤亡和经济损失惨重。由于经济发展、抗震规范变化等原因,我国既有建筑中抗震设防情况、整体抗震性能差异较大,随着经济和社会发展,对建筑功能的要求已发生巨大改变,许多既有建筑的使用功能和安全系数难以满足当下抗震设防要求。因此,评估既有建筑结构在未来可能遭遇地震中的损伤程度成为重要任务。

对现有建筑的抗震能力进行科学、准确的鉴定,可落实以预防为主的方针,减轻地震破坏,减少损失,也可为抗震加固或采取其他抗震减灾对策提供依据。

《中华人民共和国防震减灾法》第39条规定:已经建成的下列建设工程,未采取抗震设防措施或者抗震设防措施未达到抗震设防要求的,应当按照国家有关规定进行抗震性能鉴定,并采取必要的抗震加固措施:

(1)重大建设工程;

(2)可能发生严重次生灾害的建设工程;

(3)具有重大历史、科学、艺术价值或者重要纪念意义的建设工程;

(4)学校、医院等人员密集场所的建设工程;

(5)地震重点监视防御区内的建设工程。

1. 抗震鉴定

抗震鉴定是指通过检查现有建筑的设计、施工质量和现状,按规定的抗震设防要求,对其在地震作用下的安全性进行评估。

抗震鉴定目前依据的主要规范是《建筑抗震鉴定标准》GB 50023—2009;《构筑物抗震鉴定标准》GB 50117—2014;《高耸与复杂钢结构检测与鉴定标准》GB 51008—2016。

2. 抗震鉴定的基本原则

符合《建筑抗震鉴定标准》GB 50023—2009要求的现有建筑,在预期的后续使用年限内具有相应的抗震设防目标:后续使用年限50年的现有建筑,具有与现行《建筑抗震设计规范》GB 50011—2010(2016版)相同的设防目标;后续使用年限少于50年的现有建筑,在遭遇同样的地震影响时,其损坏程度略大于按后续使用年限50年鉴定的建筑。

3. 现有建筑类别划分

现有建筑是指除古建筑、新建建筑、危险建筑以外,迄今仍在使用的既有建筑。

现有建筑应按现行《建筑工程抗震设防分类标准》GB 50223—2008第3.0.2条规定分为四类。

(1)特殊设防类:指使用上有特殊设施,涉及国家公共安全的重大建筑工程和地震时可能发生严重次生灾害等特别重大灾害后果,需要进行特殊设防的建筑。简称"甲类"。

(2)重点设防类:指地震时使用功能不能中断或需尽快恢复的生命线相关建筑,以及地震时可能导致大量人员伤亡等重大灾害后果,需要提高设防标准的建筑。简称"乙类"。

(3)标准设防类:指大量的除(1)、(2)、(4)款以外按标准要求进行设防的建筑。简称"丙类"。

(4)适度设防类:指使用上人员稀少且震损不致产生次生灾害,允许在一定条件下适度降低要求的建筑。简称"丁类"。

4. 不同类别现有建筑抗震鉴定要求

甲、乙、丙、丁类现有建筑,其抗震措施核查和抗震验算的综合鉴定应符合下列要求。

(1)丙类,应按本地区设防烈度的要求核查其抗震措施并进行抗震验算。

(2)乙类,抗震设防烈度为6~8度应按比本地区设防烈度提高一度的要求核查其抗震措施,抗震设防烈度为9度时应适当提高要求;抗震验算应按不低于本地区设防烈度的要求采用。

(3)甲类,应经专门研究,按高于本地区抗震设计防烈度提高一度的要求核查其抗震措施,抗震验算应按高于本地区设防烈度的要求采用。

(4)丁类,抗震设防烈度为7~9度时,应允许按比本地区设防烈度适当降低的要求核查其抗震措施,抗震验算应允许比本地区设防烈度适当降低要求;抗震设防烈度为6度时应允许不作抗震鉴定。

5. 现有建筑后续使用年限确定

现有建筑应根据实际需要和可能,按下列规定选择其后续使用年限。

(1)在20世纪70年代及以前建造经耐久性鉴定可继续使用的现有建筑,其后续使用年限不应少于30年;在80年代建造的现有建筑,宜采用40年或更长,且不得少于30年。

(2)在20世纪90年代(按当时施行的抗震设计规范系列设计)建造的现有建筑,后续使用年限不宜少于40年,条件许可时应采用50年。

(3)在2001年以后(按当时施行的抗震设计规范系列设计)建造的现有建筑,后续使用年限宜采用50年。

6. 不同后续使用年限现有建筑抗震鉴定方法

不同后续使用年限的现有建筑,应采取不同的抗震鉴定方法,其抗震鉴定方法应符合下列要求。

(1)后续使用年限30年的建筑(简称A类建筑),应采用《建筑抗震鉴定标准》GB 50023—2009规定的A类建筑抗震鉴定方法。

(2)后续使用年限40年的建筑(简称B类建筑),应采用《建筑抗震鉴定标准》GB 50023—2009规定的B类建筑抗震鉴定方法。

(3)后续使用年限50年的建筑(简称C类建筑),应按现行《建筑抗震设计规范》GB 50011—2010(2016版)的要求进行抗震鉴定。

7. 现有建筑抗震鉴定范围

现有建筑抗震鉴定,除了房屋所有者或使用者的需求外,《建筑抗震鉴定标准》GB 50023—2009第1.0.6条规定,下列情况下,现有建筑应进行抗震鉴定。

(1)接近或超过设计使用年限需要继续使用的建筑。

(2)原设计未考虑抗震设防或抗震设防要求提高的建筑。

(3)需要改变结构的用途和使用环境的建筑。

(4)其他有必要进行抗震鉴定的建筑。

3.1.2 现有建筑抗震鉴定基本要求

1. 现有建筑的抗震鉴定内容及要求

(1)搜集建筑的勘察报告、施工和竣工验收的相关原始资料;当资料不全时,应根据鉴定的需要进行补充实测。

(2)调查建筑现状与原始资料相符合的程度、施工质量和维护状况,发现相关的非抗震缺陷。

(3)根据各类建筑结构的特点、结构布置、构造和抗震承载力等因素,采用相应的逐级鉴定方法,进行综合抗震能力分析。

(4)对现有建筑整体抗震性能做出评价,对符合抗震鉴定要求的建筑应说明其后续使用年限,对不符合抗震鉴定要求的建筑提出相应的抗震减灾对策和处理意见。

2. 现有建筑的抗震鉴定类型

现有建筑的抗震鉴定,应根据下列情况区别对待。

(1)建筑结构类型不同的结构,其检查的重点、项目内容和要求不同,应采用不同的鉴定方法。

(2)对重点部位与一般部位,应按不同的要求进行检查和鉴定。

重点部位指影响该类建筑结构整体抗震性能的关键部位和易导致局部倒塌伤人的构件、部件,以及地震时可能造成次生灾害的部位。

(3)对抗震性能有整体影响的构件和仅有局部影响的构件,在综合抗震能力分析时应分别对待。

3. 现有建筑抗震鉴定分级

现有建筑抗震鉴定分为两级。第一级鉴定应以宏观控制和构造鉴定为主进行综合评价,第二级鉴定应以抗震验算为主结合构造影响进行综合评价。

(1)A类建筑的抗震鉴定,当符合第一级鉴定的各项要求时,建筑可评为满足抗震鉴定要求,不再进行第二级鉴定;当不符合第一级鉴定要求时,应由第二级鉴定做出判断。

(2)B类建筑的抗震鉴定,应检查其抗震措施和现有抗震承载力再做出判断。当抗震措施不满足鉴定要求而现有抗震承载力较高时,可通过构造影响系数进行综合抗震能力的评定;当抗震措施鉴定满足要求时,主要抗侧力构件的抗震承载力不低于规定的95%、次要抗侧力构件的抗震承载力不低于规定的90%,也可不要求进行加固处理。

4. 现有建筑宏观控制和构造鉴定的基本内容及要求

(1)当建筑的平立面、质量、刚度分布和墙体等抗侧力构件的布置在平面内明显不对称时,应进行地震扭转效应不利影响的分析;当结构竖向构件上下不连续或刚度沿高度分布突变时,应找出薄弱部位并按相应的要求鉴定。

(2)检查结构体系,应找出其破坏会导致整个体系丧失抗震能力或丧失对重力的承载能力的部件或构件;当房屋有错层或不同类型结构体系相连时,应提高其相应部位的抗震鉴定要求。

(3)检查结构材料实际达到的强度等级,当低于规定的最低要求时,应提出采取相应的抗震减灾对策。

(4)多层建筑的高度和层数,应符合《建筑抗震鉴定标准》GB 50023—2009规定的最大值限值要求。

(5)当结构构件的尺寸、截面形式等不利于抗震时,宜提高该构件的配筋等构造抗震鉴定要求。

(6)结构构件的连接构造应满足结构整体性的要求;装配式厂房应有较完整的支撑系统。

(7)非结构构件与主体结构的连接构造应满足不倒塌伤人的要求;位于出入口及人流通道等处,应有可靠的连接。

(8)当建筑场地位于不利地段时,尚应符合地基基础的有关鉴定要求。

5. 现有建筑抗震鉴定其他要求

(1)除抗震设防烈度为6度和《建筑抗震鉴定标准》GB 50023—2009规定不需要进行抗震验算外,其他情况,至少在两个主轴方向分别按《建筑抗震鉴定标准》GB 50023—2009规定的具体方法进行结构的抗震验算。当标准未给出具体方法时,可采用现行《建筑抗震设计规范》GB 50011—2010(2016版)规定的方法,按下式进行结构构件抗震验算。

$$S \leqslant R/\gamma_{Ra} \tag{3.1}$$

式中　S——结构构件内力(轴向力、剪力、弯矩等)组合的设计值;

　　　R——结构构件承载力设计值;

　　　γ_{Ra}——抗震鉴定的承载力调整系数,一般情况下,可按现行《建筑抗震设计规范》GB 50011—2010(2016版)的承载力抗震调整系数值采用,A类建筑抗震鉴定时,钢筋混凝土构件应按承载力抗震调整系数值的0.85倍采用。

(2)现有建筑的抗震鉴定要求,可根据建筑所在场地、地基和基础等的有利和不利因素,作下列调整。

① Ⅰ类场地上的丙类建筑,抗震设防烈度为7~9度时,构造要求可降低一度。

② Ⅳ类场地、复杂地形、严重不均匀土层上的建筑,以及同一建筑单元存在不同类型基础时,可提高抗震鉴定要求。

③ 建筑场地为Ⅲ、Ⅳ类时,对设计基本地震加速度0.15g和0.30g的地区,各类建筑的抗震构造措施要求宜分别按抗震设防烈度8度(0.20g)和9度(0.40g)采用。

④ 有全地下室、箱基、筏基和桩基的建筑,可降低上部结构的抗震鉴定要求。

⑤ 对密集的建筑,包括防震缝两侧的建筑,应提高相关部位的抗震鉴定要求。

(3)对不符合鉴定要求的建筑,可根据其不符合要求的程度、部位对结构整体抗震性能影响的大小,以及有关的非抗震缺陷等实际情况,结合使用要求、城市规划和加固难易等因素的分析,提出相应的维修、加固、改变用途或更新等抗震减灾对策。

3.1.3　现有建筑场地、地基和基础抗震鉴定

1. 场地抗震鉴定

(1)对抗震设防烈度为6、7度时及建造于对抗震有利地段的建筑,可不进行场地对建筑影响的抗震鉴定。

① 对建造于危险地段的建筑,场地对建筑影响应按专门规定鉴定;

② 有利、不利等地段和场地类别,按现行《建筑抗震设计规范》GB 50011—2010(2016版)划分。

(2)对建造于危险地段的现有建筑,应结合规划更新(迁离);暂时不能更新的,应进行专

门研究,并采取应急的安全措施。

(3)对抗震设防烈度为7~9度时,建筑场地为不利地段建筑,应对其地震稳定性、地基滑移及对建筑的可能危害进行评估。

(4)建筑场地有液化侧向扩展且距常时水线100m范围内,应判明液化后土体流滑与开裂的危险。

2. 地基基础抗震鉴定

地基基础现状的鉴定,应着重调查上部结构的不均匀沉降裂缝和倾斜,基础有无腐蚀、酥碱、松散和剥落,上部结构的裂缝、倾斜及有无发展趋势。

(1)符合下列情况之一的现有建筑,可不进行其地基基础的抗震鉴定。

① 丁类建筑。

② 地基主要受力层范围内不存在软弱土、饱和砂土和饱和粉土或严重不均匀土层的乙类、丙类建筑。

③ 抗震设防烈度为6度时的各类建筑。

④ 抗震设防烈度为7度时,地基基础现状无严重静载缺陷的乙类、丙类建筑。

(2)对地基基础现状进行鉴定时,当基础无腐蚀、酥碱、松散和剥落,上部结构无不均匀沉降裂缝和倾斜,或虽有裂缝、倾斜但不严重且无发展趋势,该地基基础可评为无严重静载缺陷。

(3)存在软弱土、饱和砂土和饱和粉土的地基基础,应根据烈度、场地类别、建筑现状和基础类型,进行液化、震陷及抗震承载力的两级鉴定。符合第一级鉴定的规定时,应评为地基符合抗震要求,不再进行第二级鉴定。

静载下已出现严重缺陷的地基基础,应同时审核其静载下的承载力。

(4)地基基础的第一级鉴定应符合下列要求。

① 基础下主要受力层存在饱和砂土或饱和粉土时,对下列情况可不进行液化影响的判别。

a. 对液化沉陷不敏感的丙类建筑。

b. 符合现行《建筑抗震设计规范》GB 50011—2010(2016版)液化初步判别要求的建筑。

② 基础下主要受力层存在软弱土时,对下列情况可不进行建筑在地震作用下沉陷的估算。

a. 抗震设防烈度为8、9度时,地基土静承载力特征值分别大于80kPa和100kPa。

b. 抗震设防烈度为8度时,基础底面以下的软弱土层厚度不大于5m。

③ 采用桩基的建筑,对下列情况可不进行桩基的抗震验算。

a. 现行《建筑抗震设计规范》GB 50011—2010(2016版)规定可不进行桩基抗震验算的

建筑。

b.位于斜坡,但地震时土体稳定的建筑。

(5)地基基础的第二级鉴定应符合下列要求。

① 饱和土液化的第二级判别,应按现行《建筑抗震设计规范》GB 50011—2010(2016版)的规定,采用标准贯入试验判别法。判别时,可计入地基附加应力对土体抗液化强度的影响。存在液化土时,应确定液化指数和液化等级,并提出相应的抗液化措施。

② 软弱土地基及抗震设防烈度为8、9度时,Ⅲ、Ⅳ类场地上的高层建筑和高耸结构,应进行地基和基础的抗震承载力验算。

(6)现有天然地基的抗震承载力验算,应符合下列要求。

① 天然地基的竖向承载力,可按现行《建筑抗震设计规范》GB 50011—2010(2016版)规定的方法验算。

② 承受水平力为主的天然地基验算水平抗滑时,抗滑阻力可采用基础底面摩擦力和基础正侧面土的水平抗力之和;基础正侧面土的水平抗力,可取其被动土压力的1/3;抗滑安全系数不宜小于1.1。

(7)桩基的抗震承载力验算,可按现行《建筑抗震设计规范》GB 50011—2010(2016版)规定的方法进行。

(8)同一建筑单元存在不同类型基础或基础埋深不同时,宜根据地震时可能产生的不利影响,估算地震导致两部分地基的差异沉降,检查基础抵抗差异沉降的能力,并检查上部结构相应部位的构造抵抗附加地震作用和差异沉降的能力。

3.2 钢筋混凝土结构建筑抗震鉴定

3.2.1 一般规定

(1)现浇及装配整体式钢筋混凝土框架(包括填充墙框架)、框架-抗震墙及抗震墙结构,其最大高度(或层数)应符合下列规定。

① A类钢筋混凝土房屋抗震鉴定时,房屋的总层数不超过10层。

② B类钢筋混凝土房屋抗震鉴定时,房屋适用的最大高度应符合表3.1(标准表6.1.1)的要求,对不规则结构、有框支层抗震墙结构或Ⅳ类场地上的结构,适用的最大高度应适当降低。

表3.1 （标准表6.1.1）B类现浇钢筋混凝土房屋适用的最大高度　　　　　单位:m

结构类型	烈度			
	6度	7度	8度	9度
框架结构		55	45	25
框架-抗震墙结构	同非抗震设计	120	100	50
抗震墙结构		120	100	60
框支抗震墙结构	120	100	80	不应采用

注:1. 房屋高度指室外地面到主要屋面板板顶的高度(不包括局部突出屋顶部分)。
　　2. 本章中的"抗震墙"指结构抗侧力体系中的钢筋混凝土剪力墙。

（2）现有钢筋混凝土房屋的抗震鉴定,应依据其设防烈度重点检查下列薄弱部位。

① 抗震设防烈度为6度时,应检查局部易掉落伤人的构件、部件,以及楼梯间非结构构件的连接构造。

② 抗震设防烈度为7度时,除应按第①款检查外,尚应检查梁柱节点的连接方式、框架跨数及不同结构体系之间的连接构造。

③ 抗震设防烈度为8、9度时,除应按第①、②款检查外,尚应检查梁、柱的配筋,材料强度,各构件间的连接,结构体戒的规则性,短柱分布,使用荷载的大小和分布等。

（3）钢筋混凝土房屋的外观和内在质量宜符合下列要求。

① 梁、柱及其节点的混凝土仅有少量微小开裂或局部剥落,钢筋无露筋、锈蚀。

② 填充墙无明显开裂或与框架脱开。

③ 主体结构构件无明显变形、倾斜或歪扭。

（4）现有钢筋混凝土房屋的抗震鉴定,应按结构体系的合理性、结构构件材料的实际强度、结构构件的纵向钢筋和横向箍筋的配置和构件连接的可靠性、填充墙等与主体结构的拉结构造以及构件抗震承载力的综合分析,对整幢房屋的抗震能力进行鉴定。

当梁柱节点构造和框架跨数不符合规定时,应评为不满足抗震鉴定要求;当仅有出入口、人流通道处的填充墙不符合规定时,应评为局部不满足抗震鉴定要求。

（5）A类钢筋混凝土房屋应进行综合抗震能力两级鉴定。当符合第一级鉴定的各项规定时,除抗震设防烈度为9度外应允许不进行抗震验算而评为满足抗震鉴定要求;不符合第一级鉴定要求和抗震设防烈度为9度时,除有明确规定的情况外,应在第二级鉴定中采用屈服强度系数和综合抗震能力指数的方法做出判断。

B类钢筋混凝土房屋应根据所属的抗震等级进行结构布置和构造检查,并应通过内力调整进行抗震承载力验算;或按照A类钢筋混凝土房屋计入构造影响对综合抗震能力进行评定。

(6)当砌体结构与框架结构相连或依托于框架结构时,应加大砌体结构所承担的地震作用,再按砌体结构进行抗震鉴定;对框架结构的鉴定,应计入两种不同性质的结构相连导致的不利影响。

(7)砖女儿墙、门脸等非结构构件和突出屋面的小房间,应符合砌体结构的有关规定。

3.2.2　多高层钢筋混凝土结构建筑抗震鉴定

1. 多高层钢筋混凝土结构建筑抗震鉴定

现有 A 类钢筋混凝土结构房屋抗震鉴定分为两级:第一级和第二级。第一级鉴定以宏观控制和构造鉴定为主进行综合评价;第二级鉴定以抗震验算为主,结合构造影响,进行房屋抗震能力综合评价。房屋满足第一级抗震鉴定的各项要求时,房屋可评为满足抗震鉴定要求,不再进行第二级鉴定;否则应由第二级抗震鉴定做出判断。

现有 B 类建筑抗震鉴定分为抗震构造措施、抗震承载能力鉴定两个层次。

2. A 类钢筋混凝土结构建筑抗震第一级鉴定

通过检查、检测,了解钢筋混凝土房屋整体抗震结构体系和抗震构造措施,按下列规定进行评价。

(1)现有 A 类钢筋混凝土房屋的结构体系应符合下列规定。

① 框架结构宜为双向框架,装配式框架宜有整浇节点,抗震设防烈度为8、9度时不应为铰接节点。

② 框架结构不宜为单跨框架;乙类设防时,不应为单跨框架结构,且抗震设防烈度为8、9度时按梁柱的实际配筋、柱轴向力计算的框架柱的弯矩增大系数宜大于1.1。

(2)抗震设防烈度为8、9度时,现有结构体系宜按下列规则性的要求检查。

① 平面局部突出部分的长度不宜大于宽度,且不宜大于该方向总长度的30%。

② 立面局部缩进的尺寸不宜大于该方向水平总尺寸的25%。

③ 楼层刚度不宜小于其相邻上层刚度的70%,且连续三层总的刚度降低不宜大于50%。

④ 无砌体结构相连,且平面内的抗侧力构件及质量分布宜基本均匀对称。

(3)抗震墙之间无大洞口的楼盖、屋盖的长宽比超过《建筑抗震鉴定标准》GB 50023—2009表6.2.1-1的规定时,应考虑楼盖平面内变形的影响。

(4)梁、柱、墙实际达到的混凝土强度等级,抗震设防烈度为6、7度时不应低于C13,抗震设防烈度为8、9度时不应低于C18。

(5)应区分抗震设防烈度和场地类别,检查框架结构梁柱的纵向钢筋和横向箍筋的配置应符合《建筑抗震鉴定标准》GB 50023—2009第6.2.3条、第6.2.4条的要求。

（6）检查抗震设防烈度为8、9度时框架-抗震墙的墙板配筋与构造，应符合《建筑抗震鉴定标准》GB 50023—2009第6.2.5条的要求。

（7）检查砖砌体填充墙、隔墙与主体结构的连接，应符合《建筑抗震鉴定标准》GB 50023—2009第6.2.7条要求。

（8）钢筋混凝土房屋符合本节上述各项规定可评为综合抗震能力满足要求；当遇下列情况之一时，可不再进行第二级鉴定，但应评为综合抗震能力不满足抗震要求，且应对房屋采取加固或其他相应措施。

① 梁柱节点构造不符合要求的框架及乙类的单跨框架结构。

② 抗震设防烈度为8、9度时混凝土强度等级低于C13。

③ 与框架结构相连的承重砌体结构不符合要求。

④ 仅有女儿墙、门脸、楼梯间填充墙等非结构构件不符合《建筑抗震鉴定标准》GB 50023—2009第5.2.8条第2款的有关要求。

⑤ 有多项明显不符合《建筑抗震鉴定标准》GB 50023—2009第6.2节要求的问题。

3. A类钢筋混凝土房屋抗震第二级鉴定

A类钢筋混凝土房屋，可采用平面结构的楼层综合抗震能力指数进行第二级鉴定。也可按现行《建筑抗震设计规范》GB 50011—2010（2016版）的方法进行抗震计算分析，按《建筑抗震鉴定标准》GB 50023—2009第3.0.5条的规定进行构件抗震承载力验算，计算时构件组合内力设计值不作调整，尚应按《建筑抗震鉴定标准》GB 50023—2009第6.2节的规定估算构造的影响，由综合评定进行第二级鉴定。

（1）现有钢筋混凝土房屋采用楼层综合抗震能力指数进行第二级鉴定时，应分别选择下列平面结构：

① 应至少在两个主轴方向分别选取有代表性的平面结构。

② 框架结构与承重砌体结构相连时，除应符合①的规定外，尚应选取连接处的平面结构。

③ 有明显扭转效应时，除应符合①的规定外，尚应选取计入扭转影响的边榀结构。

（2）楼层综合抗震能力指数可按《建筑抗震鉴定标准》GB 50023—2009中公式（6.2.11-1）、公式（6.2.11-2）计算。

（3）A类钢筋混凝土房屋的体系影响系数可根据结构体系、梁柱箍筋、轴压比等符合第一级鉴定要求的程度和部位，按《建筑抗震鉴定标准》GB 50023—2009第6.2.12条规定确定。

（4）局部影响系数可根据局部构造不符合第一级鉴定要求的程度，按《建筑抗震鉴定标准》GB 50023—2009第6.2.13条规定确定。

(5)楼层的弹性地震剪力,对规则结构可采用底部剪力法计算,对考虑扭转影响的边榀结构,可按国家标准《建筑抗震设计规范》GB 50011—2010(2016版)规定的方法计算。当场地处于《建筑抗震鉴定标准》GB 50023—2009第4.1.3条规定的不利地段时,地震作用尚应乘以增大系数1.1~1.6。

(6)符合下列规定之一的多层钢筋混凝土房屋,可评定为满足抗震鉴定要求;当不符合时应要求采取加固或其他相应措施。

① 楼层综合抗震能力指数不小于1.0的结构。

② 按《建筑抗震鉴定标准》GB 50023—2009第3.0.5条规定进行抗震承载力验算并计入构造影响满足要求的结构。

4. B类钢筋混凝土房屋抗震构造措施鉴定

(1)现有B类钢筋混凝土房屋的抗震鉴定,应按表3.2(标准表6.3.1)确定鉴定时所采用的抗震等级,并按其所属抗震等级的要求核查抗震构造措施。

表3.2　(标准表6.3.1)钢筋混凝土结构抗震等级

结构类型		烈度							
		6度		7度		8度			9度
框架结构	房屋高度/m	≤25	>25	≤35	>35	≤35	>35		≤25
	框架	四	三	三	二	二	一		一
框架—抗震墙结构	房屋高度/m	≤50	>50	≤60	>60	<50	50~80	>80	≤25	>25
	框架	四	三	三	二	三	二	一	二	一
	抗震墙	三		二		二		一		
抗震墙结构	房屋高度/m	≤60	>60	≤80	>80	<35	35~80	>80	≤25	>25
	一般抗震墙	四	三	三	二	二	二	一	二	一
	有框支层的落地抗震墙底部加强部位	三	二	二		二	一	不宜采用	不应采用	
	框支层框架	三	二	一		二	一			

注:乙类设防时,抗震等级应提高一度查表。

(2)现有房屋的结构体系应按下列规定检查:

① 框架结构不宜为单跨框架;乙类设防时不应为单跨框架结构,且抗震设防烈度为8、9度时按梁柱的实际配筋、柱轴向力计算的框架柱的弯矩增大系数宜大于1.1。

② 结构布置宜按本标准第6.2.1条的要求检查其规则性,不规则房屋设有防震缝时,其最小宽度应符合国家标准《建筑抗震设计规范》GB 50011—2010(2016版)的要求,并应提高相关部位的鉴定要求。

（3）钢筋混凝土框架房屋的结构布置的检查,尚应按下列规定:

① 框架应双向布置,框架梁与柱的中线宜重合;

② 梁的截面宽度不宜小于200mm;梁截面的高宽比不宜大于4;梁净跨与截面高度之比不宜小于4;

③ 柱的截面宽度不宜小于300mm,柱净高与截面高度(圆柱直径)之比不宜小于4;

④ 柱轴压比不宜超过表3.3的规定,超过时宜采取措施;柱净高与截面高度(圆柱直径)之比小于4、Ⅳ类场地上较高的高层建筑的柱轴压比限值应适当减小。

表3.3　(标准表6.3.2-1)轴压比限值

类别	抗震等级		
	一	二	三
框架柱	0.7	0.8	0.9
框架-抗震墙的柱	0.9	0.9	0.95
框支柱	0.6	0.7	0.8

（4）尚应按照《建筑抗震鉴定标准》GB 50023—2009表6.3.2-4、表6.3.2-5、表6.3.2-6检查钢筋混凝土框架-抗震墙房屋、钢筋混凝土抗震墙房屋结构布置情况,对照查看是否满足相应要求。

（5）房屋底部有框支层时,框支层的刚度不应小于相邻上层刚度的50%;落地抗震墙间距不宜大于四开间和24m的较小值,且落地抗震墙之间的楼盖长宽比不应超过《建筑抗震鉴定标准》GB 50023—2009表6.3.2-2规定的数值。

（6）梁、柱、墙实际达到的混凝土强度等级不应低于C20。一级的框架梁、柱和节点不应低于C30。

（7）按照《建筑抗震鉴定标准》GB 50023—2009第6.3.4条、第6.3.5条、第6.3.6条、第6.3.7条检查现有框架梁、框架柱、框架节点核心区和抗震墙墙板的配筋与构造,逐项对照是否满足相关要求。

（8）钢筋的接头和锚固应符合国家标准《混凝土结构设计规范》GB 50010—2010(2015版)的要求。

（9）填充墙应按下列要求检查。

① 砌体填充墙在平面和竖向的布置,宜均匀对称。

② 砌体填充墙,宜与框架柱柔性连接,但墙顶应与框架紧密结合。

（10）砌体填充墙与框架为刚性连接时,应符合下列要求。

① 沿框架柱高每隔500mm有2φ6拉筋,拉筋伸入填充墙内长度,一、二级框架宜沿墙全

长拉通;三、四级框架不应小于墙长的1/5且不小于700mm;

②墙长度大于5m时,墙顶部与梁宜有拉结措施,墙高度超过4m时,宜在墙高中部有与柱连接的通长钢筋混凝土水平系梁。

5. B类钢筋混凝土房屋抗震承载力验算

现有钢筋混凝土房屋,应根据国家标准《建筑抗震设计规范》GB 50011—2010(2016版)的方法进行抗震分析,按《建筑抗震鉴定标准》GB 50023—2009第3.0.5条的规定进行构件承载力验算,乙类框架结构尚应进行变形验算;当抗震构造措施不满足《建筑抗震鉴定标准》GB 50023—2009第6.3.1条~第6.3.9条的要求时,可按A类钢筋混凝土房屋抗震鉴定要求计入构造的影响进行综合评价。

(1)构件截面抗震验算时,其组合内力设计值的调整应《建筑抗震鉴定标准》GB 50023—2009附录D的规定,截面抗震验算应符合附录E的规定。

当场地处于《建筑抗震鉴定标准》GB 50023—2009第4.1.3条规定的不利地段时,地震作用尚应乘以增大系数1.1~1.6。

(2)考虑黏土砖填充墙抗侧力作用的框架结构,可按《建筑抗震鉴定标准》GB 50023—2009附录F进行抗震验算。

(3)B类钢筋混凝土房屋的体系影响系数,可根据结构体系、梁柱箍筋、轴压比、墙体边缘构件等符合鉴定要求的程度和部位,按下列情况确定。

①当上述各项构造均符合国家标准《建筑抗震设计规范》GB 50011—2010(2016版)的规定时,可取1.1。

②当各项构造均符合《建筑抗震鉴定标准》GB 50023—2009第6.3节的规定时,可取1.0。

③当各项构造均符合《建筑抗震鉴定标准》GB 50023—2009第6.2节A类房屋鉴定的规定时,可取0.8。

④当结构受损伤或发生倾斜但已修复纠正,上述数值尚宜乘以0.8~1.0。

3.2.3　钢筋混凝土框架结构教学楼抗震鉴定实例

位于××市××第二中学×××教学楼,于1989年建成并交付使用,教学楼为地上四层,主要功能为教学和办公用房,建筑高度16.1m(至檐口高度),建筑面积6600m²。结构形式为钢筋混凝土框架,楼板及屋面板为预制空心楼板(上部40mm现浇层);场地地势较平坦,中软土场地土,无软弱土层及液化土层,采用天然地基,钢筋混凝土柱下条形基础。各层卫生间等特殊部位、现浇墙梁和室外雨篷为现浇板;首层外墙、中间隔墙均为砖砌体;二~四层外围护墙体外侧为120mm厚砖砌体,内侧为加气混凝土砌块。

因该教学楼原为其他学校所有并使用,现转交给××市××第二中学,学校为今后继续使用的安全可靠,通过招标方式选择检测鉴定对其进行抗震性能鉴定,我单位中标接受委托。

经初步勘查和委托单位沟通确认,该教学楼后续使用期限确定为30年。依据《建筑抗震鉴定标准》GB 50023—2009第1.0.5条规定,应按A类建筑进行抗震鉴定。在此基础上拟定了检测鉴定方案,经委托单位确认后签订了检测鉴定合同。

审核工程资料发现,仅有教学楼的建筑、结构原始施工图纸、地质勘察报告,其余资料均缺失。

现场检测包括建筑物沉降及倾覆检测;结构构件布置及尺寸复核;混凝土构件混凝土抗压强度检测;混凝土碳化深度检测;混凝土构件钢筋配置检测;混凝土构件钢筋直径检测;钢筋保护层厚度检测。除部分钢筋直径不符合检测标准要求(不影响构件受力性能)外,其余检测结果符合设计要求。

现场检查建筑场地、地基基础、主体结构、围护结构、抗震构造等项内容。

通过第一级鉴定发现教学楼少部分抗震措施不满足要求,需要进行第二级鉴定;抗震措施不满足要求;原设计时按照丙类建筑进行,根据现有抗震相关规定,应按照乙类建筑进行抗震性能分析。

采用PKPM软件依据《建筑抗震鉴定标准》GB 50023—2009第6章要求,按乙类建筑进行抗震验算,验算结果、位移等主要参数满足规范要求;框架柱配筋一至三层部分核心区箍筋配筋大于实际配筋外,其他配筋均满足要求;框架梁配筋均满足要求。

经综合分析论证,对××第二中学×××教学楼工程(A类)建筑抗震性能提出检测鉴定意见如下。

(1)抗震构造措施大部分满足规范要求,少量不满足规范要求。

(2)1~3层节点核心区箍筋核算结果大于实际配筋,应进行加固处理;其余部分实际配筋均大于核算结果,能保证结构的安全使用。

综上,教学楼工程不满足A类建筑抗震鉴定要求。

同时,提出维修加固建议,要求对不满足要求项进行加固处理,且应由有资质的设计和施工单位完成;对现场勘查发现的其他工程质量问题,结合本次加固改造一并采取措施处理。

编写《××市××第二中学×××教学楼建筑抗震鉴定报告》如下。

	抗震检测鉴定报告		
工程名称	×××教学楼		
工程地点	××市××区××路北侧,××路东侧		
委托单位	××第二中学		
建设单位	×××		
设计单位	×××		
勘察单位	×××		
施工单位	×××		
监理单位	×××		
抽样日期	2021年7月8—15日	检测日期	2021年7月8—15日
检测数量	详见报告	检验类别	委托
检测鉴定项目	1. 建筑物不均匀沉降和倾斜检测 2. 混凝土构件布置与尺寸复核 3. 钻芯法检测混凝土抗压强度 4. 混凝土碳化深度检测 5. 钢筋间距扫描检测 6. 钢筋直径检测 7. 钢筋保护层厚度检测		
检测鉴定仪器	经纬仪、全站仪;直尺;混凝土钻孔机;数字式碳化深度测量仪LR-TH10;钢卷尺;游标卡尺;一体式钢筋扫描仪LR-G200		
鉴定依据	1.《民用建筑可靠性鉴定标准》GB 50292—2015 2.《建筑工程施工质量验收统一标准》GB 50300—2013 3.《建筑地基基础工程施工质量验收规范》GB 50202—2018 4.《混凝土结构工程施工质量验收规范》GB 50204—2015 5.《砌体工程施工质量验收规范》GB 50203—2011 6.《建筑结构荷载规范》GB 50009—2012 7.《建筑地基基础设计规范》GB 50007—2011 8.《混凝土结构设计规范》GB 50010—2010(2015版) 9.《砌体结构设计规范》GB 50003—2011 10.《建筑抗震设计规范》GB 50011—2010(2016版) 11.《建筑抗震鉴定标准》GB 50023—2009 12.《混凝土结构加固设计规范》GB50367—2013 13.《砌体结构加固设计规范》GB50702—2011 14.《房屋裂缝检测与处理技术规程》CECS293—2011 15. 鉴定委托书及相关资料 16. 现场勘查记录及影像资料		
检测依据	1.《建筑结构检测技术标准》GB/T 50344—2019 2.《钻芯法检测混凝土强度技术规程》JGJ/T 384—2016 3.《混凝土中钢筋检测技术规程》JGJ/T 152—2008 4.《混凝土结构工程施工质量验收规范》GB 50204—2015 5.《回弹法检测混凝土抗压强度技术规程》JGJ/T 23—2011 6.《工程测量标准》GB 50026—2020 7.《建筑变形测量规范》JGJ 8—2016		

1. 工程概况

×××教学楼位于××市××区××第二中学院内,于1989年建成并交付使用,截至至今使用约31年,后续使用年限确定为30年[工程外观见附件1(图一)]。

教学楼为地上四层,主要功能为教学和办公用房,室内外高差0.45m,建筑高度16.1m(至檐口高度),建筑面积6600m²。本工程抗震设防烈度8度,设计基本地震加速度0.2g,设计地震分组第二组,场地类别Ⅱ类,特征周期值为0.40s;抗震设防类别为重点设防类,简称乙类。

本工程主体结构形式为钢筋混凝土框架结构,楼板及屋面板为预制空心楼板,场地地势较平坦,场地土属中软土,不存在软弱土层及液化土层,场地稳定性为较稳定,采用天然地基,地耐力为13t/m²,基础采用钢筋混凝土柱下条形基础。多跨框架,各层柱、梁混凝土为现浇,各层楼板及屋面采用130mm厚预制空心楼板,一板一带布置,板上设40mm厚现浇层。各层卫生间等特殊部位、现浇墙梁和室外雨篷为现浇板。

混凝土强度:基础及基础梁板为C18,垫层为C10。主体结构框架梁、柱为C28。楼梯、构造柱、现浇板部位、现浇墙梁和室外雨混凝土为C18,预制板接缝及现浇层混凝土为200#细石混凝土。钢筋为Ⅰ级、Ⅱ级、A3钢、16锰,现浇层钢筋为A3钢,采用搭接接头。钢筋保护层厚度:基础底板为35mm、梁、柱为25mm;地上框架梁、柱25mm,板为15mm。

砌体材料:基础至-0.10m墙体为100#砖75#水泥砂浆砌筑;首层外墙、中间隔墙均为砖砌体;二~四层外围护墙体外侧为120mm厚砖砌体,内侧为加气块混合砂浆砌筑;二至四层中间隔墙均为加气块混合砂浆砌筑;砖为MU10,混合砂浆为M5。在标高0.44m、0.92m、4.72m、8.54m、12.34m所有纵横墙设置60mm厚配筋M5砂浆带(或C15混凝土),沿整个楼层做通长且封闭;1~10轴横墙除此外每层再增设两道砂浆带,框架梁下皮加一道,往下间隔1.5m增设一道。

2. 检测鉴定目的和范围

鉴定的目的:对×××教学楼主体结构的抗震性进行检测鉴定,同时为工程加固设计和改造装修提供依据。

鉴定的范围:×××教学楼基础及主体结构工程,建筑面积共6600m²。

3. 工程资料

委托单位提供了×××教学楼的建筑、结构原始施工图纸、地勘报告,未提供设计变更、竣工图和施工技术资料等资料。

4. 现场勘查

20××年7月3日,在委托方人员带领下,我公司专家组对×××教学楼先进行资料初步查验,随后进行了现场勘查,情况如下。

1)地基基础工程

该工程地基、基础形式与图纸相符合,现场勘查未发现地基及基础存在明显不均匀沉降及倾斜现象,基础未发现明显的裂缝和变形、腐蚀、损伤等质量问题,地基基础现状完好。

2)结构体系及其整体牢固性

该工程结构平面布置规则,竖向和水平向承重构件布置连续,结构抗侧力作用体系完整,地震作用传递途径明确,具备较好的抗震承载力和良好的抗变形、消耗地震能量的能力,结构体系与提供的原始施工图纸相符合。

3)结构构件构造及连接节点

经现场检查,柱、梁、板节点连接可靠,未发现柱、梁构件受力裂缝等影响结构安全的质量问题,连接节点未发现受力开裂、外闪、脱出等质量缺陷,上部结构基本完好。

4)结构缺陷、损伤和腐蚀

经现场检查,未发现柱、梁等构件严重施工缺陷和施工偏差,构件截面尺寸完好基本无损伤,混凝土无粉蚀、酥裂现象,构件未出现受力裂缝、连接节点未发现受力开裂等影响结构安全的质量问题。

5)结构位移和变形

经现场检查,未发现柱、梁等构件严重变形和位移,柱无侧弯及侧倾现象,梁、板未出现明显挠度过大现象,结构顶点层间无位移。

6)围护系统承重部分

经检查,该工程围护墙及保温、楼梯间墙体完好、屋面保温及防水等围护系统现状基本完好。

7)使用改造情况

该工程自使用以来至本次检测鉴定使用功能基本未发生明显变化,部分房间功能有调整,楼地面在原有做法基础上增加了新的装修面层,屋顶在原有保温及防水基础上重新增加了新的保温及防水。

8)现场勘查问题

勘查中发现工程存在的质量问题如下。

(1)外墙局部抹灰脱落,外墙裂缝,详见附件2图(一)和图(二)。

(2)北侧门厅封闭处墙体沉降开裂,详见附件2图(三)。

(3)屋面、楼板局部有渗漏痕迹,详见附件2图(四)和图(五)。

(4)室内部分隔墙出现开裂现象,详见附件2图(六)。

5. 检测结果

1)建筑物垂直度检测

采用经纬仪、钢直尺对楼房垂直度进行检测,检测结果符合规范要求,检测汇总结果见表(一)。

建筑物垂直度检测结果汇总表(一)

工程名称	某教学楼		仪器设备	经纬仪、钢直尺
结构类型	框架结构		检测数量	4角
检测结果				
序号	检测位置	实测值/mm	允许偏差/mm	判定
1	16/D(西)	6	21	合格
2	16/D(南)	15	21	合格
⋮	⋮	⋮	⋮	⋮
备注	全高(H)≤300m 允许偏差 $H/30000+20$,全高(H)>300m 允许偏差为 $H/10\,000$ 且≤80			

2)构件布置及尺寸复核

使用钢尺等量测构件尺寸,对照设计图纸查看、量测轴线位置、构件位置与尺寸、节点处位置与尺寸偏差,检测结果符合设计要求,结果汇总如表(二)至表(四)。

混凝土构件轴线位置检测结果汇总表(二)

工程名称	某教学楼		仪器设备	钢卷尺
结构类型	框架结构		检测数量	33个构件
检测结果				

序号	检测区间	检测结果			判定
		实测偏差较大值/mm	实测偏差较大值偏差/mm	允许偏差/mm	
1	4-16,A-D轴	6303	3	8	合格
备注	检查柱轴线,沿纵、横两个方向测量,并取其中偏差的较大值(H_1、H_2、H_3分别为中部、下部及其他部位)				

检测结果					
序号	构件名称	设计轴线位置/mm	轴线位置实测值/mm		
			H_1	H_2	H_3	平均值
1	一层4/A-B轴	6300	6 01	6302	6303	6302

续表

序号	构件名称	设计轴线位置/mm	轴线位置实测值/mm			
			H_1	H_2	H_3	平均值
2	一层4/B-C轴	2700	2702	2703	2071	2702
⋮	⋮	⋮	⋮	⋮	⋮	⋮

混凝土构件位置与尺寸偏差检测结果汇总表（三）

工程名称	某教学楼	仪器设备	钢卷尺
结构类型	框架结构	检测数量	33个构件

梁高检测结果

序号	构件名称	板下梁高设计值/mm	梁高实测值/mm			检测结果			判定
			H_1	H_2	H_3	平均值/mm	平均值偏差/mm	允许偏差/mm	
1	一层梁2/B-C轴（梁中）	470	468	470	470	469	-1	+10,-5	合格
2	二层梁10-11/B轴（梁中）	270	272	273	274	273	+3	+10,-5	合格

测点示意图

H_2点为一侧边跨中点，H_1点、H_3点距两支座各0.1m

备注	梁高为板下梁高（板下梁高设计值=梁高设计值-板厚设计值）

序号	构件名称	设计值		b_1	b_2	b_3	h_1	h_2	h_3	b平均值	h平均值	平均值偏差	允许偏差	判定
3	二层柱11/B轴（柱中）	500×500		501	501	500	501	504	505	505	505	+1,+5	+10,-5	合格
4	二层柱12/C轴（柱中）	500×500		500	500	499	500	501	502	504	502	0,+2	+10,-5	合格
⋮	⋮	⋮		⋮	⋮	⋮	⋮	⋮	⋮	⋮	⋮	⋮	⋮	⋮

测点示意图

柱截面尺寸示意图

b_1、h_1为柱上部检测数据，b_2、h_2为柱中部检测数据，b_3、h_3为柱下部检测数据

<table>
<tr><td colspan="12" align="center">节点处位置与尺寸偏差检测结果汇总表(四)</td></tr>
</table>

工程名称	某教学楼		仪器设备	钢卷尺
结构类型	框架结构		检测数量	33个构件

<table>
<tr><td colspan="12" align="center">梁高检测结果</td></tr>
<tr>
<td rowspan="2">序号</td>
<td rowspan="2">构件名称</td>
<td rowspan="2">板下梁高
设计值/mm</td>
<td colspan="3">梁高实测值/mm</td>
<td colspan="3">检测结果</td>
<td rowspan="2">判定</td>
</tr>
<tr>
<td>H_1</td><td>H_2</td><td>H_3</td>
<td>平均值/mm</td><td>平均值偏差/mm</td><td>允许偏差/mm</td>
</tr>
<tr><td>1</td><td>一层梁2/B-C轴(梁端)</td><td>470</td><td>474</td><td>474</td><td>473</td><td>474</td><td>+4</td><td>+10,-5</td><td>合格</td></tr>
<tr><td>2</td><td>一层梁4/B-C轴(梁端)</td><td>470</td><td>472</td><td>474</td><td>471</td><td>472</td><td>+2</td><td>+10,-5</td><td>合格</td></tr>
</table>

测点示意图

H_2点为一侧边跨中点,H_1点、H_3点距两支座各0.1m

备注	梁高为板下梁高(板下梁高设计值=梁高设计值-板厚设计值)

3	一层柱2/C轴(柱顶)	500×500	498	503	503	501	504	505	507	505	+1,+5	+10,-5	合格
4	一层柱4/B轴(柱顶)	500×500	500	500	501	500	503	500	501	501	0,+1	+10,-5	合格
⋮	⋮	⋮	⋮	⋮	⋮	⋮	⋮	⋮	⋮	⋮	⋮	⋮	⋮

测点示意图

柱截面尺寸示意图

b_1、h_1为柱上部检测数据,b_2、h_2为柱中部检测数据,b_3、h_3为柱下部检测数据

3)混凝土抗压强度检测

使用混凝土钻芯机采用钻芯法检测柱、梁混凝土抗压强度,检测结果符合设计要求,混凝土强度检测结果汇总见表(五)。

钻芯法检测混凝土抗压强度检测结果汇总表(五)

工程名称	某教学楼		仪器设备		混凝土钻孔机	
结构类型	框架结构		检测数量		15个构件(15个芯样)	
检测结果						
检测区间	设计强度等级	抗压强度 平均值/MPa	标准差	推定区间 上限值/MPa	推定区间 下限值/MPa	混凝土强度 推定值/MPa
一~三层梁柱	300#	31.5	2.05	29.2	26.2	29.2
结论	一至三层所测芯样试件混凝土抗压强度推定上限值位为29.2MPa,大于设计强度等级300#,符合设计要求					
备注	检测部位及数据见附页					
检测结果附页						
序号	构件名称		混凝土设计强度等级	芯样直径/mm		芯样抗压强度/MPa
1	一层柱6/B轴		300#	99.0		31.0
2	一层柱10/B轴		300#	99.5		29.4
⋮	⋮		⋮	⋮		⋮

4)混凝土碳化深度检测

使用数字式碳化深度测量仪检测混凝土碳化深度,检测结果汇总见表(六)。

混凝土碳化深度检测结果汇总表(六)

工程名称	某教学楼		仪器设备		数字式碳化深度测量仪LR-TH10	
结构类型	框架结构		检测数量		33个构件	
检测结果						
序号	构件名称	碳化深度值/mm				碳化值/mm
		测点1	测点2	测点3	平均	
1	一层梁2/B-C轴	6.00	6.00	6.00	6.0	6.0
		6.00	6.00	6.00	6.0	
		6.00	6.00	6.00	6.0	
2	一层梁4/B-C轴	6.00	6.00	6.00	6.0	6.0
		6.00	6.00	6.00	6.0	
		6.00	6.00	6.00	6.0	
⋮	⋮	⋮	⋮	⋮	⋮	⋮

5)混凝土构件钢筋配置检测

使用一体式钢筋扫描仪扫描检测混凝土构件钢筋、节点钢筋,结果符合设计要求,检测结果汇总见表(七)和表(八)。

混凝土构件钢筋间距、钢筋根数检测结果汇总表(七)

工程名称	某教学楼		仪器设备	一体式钢筋扫描仪 LR-G200	
结构类型	框架结构		检测数量	36个构件	
检测结果					
序号	构件名称	设计配筋	检测结果		
			钢筋数量/根	钢筋间距/mm	钢筋间距平均值/mm
1	一层梁 2/B-C轴 (梁中)	底部下排纵向 受力钢筋	3ϕ25	3	—	—
		箍筋	ϕ8@100	—	599	100
2	一层梁 4/B-C轴 (梁中)	底部下排纵向 受力钢筋	3ϕ25	3	—	—
		箍筋	ϕ8@100	—	589	98
⋮	⋮	⋮	⋮	⋮	⋮	⋮

节点处钢筋间距、钢筋根数检测结果汇总表(八)

工程名称	某教学楼		仪器设备	一体式钢筋扫描仪 LR-G200	
结构类型	框架结构		检测数量	26个构件	
检测结果					
序号	构件名称	设计配筋	检测结果		
			钢筋数量/根	钢筋间距/mm	钢筋间距平均值/mm
1	一层梁 2/B-C轴 (梁端)	底部下排纵向 受力钢筋	3ϕ25	3	—	—
		箍筋	ϕ8@100	—	573	96
2	一层梁 4/B-C轴 (梁端)	底部下排纵向 受力钢筋	3ϕ25	3	—	—
		箍筋	ϕ8@100	—	580	97
⋮	⋮	⋮	⋮	⋮	⋮	⋮

6)钢筋直径检测

使用一体式钢筋扫描仪扫描检测混凝土构件钢直径,结果部分梁柱纵筋、箍筋不符合设计要求,检测结果汇总见表(九)。

钢筋直径检测结果汇总表(九)

工程名称	某教学楼	仪器设备	游标卡尺
结构类型	框架结构	检测数量	17个构件

检测结果

序号	构件名称	设计要求 钢筋直径/mm		钢筋直径检测结果 直径实测值/mm	公称直径/mm	公称尺寸/mm	偏差值/mm	允许偏差/mm	结果判定
1	一层梁11/A–B轴	一侧面纵向受力钢筋	1ϕ25+2ϕ22	22.4	22	21.3	+1.1	±0.5	不符合标准要求
		箍筋	ϕ8@200	7.5	8	—	–0.5	±0.3	不符合标准要求
		箍筋	ϕ8@200	7.0	8	—	–1.0	±0.3	不符合标准要求
2	一层柱6/B轴	一侧面纵向受力钢筋	4ϕ25	22.7	25	24.2	–1.5	±0.5	不符合标准要求
		箍筋	ϕ10@200	8.3	10	—	–1.7	±0.3	不符合标准要求
⋮	⋮	⋮	⋮	⋮	⋮	⋮	⋮	⋮	⋮

7)钢筋保护层厚度检测

使用一体式钢筋扫描仪扫描检测混凝土构件、节点处钢筋保护层，检测结果合格率板为94.4%，其他为100%，检测结果汇总见表(十)。

混凝土构件钢筋保护层厚度检测结果汇总表(十)

工程名称	某教学楼	仪器设备	一体式钢筋扫描仪LR-G200
结构类型	框架结构	检测数量	36个构件

检测结果

构件类别	设计值/mm	计算值/mm	允许偏差/mm	保护层厚度检测值 所测点数	合格点数	合格点率/%
梁	25	—	+10，-7	67	67	100
板	15	—	+8，-5	18	17	94.4
结论	所检测梁类构件合格点率为100%，板类构件合格点率为94.4%，符合标准要求。					
备注	1. 判定保护层厚度是否合格时，以计算值加减允许偏差进行计算判定 2. 根据《混凝土结构工程施工质量验收规范》GB 50204—2015规定：当全部钢筋保护层厚度检验的合格率为90%及以上，且检验结果中不合格点的最大偏差均不大于允许偏差的1.5倍时，可判为合格 3. 检测部位及数据见附页					

检测结果附页

序号	构件名称	设计配筋	设计值/mm	检测结果/mm
1	一层柱2/C轴（柱中）	6Φ25 Φ10@200	25	一侧面纵向受力钢筋：24、27、(36)、30、28、27
2	一层柱4/B轴（柱中）	6Φ25 Φ10@200	25	一侧面纵向受力钢筋：25、28、25、26、33、31
⋮	⋮	⋮	⋮	⋮

节点处钢筋保护层厚度检测结果汇总表(十一)

工程名称	某教学楼			仪器设备	一体式钢筋扫描仪 LR-G200	
结构类型	框架结构			检测数量	26 个构件	
检测结果						
构件类别	设计值/mm	计算值/mm	允许偏差/mm	保护层厚度检测值		
				所测点数	合格点数	合格点率/%
梁	25	—	+10,−7	44	44	100
结论	所检测梁类构件合格点率为100%,符合标准要求。					
备注	1. 判定保护层厚度是否合格时,以计算值加减允许偏差进行计算判定 2. 根据《混凝土结构工程施工质量验收规范》GB 50204—2015规定:当全部钢筋保护层厚度检验的合格率为90%及以上,且检验结果中不合格点的最大偏差均不大于允许偏差的1.5倍时,可判为合格 3. 检测部位及数据见附页					
检测结果附页						
序号	构件名称	设计配筋	设计值/mm	检测结果/mm		
1	一层柱2/C轴 (柱顶)	6φ25 φ10@100	25	一侧面纵向受力钢筋:26、27、22、25、28、22		
2	一层柱4/B轴 (柱顶)	6φ25 φ10@100	25	一侧面纵向受力钢筋:26、30、28、29、31、36		
⋮	⋮	⋮	⋮	⋮		

8)房屋裂缝检测

对房屋裂缝、外观质量缺陷情况进行调查,其主要有房屋四周室外散水与墙体交接处出现裂缝;分布在框架结构与填充墙的交接部位裂缝;墙体抹灰裂缝等,对主体结构的安全性基本没有影响。

6. 检测结论

(1)所测建筑物沉降及倾覆数据检测结果符合规范要求。

(2)所测构件布置及尺寸复核结果符合设计要求。

(3)所测构件混凝土抗压强度(推定值29.2MPa)符合设计要求。

(4)所测构件混凝土碳化深度检测结果为6mm。

(5)所检构件混凝土构件钢筋配置符合设计要求。

(6)所检构件钢筋直径基本符合设计要求,部分钢筋直径不符合检测标准要求,但不影响主体结构安全。

(7)所检构件钢筋保护层厚度基本符合设计要求。

7. 结构抗震性能鉴定

依据国家标准《建筑抗震鉴定标准》GB 50023—2009的规定,抗震鉴定包括第一级鉴定以宏观控制和构造鉴定为主进行综合评价,第二级鉴定以抗震验算为主结合构造影响进行综合评价。

该工程位于××市××区,抗震设防烈度为8度,地震基本加速度为0.20g,设计地震分组为第二组,场地类别Ⅱ类,抗震设防类别为乙类。该工程确定后续使用时间为30年,故按照A类钢筋混凝土房屋进行抗震鉴定。

1)第一级鉴定

第一级鉴定依据《建筑抗震鉴定标准》GB 50023—2009,以结构宏观控制和构造鉴定为主,详见表(十二)。

第一级鉴定评定表(十二)

结构类型	钢筋混凝土结构	楼板、屋面板	预制空心板
一般规定			

总体外观质量	主体结构混凝土构件明显变形、倾斜和歪扭		□有 ■无
	混凝土梁柱及其节点开裂或局部剥落,钢筋露筋、锈蚀		□有 ■无
	填充墙无明显开裂或与框架脱开		□有 ■无
	房屋的总层数不超过10层		□是 ■否

上部主体结构(A类)

1. 结构体系

评定项目	规范要求	房屋现状	是否满足
结构体系	框架结构宜为双向框架,装配式框架宜有整浇节点,8、9度时不应为铰接节点	双向框架 梁柱节点刚接	■满足 □不满足
	不宜为单跨框架;乙类设防时,不应为单跨框架结构	乙类设防 多跨框架	■满足 □不满足
	平面局部突出部分的长度不宜大于宽度,且不宜大于该方向总长度的30%	平面无凸出	■满足 □不满足
	立面局部缩进的尺寸不宜大于该方向水平总尺寸的25%	立面无缩进	■满足 □不满足
	楼层刚度不宜小于其相邻上层刚度的70%,且连续三层总的刚度降低不宜大于50%	上下楼层刚度比均大于1,层间无刚度降低	■满足 □不满足
	无砌体结构相连,且平面内的抗侧力构件及质量分布宜基本均匀对称	无砌体结构连接 构件及质量分布对称	■满足 □不满足

2. 房屋材料实际达到的强度等级

评定项目	规范要求	房屋现状	是否满足
混凝土强度等级	抗震设防烈度为6、7度时不应低于C13,抗震设防烈度为8、9度时不应低于C18	C25	■满足 □不满足

3. 框架结构构造

评定项目	规范要求	房屋现状	是否满足
框架梁、柱构造要求	梁两端在梁高各一倍范围内的箍筋间距,8度时不应大于200mm,9度时不应大于150mm	原设计为8度,Φ8@200,乙类建筑按9度抗震措施	□满足 ■不满足
	丙类设防时,在柱的上、下端,柱净高各1/6的范围内8度时,箍筋直径不应小于Φ6,间距不应大于200mm;9度时,箍筋直径不应小于Φ8,间距不应大于150mm	原设计为8度,Φ8@200	■满足 □不满足
	乙类设防时,箍筋直径不小于10mm、间距不应大于100mm和6d中的最小值);框架角柱纵向钢筋的总配筋率满足规范要求(8度时不宜小于0.8%,9度时不宜小于1%);框架柱的截面宽度满足规范要求(不宜小于400mm)	提高到乙类建筑按9度抗震措施	□满足 ■不满足
	框架角柱纵向钢筋的总配筋率,8度时不宜小于0.8%,9度时不宜小于1.0%;其他各柱纵向钢筋的总配筋率,8度时不宜小于0.6%,9度时不宜小于0.8%	总配筋率角柱1.2%,其他柱0.85%	■满足 □不满足

续表

结构类型	钢筋混凝土结构	楼板、屋面板	预制空心板
	框架柱截面宽度不宜小于300mm,8度Ⅲ、Ⅳ类场地和9度时不宜小于400mm;9度时,柱的轴压比不应大于0.8	柱截面尺寸500~600mm,轴压比0.7~0.85,乙类建筑按9度抗震措施	□满足 ■不满足

4. 填充墙、隔墙连接构造

评定项目	规范要求	房屋现状	是否满足
填充墙、隔墙与主体结构连接构造	考虑填充墙抗侧力作用时,填充墙的厚度,6~8度时不应小于180mm,9度时不应小于240mm;砂浆强度等级,6~8度时不应低于M2.5,9度时不应低于M5;填充墙应嵌砌于框架平面内	本工程未考虑填充墙抗侧力作用	■满足 □不满足
	填充墙沿柱高每隔600mm左右应有2Φ6拉筋伸入墙内,8、9度时伸入墙内的长度不宜小于墙长的1/5且不小于700mm;当墙高大于5m时,墙内宜有连系梁与柱连接;对于长度大于6m的黏土砖墙或长度大于5m的空心砖墙,8、9度时墙顶与梁应有连接	填充墙体未设置墙体拉结筋	□满足 ■不满足
	房屋的内隔墙应与两端的墙或柱有可靠连接;当隔墙长度大于6m,8、9度时墙顶尚应与梁板连接	隔墙未与墙、柱进行拉结	■满足 □不满足

第一级鉴定小结:

(1)改教学楼结大部分抗震措施满足规范要求,少部分抗震措施不满足要求,整体抗震性能较好,但需要进行第二级鉴定;

(2)抗震措施不满足要求主要为梁柱箍筋及加密区距离,部分柱轴压比,二次结构的拉结构造;

(3)抗震措施不满足主要因为本建筑建设年代较远,原设计时按照丙类建筑进行,根据现有抗震相关规定,教学楼应按照乙类建筑进行抗震性能进行分析。

2)第二级鉴定

第二级鉴定依据《建筑抗震鉴定标准》GB 50023—2009,以结构抗震验算为主。结构抗震验算,详见表(十三)。

第二级鉴定主要结果评定表(十三)

结构类型	钢筋混凝土结构	楼板、屋面板	预制空心板
主要计算参数	地震烈度:8度0.2g;设计地震分组:二组;场地类别:Ⅱ类;特征周期:0.4;地震影响系数最大值:0.16;抗震等级:一级;修正后基本风压:0.4;地面粗糙度:C类		
核算内容	计算结果		
X方向最大层间位移角	最大值1/638,满足规范要求		
Y方向最大层间位移角	最大值1/661,满足规范要求		
框架柱轴压比	一层:0.24~0.39均满足规范要求		
	二层:0.16~0.27均满足规范要求		
	三层:0.10~0.16均满足规范要求		
	四层:0.05~0.07均满足规范要求		

续表

框架柱配筋	一层:大部分柱节点核心区箍筋配筋大于实际配筋,其余主筋及箍筋均满足要求
	二层:中间轴线部分柱节点核心区箍筋配筋大于实际配筋,其余主筋及箍筋均满足要求
	三层:中间轴线少部分柱节点核心区箍筋配筋大于实际配筋,其余主筋及箍筋均满足要求
	四层:主筋及箍筋均满足要求
框架梁配筋	一层:主筋及箍筋均满足要求
	二层:主筋及箍筋均满足要求
	三层:主筋及箍筋均满足要求
	四层:主筋及箍筋均满足要求
抗震验算详细计算书见附件3	

第二级鉴定小结:

(1)抗震验算位移等主要参数满足规范要求;

(2)框架柱配筋一~三层部分核心区箍筋配筋大于实际配筋外,其他配筋均满足要求;

(3)框架梁配筋均满足要求。

(3)结构抗震验算计算书详见附件3(略)。

8. 鉴定结论

专家组依据现场勘查、检测结果、抗震验算结果和国家相关规范标准,经综合分析论证,对×××教学楼工程建筑抗震性提出检测鉴定意见如下。

(1)抗震构造措施鉴定:抗震构造措施大部分满足要求,少量不满足规范要求。

(2)按《建筑抗震鉴定标准》GB 50023—2009中A类进行结构抗震验算,1~3层节点核心区箍筋核算结果大于实际配筋,应进行加固处理;其余部分实际配筋均大于核算结果,能保证结构的安全使用。

9. 处理建议

(1)该工程继续使用需要对不满足要求处进行加固处理,且应由有资质的设计和施工单位完成。

(2)对现场勘查发现的工程质量问题,结合本次加固改造一并采取措施处理。

10. 附件

(1)工程外观照片1张(附件1)。

(2)工程现场勘查问题照片6张(附件2)。

(3)结构抗震验算计算书(附件3)(略)。

(4)鉴定委托书及相关资料(略)。

(5)专家职称和技术人员职称证书(略)。

(6)鉴定机构资质材料(略)。

附件1　工程外观

照片(一)　外墙窗口顶部抹灰脱落

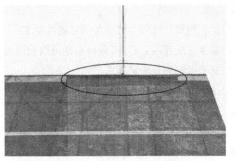

照片(二)　西山墙抹灰层脱落

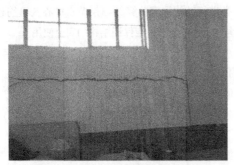

照片(三)　北侧门厅封闭墙体处沉降开裂

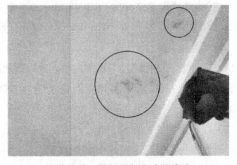

照片(四)　楼板局部有渗漏痕迹

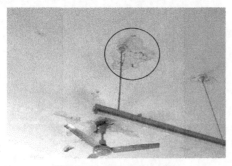

照片(五)　屋面个别处渗漏

照片(六)　室内隔墙局部开裂

附件2　工程现场勘查质量问题

3.3 多层砌体结构建筑抗震鉴定

3.3.1 一般规定

(1)现有多层砌体房屋抗震鉴定时,房屋的高度和层数、抗震墙的厚度和间距、墙体实际达到的砂浆强度等级和砌筑质量、墙体交接处的连接,以及女儿墙、楼梯间和出屋面烟囱等易引起倒塌伤人的部位应重点检查;抗震设防烈度为 7~9 度时,尚应检查墙体布置的规则性,检查楼、屋盖处的圈梁,检查楼、屋盖与墙体的连接构造等。

(2)多层砌体房屋的外观和内在质量应符合下列要求。

① 墙体不空鼓、无严重酥碱和明显歪闪。

② 支承大梁、屋架的墙体无竖向裂缝,承重墙、自承重墙及其交接处无明显裂缝。

③ 木楼、屋盖构件无明显变形、腐朽、蚁蚀和严重开裂。

④ 混凝土构件符合《建筑抗震鉴定标准》GB 50023—2009 第 6.1.3 条钢筋混凝土房屋的外观和内在质量的有关规定。

(3)现有砌体房屋的抗震鉴定,应按房屋高度和层数、结构体系的合理性、墙体材料的实际强度、房屋整体性连接构造的可靠性、局部易损易倒部位构件自身及其与主体结构连接构造的可靠性,以及墙体抗震承载力的综合分析,对整幢房屋的抗震能力进行鉴定。

当砌体房屋层数超过规定时,应评为不满足抗震鉴定要求;当仅有出入口和人流通道处的女儿墙、出屋面烟囱等不符合规定时,应评为局部不满足抗震鉴定要求。

(4)A 类砌体房屋应进行综合抗震能力的两级鉴定。在第一级鉴定中,墙体的抗震承载力应依据纵、横墙间距进行简化验算,当符合第一级鉴定的各项规定时,应评为满足抗震鉴定要求;不符合第一级鉴定要求时,除有明确规定的情况外,应在第二级鉴定中,采用综合抗震能力指数的方法,计入构造影响做出判断。

B 类砌体房屋,在整体性连接构造的检查中,尚应包括构造柱的设置情况,墙体的抗震承载力应采用国家标准《建筑抗震设计规范》GB 50011—2010(2016 版)的底部剪力法等方法进行验算,或按照 A 类砌体房屋计入构造影响进行综合抗震能力的评定。

3.3.2 多层砌体结构建筑抗震鉴定

1. A 类砌体房屋第一级抗震鉴定

(1)现有砌体房屋的高度和层数不宜超过《建筑抗震鉴定标准》GB 50023—2009 表 5.2.1 所列的范围。对横向抗震墙较少的房屋,其适用高度和层数应比表 5.2.1 的规定分别降低 3m 和一层;对横向抗震墙很少的房屋,还应再减少一层。当超过规定的适用范围时,应提高对综合抗震能力的要求或提出改变结构体系的要求等。

(2)现有砌体房屋的结构体系,应按下列规定进行检查。

房屋实际的抗震横墙间距和高宽比,应符合下列刚性体系的要求。

① 抗震横墙的最大间距应符合《建筑抗震鉴定标准》GB 50023—2009表5.2.2的规定。

② 房屋的高度与宽度(有外廊的房屋,此宽度不包括其走廊宽度)之比不宜大于2.2,且高度不大于底层平面的最长尺寸。

抗震设防烈度为7~9度时,房屋的平、立面和墙体布置宜符合下列规则性的要求。

① 质量和刚度沿高度分布比较规则均匀,立面高度变化不超过一层,同一楼层的楼板标高相差不大于500mm。

② 楼层的质心和计算刚心基本重合或接近。

③ 跨度不小于6m的大梁,不宜由独立砖柱支承;乙类设防时不应由独立砖柱支承。

④ 教学楼、医疗用房等横墙较少、跨度较大的房间,宜为现浇或装配整体式楼、屋盖。

(3)检测承重墙体的砖、砌块和砂浆实际达到的强度等级,应符合《建筑抗震鉴定标准》GB 50023—2009第5.2.3条要求。

(4)检查现有房屋的整体性连接构造,应着重检查墙体布置在平面内是否闭合,纵横墙交接处是否有可靠连接,构造柱和圈梁设置及房屋的整体性连接构造措施情况,按照《建筑抗震鉴定标准》GB 50023—2009第5.2.4条、第5.2.5条逐条对应评定是否满足要求。

(5)检查房屋中易引起局部倒塌的部件及其连接构造措施,按照《建筑抗震鉴定标准》GB 50023—2009第5.2.6条、第5.2.8条逐条对应评定。

(6)第一级鉴定时,房屋的抗震承载力可采用《建筑抗震鉴定标准》GB 50023—2009第5.2.9条所列抗震横墙间距和宽度的限值进行简化验算。

(7)多层砌体房屋符合上述各项规定可评为综合抗震能力满足抗震鉴定要求;当遇下列情况之一时,可不再进行第二级鉴定,但应评为综合抗震能力不满足抗震鉴定要求,且要求对房屋采取加固或其他相应措施。

① 房屋高宽比大于3,或横墙间距超过刚性体系最大值4m。

② 纵横墙交接处连接不符合要求,或支承长度少于规定值的75%。

③ 仅有易损部位非结构构件的构造不符合要求。

④ 本节的其他规定有多项明显不符合要求。

2. A类砌体房屋第二级抗震鉴定

(1)A类砌体房屋采用综合抗震能力指数的方法进行第二级鉴定时,应根据房屋不符合第一级鉴定的具体情况,分别采用楼层平均抗震能力指数方法、楼层综合抗震能力指数方法和墙段综合抗震能力指数方法。

（2）A类砌体房屋的楼层平均抗震能力指数、楼层综合抗震能力指数和墙段综合抗震能力指数应按房屋的纵横两个方向分别计算。当最弱楼层平均抗震能力指数、最弱楼层综合抗震能力指数或最弱墙段综合抗震能力指数大于等于1.0时，应评定为满足抗震鉴定要求；当小于1.0时，应要求对房屋采取加固或其他相应措施。

（3）现有结构体系、整体性连接和易引起倒塌的部位符合第一级鉴定要求，但横墙间距和房屋宽度均超过或其中一项超过第一级鉴定限值的房屋，可采用楼层平均抗震能力指数方法进行第二级鉴定。楼层平均抗震能力指数应按《建筑抗震鉴定标准》GB 50023—2009式（5.2.13）计算。

（4）现有结构体系、楼（屋）盖整体性连接、圈梁布置和构造及易引起局部倒塌的结构构件不符合第一级鉴定要求的房屋，可采用楼层综合抗震能力指数方法进行第二级鉴定，计算方法按《建筑抗震鉴定标准》GB 50023—2009式（5.2.14）规定。

（5）实际横墙间距超过刚性体系规定的最大值、有明显扭转效应和易引起局部倒塌的结构构件不符合第一级鉴定要求的房屋，当最弱的楼层综合抗震能力指数小于1.0时，可采用墙段综合抗震能力指数方法进行第二级鉴定。墙段综合抗震能力指数应按《建筑抗震鉴定标准》GB 50023—2009式（5.2.15-1）、式（5.2.15-2）计算。

（6）房屋的质量和刚度沿高度分布明显不均匀，或抗震设防烈度为7~9度时房屋的层数分别超过六、五、三层，可按B类砌体房屋抗震鉴定的方法进行抗震承载力验算，并可按《建筑抗震鉴定标准》GB 50023—2009第5.2.14条的规定估算构造的影响，由综合评定进行第二级鉴定。

3. B类砌体房屋抗震措施鉴定

（1）对应检查现有建筑整体结构体系情况，包括建筑高度、层数、砌体厚度、墙体布置等内容，按《建筑抗震鉴定标准》GB 50023—2009第5.3.1条、第5.3.2条要求逐项对应评定。

（2）检测多层砌体房屋材料实际达到的强度等级，应符合《建筑抗震鉴定标准》GB 50023—2009第5.3.4条要求。

（3）检查现有房屋的整体性连接构造，应着重检查墙体布置在平面内是否闭合，纵横墙交接处是否有咬槎砌筑，构造柱和圈梁设置及房屋的整体性连接构造措施情况，按照《建筑抗震鉴定标准》GB 50023—2009第5.3.5~5.3.8条逐条对应评定是否满足要求。

（4）检查房屋的楼盖、屋盖与墙体的连接，检查房屋中易引起局部倒塌的部件及其连接情况，按《建筑抗震鉴定标准》GB 50023—2009第5.3.9条、第5.3.10条对应评定。

(5)检查楼梯间及楼梯抗震构造措施,按《建筑抗震鉴定标准》GB 50023—2009第5.3.11条对应评定。

4. B类砌体房屋抗震承载力验算

(1)B类现有砌体房屋的抗震分析,可采用底部剪力法,并可按国家标准《建筑抗震设计规范》GB 50011—2010(2016版)规定只选择从属面积较大或竖向应力较小的墙段进行抗震承载力验算。

当抗震措施不满足《建筑抗震鉴定标准》GB 50023—2009第5.3.1~5.3.11条要求时,可按A类砌体房屋抗震第二级鉴定的方法综合考虑构造的整体影响和局部影响。

(2)各类砌体沿阶梯形截面破坏的抗震抗剪强度设计值,应《建筑抗震鉴定标准》GB 50023—2009式(5.3.13)确定。

(3)普通砖、多孔砖、粉煤灰中砌块和混凝土中砌块墙体的截面抗震承载力,应按《建筑抗震鉴定标准》GB 50023—2009式(5.3.14)验算。

(4)当按式(5.3.14)验算不满足时,可计入设置于墙段中部、截面不小于240mm×240mm且间距不大于4m的构造柱对受剪承载力的提高作用,按《建筑抗震鉴定标准》GB 50023—2009式(5.3.15)验算。

(5)各层层高相当且较规则均匀的B类多层砌体房屋,尚可按《建筑抗震鉴定标准》GB 50023—2009第5.2.12条~5.2.15条的规定采用楼层综合抗震能力指数的方法进行综合抗震能力验算。其中,抗震设防烈度为6~9度时烈度影响系数应分别按0.7、1.0、2.0和4.0采用,设计基本地震加速度为0.15g和0.30g时应分别按1.5和3.0采用。

3.3.3 砌体结构中学宿舍楼抗震鉴定实例

××市××第二中学宿舍楼,地上六层,建筑高度18.9m(室外地面至屋面板上皮),建筑面积3054m²,主要功能为男女学生宿舍用房,耐火等级为二级。结构形式为砌体结构,承重墙采用MU10红机砖,M10混合砂浆砌筑,外墙370mm,内墙240mm;楼板采用预制预应力钢筋混凝土圆孔板(卫生间为现浇混凝土楼板);基础形式为墙下条形砖基础,采用MU10红机砖,M10混合砂浆砌筑;天然地基,地基承载力120kPa。建筑设计使用年限为50年,抗震设防烈度8度。宿舍楼分两期建设,中间设有变形缝,西侧部分建设于1985年,东侧部分建设于1986年。

因使用需要,××第二中学拟决定延长宿舍楼的使用期限至2060年(鉴定加固后使用40年),遂通过招投标方式委托本公司对宿舍楼进行检测鉴定。

　　经初步勘查和委托单位沟通确认,该教学楼后学使用期限确定为30年。依据《建筑抗震鉴定标准》GB 50023—2009第1.0.5条规定,应按B类建筑进行抗震鉴定。在此基础上拟定了检测鉴定方案,经委托单位确认后签订了检测鉴定合同。

　　审核工程资料发现,仅提供了宿舍楼的建筑、结构原始施工图纸,其余资料均缺失。

　　现场检测包括建筑物垂直度;结构构件布置及尺寸;构件混凝土抗压强度;墙体砌筑砂浆抗压强度;烧结砖抗压强度;混凝土构件钢筋数量、间距、钢筋直径;构件钢筋保护层厚度;砖砌体中墙体拉结钢筋设置。部分钢筋直径不符合检测标准要求,但不影响力学性能;墙体拉结钢筋设置部分不符合设计要求。其余检测结果符合设计、标准要求。

　　现场检查建筑场地、地基基础、构造措施等项内容。

　　通过抗震构造措施鉴定发现,房屋的层数和高度、承重窗间墙最小宽度、承重外墙尽端至门窗洞边的最小距离、墙体及楼梯间拉结筋等不满足抗震措施要求,为不满足抗震鉴定要求建筑。

　　采用PKPM软件依据《建筑抗震鉴定标准》GB 50023—2009第5章要求、按乙类建筑进行抗震验算,验算结果:1~3层内部东西向纵墙、4层东南角部内部东西向纵墙抗震验算抗力与效应之比多处小于1.0,不满足规范要求。

　　经综合分析论证,对宿舍楼工程建筑抗震性提出检测鉴定意见如下:

　　房屋的层数和高度、承重窗间墙最小宽度等构造不满足抗震措施要求;部分内部纵墙抗震承载力验算不满足规范要求。宿舍楼工程不满足B类建筑抗震鉴定要求。

　　同时,建议对不满足规范要求项目进行加固处理,应由有资质的设计和施工单位完成;对现场勘查发现的其他工程质量问题,结合本次加固改造一并采取措施处理。

　　编写《××市××第二中学宿舍楼建筑抗震鉴定报告》如下。

抗震检测鉴定报告

工程名称	×××宿舍楼		
工程地点	××市××区		
委托单位	×××大学		
建设单位	×××		
设计单位	×××		
勘察单位	×××		
施工单位	2021年7月8—15日	检测日期	2021年7月8—15日
监理单位	详见报告	检验类别	委托
检测鉴定项目	1. 建筑物垂直度检测 2. 构件布置与尺寸复核 3. 贯入法检测砂浆强度 4. 回弹法检测烧结砖强度 5. 钻芯法检测混凝土抗压强度 6. 混凝土碳化深度检测；钢筋扫描检测 7. 钢筋直径检测；钢筋保护层厚度检测 8. 砖砌体内拉结钢筋检测		
检测鉴定仪器	经纬仪；直尺；混凝土钻孔机；数字式碳化深度测量仪 LR-TH10；贯入式砂浆强度检测仪 SJY800B；砖回弹仪 HT75-A；钢筋扫描仪 PS200；钢卷尺；游标卡尺；一体式钢筋扫描仪 LR-G200		
鉴定依据	1.《民用建筑可靠性鉴定标准》GB 50292—2015 2.《建筑工程施工质量验收统一标准》GB 50300—2013 3.《建筑地基基础工程施工质量验收规范》GB 50202—2018 4.《混凝土结构工程施工质量验收规范》GB 50204—2015 5.《砌体工程施工质量验收规范》GB 50203—2011 6.《建筑结构荷载规范》GB 50009—2012 7.《建筑地基基础设计规范》GB 50007—2011 8.《混凝土结构设计规范》GB 50010—2010(2015版) 9.《砌体结构设计规范》GB 50003—2011 10.《建筑抗震设计规范》GB 50011—2010(2016版) 11.《建筑抗震鉴定标准》GB 50023—2009 12.《混凝土结构加固设计规范》GB50367—2013 13.《砌体结构加固设计规范》GB50702—2011 14.《房屋裂缝检测与处理技术规程》CECS293:2011 15. 鉴定委托单及相关资料 16. 现场勘查记录及影像资料		
检测依据	1.《建筑结构检测技术标准》GB/T 50344—2019 2.《钻芯法检测混凝土强度技术规程》JGJ/T 384—2016 3.《混凝土中钢筋检测技术规程》JGJ/T 152—2008 4.《砌体工程现场检测技术标准》GB/T 50315—2011 5.《混凝土结构现场检测技术标准》GB/T 50784—2013 6.《贯入法检测砌筑砂浆抗压强度技术规程》JGJ/T 136—2001		

1. 工程概况

×××宿舍楼工程,位于××市××区,于1996年建成并交付使用[工程外观见附件1图(一)]。

建筑专业:该宿舍楼为地上六层,建筑高度18.9m(室外地面至屋面板上皮),建筑面积3054m²。耐火等级为二级,抗震设防烈度为8度。屋面防水层为SBS改性沥青防水卷材,建筑外窗为塑钢窗,内门为木门外门为塑钢门。外墙饰面材料为水刷石,楼、地面为瓷砖,顶棚、墙面为涂料。

结构专业:工程为砌体结构,采用天然地基,地基承载力特征值为120kPa,采用钢筋混凝土墙下条形基础。各层楼板及屋面采用130mm厚预制空心楼板,卫生间等特殊部位为现浇板。墙体在首层地面处地圈梁,在各楼、屋面板处设有圈梁;内横墙与外纵墙相交处设置钢筋混凝土构造柱。混凝土强度:基础为C20,垫层为C10,梁、圈梁、构造柱、卫生间等处现浇板、雨篷混凝土均为C20。钢筋为Ⅰ级、Ⅱ级,采用搭接接头,钢筋保护层厚度:基础为35mm,其余均为25mm。基础墙体为MU10机制黏土砖、M10水泥砂浆砌筑;地上外墙370mm厚、内墙240mm厚,采用MU10机制黏土砖、M10混合砂浆砌筑。

2. 检测鉴定目的和范围

鉴定的目的:对×××宿舍楼主体结构进行抗震性检测鉴定,为改造装修和工程加固设计提供依据。

鉴定的范围:×××宿舍楼工程,建筑面积共3054m²。

3. 工程资料

委托单位提供了×××宿舍楼的建筑、结构原始施工图纸、竣工图、地勘报告和施工技术资料。

4. 现场勘查

2021年7月3日,在委托方人员带领下我公司专家组对×××宿舍楼进行了现场勘查,情况如下。

1)承重结构体系检查

经现场观察检查,该工程为砌体结构,钢筋混凝土条形基础,竖向承重构件为砖砌体,水平承重构件采用预制钢筋混凝土空心板,局部采用现浇板,结构体系与提供的原始施工图纸相符合。

2)地基与基础

经观察检查,未发现该工程出现基础不均匀沉降,墙、楼板受力变形、开裂等影响结构安全的质量问题,结构构件构造连节点未发现受力开裂、外闪、脱出等影响结构安全的质量问题。

3)重点检查项目

根据抗震鉴定标准的要求,对该砌体结构建筑进行抗震性能的重点检查,该建筑抗震设防烈度为8度。检查楼、屋盖处的圈梁,圈梁外观无裂缝、变形和损伤,施工质量未发现严重质量缺陷;楼、屋盖构件无明显变形和严重开裂;该工程墙体布置规则、合理、传力明确,与楼板连接构造合理,承重墙和自承重墙及其交接处无明显裂缝,局部存在温度收缩裂缝。

4)使用改造情况

该工程自使用以来至本次检测鉴定使用功能基本未发生改变。

5)现场勘查问题

勘查中发现工程存在的质量问题如下。

(1)各层走廊、宿舍预制板间普遍存在开裂现象,饰面层开裂、起鼓、脱落,详见附件2图(一)和图(二)。

(2)6层北走廊西端宿舍门口左上方墙开裂,详见附件2图(三)。

(3)2层中间走廊西部顶棚局部渗漏,详见附件2图(四)。

5. 检测结果

1)建筑物垂直度检测

根据《砌体结构工程施工质量验收规范》《建筑抗震鉴定标准》GB 50023—2009,采用经纬仪、钢直尺对楼房垂直度进行检测,检测结果符合规范要求,检测汇总结果见表(一)。

垂直度检测结果汇总表(一)

工程名称	×××宿舍楼		仪器设备	经纬仪、钢直尺
结构类型	砌体结构		检测数量	4角
检测结果				
序号	检测位置	实测值/mm	允许偏差/mm	判定
1	24/D(西)	4	21	合格
2	24/D(南)	8	21	合格
⋮	⋮	⋮	⋮	⋮
备注	全高(H)≤300m允许偏差 $H/30000+20$,全高(H)>300m允许偏差为$H/10\,000$且≤80			

2)构件布置及尺寸复核

使用钢尺等量测构件尺寸,对照设计图纸查看、量测轴线位置、构件布置、墙垛尺寸、轴线位置,根据《砌体结构工程施工质量验收规范》GB 50203—2011进行抽样,轴线位置抽检12个轴线,梁抽检18个构件,柱抽检18个构件,墙垛尺寸抽检15个构件,检测结果见表(二)至表(五)。

轴线位置检测结果汇总表(二)

工程名称	×××宿舍楼		仪器设备	钢卷尺	
结构类型	砌体结构		检测数量	12个轴线	
检测结果					
检测区间	检测结果			判定	
	实测偏差较大值/mm	实测偏差较大值偏差/mm	允许偏差/mm		
4-13,C-B轴	5406	6	8	合格	
备注	检查柱轴线,沿纵、横两个方向测量,并取其中偏差的较大值(H_1、H_2、H_3分别为中部、下部及其他部位)				
序号	构件名称	设计轴线位置 /mm	轴线位置实测值/mm		
			H_1	H_2	H_3	平均值
1	一层 10-11/C轴	3300	3305	3301	3300	3302
2	一层 11-12/C轴	3300	3304	3302	3302	3303
⋮	⋮	⋮	⋮	⋮	⋮	⋮

混凝土构件位置与尺寸偏差检测结果汇总表（三）

工程名称	×××宿舍楼			仪器设备		钢卷尺		
结构类型	砌体结构			检测数量		36个构件		

梁高检测结果

序号	构件名称	板下梁高设计值/mm	梁高实测值/mm			检测结果			判定
			H_1	H_2	H_3	平均值/mm	平均值偏差/mm	允许偏差/mm	
1	一层梁7/C–D轴	170	172	171	176	173	+3	+10,–5	合格
2	一层梁10/C–D轴	170	173	171	173	172	+2	+10,–5	合格
⋮	⋮	⋮	⋮	⋮	⋮	⋮	⋮	⋮	⋮

测点示意图	H_2点为一侧边跨中点,H_1点、H_3点距两支座各0.1m
备注	梁高为板下梁高(板下梁高设计值=梁高设计值–板厚设计值)

混凝土构件位置与尺寸偏差检测结果汇总表（四）

截面尺寸检测结果

序号	构件名称	截面尺寸设计值/mm	截面尺寸实测值								平均值偏差/mm	允许偏差/mm	判定
			b_1	b_2	b_3	平均值	h_1	h_2	h_3	平均值			
1	一层柱17/A轴	240×240	241	235	250	242	248	236	243	242	+2,+2	+10,–5	合格
2	一层柱17/B轴	240×240	235	235	243	238	244	237	246	242	–2,+2	+10,–5	合格
⋮	⋮	⋮	⋮	⋮	⋮	⋮	⋮	⋮	⋮	⋮	⋮	⋮	⋮

测点示意图	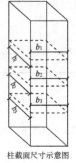\n柱截面尺寸示意图\n$b_1$、h_1为柱上部检测数据,b_2、h_2为柱中部检测数据,b_3、h_3为柱下部检测数据

墙垛尺寸检测结果汇总表（五）

工程名称	×××宿舍楼	仪器设备	钢卷尺
结构类型	砌体结构	检测数量	15个构件
检测结果			
序号	构件名称	设计墙垛尺寸/mm	实测值/mm
1	一层21-22/B轴（东）	900	860
2	一层25-26/B轴（西）	900	1 200
⋮	⋮	⋮	⋮

3）砂浆抗压强度检测

根据《砌体工程现场检测技术标准》GB/T 50315—2011,使用贯入式砂浆强度检测仪贯入法检测砌筑砂浆抗压强度,共抽取20个构件,详见表（六）所示。

贯入法检测砌筑砂浆抗压强度检测结果汇总表（六）

工程名称	×××宿舍楼		仪器设备		贯入式砂浆强度检测仪SJY800B			
结构类型	砌体结构		检测数量		36个构件			
检测结果								
序号	构件名称	贯入深度平均值/mm	砂浆抗压强度换算值/MPa	砂浆强度换算值的平均值/MPa	砂浆强度换算值的最小值/MPa	砂浆强度换算值的标准差	砂浆强度换算值的变异系数	0.91倍砂浆强度换算值的平均值/MPa	1.18倍砂浆强度换算值的最小值/MPa	砂浆抗压强度推定值/MPa
1	一层墙19/C–D轴	3.23	12.5							
2	一层墙18/A–B轴	2.97	15.0							
3	一层墙6–7/D轴	3.14	13.3							
4	一层墙7–8C轴	2.91	15.7	13.6	12.4	1.30	0.10	12.4	16.4	12.4
5	一层墙9–10/B轴	3.25	12.4							
6	一层墙20–21/A轴	3.22	12.6							
⋮	⋮	⋮	⋮							

4）烧结砖抗压强度检测

根据《砌体工程现场检测技术标准》GB/T 50315—2011,使用砖回弹仪采用回弹法检测烧结砖强度,共抽取30个构件,检测结果见表（七）。

回弹法检测烧结砖强度结果汇总表(七)

工程名称		×××宿舍楼			仪器设备		砖回弹仪 HT75-A	
结构类型		砌体结构			检测数量		36个构件	
检测结果								
序号	检测单元	构件名称(测区)	抗压强度代表值/MPa	烧结砖设计强度等级	抗压强度平均值/MPa	抗压强度最小值/MPa	抗压强度标准值/MPa	烧结砖推定强度等级
1	一层墙体	19/A–B轴	13.1	MU10	13.2	12.5	12.2	MU10
		18/C–D轴	12.9					
		6–7/D轴	13.3					
		7–8/D轴	14.2					
		9–10/B轴	13.1					
		20–21/B轴	12.5					
2	二层墙体	11/C–D轴	12.7	MU10	12.1	11.5	11.2	MU10
		20/A–B轴	12.5					
		15–17/C轴	11.5					
		9–10/C轴	12.3					
		20–21/A轴	11.5					
		20–21/A轴	12.1					
⋮	⋮	⋮	⋮	⋮	⋮	⋮	⋮	⋮

5)混凝土抗压强度检测

根据《钻芯法检测混凝土强度技术规程》JGJ/T 384—2016,对梁混凝土强度进行抽样,共抽取12个芯样,检测结果见表(八)。

钻芯法检测混凝土抗压强度检测结果汇总表(八)

工程名称		×××宿舍楼		仪器设备		混凝土钻芯机	
结构类型		砌体结构		检测数量		12个构件(12个芯样)	
检测结果							
检测区间		设计强度等级	抗压强度平均值/MPa	标准差	推定区间上限值/MPa	推定区间下限值/MPa	混凝土强度推定值/MPa
一层至四层柱、梁		C20	23.5	2.29	20.8	18.0	20.8
序号	构件名称		混凝土设计强度等级		芯样直径/mm		芯样抗压强度/MPa
1	一层柱7/D轴		C20		75.0		22.3
2	一层柱17/D轴		C20		74.5		22.2
⋮	⋮		⋮		⋮		⋮

6)混凝土碳化深度检测

使用数字式碳化深度测量仪检测混凝土碳化深度,根据《回弹法检测混凝土抗压强度技术规程》JGJ/T 23—2011共抽检32个构件,检测结果汇总见表(九)。

混凝土碳化深度检测结果汇总表(九)

工程名称	×××宿舍楼			仪器设备	数字式碳化深度测量仪LR-TH10	
结构类型	砌体结构			检测数量	32个构件	
检测结果						
序号	构件名称	碳化深度值/mm				碳化值/mm
		测点1	测点2	测点3	平均	
1	一层梁7/A-B轴	6.00	6.00	6.00	6.0	6.0
		6.00	6.00	6.00	6.0	
		6.00	6.00	6.00	6.0	
2	一层梁10/A-B轴	6.00	6.00	6.00	6.0	6.0
		6.00	6.00	6.00	6.0	
		6.00	6.00	6.00	6.0	
⋮	⋮	⋮	⋮	⋮	⋮	⋮

7)混凝土构件钢筋配置检测

使用一体式钢筋扫描仪扫描检测混凝土构件钢筋、节点钢筋,根据《建筑结构检测技术标准》GB/T 50344—2019,B类进行抽样,梁抽检16个构件,柱抽检16个构件,板抽检5个构件,检测结果见表(十)。

钢筋间距、钢筋根数检测结果汇总表(十)

工程名称		×××宿舍楼		仪器设备	一体式钢筋扫描仪LR-G200	
结构类型		砌体结构		检测数量	37个构件	
检测结果						
序号	构件名称	设计配筋		检测结果		
				钢筋数量/根	钢筋间距/mm	钢筋间距平均值/mm
1	一层梁7/A-B轴	底部下排纵向受力钢筋	2Φ10+1Φ14	3	—	—
		箍筋	Φ6@200	—	1 200	200
2	一层柱17/E轴	一侧面纵向受力钢筋	2Φ12	2	—	—
		箍筋	Φ6@200	—	1 160	193
3	一层板22-23/A-B轴	底部下排水平分布筋	Φ10@140	—	842	140
		底部上排垂直分布筋	Φ6@200	—	1 199	200
⋮	⋮	⋮	⋮	⋮	⋮	⋮

8)钢筋直径检测

根据《混凝土中钢筋检测技术标准》JGJ/T 152—2019中第5.2.1条:"单位工程建筑面积不大于2000m²同牌号同规格的钢筋应作为一个检测批",对该工程柱、梁钢筋直径进行抽测,B14钢筋抽测9根,B12钢筋抽测6根,A12钢筋抽测8根,A6钢筋抽测6根,检测结果汇总见表(十一)。

混凝土构件钢筋直径检测结果汇总表(十一)

工程名称		×××宿舍楼		仪器设备		游标卡尺		
结构类型		砌体结构		检测数量		10个构件		
检测结果								
序号	构件名称	设计要求	钢筋直径检测结果					
		钢筋直径/mm	直径实测值/mm	公称直径/mm	公称尺寸/mm	偏差值/mm	允许偏差/mm	结果判定
1	六层柱18/A轴	一侧面纵向受力钢筋	2Φ12	11.8	12	11.5	+0.3	±0.4	符合标准要求
		箍筋	Φ6@200	6.8	6	—	+0.8	±0.3	不符合标准要求
2	五层柱18/B轴	一侧面纵向受力钢筋	2Φ12	11.8	12	11.5	+0.3	±0.4	符合标准要求
		箍筋	Φ6@200	6.6	6	—	+0.6	±0.3	不符合标准要求
⋮	⋮	⋮	⋮	⋮	⋮	⋮	⋮	⋮

9)钢筋保护层厚度检测

对该工程梁、板、柱钢筋保护层进行检测,根据《建筑结构检测技术标准》GB/T 50344—2019,B类进行抽样,梁抽检16个构件,柱抽检16个构件,板抽检5个构件,检测结果见表(十二)。

混凝土构件钢筋保护层厚度检测结果汇总表(十二)

工程名称		×××宿舍楼		仪器设备		一体式钢筋扫描仪LR-G200	
结构类型		砌体结构		检测数量		37个构件	
检测结果							
构件类别	设计值/mm	计算值/mm	允许偏差/mm	保护层厚度检测值			
				所测点数	合格点数	合格点率/%	
梁	25	—	+10,−7	96	94	97.9	
板	15	—	+8,−5	30	29	96.7	
检测结果							
序号	构件名称	设计配筋	设计值/mm	检测结果/mm			
1	一层梁7/A-B轴	2Φ10+1Φ14	25	底部下排纵向受力钢筋:28、25、27			
		Φ6@200					
2	一层柱17/A轴	2Φ12	25	一侧面纵向受力钢筋:26、26			
		Φ6@200					
3	一层板22-23/C-D轴	Φ10@140	15	底部受力钢筋:16、14、18、15、17、14			
		Φ6@200					
⋮	⋮	⋮	⋮	⋮			

10)砖砌体内拉结钢筋检测

根据《砌体结构工程施工质量验收规范》GB 50203—2011进行抽样,使用剔凿方法检测墙拉结钢筋设置,检测墙体均设置拉结钢筋,抽检7个构件,检测结果见表(十三)。

墙体拉结钢筋检测结果汇总表(十三)

工程名称	×××宿舍楼		
结构类型	砌体结构	检测数量	7个构件
检测结果			
序号	构件名称	是否有墙拉筋	
1	三层墙7-8/D轴	否	
2	二层墙11/C-D轴	否	
⋮	⋮	⋮	

6. 检测结论

(1)所检测建筑物垂直度符合规范要求。

(2)所复核构件布置及尺寸符合设计要求。

(3)所测构件混凝土抗压强度符合设计要求。

(4)所测墙体砌筑砂浆抗压强度符合设计要求。

(5)所测墙体烧结砖抗压强度符合设计要求。

(6)所测混凝土构件钢筋数量、间距符合设计要求。

(7)钢筋直径基本符合设计要求,部分钢筋直径不符合检测标准要求,但不影响主体结构安全。

(8)所检测构件钢筋保护层厚度符合设计要求。

(9)所检测砖砌体中墙体拉结钢筋设置部分不符合设计要求。

7. 结构抗震性能鉴定

依据国家标准《建筑抗震鉴定标准》GB 50023—2009的规定,抗震鉴定包括第一级鉴定以宏观控制和构造鉴定为主进行综合评价,第二级鉴定以抗震验算为主结合构造影响进行综合评价。该工程处于抗震设防烈度为8度区域,地震基本加速度为0.20g,设计地震分组为第二组。该工程按后续40年,按照《建筑抗震鉴定标准》GB 50023—2009的规定为B类建筑,同时工程抗震设防分类为乙类,抗震构造措施按设防烈度提高一度(即抗震设防烈度为9度)进行鉴定。

1)建筑场地

建筑场地不是条状突出山嘴、高耸孤立山丘、非岩石和强风化岩石陡坡,不是有潜在威胁或直接危害的滑坡、地裂、地陷、泥石流、崩塌以及岩溶、土洞强烈发育地段;不是浅层故河道及暗埋的塘、浜、沟等及采空区场地。

2)地基和基础

该工程地基主要受力层范围内不存在软弱土、饱和沙土和粉土,现场勘查未发现地基有不均匀沉降及明显沉降现象,地基基础未见明显静载缺陷,未发现基础有损坏现象,现状完好;且上部结构中未发现由于地基不均匀沉降造成的显著结构构件开裂和倾斜。

3)抗震措施鉴定

依据《建筑抗震鉴定标准》GB 50023—2009该工程为B类建筑,其抗震措施进行评定如表(十四)。

抗震措施评定表(十四)

墙体(材料)类别	普通烧结砖	墙体厚度/mm	370/240

一般规定

外观质量	墙体是否有空鼓、严重酥碱和明显闪歪		□有 ■无
	支承大梁、屋架的墙体是否有存在竖向裂缝,承重墙、自承重墙及其交接部位存在明显裂缝		□有 ■无
	混凝土梁柱及其节点是否有开裂或局部剥落,钢筋露筋、锈蚀 现象		□有 ■无
	混凝土构件是否有明显变形、倾斜和歪扭		□有 ■无

上部主体结构(B类)

1. 结构体系

评定项目	规范要求	房屋现状	是否满足
房屋的层数和高度	240普通砖实心墙,四层,12m	六层,19.50m	□满足 ■不满足
房屋的层高	普通砖,不应超过3.6m	最大层高为3.2m	■满足 □不满足
抗震横墙最大间距	9度时,7m	5.7m	■满足 □不满足
房屋最大高宽比	9度时,1.5	1.42	■满足 □不满足
纵横墙布置	宜均匀对称,沿平面内宜对齐,沿竖向应上下连续	纵横墙布置均匀对称,沿平面内对齐,沿竖向上下连续,同一轴线上的窗间墙宽度基本均匀	■满足 □不满足
房屋立面高差或错层	房屋立面高差不大于6m,楼板无较大高差	立面无高差,楼板无较大高差	■满足 □不满足
楼梯间设置	房屋的尽端和转角处不宜有楼梯间	房屋的尽端和转角处有楼梯间	□满足 ■不满足

2. 房屋材料实际达到的强度等级

评定项目	规范要求	房屋现状	是否满足
砌体强度等级	普通砖不应低于MU7.5	砖强度等级:MU10	■满足 □不满足
砌筑砂浆强度等级	砌筑砂浆不应低于M2.5	砂浆强度等级:11.7	■满足 □不满足
构件混凝土强度	构造柱、圈梁、混凝土小砌块芯柱实际达到的混凝土强度等级不宜低于C15	构造柱混凝土强度等级C20	■满足 □不满足

3. 整体性连接构造

评定项目	规范要求	房屋现状	是否满足
纵横墙交接处连接	墙体平面内布置应闭合,纵横墙交接处应咬槎砌筑,烟道、通风道、垃圾道等不应削弱墙体	墙体平面内闭合,纵横墙交接处咬槎砌筑	■满足 □不满足
构造柱设置	9度六层,内墙与外墙交接处,内墙的局部较小墙垛处;内纵墙与横墙交接处,楼梯间四角	均设置有构造柱	■满足 □不满足
	设置部位:外墙四角,错层部位横墙与外纵墙交接处,较大洞口两侧,大房间内外墙交接处		
装配式钢筋混凝土楼、屋盖圈梁的布置与配筋	9度时,外墙和内纵墙的屋盖及每层楼盖处均应有	±0.000处、各层楼板及屋面板处纵横墙均设置有圈梁	■满足 □不满足

续表

墙体(材料)类别	普通烧结砖		墙体厚度/mm	370/240
	9度时,内横墙的屋盖及每层楼盖处均应有;屋盖处及每层楼盖处均应有;各层横墙应有			
	9度时,圈梁最小纵筋4φ12,最大箍筋间距150mm		纵筋4φ12/7φ10,最大箍筋间距200mm	□满足 ■不满足
楼盖、屋盖及其与墙体的连接	现浇钢筋混凝土楼板或屋面板伸进外墙和内墙的长度不应小于120mm		120mm	■满足 □不满足
	装配式钢筋混凝土楼板或屋面板,当圈梁未设在板的同一标高时伸进外墙的长度不应小于100mm,伸进内墙的长度不应小于100mm		120mm	■满足 □不满足
	当板的跨度大于4.8m并与外墙平行时,靠外墙的预制板侧边与墙或圈梁应有拉结		板跨度小于4.8m	■满足 □不满足

4. 构造柱的构造和配筋

评定项目	规范要求	房屋现状	是否满足
构造柱与墙的连接	构造柱最小截面尺寸为240mm×180mm,纵向钢筋宜为4φ14,箍筋间距不应大于200mm	角部构造柱纵向钢筋4φ14,其余构造柱4φ12;箍筋间距200mm	■满足 □不满足
	构造柱与墙连接处宜砌成马牙槎,并沿墙高每隔500mm有2φ6拉结筋,每边伸入墙内不宜小于1m	有马牙槎,部分墙体每隔500mm有2φ6拉结筋,每边伸入墙内不小于1m,部分墙体未设置拉结筋	□满足 ■不满足

5. 圈梁的构造和配筋

评定项目	规范要求	房屋现状	是否满足
圈梁的闭合	圈梁应闭合,遇有洞口应上搭接。圈梁宜与预制板设在同一标高处或紧靠板底	圈梁闭合,圈梁紧靠板底	■满足 □不满足
圈梁截面高度	不应小于120mm	最小截面高度为150mm	■满足 □不满足

6. 局部易倒塌部件及连接是否满足要求

门窗洞处不应为无筋砖过梁;过梁支承长度,6~8度时不应小于240mm,9度时不应小于360mm	□满足 ■不满足
出入口或人流通道处的女儿墙和门脸等装饰物应有锚固	■满足 □不满足
钢筋混凝土挑檐、雨罩等悬挑构件应有足够的稳定性	■满足 □不满足

7. 房屋的局部尺寸限值

评定项目	规范要求	房屋现状	是否满足
承重窗间墙最小宽度	9度时,不宜小于1.5m	1.02m	□满足 ■不满足
承重外墙尽端至门窗洞边的最小距离	9度时,不宜小于1.5m	1.15m	□满足 ■不满足
内墙阳角至门窗洞边的最小距离	9度时,不宜小于2.0m	1.26m	□满足 ■不满足

8. 楼梯间

8度和9度时,顶层楼梯间横墙和外墙宜沿墙高每隔500有2φ6通长拉结筋;9度时,其他各层在楼梯休息平台处或楼层半高设配筋砂浆带,砂浆强度M5、60mm厚,配筋不宜少于2φ10	墙体拉结筋未通长设置	□满足 ■不满足

续表

墙体(材料)类别	普通烧结砖	墙体厚度/mm	370/240
8度和9度时,楼梯间及门厅内墙阳角处的大梁支撑长度不应小于500mm,并与圈梁有连接	墙体拉结筋未通长设置		■满足 □不满足
突出屋面的楼梯间、电梯间,构造柱应伸入顶部,并与顶部圈梁连接,内外墙交接处设2ϕ6拉结筋,且每边伸入墙内不小于1m	无突出屋面的楼梯间、电梯间		■满足 □不满足

根据以上鉴定可知,房屋的层数和高度、承重窗间墙最小宽度、承重外墙尽端至门窗洞边的最小距离、墙体及楼梯间拉结筋等不满足抗震措施要求,该工程被评为不满足抗震鉴定要求。

4)抗震承载力验算

抗震验算结果如下。

(1)1~3层内部东西向纵墙抗震验算抗力与效应之比多处小于1.0,在0.83~0.97之间,不满足规范要求。

(2)4层东南角部内部东西向纵墙抗震验算抗力与效应之比部分小于1.0,在0.83~0.99之间,不满足规范要求。

(3)5~6层所有墙体抗震验算抗力与效应之比均大于1.0,满足规范要求。

(4)结构抗震验算计算书详见附件3。

8. 检测鉴定结论

专家组依据现场勘查、检测结果、荷载验算和国家相关规范标准,经综合分析论证,提出×××宿舍楼工程抗震检测鉴定意见如下。

(1)房屋的层数和高度、承重窗间墙最小宽度、承重外墙尽端至门窗洞边的最小距离、墙体及楼梯间拉结筋等不满足抗震措施要求。

(2)1~3层内部纵墙抗震验算多处不满足规范要求,4层东南角部内部局部纵墙抗震承载力验算多处不满足规范要求。

9. 处理建议

(1)该工程继续使用,应按抗震规范要求对建筑层数进行处理,并对不满足抗震要求的墙体进行加固处理。

(2)对现场勘查发现的工程质量问题,结合本次加固改造一并采取措施处理。

10. 专家组成员

专家信息及确认签字表(十五)

姓名	职称	签字
×××	正高级工程师	
×××	高级工程师	
×××	教授	

11. 附件

(1)工程外观1张(附件1)。

(2)工程现场勘查问题4张(附件2)。

(3)结构抗震验算计算书(略)。

(4)鉴定委托单及相关资料(略)。

(5)专家职称和技术人员职称证书(略)。

(6)鉴定机构资质材料(略)。

附件1　工程外观

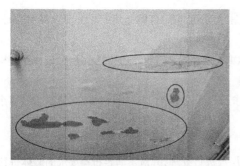

图(一)　走廊预制板缝开裂、粉刷起鼓脱落

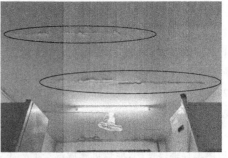

图(二)　宿舍预制板缝开裂、粉刷起鼓脱落

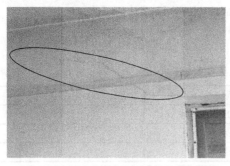

图(三)　六层北走廊东端门口左上方墙开裂

图(四)　二层中间走廊西部顶棚局部渗漏

附件2　工程现场勘查问题

3.4　钢结构建筑抗震鉴定

国家标准《建筑抗震鉴定标准》GB 50023—2009 中未包括钢结构的抗震鉴定内容,根据建筑类别,可选用《高耸与复杂钢结构检测与鉴定标准》GB 51008—2016 中关于抗震鉴定的内容或者《构筑物抗震鉴定标准》GB 50117—2014,一般多高层钢结构建筑均可依据《高耸与复杂钢结构检测与鉴定标准》进行鉴定工作。

3.4.1　一般规定

(1)抗震设防烈度为抗震设防烈度为 6~9 度地区的钢结构,下列情况下,应进行抗震鉴定。

① 原设计未考虑抗震设防或抗震设防要求提高的钢结构。

② 需要改变建筑用途、使用环境发生变化或需要对结构进行改造的钢结构。

③ 其他有必要进行抗震鉴定的钢结构。

(2)钢结构的抗震鉴定应按两个项目分别进行。第一个项目为整体布置与抗震构造措施核查鉴定;第二个项目为多遇地震作用下承载力和结构变形验算鉴定。对有一定要求的钢结构,同时包括罕遇地震作用下抗倒塌或抗失效性能分析鉴定。

(3)在进行整体布置鉴定时,应核查建筑形体的规则性、结构体系与构件布置的合理性以及结构材料的适用性,按《高耸与复杂钢结构检测与鉴定标准》GB 51008—2016 第 10.2~10.5 节的规定鉴定为满足或不满足。

(4)在进行抗震构造措施鉴定时,应分别对结构构件和节点、非结构构件和节点的抗震构造措施进行核查鉴定。当符合《高耸与复杂钢结构检测与鉴定标准》GB 51008—2016 的有关规定时,应鉴定为满足;否则应鉴定为不满足。

(5)第二个项目应根据承载力和变形的验算结果进行鉴定。当承载力和变形的验算结果符合要求时,第二个项目可鉴定为满足,否则鉴定为不满足。

(6)钢结构抗震性能可按下列规定进行鉴定。

① 符合下列情况之一,可鉴定为抗震性能满足:第一个与第二个鉴定项目均鉴定为满足;第一个项目中的整体布置鉴定为满足,抗震构造措施鉴定为不满足,但满足国家标准《钢结构设计标准》GB 50017—2017 和《冷弯薄壁型钢结构技术规范》GB 50018—2002 有关构造措施的规定,构件截面板件的宽厚比符合表 3.4 中的 D 类截面的限值,且第二个项目鉴定为满足;抗震设防烈度为 6 度区但不含建于Ⅳ类场地上的规则建筑高层钢结构,第一个项目鉴定为满足。

② 符合下列情况之一,应鉴定为抗震性能不满足:第一个项目中的整体布置鉴定为不

满足;第二个项目鉴定为不满足;构造措施不符合国家标准《钢结构设计标准》GB 50017—2017和《冷弯薄壁型钢结构技术规范》GB 50018—2002的规定,或构件面板件的宽厚比不符合表3.4中的D类截面的限值。

表3.4　（标准表10.1.9）钢结构构件各类截面板件宽厚比限值

板件	板件名称	截面类别			
		A	B	C	D
柱	工字形截面翼缘外伸部分	11	13	15	按国家标准《钢结构设计标准》GB 50017—2017和《冷弯薄壁型钢结构技术规范》GB 50018—2022符合全截面有效的规定
	工字形截面腹板	45	52	60	
	箱形截面壁板	36	40	45	
	圆管外径与壁厚比	50	60	70	
梁	工字形截面和箱形截面翼缘外伸部分	9	11	13	
	箱形截面两腹板间翼缘	30	36	40	
	工字形和箱形截面腹板	72~100 $\rho \leqslant 65$	85~120 $\rho \leqslant 75$	95~20 $\rho \leqslant 80$	

注:1. 表列数值适用于Q235钢,当材料为其他等级圆钢管时应乘以$235/f_y$,其他形式截面时应乘以$\sqrt{235/f_y}$。

　　2. $\rho = N_b/Af$,N_b、A、f分别为梁的轴向力、截面面积、钢材抗拉强度设计值。

(7)钢结构应按下列规定进行罕遇地震作用下的弹塑性变形验算。

①下列结构应进行弹塑性变形验算:高度大于150m的钢结构;特殊设防类(甲类)建筑和重点设防类(乙类)抗震设防烈度为9度区的钢结构建筑;采用隔震层和消能减震设计的钢结构。

②下列结构宜进行弹塑性变形验算:高度不大于150m的钢结构;竖向特别不规则的高层钢结构;抗震设防烈度为7度Ⅲ、Ⅳ类场地和抗震设防烈度为8度区的乙类钢结构建筑。

(8)抗震性能鉴定为不满足的钢结构或钢结构部分,应根据其不满足的程度及对结构整体抗震性能的影响,结合后续使用要求,提出相应的维修、加固、改造或更新等抗震减灾措施。

3.4.2　多高层钢结构建筑抗震鉴定

1. 多高层钢结构房屋抗震鉴定

多高层钢结构抗震性能鉴定涵盖钢框架、钢支撑框架、钢框架与钢板剪力墙或钢筋混凝土剪力墙体系等多高层建筑。

2. 多高层钢结构的整体布置鉴定应核查的内容

(1)建筑体型及结构布置的规则性。

(2)重力荷载及水平荷载传递路径的合理性。

(3)承受双向地震作用的能力。

(4)梁、柱、支撑及其节点连接方式的抗震构造措施。

(5)结构材料的抗震性能。

(6)非结构构件与主体钢结构连接的抗震构造措施。

3. 多高层钢结构整体布置应鉴定为不满足的几种情形

多高层钢结构出现下列情况之一时,其整体布置应鉴定为不满足。

(1)建筑形体为国家标准《建筑抗震设计规范》GB 50011—2010(2016版)规定的严重不规则的建筑。

(2)结构整体会因部分关键构件或节点破坏丧失抗震能力或对重力荷载的承载能力。

(3)结构布置不能形成双向抗侧力体系。

(4)甲、乙类建筑和丙类高层建筑为单跨框架结构。

(5)结构体系采用部分由砌体墙承重的混合形式。

(6)钢材的屈服强度实测值与抗拉强度实测值的比值大于0.85,且应力—应变关系曲线中没有明显的屈服台阶,伸长率小于20%。

(7)出现对结构整体抗震性能有严重不利影响的其他情况。

4. 多高层钢结构整体布置可鉴定为满足的条件

高层钢结构整体布置未出现上一条所列任一情况时,其整体布置可鉴定为满足,但仍应按下列规定进一步检测、鉴定,对鉴定不符合要求的,应提出相应的改进意见。

(1)平面扭转不规则的结构,应满足楼层最大弹性水平位移不大于楼层水平位移平均值的1.5倍、结构扭转为主的第一自振周期与平动为主的第一自振周期之比不大于0.9的要求。

(2)对于楼板有效宽度小于该层楼面宽度的50%或开洞面积大于该层楼面面积的30%或有较大楼层错层的楼面,应满足在楼板边缘和洞口边缘设置边梁、暗梁、楼板适当加厚和合理布置钢筋等附加构造措施的要求。

(3)抗侧力构件竖向不连续时,应有水平转换构件将其内力向下传递,所传递的内力应根据水平转换构件的类型乘以1.25~2.0的增大系数。

(4)侧向刚度不规则的结构中的薄弱楼层应有加强措施,使该层的侧向刚度不小于相邻上一层的60%,该层的抗剪承载力不应小于相邻上一楼层的65%。

(5)竖向不规则结构的薄弱层的地震剪力,应乘以不小于1.15的增大系数。

（6）中心支撑不宜采用"K"形支撑，不应采用只能受拉的同一方向的单斜杆体系，应采用交叉支撑、人字支撑或不同倾斜方向的只能受拉的单斜杆体系。

（7）非结构构件与主体结构的连接应满足抗震要求。

5. 多高层钢结构构件的抗震构造措施鉴定为不满足的几种情形

多高层钢结构构件的抗震构造措施不符合下列规定之一时，应鉴定为不满足。

（1）钢框架梁、柱截面板件的宽厚比不应超过表3.4中D类截面的限值。

（2）框架柱的长细比，抗震设防烈度为7度、8度不应大于$120\sqrt{235/f_y}$，抗震设防烈度为9度不应大于$80\sqrt{235/f_y}$。

（3）梁柱构件的受压翼缘及可能出现塑性铰的部位，应有侧向支撑或防止局部屈曲的措施，梁柱构件两相邻侧向支承点间构件的长细比，应符合国家标准《钢结构设计标准》GB 50017—2017的有关规定。

（4）中心支撑杆件的长细比，当为按压杆设计时，不应大于$120\sqrt{235/f_y}$，在抗震设防烈度为7度、8度区当按拉杆设计时，长细比不应大于180，在抗震设防烈度为9度区不应按拉杆设计。

（5）中心支撑杆件的板件宽厚比，不应大于GB 50017—2017表3.5（标准表10.2.5-1）规定的限值。

表3.5 （标准表10.2.5-1）中心支撑杆件的板件宽厚比限值

板件名称	设防烈度	
	7、8	9
翼缘外伸部分	13	9
工字形截面腹板	33	26
箱形截面壁板	30	24
圆管外径与壁厚比	42	40

注：表列数值适用于Q235钢，当材料为其他等级圆钢管时应乘以$235/f_y$，其他形式截面时应乘以$\sqrt{235/f_y}$。

（6）偏心支撑框架消能梁段钢材的屈服强度不应大于345MPa；消能梁段及与消能梁段在同一跨内的非消能梁段，其板件的宽厚比不应大于表3.6（标准表10.2.5-2）规定的限值。

表3.6 （标准表10.2.5-2）偏心支撑框架梁的板件宽厚比限值

板件名称		宽厚比限值
翼缘外伸部分		8
腹板	当 $N/(Af) \leqslant 0.14$ 时	$90[1-1.65N/(Af)]$
	当 $N/(Af) > 0.14$ 时	$33[2.3-1.0N/(Af)]$

注：表列数值适用于Q235钢，当材料为其他等级圆钢管时应乘以 $235/f_y$，其他形式截面时应乘以 $\sqrt{235/f_y}$。

（7）偏心支撑框架支撑杆件的长细比不应大于 $120\sqrt{235/f_y}$，支撑杆件的板件宽厚比不应超过国家标准《钢结构设计标准》GB 50017—2017规定的轴心受压构件在弹性设计时的宽厚比限值。

6. 多高层钢结构连接节点的抗震构造措施鉴定为不满足的几种情形

多高层钢结构连接节点的抗震构造措施不符合下列规定之一时，应鉴定为不满足。

（1）工字形柱绕强轴方向和箱形柱与梁刚接时，应符合下列规定。

① 梁翼缘与柱翼缘间应采用全熔透坡口焊缝。

② 柱在梁翼缘对应位置应设有横向加劲肋。

（2）梁与柱刚性连接时，柱在梁翼缘上下各500mm范围内，柱翼缘与柱腹板或箱形柱壁板间的连接焊缝均应为坡口全熔透焊缝。

（3）柱与柱的工地拼接，在接头上下各100mm范围内，柱翼缘与腹板间的焊缝应为全熔透焊缝。

（4）结构高度超过50m时，中心支撑两端与框架应为刚接构造，梁柱与支撑连接处应有加劲肋，抗震设防烈度为9度时，工字形截面支撑的翼缘与腹板的连接应为全熔透连续焊缝。

（5）偏心支撑消能梁段翼缘与柱翼缘之间应为坡口全熔透对接焊缝连接。

（6）偏心支撑框架的消能梁段两端上下翼缘、非消能梁段上下翼缘，应有侧向支撑。

3.4.3 钢结构多层加工项目抗震鉴定实例

×××加工项目，于2017年建成并交付使用，为地上五层钢结构厂房，功能粉料生产车间，建筑高度22.7m（至檐口高度），建筑面积2721.41m²。结构形式为多层钢框架，楼板为钢铺板，屋面板树脂板。

本工程抗震设防烈度：8度（0.20g），设计地震分组第二组，场地类别Ⅱ类，场地特征周期0.40s，建筑物抗震设防类别为丙类。场地基本地震加速度：0.20g；水平地震系数影响最大值：0.16，钢架抗震等级：三级；建筑结构安全等级为二级。

本工程采用天然地基，钢筋混凝土独立基础。楼板为钢铺板，屋顶及围护墙体为树脂板。

因该项目需要进行升级改造，需要对其进行抗震性能鉴定，我单位接受委托。

经初步勘查和委托单位沟通确认，该厂房后续使用期限确定为30年。依据《构筑物抗震鉴定标准》GB 50117—2014第3.0.3条规定，应按A类建筑进行抗震鉴定。在此基础上拟定了检测鉴定方案，经委托单位确认后签订了检测鉴定合同。

该项目提供了竣工图纸和部分质量保证资料。

现场检测包括建筑物柱垂直度检测；结构构件布置及尺寸复核；基础短柱混凝土构件混凝土抗压强度检测；基础短柱混凝土构件钢筋配置检测；基础短柱混凝土构件钢筋直径检测；基础短柱钢筋保护层厚度检测；钢梁挠度检测；梁柱节点焊缝检测；节点完整性检查；钢构件截面尺寸检测；钢构件表面硬度检测。检测结果部分柱垂直度不符合设计规范，节点存在64处缺陷，1处轴线不符合设计要求，5处钢构件截面不符合设计要求，3处构件硬度不符合设计要求，其余检测结果符合设计要求。

现场检查建筑场地、地基基础、主体结构、围护结构、抗震构造等项内容。

抗震构造措施鉴定结果满足规范要求。

采用PKPM软件依据《建筑抗震设计规范》GB 50011—2010（2016年版）进行抗震验算，验算结果：部分梁柱不满足承载要求。

经综合分析论证，对×××加工项目（A类）建筑抗震性能提出检测鉴定意见如下。

（1）现场勘查，未发现工程出现基础不均匀沉降、柱、梁受力裂缝，钢结构构件受力变形、失稳等影响结构安全的质量问题，结构构件构造连节点未发现受力裂缝、存在明显缺陷等影响结构安全的质量问题。

（2）标高3.400m结构层，位于B、G轴上介于4轴与5轴之间的钢梁稳定应力超限，应进行加固处理。

综上，该工程不满足建筑抗震鉴定要求。

同时提出维修加固建议，要求对不满足要求项进行加固处理，且应由有资质的设计和施工单位完成；对现场勘查发现的其他工程质量问题，结合本次加固改造一并采取措施处理。

编写《×××加工项目抗震鉴定报告》如下表。

×××加工项目建筑抗震鉴定报告

工程名称	×××项目		
工程地点	×××		
委托单位	×××		
建设单位	×××		
设计单位	×××		
勘察单位	×××		
施工单位	×××		
监理单位	×××		
抽样日期	2022年2月23~3月3日	检测日期	2022年2月23~3月3日
检测数量	详见报告内	检验类别	委托
检测鉴定项目	1. 钢结构柱垂直度变形检测 2. 钢结构梁挠度检测 3. 钢结构对接焊缝超声波检测内部缺陷 4. 钢框架连接节点的完整性检测 5. 轴线位置检测 6. 钢构件截面尺寸偏差检测 7. 钢构件表面硬度检测		
检测鉴定仪器	游标卡尺、钢卷尺、超声波探伤仪、水准仪、经纬仪、水、全站仪等		
鉴定依据	1.《工业建筑可靠性鉴定标准》GB 50144—2019 2.《建筑工程施工质量验收统一标准》GB 50300—2013 3.《建筑结构荷载规范》GB 50009—2012 4.《建筑抗震设计规范》GB 50011—2010(2016年版) 5.《构筑物抗震鉴定标准》GB 50117—2014 6.《钢结构工程施工质量验收标准》GB 50205—2020 7. 鉴定委托书及相关资料 8. 现场勘查记录及影像资料		
检测依据	1.《建筑结构检测技术标准》GB/T 50344—2019 2.《钢结构现场检测技术标准》GB/T 50621—2010 3.《钢结构工程施工质量验收标准》GB 50205—2020		

1. 工程概况

本工程为×××项目,建设地点为×××。工程外观见附件1图(一)。工程概况见表(一)。

工程概况表(一)

子项名称	厂房	建筑面积/㎡	2721.41
建筑类别	戊类厂房	基底面积/㎡	1212.57
建筑防火分类	多层戊类厂房	耐火等级	二级
层数	5F	设计使用年限	50年
喷淋及联动系统	无	结构类型	钢框架
基础型式	独立基础	屋面防水等级	二级
建筑总高度/m	22.70	工程等级	中型

本工程采用钢结构,耐火等级为二级,建筑面积2721.41m²,建筑高度22.70m,为多层戊类厂房。本工程外墙±0.000以上、0.900m以下为240厚烧结页岩砖砌筑,0.9m以上为双层压型钢板复合保温墙体(竖向排板)。外板为0.6mm厚820压型钢板,内板厚0.6mm,100mm厚岩棉保温,容重不小于100kg/m²。屋面采用压型钢板复合保温屋面,防水等级为二级。建筑外窗采用断桥铝合金窗户。

主体结构为多层丙类厂房,地上五层,功能为车间。结构形式为钢框架结构,建筑檐口高度22.700m,室内外高差均为0.300m。该厂房不存在腐蚀性、超高温、超低温等现象,地面有局部振动现象。

本工程抗震设防烈度:8度(0.20g),设计地震分组第二组,场地类别Ⅱ类,场地特征周期0.40s,建筑物抗震设防类别为丙类。场地基本地震加速度:0.20g;水平地震系数影响最大值:0.16,钢架抗震等级:三级;建筑结构安全等级为二级。

基本风压:0.40kN/m²,基本雪压:0.40kN/m²(100年一遇),地面粗糙度:B类,结构重要性系数1.0。轻钢屋面允许恒荷载(不含钢梁自重):屋面板+檩条+屋面喷淋系统+其他=0.35kN/m²;屋面竖向均布活荷载:0.40kN/m²(对钢架计算),0.50kN/m²(对檩条计算)。

主结构(钢架梁柱等)采用Q345B级钢,型钢(圆管、角钢、方管等)采用Q235B级钢,圆钢HPB235,檩条采用Q235B级钢。高强度螺栓采用10.9级摩擦型联接,抗滑移系数0.4。普通螺栓均采用5.6级的C级螺栓,基础锚栓采用Q235级钢。梁柱采用焊接H型钢和轧制H型钢。钢框架结构,梁与柱刚性连接时,柱在翼缘上下各100mm的范围内,工字形(十字形)截面柱翼缘与腹板间的连接焊缝,采用全熔透焊缝。上下柱对接接头的连接:当翼缘采用熔透焊缝连接时,柱拼接接头上下各100mm范围内,工字形截面柱翼缘与腹板间的焊缝,采用全熔透焊缝。

所有钢结构构件的涂料均采用醇酸底漆及醇酸面漆,涂装为两底两面,涂层总厚度不小于125μm(室外构件为150μm)。

屋面檩条及墙梁采用热浸镀锌高强檩条。镀层标准为A级,其镀锌量不小于275g/m²(双面镀锌量)。檩条规格为XZ250×75×20×2.5,墙梁规格为C250×75×20×2.0,材质为Q235B。

基础底标高为标高-2.900m,混凝土强度等级C30,垫层混凝土等级C20,采用天然地基,持力层为第2层粉细砂层,地基承载力特征值为f_{ak}=180kPa。

本工程2016年4月20日开工,2017年3月10日竣工,现场勘查时,工程已投入使用。

2. 检测鉴定范围和目的

通过现场检测鉴定,对×××项目的抗震性进行检测鉴定。

3. 工程资料

委托单位提供了该项目的建筑、结构等施工图纸及基础主体施工技术资料。

4. 现场勘查

2022年2月11日,在委托方人员带领下,我公司专家组对×××项目进行了现场勘查,情况如下。

1)结构体系

经观察检查,该工程主体为钢框架结构,地上结构体系与提供的原始施工图纸相符合。

2)结构构件构造及连接节点

经观察检查,未发现工程出现基础不均匀沉降、柱、梁受力裂缝等影响结构安全的质量问题,少部分构件、节点存在缺陷和损伤、锈蚀等影响结构安全的质量问题。

3)楼板、楼梯及栏杆

该项目楼板采用花纹钢板、钢格栅板混合布置,楼梯、局部花纹钢板存在锈蚀,破损,部分洞口栏杆锈蚀严重,钢格板部分基本完好。

4)围护结构

经检查,该工程围护墙板采用冷弯薄壁墙梁、树脂瓦面层,屋面采用冷弯薄壁檩条、FRP压型采光板面层等维护系统,现状墙面外观基本完整,局部墙板脱落,屋面板破损。

5)使用改造情况

该工程自使用以来至本次检测鉴定使用功能未发生改变。

6)现场勘查问题

勘查中发现工程存在的质量问题如下。

(1)梁柱节点域缺少加劲肋,见附件2图(一)、图(二)。

(2)局部加劲肋焊缝不完整,见附件2图(三)。

(3)钢梁与柱上悬壁段对接焊缝错口,见附件2图(四)。

(4)节点肋板弯折、连接板焊缝不足,见附件2图(五)。

(5)设置了单轨吊的轻型屋盖无支撑系统,见附件2图(六)。

5. 检测结果

(1)回弹-龄期修正法检测混凝土抗压强度等级、钢筋扫描检测、钢筋保护层厚度检测、混凝土构件截面尺寸偏差检测(略)。

(2)钢结构变形检测(柱垂直度检测)。

采用经纬仪对钢结构立柱倾斜进行检测,共检测钢柱12根,符合规范7根,不符合规范5根,其中超差较大钢柱2根,检测汇总结果见表(二)和表(三),检测报告详见附件5。

立柱倾斜测量数据表(二)

位置		X值/m	Y值/m	ΔX/m	ΔY/m
4交H	顶部	984.450	012.792	0.161	−0.006
4交H	底部	984.289	012.798		
6交H	顶部	019.533	003.261	0.019	−0.002
6交H	底部	019.514	003.263		
⋮	⋮	⋮	⋮	⋮	⋮

注:ΔX、ΔY数值由顶部数值减底部数值所得。

厂房立柱倾斜计算数据表(三)

序号	位置	H/m	X倾斜率	Y倾斜率
1	4交H	29.00	0.006	0
2	6交H	29.00	0.001	0
⋮	⋮	⋮	⋮	⋮

(3)钢结构变形检测(梁挠度检测)。

采用经纬仪对钢结构梁挠度进行检测,共检测钢梁24根,检测结果符合规范要求,检测数据见表(四),检测报告详见附件5。

厂房梁挠度测量数据表(四)

梁编号	数据1	数据2	数据3
1-1	3.822	3.823	3.823
1-2	2.917	2.914	2.925
⋮	⋮	⋮	⋮

(4)钢结构焊缝超声波检测内部缺陷。

采用超声波探伤仪对钢结构梁柱节点内部缺陷进行检测,检测结果符合规范要求,检测汇总结果见表(五)。

钢结构内部缺陷检测结果汇总表(五)

工程名称	×××项目		仪器设备	超声波探伤仪
结构部位	梁柱接点		检测数量	20个构件
检测结果				
序号	构件名称及检测部位	母材厚度/焊缝长度/mm	检测长度/mm	验收等级	检测结果
1	一层梁4-5/A轴4轴方向	14/200	200	Ⅲ级	符合要求
2	一层梁5/G-H轴H轴方向	14/200	200	Ⅲ级	符合要求
⋮	⋮	⋮	⋮	⋮	⋮

(5)节点的完整性检测

对钢结构梁柱节点完整性进行全数检测,缺陷问题汇总结果见表(六)。

节点完整性检测结果汇总表(六)

序号	构件名称	检测结果
1	一层梁4/B-D轴	D轴方向螺栓不合规,翼缘板焊缝错位
2	一层梁4/(1/E)-G轴	G轴方向螺栓不合规
⋮	⋮	⋮

(6)轴线位置检测。

对钢结构轴线位置进行检测,有1处不符合设计要求,汇总结果见表(七)和表(八)。

轴线位置检测结果汇总表(七)

工程名称	×××项目		仪器设备	钢卷尺
结构类型	钢结构		检测数量	8个轴线
检测结果				
序号	检测区间	检测结果			判定
		实测偏差较大值/mm	实测偏差较大值偏差/mm	允许偏差/mm	
1	4-6,A-H轴	8488	12	6	不合格
备注	检查柱轴线,沿纵、横两个方向测量,并取其中偏差的较大值(H_1、H_2、H_3分别为中部、下部及其他部位)				

轴线位置检测数据汇总表(八)

序号	构件名称	设计轴线位置/mm	轴线位置实测值/mm			
			H_1	H_2	H_3	平均值
1	一层4-5/A轴	8500	8490	8488	8487	8488
2	一层5-6/A轴	8500	8504	8487	8490	8494
⋮	⋮	⋮	⋮	⋮	⋮	⋮

检测结果

(7)钢构件截面尺寸偏差检测

使用钢卷尺盒尺、数显游标卡尺、超声波测厚仪等量测构件尺寸,对照设计图纸查看、量测轴线位置、构件位置及尺寸,所检33个构件中29个符合设计要求,5个不符合设计要求,结果汇总如表(九)。

钢结构构件尺寸检测结果汇总表(九)

工程名称	×××项目	仪器设备	盒尺、数显游标卡尺、超声波测厚仪
结构部位	钢柱、钢梁	检测数量	33个构件

检测结果

序号	构件名称及检测部位	设计要求/mm	实测值mm	检测结果
1	一层柱5/G轴	500×500×12×25	500×500×12×25	符合要求
2	一层柱6/(1/E)轴	400×400×13×21	400×00×13×21	符合要求
⋮	⋮	⋮	⋮	⋮

(8)钢构件表面硬度检测。

使用便携里氏硬度计对钢构件表面硬度进行检测,检测X处,推断强度不低于Q345构件X处,达不到Q345的构件X处,结果汇总如表(十)。

里氏硬度统计表(十)

检测位置	代表值1(HL)	代表值2(HL)	代表值3(HL)	代表值4(HL)	代表值5(HL)	抗拉强度 $f_{b,min}/f_{b,max}$(MPa)	抗拉强度推定值/特征值(MPa)	推断材质
一层柱5/B轴	349	439	384	344	367	352/557	455/352	达不到Q345
一层柱6/A轴	362	309	454			393/543	468/393	达不到Q345
⋮	⋮	⋮	⋮	⋮	⋮	⋮	⋮	⋮

6. 检测结论

检测结论如下。

(1)所测钢结构柱垂直度检测结果符合规范7根,不符合规范5根,其中超差较大钢柱2根。

(2)所测钢结构梁挠度检测结果符合规范要求。

(3)所测钢结构梁柱节点焊缝检测符合设计要求。

(4)全数检查节点完整性,存在64处缺陷问题。

(5)所检轴线位置1处不符合设计要求。

(6)所检钢构件截面尺寸5处不符合设计要求。

(7)所检钢构件表面硬度有3个构件低于设计强度。

7. 结构抗震鉴定

依据国家标准《构筑物抗震鉴定标准》GB 50117—2014的规定,抗震鉴定包括第一级鉴定以宏观控制和构造鉴定为主进行综合评价,第二级鉴定以抗震验算为主结合构造影响进行综合评价。该工程位于唐山市南堡开发区,主体为钢框架结构,抗震设防烈度为8度,地震基本加速度为0.20g,设计地震分组为第三组,场地类别Ⅲ类。该工程按后续使用年限为30年,即A类钢框架结构进行抗震鉴定。

依据《构筑物抗震鉴定标准》GB 50117—2014第7.1节及第7.2节的规定,A类钢框架结构抗震鉴定,包括抗震措施鉴定和抗震承载力验算。

1)抗震措施鉴定

根据《构筑物抗震鉴定标准》GB 50117—2014第7.2节,本工程采用的抗震措施如下。

(1)框架的梁柱为刚接,梁翼缘与柱为全焊透焊接;梁腹板与柱为高强度螺栓连接。

(2)柱的长细比,抗震设防烈度为8度时未超过120。

(3)梁柱板件宽厚比限值均符合表(十一)要求。

A类框排架结构的梁柱板件宽厚比限值(十一)

构件名称		8度
柱	工字形截面翼缘外伸部分	13
	工字形截面腹板	50
梁	工字形截面翼缘外伸部分	13

2)抗震承载力验算

按现行标准进行结构抗震承载力验算,后续使用年限为30年,地震影响系数的调整系数取0.75,验算结果如下:

(1)标高3.400m结构层,位于B、1/C、G轴上介于4轴与5轴之间的钢梁稳定应力超限,最大超限9%,不满足规范要求,其他梁柱应力满足规范要求。

(2)标高8.660m结构层,5轴交B轴、5轴交G轴钢柱稳定超限,最大超限3%,不满足规范要求,其余柱、梁应力满足规范要求。

(3)标高14.750m结构层,4轴交A轴、4轴交H轴、5轴交1/0A轴、5轴交1/H轴、6轴交1/0A轴、6轴交H轴、6轴交1/H轴钢柱长细比超限,超限3.4%,不满足规范要求,其余柱、梁应力满足规范要求。

(4)标高17.850m结构层,梁柱应力满足规范要求。

(5)标高22.700m结构层,4轴和6轴上所有柱、5轴交E轴钢柱长细比超限,最大超限4%,不满足规范要求,其余柱、梁应力满足规范要求。

(6)结构抗震验算计算书详见附件3。

8. 鉴定结论

专家组依据现场勘查、检测结果、荷载验算和国家相关规范标准,经综合分析论证,提出工程抗震性鉴定意见如下:

（1）现场勘查,未发现工程出现基础不均匀沉降、柱、梁受力裂缝,钢结构构件受力变形、失稳等影响结构安全的质量问题,结构构件构造连节点未发现受力裂缝、存在明显缺陷等影响结构安全的质量问题。

（2）标高3.400m结构层,位于B、G轴上介于4轴与5轴之间的钢梁稳定应力超限,应进行加固处理。

9.　处理建议

（1）该工程继续使用需要进行加固处理,应由有资质的设计和施工单位完成。

（2）对现场勘查及检测发现的工程质量问题,结合本次加固改造一并采取措施处理。

10.　专家组成员

专家信息及确认签字表(十二)

姓名	职称	签字
×××	正高级工程师	
×××	高级工程师	
×××	教授	

11.　附件

（1）工程外观照片1张(附件1)。

（2）工程现场勘查问题照片6张(附件2)。

（3）结构抗震验算计算书(附件3)(略)。

（4）测量检测报告。(略)

（5）鉴定委托书及相关资料。(略)

（6）专家职称和技术人员职称证书。(略)

（7）鉴定机构资质材料。(略)

附件1　工程外观

图(一)　梁柱节点域缺少加劲肋

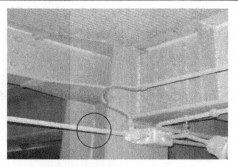

图(二)　梁柱节点域缺少加劲肋

图(三)　局部加劲肋焊缝不完整

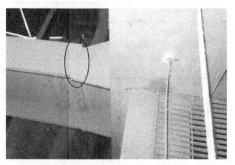

图(四)　钢梁与柱上悬壁段对接焊缝错口

图(五)　节点肋板弯折、连接板焊缝不足

图(六)　设置了单轨吊的轻型屋盖无支撑系统

附件2　工程现场勘查质量问题

第4章 危险房屋鉴定

4.1 危险房屋鉴定概述

现有建筑由于使用寿命、人为原因或自然灾害等原因,房屋构件或局部甚至整体出现问题,继续使用是否存在安全隐患需要做出有效、准确评判。为有效利用既有房屋,准确判断房屋结构的危险程度,及时处理危险房屋,确保房屋结构安全,需进行房屋危险性鉴定。

危险性房屋根据适用规范标准不同分为两类,分别适用不同鉴定标准。一类称为"危险房屋",是指具有结构安全危险性的城市规划区和工矿区内建筑、农村除自建住房外的村镇集体建筑、公共服务建筑、商业服务用房及生产建筑等房屋,适用《危险房屋鉴定标准》JGJ 125—2016;另一类称为"农村危险住房",是指不超过二层,具有结构安全危险性的农村自建住房,适用《农村住房危险性鉴定标准》JGJ/T 363—2014。

本章以危险房屋和农村危险住房鉴定为主要内容进行介绍。

4.1.1 危险房屋鉴定内容、程序与方法

现有建筑,主要指建成两年以上且已投入使用的房屋,不包括在建和新建未投入使用房屋。

危险房屋,是指房屋结构体系中存在承重构件被评定为危险构件,导致局部或整体不能满足安全使用要求的房屋。

被判定为危险房屋的建筑需要进行针对性的加固处理,否则不应继续使用或应限制使用。

1. 危险房屋鉴定

房屋危险性鉴定也称危险房屋鉴定,是指通过检查现有建筑的设计、施工质量和现状,按规定的抗震设防要求,对其在地震作用下的安全性进行评估。

危险房屋鉴定目前依据的主要标准和规章是《危险房屋鉴定标准》JGJ 125—2016和《城市危险房屋管理规定》(中华人民共和国建设部令第129号)。

2. 危险房屋鉴定的程序和内容

房屋危险性鉴定应根据委托人提出的鉴定要求确定鉴定范围和内容。

(1)鉴定实施前应调查、收集和分析房屋原始资料,并应进行现场查勘,制定检测鉴定方案。

(2)应根据检测鉴定方案对房屋现状进行现场检测,必要时应采用仪器测试、结构分析和验算。

(3)房屋危险性等级评定应在对调查、查勘、检测、验算的数据资料进行全面分析的基础上进行综合评定。

应按《危险房屋鉴定标准》JGJ 125—2016中第7章的相关规定和第3.1.5条内容出具鉴定报告,提出原则性的处理建议。

3. 危险房屋鉴定方法

房屋危险性鉴定应根据地基危险性状态和基础及上部结构的危险性等级按下列两阶段进行综合评定。

(1)第一阶段为地基危险性鉴定,评定房屋地基的危险性状态。

(2)第二阶段为基础及上部结构危险性鉴定,综合评定房屋的危险性等级。

基础及上部结构危险性鉴定应按下列三层次进行:

① 第一层次为构件危险性鉴定,其等级评定为危险构件和非危险构件两类;

② 第二层次为楼层危险性鉴定,其等级评定为A_u、B_u、C_u、D_u四个等级;

③ 第三层次为房屋危险性鉴定,其等级评定为A、B、C、D四个等级。

4.1.2 地基危险性鉴定

1. 地基危险性鉴定要求

地基的安全性直接影响建筑安全性,地基的危险性鉴定包括地基承载能力、地基沉降、土体位移等内容。

(1)需对地基进行承载力验算时,应通过地质勘察报告等资料来确定地基土层分布及各土层的力学特性,同时宜根据建造时间确定地基承载力提高的影响,地基承载力提高系数可按国家标准《建筑抗震鉴定标准》GB 50023—2009的相应规定取值。

(2)地基危险性状态鉴定应符合下列规定。

① 可通过分析房屋近期沉降、倾斜观测资料和其上部结构因不均匀沉降引起的反应的检查结果进行判定。

② 必要时宜通过地质勘察报告等资料对地基的状态进行分析和判断,缺乏地质勘察资料时宜补充地质勘察。

2. 地基安全性鉴定评级

现有建筑地基安全性鉴定评级应按下列方法和要求区分建筑层数进行评定。

(1)当单层或多层房屋地基出现下列现象之一时,应评定为危险状态。

① 当房屋处于自然状态时,地基沉降速率连续两个月大于4mm/月,且短期内无收敛趋

势;当房屋受相邻地下工程施工影响时,地基沉降速率大于2mm/天,且短期内无收敛趋势。

② 因地基变形引起砌体结构房屋承重墙体产生单条宽度大于10mm的沉降裂缝,或产生最大裂缝宽度大于5mm的多条平行沉降裂缝,且房屋整体倾斜率大于1%。

③ 因地基变形引起混凝土结构房屋框架梁、柱出现开裂,且房屋整体倾斜率大于1%。

④ 两层及两层以下房屋整体倾斜率超过3%,三层及三层以上房屋整体倾斜率超过2%。

⑤ 地基不稳定产生滑移,水平位移量大于10mm,且仍有继续滑动迹象。

(2)当高层房屋地基出现下列现象之一时,应评定为危险状态。

① 不利于房屋整体稳定性的倾斜率增速连续两个月大于0.05%/月,且短期内无收敛趋势。

② 上部承重结构构件及连接节点因沉降变形产生裂缝,且房屋的开裂损坏趋势仍在发展。

③ 房屋整体倾斜率超过表4.1(《危险房屋鉴定标准》JGJ 125—2016的表4.2.2)规定的限值。

表4.1 (标准表4.2.2) 高层房屋整体倾斜率限值

房屋高度/m	$24 < H_g \leqslant 60$	$60 < H_g \leqslant 100$
倾斜率限值/%	0.7	0.5

注:H_g为自室外地面起算的建筑物高度(m)。

4.2 房屋构件危险性鉴定

4.2.1 房屋构件危险性鉴定一般要求

房屋承重构件按形式、部位和作用不同分为基础、墙、柱、梁、杆、板、桁架、网架等,按使用的材料分为砌体结构构件、钢筋混凝土结构构件、木结构构件、钢结构构件和围护结构构件。构件安全性鉴定应区分不同材料和构件形式进行。

1. 构件的划分

1)基础构件划分

(1)独立基础以一个基础为一个构件。

(2)柱下条形基础以一个柱间的一轴线为一个构件。

(3)墙下条形基础以一个自然间的一轴线为一个构件。

(4)带壁柱墙下条形基础按计算单元的划分确定。

(5)单桩以一根为一个构件。

(6)群桩以一个承台及其所含的基桩为一个构件。

(7)筏形基础和箱形基础以一个计算单元为一个构件。

2)墙构件划分

(1)砌筑的横墙以一层高、一自然间的一轴线为一个构件。

(2)砌筑的纵墙(不带壁柱)以一层高、一自然间的一轴线为一个构件。

(3)带壁柱的墙按计算单元的划分确定。

(4)剪力墙按计算单元的划分确定。

3)柱

(1)整截面柱以一层、一根为一个构件。

(2)组合柱以层、整根(即含所有柱肢和缀板)为一个构件。

4)梁

梁式构件应以一跨、一根为一个构件;若为连续梁时,可取一整根为一个构件。

5)杆(包括支撑)

杆(包括支撑)应以仅承受拉力或压力的一根杆为一个构件。

6)板构件

(1)现浇板按计算单元的划分确定。

(2)预制板以梁、墙、屋架等主要构件围合的一个区域为一个构件。

(3)木楼板以一开间为一个构件。

2. 结构分析及承载力验算应符合的规定

(1)结构分析应根据环境对材料、构件和结构性能的影响及结构累积损伤影响等进行。

(2)结构构件承载力验算时应按现行设计规范的计算方法进行,计算时可不计入地震作用,且根据不同建造年代的房屋,其抗力与效应之比的调整系数 ϕ 应按表4.2(标准表5.1.2)取用。

表4.2 (标准表5.1.2)结构构件抗力与效应之比调整系数(ϕ)

房屋类型	构件类型			
	砌体构件	混凝土构件	木构件	钢构件
I	1.15(1.10)	1.20(1.10)	1.15(1.10)	1.00
II	1.05(1.00)	1.10(1.05)	1.05(1.00)	1.00
III	1.00	1.00	1.00	1.00

注:房屋类型按建造年代进行分类,I 类房屋指1989年以前建造的房屋,II 类房屋指1989—2002年建造的房屋,III 类房屋是指2002年以后建造的房屋。

3. 结构或构件的几何参数采用规则

应采用实测值,并应计入锈蚀、腐蚀、腐朽、虫蛀、风化、裂缝、缺陷、损伤及施工偏差等的影响。

4. 当构件同时符合下列条件时,可直接评定为非危险构件

(1)构件未受结构性改变、修复或用途及使用条件改变的影响。

(2)构件无明显的开裂、变形等损坏。

(3)构件工作正常,无安全性问题。

4.2.2 基础构件危险性鉴定

基础构件的危险性鉴定应包括基础构件的承载能力、构造与连接、裂缝和变形等内容。

1)基础构件的危险性鉴定规定

(1)可通过分析房屋近期沉降、倾斜观测资料和其因不均匀沉降引起上部结构反应的检查结果进行判定。判定时,应检查基础与承重砖墙连接处的水平、竖向和斜向阶梯形裂缝状况,基础与框架柱根部连接处的水平裂缝状况,房屋的倾斜位移状况,地基滑坡、稳定、特殊土质变形和开裂等状况。

(2)必要时,宜采用开挖方式对基础构件进行检测,通过验算承载力进行判定。

2)当房屋基础构件有下列现象之一者,应评定为危险点

(1)基础构件承载能力与其作用效应的比值不满足式(4.1)的要求。

$$\frac{R}{\gamma_0 S} \geqslant 0.90 \tag{4.1}$$

式中 R——结构构件抗力;

S——结构构件作用效应;

γ_0——结构构件重要性系数。

(2)因基础老化、腐蚀、酥碎、折断导致上部结构出现明显倾斜、位移、裂缝、扭曲等,或基础与上部结构承重构件连接处产生水平、竖向或阶梯形裂缝,且最大裂缝宽度大于10mm。

(3)基础已有滑动,水平位移速度连续两个月大于2mm/月,且在短期内无收敛趋势。

4.2.3 砌体结构构件危险性鉴定

砌体结构构件的危险性鉴定应包括承载能力、构造与连接、裂缝和变形等内容。砌体结构建筑危险性鉴定应进行详细现场勘察,详细了解砌体结构构件现状。

1)砌体结构构件检查主要内容

(1)查明不同类型构件的构造连接部位状况。

(2)查明纵横墙交接处的斜向或竖向裂缝状况。

(3)查明承重墙体的变形、裂缝和拆改状况。

(4)查明拱脚裂缝和位移状况,以及圈梁和构造柱的完损情况。

(5)确定裂缝宽度、长度、深度、走向、数量及分布,并应观测裂缝的发展趋势。

2)砌体结构构件有下列现象之一者,应评定为危险点

(1)考虑结构构件抗力与效应之比调整系数影响,砌体构件承载力与其作用效应的比值,主要构件不满足≥0.9的要求,一般构件不满足≥0.85的要求。

(2)承重墙或柱因受压产生缝宽大于1.0mm、缝长超过层高1/2的竖向裂缝,或产生缝长超过层高1/3的多条竖向裂缝。

(3)承重墙或柱表面风化、剥落、砂浆粉化等,有效截面削弱达15%以上。

(4)支承梁或屋架端部的墙体或柱截面因局部受压产生多条竖向裂缝,或裂缝宽度已超过1.0mm。

(5)墙或柱因偏心受压产生水平裂缝。

(6)单片墙或柱产生相对于房屋整体的局部倾斜变形大于7‰,或相邻构件连接处断裂成通缝。

(7)墙或柱出现因刚度不足引起的挠曲鼓闪等侧弯变形现象,侧弯变形矢高大于$h/150$,或在挠曲部位出现水平或交叉裂缝。

(8)砖过梁中部产生明显竖向裂缝,或端部产生明显斜裂缝,或支承过梁的墙体产生受力裂缝或产生明显的弯曲、下挠变形。

(9)墙体高厚比超过现行《砌体结构设计规范》GB 50003允许高厚比的1.2倍。

4.2.4 混凝土结构构件危险性鉴定

混凝土结构构件的危险性鉴定应包括承载能力、构造与连接、裂缝和变形等内容。混凝土结构建筑危险性鉴定,应进行详细现场勘察。

1)混凝土结构构件检查内容

(1)查明墙、柱、梁、板及屋架的受力裂缝和钢筋锈蚀状况。

(2)查明柱根和柱顶的裂缝状况。

(3)查明屋架倾斜及支撑系统的稳定性情况。

2)混凝土结构构件有下列现象之一者,应评定为危险点

(1)考虑结构构件抗力与效应之比调整系数影响,混凝土结构构件承载力与其作用效应的比值,主要构件不满足≥0.9的要求,一般构件不满足≥0.85的要求。

(2)梁、板产生超过$l_0/150$的挠度,且受拉区的裂缝宽度大于1.0mm;或梁、板受力主筋处产生横向水平裂缝或斜裂缝,缝宽大于0.5mm,板产生宽度大于1.0mm的受拉裂缝。

（3）简支梁、连续梁跨中或中间支座受拉区产生竖向裂缝，其一侧向上或向下延伸达梁高的 2/3 以上，且缝宽大于 1.0mm，或在支座附近出现剪切斜裂缝。

（4）梁、板主筋的钢筋截面锈损率超过 15%，或混凝土保护层因钢筋锈蚀而严重脱落、露筋。

（5）预应力梁、板产生竖向通长裂缝，或端部混凝土松散露筋，或预制板底部出现横向断裂缝或明显下挠变形。

（6）现浇板面周边产生裂缝，或板底产生交叉裂缝。

（7）压弯构件保护层剥落，主筋多处外露锈蚀；端节点连接松动，且伴有明显的裂缝；柱因受压产生竖向裂缝，保护层剥落，主筋外露锈蚀；或一侧产生水平裂缝，缝宽大于 1.0mm，另一侧混凝土被压碎，主筋外露锈蚀。

（8）柱或墙产生相对于房屋整体的倾斜、位移，其倾斜率超过 10‰，或其侧向位移量大于 $h/300$。

（9）构件混凝土有效截面削弱达 15% 以上，或受力主筋截断超过 10%；柱、墙因主筋锈蚀已导致混凝土保护层严重脱落，或受压区混凝土出现压碎迹象。

（10）钢筋混凝土墙中部产生斜裂缝。

（11）屋架产生大于 $l_0/200$ 的挠度，且下弦产生横断裂缝，缝宽大于 1.0mm。

（12）屋架的支撑系统失效导致倾斜，其倾斜率大于 20‰。

（13）梁、板有效搁置长度小于国家现行相关标准规定值的 70%。

（14）悬挑构件受拉区的裂缝宽度大于 0.5mm。

4.2.5　钢结构构件危险性鉴定

钢结构构件的危险性鉴定应包括承载能力、构造和连接、变形等内容。

钢结构建筑危险性鉴定，应进行详细现场勘察。

1）钢结构构件检查主要内容

（1）查明各连接节点的焊缝、螺栓、铆钉状况。

（2）查明钢柱与梁的连接形式，以及支撑杆件、柱脚与基础连接部位的损坏情况。

（3）查明钢屋架杆件弯曲、截面扭曲、节点板弯折状况和钢屋架挠度、侧向倾斜等偏差状况。

2）钢结构构件有下列现象之一者，应评定为危险点

（1）考虑结构构件抗力与效应之比调整系数影响，钢结构构件承载力与其作用效应的比值，主要构件不满足 ≥0.9 的要求，一般构件不满足 ≥0.85 的要求。

（2）构件或连接件有裂缝或锐角切口，焊缝、螺栓或铆接有拉开、变形、滑移、松动、剪坏

等严重损坏。

(3)连接方式不当,构造有严重缺陷。

(4)受力构件因锈蚀导致截面锈损量大于原截面的10%。

(5)梁、板等构件挠度大于$l_0/250$,或大于45mm。

(6)实腹梁侧弯矢高大于$l_0/600$,且有发展迹象。

(7)受压构件的长细比大于现行《钢结构设计标准》GB 50017中规定值的1.2倍。

(8)钢柱顶位移,平面内大于$h/150$,平面外大于$h/500$,或大于40mm。

(9)屋架产生大于$l_0/250$或大于40mm的挠度;屋架支撑系统松动失稳,导致屋架倾斜,倾斜量超过$h/150$。

4.2.6 围护结构承重构件危险性鉴定

围护结构承重构件主要包括围护系统中砌体自承重墙、承担水平荷载的填充墙、门窗洞口过梁、挑梁、雨篷板及女儿墙等。

(1)围护结构承重构件的危险性鉴定应包括承载能力、构造和连接、变形等内容。

(2)围护结构承重构件的危险性鉴定,应区分砌体、混凝土、钢构件,根据其构件类型按本章第4.2.3~4.2.5条的相关内容进行评定。

4.2.7 房屋危险性鉴定

房屋危险性鉴定应根据被鉴定房屋的结构形式和构造特点,按其危险程度和影响范围进行鉴定。

在构件危险性评定结果的基础上,按照基础、楼层和整幢建筑两个阶段进行,基础及楼层危险性鉴定按照其组成构件有无危险点和危险状况分为A_u、B_u、C_u、D_u四级;房屋危险性鉴定根据房屋地基、基础及楼层危险性鉴定结果结合周边环境、使用环境并考虑可修复性综合评定,分为A、B、C、D四级。

1. 一般规定

(1)房屋危险性鉴定应以幢为鉴定单位。

(2)房屋基础及楼层危险性鉴定,应按下列等级划分。

① A_u级:无危险点。

② B_u级:有危险点。

③ C_u级:局部危险。

④ D_u级:整体危险。

(3)房屋危险性鉴定,应根据房屋的危险程度按下列等级划分。

① A级:无危险构件,房屋结构能满足安全使用要求。

② B级:个别结构构件评定为危险构件,但不影响主体结构安全,基本能满足安全使用要求。

③ C级:部分承重结构不能满足安全使用要求,房屋局部处于危险状态,构成局部危房。

④ D级:承重结构已不能满足安全使用要求,房屋整体处于危险状态,构成整幢危房。

2. 房屋危险性鉴定综合评定原则

(1)房屋危险性鉴定采用综合评定方法,以房屋的地基、基础及上部结构构件的危险性程度判定为基础,结合下列因素进行全面分析和综合判断。

① 各危险构件的损伤程度;

② 危险构件在整幢房屋中的重要性、数量和比例;

③ 危险构件相互间的关联作用及对房屋整体稳定性的影响;

④ 周围环境、使用情况和人为因素对房屋结构整体的影响;

⑤ 房屋结构的可修复性。

(2)在地基、基础、上部结构构件危险性呈关联状态时,应联系结构的关联性判定其影响范围。

(3)房屋危险性等级鉴定应符合下列规定。

① 在第一阶段地基危险性鉴定中,当地基评定为危险状态时,应将整幢房屋评定为 D 级整幢危房。

② 当地基评定为非危险状态时,应在第二阶段鉴定中,综合评定房屋基础及上部结构(含地下室)的状况后做出判断。

③ 对传力体系简单的两层及两层以下房屋,可根据危险构件影响范围直接评定其危险性等级。

3. 房屋危险性鉴定综合评定方法

综合评定法需要确定基础、上部结构危险构件比例,作为基础层、上部结构危险性等级判定的依据。

(1)基础层危险性等级判定准则应符合下列规定。

① 当基础层中危险构件与构件总数比例 R_f 为 0 时,即基础层无危险构件时,基础层危险性等级评定为 A_u 级;

② 当基础层中危险构件与构件总数比例满足 $0 < R_f < 5\%$ 时,基础层危险性等级评定为 B_u 级;

③ 当基础层中危险构件与构件总数比例满足 $5\% \leqslant R_f$ 时,基础层危险性等级评定为 C_u 级;

④ 基础层中危险构件与构件总数比例 $R_f \geqslant 25\%$ 时,基础层危险性等级评定为 D_u 级。

R_f 应按《建筑抗震鉴定标准》GB 50023—2009 式(6.3.1)确定。

(2)上部结构(含地下室)各楼层的危险构件综合比例 R_{si} 应按《建筑抗震鉴定标准》GB 50023—2009 式(6.3.3)确定,当本层下任一楼层中竖向承重构件(含基础)评定为危险构件时,本层与该危险构件上下对应位置的竖向构件不论其是否评定为危险构件,均应计入危险构件数量。

综合比例确定时根据屋不同结构构件的重要性程度分别赋予中柱、边柱、角柱、中梁及边梁、次梁、楼板等构件不同的系数,如公式中的系数 3.5(中柱)、2.7(边柱)、1.8(角柱)、2.7(墙)、1.9(主梁)、1.9(屋架)、1.4(边梁)、1.0(次梁)、1.0(楼板)、1.0(围护构件)等。

(3)上部结构(含地下室)楼层危险性等级判定应符合下列规定。

① 各楼层的危险构件综合比例 R_{si} 为 0 时,楼层危险性等级应评定为 A_u 级。

② 当各楼层的危险构件综合比例满足 $0 < R_{si} < 5\%$ 时,楼层危险性等级应评定为 B_u 级。

③ 当各楼层的危险构件综合比例满足 $5\% \leqslant R_{si} < 25\%$ 时,楼层危险性等级应评定为 C_u 级。

④ 当各楼层的危险构件综合比例 $R_{si} \geqslant 25\%$ 时,楼层危险性等级应评定为 D_u 级。

(4)整体结构(含基础、地下室)危险构件综合比例 R 应按《建筑抗震鉴定标准》GB 50023—2009 式(6.3.5)确定。

(5)房屋危险性等级判定准则应符合下列规定。

① 当整体结构(含基础、地下室)危险构件综合比例 R 为 0 时,应评定为 A 级。

② 当整体结构(含基础、地下室)危险构件综合比例满足 $0 < R < 5\%$,若基础及上部结构各楼层(含地下室)危险性等级不含 D_u 级时,应评定为 B 级,否则应为 C 级。

③ 当整体结构(含基础、地下室)危险构件综合比例满足 $5\% \leqslant R < 25\%$,若基础及上部结构各楼层(含地下室)危险性等级中 D_u 级的层数不超过 $(F+B+f)/3$ 时,应评定为 C 级,否则应为 D 级。F 为上部结构层数;B 为地下室结构层数;f 为基础层数。

④ 当 $R \geqslant 25\%$ 时,应评定为 D 级。

4.2.8 房屋危险性鉴定报告

1. 危险房屋鉴定报告宜包括的内容

(1)房屋的建筑、结构概况及使用历史、维修情况等。

(2)鉴定目的、内容、范围、依据及日期。

(3)调查、检测、分析过程及结果。

(4)评定等级或评定结果。

(5)鉴定结论及建议。

(6)相关附件。

2. 鉴定报告

鉴定报告应对危险构件的数量、位置、在结构体系中的作用及现状作出详细说明,必要时可通过图表来进行说明。

在对被鉴定房屋提出处理建议时,应结合周边环境、经济条件等各类因素综合考虑。

3. 存在危险构件的房屋

对于存在危险构件的房屋,可根据危险构件的破损程度和具体情况有针对性地选择下列处理措施:

(1)减少结构使用荷载。

(2)加固或更换危险构件。

(3)架设临时支撑。

(4)观察使用或停止使用。

(5)拆除部分或全部结构。

4. 对评定为局部危房或整幢危房房屋的处理方式

(1)观察使用:适用于采取适当安全技术措施后,尚能短期使用,但需继续观察的房屋。

(2)处理使用:适用于采取适当安全技术措施后,可解除危险的房屋。

(3)停止使用:适用于已无修缮价值,暂时不便拆除,又不危及相邻建筑和影响他人安全的房屋。

(4)整体拆除:适用于整幢危险且无修缮价值,需立即拆除的房屋。

(5)按相关规定处理:适用于有特殊规定的房屋。

4.3　房屋安全性鉴定实例

4.3.1　钢筋混凝土结构酒店安全性鉴定实例

×××酒店位于××市××县××开发区××路与××路交叉口东南侧,于2019年年底竣工并投入使用。酒店为地下一层,地上五层,建筑高度23.70m(至檐口高度),建筑面积10 163m²。结构形式为钢筋混凝土框架结构,场地地势较平坦,场地土属中软土,无软弱及液化土层,场地稳定性为较稳定,地下水位-1.8m,采用天然地基,筏板基础。抗震设防烈度8度,设计基本地震加速度0.2g,设计地震分组的第一组,场地类别的Ⅲ类。填充墙采用陶粒混凝土砌块砌筑。

因×××酒店地下室部分出现基础底板及部分梁柱节点混凝土局部较严重酥裂,该酒店委托某公司对该酒店的危险性进行检测鉴定。

通过对酒店进行初步勘查和资料核查,酒店主要验收文件资料较齐全,施工技术资料欠缺。据此拟定工程检测鉴定方案,经委托方确认并签订检测鉴定合同。

按检测鉴定方案进行详细勘查,详细审核委托方提供的资料;进行构件混凝土抗压强度、梁裂缝宽度、板裂缝宽度等检测,委托××测绘机构进行建筑物倾斜度、地面沉降检测并提供检测报告;查看地基基础、主体结构和主要承重构件、围护结构构件现状,并保留影像资料。

根据资料、现状、检测结果综合评定地基危险性,鉴定结论为安全状态;按构件、楼层和房屋危险性三个层次进行评定,基础无危险构件,地下一层柱、梁、板均存在危险构件。基础层危险性等级评定为a_u级,地下一层危险性等级应评定为B_u级,其他楼层评定为a_u级。整体结构危险构件综合比例确定为3.24%,根据《危险房屋鉴定标准》JGJ 125—2016第6.3.6条规定,房屋危险性等级评定为B级。

据此提出安全性检测鉴定结论:×××酒店的房屋危险性等级评定为B级,部分承重结构不能满足安全使用要求,房屋局部处于危险状态,构成局部危房,需要对危险构件进行加固处理。

提出处理建议:由有资质的设计、施工单位对地下部分存在问题的梁、柱、板进行加固处理;加固前应采取适当的技术安全措施,解除危险后再进行加固处理。对其他工程质量问题,结合本次加固一并采取措施处理。

按《危险房屋鉴定标准》JGJ 125—2016第7章要求,编制检测鉴定报告《×××酒店房屋危险性检测鉴定报告》如下。

×××酒店房屋危险性检测鉴定报告		
工程名称	×××酒店	
工程地点	××市××县××路××开发区	
委托单位	×××	
建设单位	×××	
设计单位	×××	
施工单位	×××	
抽样日期	2020年xx月xx日	检测日期	2020年xx月xx日
检测数量	详见报告内	检验类别	委托
检测鉴定项目	1. 钢筋混凝土柱垂直度检测 2. 钻芯法检测混凝土抗压强度 3. 混凝土构件裂缝(宽度、长度)检测 4. 建筑物倾斜度检测	
检测鉴定仪器	全站仪,规格型号为日本株式会社索佳(SOKKIA)NET05X; 混凝土钻孔机;裂缝宽度观测仪LR-FK202	
鉴定依据	1.《危险房屋鉴定标准》JGJ 125—2016 2.《民用建筑可靠性鉴定标准》GB 50292—2015 3.《建筑地基基础工程施工质量验收规范》GB 50202—018 4.《混凝土结构工程施工质量验收规范》GB 50204—2015 5.《砌体结构工程施工质量验收规范》GB 50203—2011 6.《建筑结构荷载规范》GB 50009—2012 7.《建筑地基基础设计规范》GB 50007—2011 8.《混凝土结构设计规范》GB 50010—2010(2015年版) 9.《砌体结构设计规范》GB 50003—2011 10.《房屋裂缝检测与处理技术规程》CECS 293:2011 11.《工程测量规范》GB 50026—2016 12.《建筑变形测量规范》JGJ 8—2016 13. 现场勘查记录及影像资料	
检测依据	1. 建筑结构检测技术标准》GB/T 50344—2019 2.《钻芯法检测混凝土强度技术规程》JGJ/T 384—2016 3.《砌体工程现场检测技术标准》GB/T 50315—2011 4.《混凝土结构现场检测技术标准》GB/T 50784—2013	

1. 工程概况

×××酒店位于××市××县××开发区××路与××路交叉口东南侧,于2019年年底建成并投入使用[工程外观见附件1图(一)]。

本酒店为地下一层,地上五层,主要功能为餐饮及住宿用房,室内外高差0.45m,建筑高度23.70m(至檐口高度),建筑面积10 163m²。本工程抗震设防烈度8度,设计基本地震加速度0.2g,设计地震分组为第一组,场地类别为Ⅲ类。

本工程主体结构形式为钢筋混凝土框架结构、楼板及屋面板为预制空心楼板,场地地势较平坦,场地土属中软土,不存在软弱土层及液化土层,场地稳定性为较稳定,地下水位-1.8m,采用天然地基,地基承载力特征值为120kPa,基础采用钢筋混凝土柱下筏板基础。多跨框架,各层柱、梁混凝土为现浇,各层楼板及屋面板均为现浇。

混凝土强度:基础及基础梁板为C35、垫层为C15;首层框架柱、梁、板、楼梯为C35,二至五层框架柱、梁、板、楼梯为C30,构造柱、过梁、抗震扁带为C25。钢筋混凝土保护层厚度:基础底面下筋为50mm,框架梁、柱、次梁主筋为25mm,板受力钢筋为15mm,楼板中的分布筋、梁柱中箍筋和构造钢筋为15mm。钢筋为Ⅰ级(强度设计值f_y=210N/mm^2)、Ⅲ级(强度设计值f_y=360N/mm^2),框架柱主筋采用机械连接接头,框架梁主筋直径>25mm时、次梁主筋直径≥22mm时采用焊接接头,其余钢筋采用搭接接头。±0.000m以下填充墙采用Mu10砖M5水泥砂浆砌筑,±0.000m以上填充墙采用陶粒混凝土砌块M5混合砂浆砌筑。

2. 检测鉴定目的和范围

鉴定的目的:因×××酒店地下室部分出现基础底板及部分梁柱节点混凝土局部酥裂且开裂较严重,故对该酒店的危险性进行检测鉴定。

鉴定的范围:×××酒店工程,建筑面积共10 163m^2。

3. 工程资料

提供了×××酒店的建筑、结构施工图纸、施工技术资料、工程地质勘察报告。

施工技术资料主要包括:《结构验收记录表》《单位工程质量综合评定表》《工程竣工(中间)验收交接证书》《工程质量优良证书》等工程施工验收文件,详见附件6(略)。

4. 现场勘查

2021年8月12日,在委托方人员带领下,专家组对×××酒店进行了现场勘查,情况如下。

1)地基的工作状况检查

经现场勘查,结合工程地质勘察报告、施工技术资料和施工验收资料,未发现地基产生明显不均匀沉降现象,但发现地下水从钢筋混凝土底板裂缝处渗漏现象。

2)基础及上部各楼层结构构件工作状况检查

经现场勘查,发现在基础底板跨中存在贯通性裂缝,地下水有外渗入现象;地下室顶板出现斜向贯通性裂缝,长度较大,局部分布较集中;梁柱节点处,梁底部出现明显横向裂缝,宽度较大且混凝土酥裂;局部框架柱底部混凝土受压酥裂,沿高度处出现多道横向裂缝,与梁相交部分出现混凝土受压酥裂现象;地下部分结构构件出现局部破损、开裂等影响结构安全的质量问题,此部分结构构件确定为危险构件。

3)使用情况

该工程自使用以来至本次检测鉴定,使用功能未发生改变。×年×月×日×时×分左右地下水位上升较多,基础底板开始出现开裂,陆续发现地下梁柱开裂。

4)现场勘查情况

勘查中发现工程存在的质量问题如下:

(1)地下车库底板多处开裂并存有渗漏痕迹,见附件2照片1、照片2。

(2)梁柱节点处,梁底部出现明显横向裂缝,宽度较大且混凝土酥裂,见附件2照片3、照片4。

(3)部分柱底部与底板交接处出现混凝土受压酥裂现象,见附件2照片5。

(4)部分柱与梁节点处出现柱混凝土受压酥裂现象,见附件2照片6。

(5)地下顶板局部出现较集中裂缝,裂缝长度较大、宽度较大,见附件2照片7、照片8。

5. 现场检测

1)柱垂直度检测

对该工程一~五层柱出现酥裂位置进行垂直度检测,检测结果见表(一)。

户内墙体垂直度检测结果汇总表(一)

工程名称	×××酒店		仪器设备	靠尺
结构类型	框架结构		检测数量	12个构件
检测结果				
序号	构件名称	测量1	测量2	测量3
1	地下一层柱3/C轴	4	2	6
2	地下一层柱5/D轴	1	2	1
⋮	⋮	⋮	⋮	⋮

2)混凝土抗压强度检测

对该工程出现混凝土酥裂处柱、梁采用钻芯法进行了混凝土抗压强度检测,检测结果见表(二)。

混凝土抗压强度检测结果汇总表(二)

工程名称	×××酒店	仪器设备	混凝土钻芯机
结构类型	框架结构	检测数量	6个构件
检测结果			
序号	构件名称	混凝土设计强度	芯样直径/mm	芯样抗压强度/MPa
1	地下一层柱3/C轴	C35	101.5	39.2
2	地下一层柱5/D轴	C35	101.5	38.3
⋮	⋮	⋮	⋮	⋮

3)基础不均匀沉降检测

对该工程地下部分地面及±0.000处地面进行了沉降检测,检测结果详见附件3(略)。

4)建筑物倾斜度检测

对该楼整体倾斜度进行检测,详见附件4(略)。

5)裂缝检测

对底板、柱、梁、板进行检测,详见附件5(略)。

6. 检测结论

(1)所检测建筑物倾斜度未达到评定为危房标准。

(2)所测构件混凝土抗压强度符合设计规范要求。

(3)所测梁裂缝宽度达到评定为危房标准。

(4)所测板裂缝宽度达到评定为危房标准。

7. 房屋危险性鉴定

根据《危险房屋鉴定标准》JGJ 125—2016要求,房屋危险性鉴定应根据地基危险性状态和基础及上部结构的危险性等级按下列两阶段进行评定:第一阶段为地基危险性鉴定,评定房屋地基的危险性状态;第二阶段为基础及上部结构危险性鉴定,综合评价房屋的危险性等级。

1）地基危险性鉴定

（1）地基基础设计和施工资料：该工程采用天然地基，采用钢筋混凝土筏板基础，基础底面标高-6.5m，施工单位对地基进行了钎探，建设、设计、勘察、施工单位及质监单位等部门有关人员进行了单位工程质量综合评定、地基验槽、分部验收、工程竣工验收，地基土质情况均与地勘报告相符合。

（2）建筑倾斜度检测：通过对该房屋倾斜度进行测量，建筑物倾斜率最大值0.2%，未超过《危险房屋鉴定标准》JGJ 125—2016规定的"三层及三层以上房屋整体倾斜率超过2%"的限值。

（3）地基危险性鉴定：依据《危险房屋鉴定标准》JGJ 125—2016相关要求，经现场勘查，未发现本工程因地基不均匀沉降引起结构裂缝和变形，出现裂缝及渗水现象为抗浮水位上涨引起。通过对该工程地基及基础设计、施工和验收资料，以及现场勘查情况综合分析和判定，本工程地基鉴定为安全状态。

2）基础及上部结构危险性鉴定

按构件、楼层和房屋危险性三个层次，分别对基础和各楼层进行危险性鉴定，最终综合判定房屋危险性等级。

（1）基础构件危险性鉴定：根据基础底板检测结果及《危险房屋鉴定标准》JGJ 125—2016第5.2节规定，判定基础层无危险构件。

（2）混凝土结构构件危险性鉴定：根据柱、梁、板构件检测结果及《危险房屋鉴定标准》JGJ 125—2016第5.4节规定，判定柱、梁、板危险构件，详见表（三）。

地下一层危险构件情况表（三）

分类	构件名称	损伤程度	备注
楼板构件	地下室顶板	板横向、斜向裂缝多道大于0.5mm	$n_{ds-1}=5$
柱梁构件	地下一层3轴中柱	柱因受压产生水平裂缝大于1.0mm，混凝土酥裂，保护层脱落	$n_{dpc-1}=2$
	地下一层5轴中柱	柱因受压产生水平裂缝大于1.0mm，混凝土酥裂，保护层脱落	$n_{dpc-1}=2$
	地下一层3轴框架梁	梁底部受拉区裂缝大于1.0mm	$n_{dpmb-1}=2$
	地下一层5轴框架梁	梁底部受拉区裂缝大于1.0mm	$n_{dpmb-1}=2$

注：n_{ds-1}为-1层楼板危险构件数量；n_{dpc-1}为-1层中柱危险构件数量；n_{dpmb-1}为-1层中梁危险构件数量。

其他楼层无危险构件。

（3）基础危险构件综合比例确定，根据《危险房屋鉴定标准》JGJ 125—2016第6.3.1条、第6.3.2条规定，计算可得：

$$R_f = n_{df}/n_f = 0$$

基础层危险性等级评定为 A_u 级。

3）×××酒店上部结构（含地下室）楼层危险性等级判定

地下一层危险构件综合比例确定，根据《危险房屋鉴定标准》JGJ 125—2016第6.3.3条、第6.3.4条规定，计算可得：地下室危险构件综合比例 $R_{s-1} = \left(3.5 n_{dpci-1} + 1.9 n_{dpmi-1} + n_{ds-1}\right)/\left(3.5 n_{pci-1} + 1.9 n_{pmbi-1} + n_{s-1}\right) = (3.5 \times 2 + 1.9 \times 4 + 5)/(3.5 \times 50 + 1.9 \times 200 + 50) = 3.24\%$

地下一楼危险性等级应评定为 B_u 级，其他楼层危险性等级应评定为 A_u 级。

整体结构危险构件综合比例确定。根据《危险房屋鉴定标准》JGJ 125—2016第6.3.5条规定，计算可得整体结构危险构件综合比例 $R = \left(3.5\sum n_{dpc-1} + 1.9 n_{dpmb-1} + n_{ds-1}\right)/\left(3.5\sum n_{pc-1} + 1.9 n_{pmb-1} + n_{s-1}\right) = \left[(3.5 \times 2 + 1.9 \times 4 + 5) + 6\right]/(3.5 \times 50 + 1.9 \times 200 + 50) = 3.24\%$

房屋危险性等级判定。根据《危险房屋鉴定标准》JGJ 125—2016第6.3.6条规定,$R = 3.24\% < 5\%$,且基础及上部结构各楼层(含地下室)危险性等级不含D_u级,房屋危险性等级评定为B级。

8. 鉴定结论

专家组依据现场勘查、检测结果,根据国家相关规范标准要求,经计算分析和综合评定,对×××酒店提出危险房屋检测鉴定意见如下。

该酒店的房屋危险性等级评定为B级,部分承重结构不能满足安全使用要求,房屋局部处于危险状态,构成局部危房,需要对危险构件进行加固处理。

9. 处理建议

对×××酒店的地下部分需要有资质的设计单位和施工单位进行加固处理;加固前应采取适当的技术安全措施,解除危险后再进行加固处理。

对现场勘查发现的其他工程质量问题,结合本次加固改造一并采取措施处理。

10. 附件

(1)工程外观照片1张(附件1)。

(2)工程现场勘查问题照片8张(附件2)。

(3)×××酒店沉降测量报告(略)。

(4)×××酒店倾斜测量报告(略)。

(5)裂缝检测汇总表(略)。

(6)工程施工验收文件(略)。

(7)专家职称和技术人员职称证书(略)。

(8)鉴定机构资质材料(略)。

附件1 ×××酒店工程外观照片

图(一) 基础底板出现开裂渗水现象(一)

图(二) 基础底板出现开裂渗水现象(二)

图(三) 梁底部混凝土受压酥裂

图(四) 梁底部混凝土斜向开裂

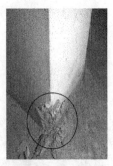

图(五) 柱与底板交接处混凝土受压酥裂

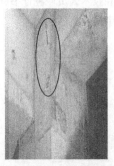

图(六) 柱与梁节点处混凝土受压酥裂

图(七) 车库顶板斜向裂缝及渗漏痕迹(一)

图(八) 车库顶板斜向裂缝及渗漏痕迹(二)

附件2 现场勘察问题照片

4.3.2 砌体结构住宅楼安全性鉴定实例

×××住宅楼位于××市××区××路××号,主体建筑5层,主体建筑高度14.2m(至屋面结构板顶),建筑面积2876m²,共5个单元,抗震设防烈度为8度。主体结构形式为砌体结构,楼、屋盖采用预制空心板,卫生间为钢筋混凝土现浇板,天然地基,毛石+砖基础,基础底面标高-2.1m,墙体为普通黏土砖砌筑。设有钢筋混凝土圈梁、构造柱。1992年年底建成并交付使用。

2021年2月,住宅楼1单元发生燃气燃爆并引发火灾,建筑局部受损,该住宅建设单位委托本公司对该住宅的危险性进行检测鉴定。

通过对住宅楼进行初步勘查和资料核查,设计文件、施工技术资料、工程验收资料较齐全,地质勘察报告缺失。据此项目组拟定住宅楼检测鉴定方案,经委托方确认并签订检测鉴定合同。

按检测鉴定方案进行详细勘查,详细审核委托方提供的资料;进行构件混凝土抗压强度、墙体砌筑砂浆、烧结砖抗压强度检测,检测了墙体、楼板裂缝宽度,委托××测绘机构进行建筑物倾斜度检测并提供报告;查看地基基础、主体结构和主要承重构件、围护结构构件现状,并保留影像资料。

由于1、2单元与3~5单元之间设置变形缝,故将1、2单元和3~5单元确定为独立鉴定单元评定其危险性等级。

根据资料、现状、检测结果综合评定1、2单元地基危险性,鉴定结论为安全状态;按构件、楼层和房屋危险性三个层次进行评定,基础、一层无危险构件,二层及以上楼板、墙体每层存在8~16个危险构件。基础层危险性等级评定为A_u级;二~五层结构危险构件综合比例为10%~23.4%,1、2单元二~五层结构危险性等级均评定为C_u级,一层评定为A_u级;3~5单元无危险构件,一~五层结构危险性等级均评定为A_u级。

(1)1、2单元房屋整体结构危险构件综合比例为15.2%,根据《危险房屋鉴定标准》JGJ 125—2016第6.3.6条规定,房屋危险性等级评定为C级。

(2)3~5单元房屋整体结构危险构件综合比例为0,房屋危险性等级评定为A级。

(3)该住宅1、2单元的房屋危险性等级评定为C级,部分承重结构不能满足安全使用要求,房屋局部处于危险状态,构成局部危房,需要对危险构件进行加固处理。

(4)该住宅3~5单元的房屋危险性等级评定为A级。房屋无危险构件,房屋结构能满足安全使用要求。

据此提出安全性检测鉴定结论:该住宅1、2单元的房屋危险性等级评定为C级,部分承重结构不能满足安全使用要求,房屋局部处于危险状态,构成局部危房,需要对危险构件进行加固处理。3~5单元的房屋危险性等级评定为A级,房屋结构能满足安全使用要求。

提出处理建议:由有资质的设计、施工单位对×××住宅楼1、2单元的房屋进行加固处理;加固前应采取适当的技术安全措施,解除危险后再进行加固处理;对3~5单元存在问题的房屋进行维修处理。

按《危险房屋鉴定标准》JGJ 125—2016第7章要求,编制检测鉴定报告《×××住宅楼危险房屋检测鉴定报告》如下表。

房屋危险性检测鉴定报告			
工程名称	×××住宅楼		
工程地点	××市××区××路××号		
委托单位	×××		
建设单位	×××		
设计单位	×××		
施工单位	×××		
抽样日期	2021年8月28日	检测日期	2021年8月28日
检测数量	详见报告内	检验类别	委托
检测鉴定项目	1. 户内墙体垂直度检测 2. 贯入法检测砂浆强度 3. 回弹法检测烧结砖强度 4. 钻芯法检测混凝土抗压强度 5. 混凝土构件裂缝(宽度、长度)检测 6. 建筑物倾斜度检测		
检测鉴定仪器	全站仪,规格型号为日本株式会社索佳(SOKKIA)NET05X;混凝土钻孔机;贯入式砂浆强度检测仪SJY800B;砖回弹仪HT75-A;裂缝宽度检测仪LR-FK202		
鉴定依据	1.《危险房屋鉴定标准》JGJ125—2016 2.《民用建筑可靠性鉴定标准》GB 50292—2015 3.《建筑地基基础工程施工质量验收规范》GB 50202—2018 4.《混凝土结构工程施工质量验收规范》GB 50204—2015 5.《砌体结构工程施工质量验收规范》GB 50203—2011 6.《建筑结构荷载规范》GB 50009—2012 7.《建筑地基基础设计规范》GB 50007—2011 8.《混凝土结构设计规范》GB 50010—2010(2015年版) 9.《砌体结构设计规范》GB 50003—2011 10.《房屋裂缝检测与处理技术规程》CECS293:2011 11.《工程测量规范》GB 50026—2016 12.《建筑变形测量规范》JGJ8—2016 13. 现场勘查记录及影像资料		
检测依据	1.《建筑结构检测技术标准》GB/T 50344—2019 2.《钻芯法检测混凝土强度技术规程》JGJ/T 384—2016 3.《砌体工程现场检测技术标准》GB/T 50315—2011 4.《混凝土结构现场检测技术标准》GB/T 50784—2013 5.《贯入法检测砌筑砂浆抗压强度技术规程》JGJ/T 136—2001		

1. 工程概况

×××住宅楼位于××市××区××路××号,于1992年年底建成并交付使用[工程外观见附件1图(一)、图(二)]。

建筑专业:×××住宅楼为多层住宅,主体建筑5层,层高2.7m,主体建筑高度14.2m(至屋面结构板顶),建筑面积2876m²,共5个单元,一梯两户布置,共计50户,抗震设防烈度为8度。

结构专业:×××住宅楼为砌体结构,楼、屋盖采用预制空心板,卫生间为钢筋混凝土现浇板,工程为天然地基,毛石+砖基础,基础底面标高−2.1m,采用毛石、MU7.5砖、M5水泥砂浆砌筑。地上砖墙采用MU7.5砖,砂浆采用M5混合砂浆,预制空心板混凝土强度等级为C28。

在标高−0.06m处设基础圈梁,截面尺寸为墙宽×240mm,外墙圈梁为240mm×180mm,内墙圈梁为240mm×180mm,在外墙转角处、内横墙与外纵墙交界处、内纵墙与山墙交界处、部分横墙与内纵墙交接处等部位设置钢筋混凝土构造柱,截面尺寸240mm×240mm。构造柱、圈梁、过梁、楼梯混凝土强度等级为C18。

2. 检测鉴定目的和范围

鉴定的目的:因×××住宅楼1单元发生疑似燃气爆炸并引发火灾,对该住宅的危险性进行检测鉴定。

鉴定的范围:×××住宅楼工程,建筑面积共2876m²。

3. 工程资料

提供了×××住宅楼的建筑、结构施工图纸、施工技术资料,未提供工程地质勘察报告。

施工技术资料主要包括《结构验收记录表》《单位工程质量综合评定表》《工程竣工(中间)验收交接证书》《工程质量优良证书》等工程施工验收文件。

4. 现场勘查

2021年8月12日、8月28日、9月4日、10月8日,在委托方人员带领下,专家组对×××住宅楼进行了四次现场勘查,情况如下。

1)地基的工作状况检查

经现场勘查,结合工程施工技术资料和施工验收资料,未发现因地基产生不均匀沉降而引起结构开裂和倾斜现象,工程地基满足安全使用要求。

2)基础及上部各楼层结构构件工作状况检查

经现场勘查,未发现整栋楼基础有不均匀沉降现象;×××住宅楼上部结构在2和3单元之间设置沉降缝,3~5单元上部各楼层未发现结构构件有破损、开裂等影响结构安全的质量问题;1、2单元发现部分结构构件出现局部破损、开裂等影响结构安全的质量问题,部分结构构件确定为危险构件。

3)使用情况

该工程自使用以来至本次检测鉴定,使用功能未发生改变。×年×月×日×时×分左右发生疑似燃气爆炸并引发火灾。

4)现场勘查情况

勘查中发现工程存在的质量问题如下。

(1)一单元4号:客厅、北卧室顶板预制楼板破坏,见附件2图(一)、图(二);卫生间南墙裂缝,见附件2图(三);北卧室西墙、北墙、东墙墙体裂缝见附件2图(四)~图(六)。

(2)一单元5号:客厅东墙裂缝,见附件2图(七);二~三层楼梯间南墙裂缝,见附件2图(八)。

(3)一单元6号:客厅顶板预制楼板破坏,见附件2图(九);客厅北墙裂缝,见附件2图(十)。

(4)一单元8号:客厅、南卧室楼板预制楼板完全破坏,见附件2图(十一)、图(十二)。

5. 现场检测

1)户内墙体垂直度检测

根据《砌体结构工程施工质量验收规范》GB 50203—2011,采用经纬仪、钢直尺对该楼1单元一~五层户内墙体进行垂直度检测,共检测48个构件,除破坏墙体外,其他墙体垂直度符合要求,检测结果见表(一)。

户内墙体垂直度检测结果汇总表(一)

工程名称	×××住宅楼		仪器设备	靠尺	
结构类型	砖混结构		检测数量	48个构件	
检测结果					
序号	构件名称	测量1	测量2	测量3	
1	一层墙(30/D-F轴)	4	6	6	
2	一层墙(31/B-D轴)	1	2	1	
⋮	⋮	⋮	⋮	⋮	

2)砂浆抗压强度检测

对该楼受疑似爆炸并引发火灾事故影响的墙体,采用回弹法进行了砂浆强度检测,共检测19个构件,检测结果见表(二)。

砂浆强度检测结果汇总表(二)

工程名称	×××住宅楼	仪器设备	砂浆回弹仪 HT20-A
结构类型	砖混结构	检测数量	19个构件
检测结果			
序号	构件名称	设计强度	抗压强度代表值/MPa
1	一单元一层墙(5/A-B轴)	M5	5.3
2	一单元一层墙(2-3/C轴)	M5	5.8
⋮	⋮	⋮	⋮

3)烧结砖抗压强度检测

对该楼受疑似爆炸并引发火灾事故影响的墙体,采用回弹法进行了烧结砖强度检测,共检测19个构件,检测结果见表(三)。

砖强度检测结果汇总表(三)

工程名称	×××住宅楼	仪器设备	砖回弹仪 HT75-A
结构类型	砖混结构	检测数量	19个构件
检测结果			
序号	构件名称(测区)	设计强度	抗压强度代表值/MPa
1	一单元一层墙(5/A-B轴)	MU7.5	11.8
2	一单元一层墙(2-3/C轴)	MU7.5	12.0
⋮	⋮	⋮	⋮

4)混凝土抗压强度检测

对该楼受疑似爆炸并引发火灾事故影响的构造柱、楼梯间圈梁,采用钻芯法进行了混凝土抗压强度检测,共检测9个构件,检测结果见表(四)。

混凝土抗压强度检测结果汇总表(四)

工程名称	×××住宅楼	仪器设备		混凝土钻芯机
结构类型	砖混结构	检测数量		9个构件
检测结果				
序号	构件名称	混凝土设计强度	芯样直径/mm	芯样抗压强度/MPa
1	1单元101一层柱(5/B轴)	C18	101.5	19.2
2	1单元202二层柱(2/D轴)	C18	101.5	18.3
⋮	⋮	⋮	⋮	⋮

5)墙体及预制楼板拼接处裂缝(宽度、长度)检测

对该楼1单元至2单元墙体及预制楼板拼接处裂缝(宽度、长度)进行了检测,检测结果详见附件4(略)。

6)建筑物倾斜度检测

对该楼整体倾斜度进行检测,详见附件5(略)。

6. 检测结论

(1)所检测建筑物倾斜度未达到评定为危房标准。

(2)所测构件混凝土抗压强度符合设计规范要求。

(3)所测墙体砌筑砂浆抗压强度符合设计规范要求。

(4)所测墙体烧结砖抗压强度符合设计规范要求。

7. 房屋危险性鉴定

根据《危险房屋鉴定标准》JGJ 125—2016要求,房屋危险性鉴定应根据地基危险性状态和基础及上部结构的危险性等级按下列两阶段进行评定:第一阶段为地基危险性鉴定,评定房屋地基的危险性状态;第二阶段为基础及上部结构危险性鉴定,综合评价房屋的危险性等级。由于本工程上部结构1、2单元与3~5单元之间设置沉降缝,故按两个鉴定单元分别评定其危险性等级。

1)地基危险性鉴定

地基基础设计和施工资料:该工程采用天然地基,采用毛石+砖基础,基础底面标高−2.1m,施工单位对地基进行了钎探,建设、设计、施工单位及质监单位等部门有关人员进行了单位工程质量综合评定、结构验收、工程竣工验收,工程整体被评为优良工程。

建筑倾斜度检测:通过对该房屋倾斜度进行测量,建筑物倾斜率最大值0.2%,未超过《危险房屋鉴定标准》JGJ 125—2016规定的"三层及三层以上房屋整体倾斜率超过2%"的限值,详见附件5《×××住宅楼倾斜测量报告》。

地基危险性鉴定:依据《危险房屋鉴定标准》JGJ 125—2016相关要求,经现场勘查,未发现本工程因地基不均沉降引起结构裂缝和变形,通过对该工程地基及基础设计、施工和验收资料以及现场勘查情况综合分析和判定,本工程地基鉴定为安全状态。

2)基础及上部结构危险性鉴定

按构件、楼层和房屋危险性三个层次,分别对基础和各楼层进行危险性鉴定,最终综合判定房屋危险性等级。由于×××住宅楼上部结构在2单元和3单元之间设置沉降缝,故按两个鉴定单元(第一鉴定单元为该楼1、2单元,第二鉴定单元为该楼3~5单元)分别评定其危险性等级。

(1)1、2单元基础及上部结构危险性鉴定。

基础层危险性鉴定:基础危险构件的判定,根据《危险房屋鉴定标准》JGJ 125—2016第5.2节规定,判定基础层无危险构件。

基础危险构件综合比例确定:根据《危险房屋鉴定标准》JGJ 125—2016第6.3.1条规定,计算可得 $R_t =$

$n_{df}/n_f = 0$。

基础层危险性等级判定:根据《危险房屋鉴定标准》JGJ 125—2016第6.3.2条规定,R_f=0时,基础层危险性等级评定为A_u级。

一层危险性鉴定:一层结构危险构件的判定,根据《危险房屋鉴定标准》JGJ 125—2016第5.3节和第5.4节规定,判定一层无危险构件。

一层结构危险构件综合比例确定:根据《危险房屋鉴定标准》JGJ 125—2016第6.3.3条规定,计算可得$R_{s1} = 0$。

一层危险性等级判定:根据《危险房屋鉴定标准》JGJ 125—2016第6.3.4条规定,$R_{s1} = 0$时,一层危险性等级评定为A_u级。

二层危险性鉴定:二层结构危险构件的判定,根据《危险房屋鉴定标准》JGJ 125—2016第5.3节和第5.4节规定,判定二层有危险墙体5个和危险楼板3块,如图(一)所示,危险构件说明见表(五)。

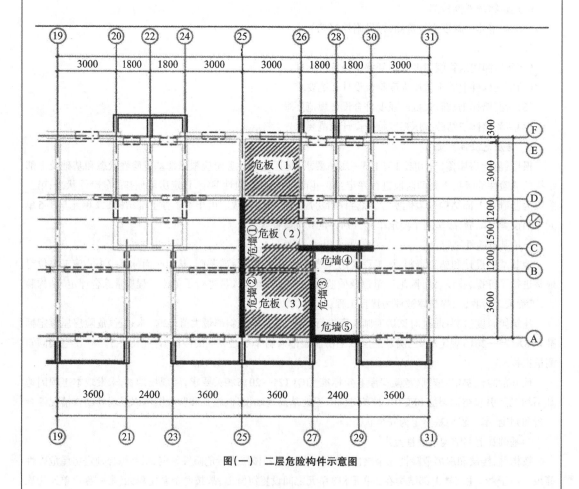

图(一) 二层危险构件示意图

二层危险构件情况(五)

分类	构件名称	损伤程度	备注
楼板构件	1单元4号北卧室顶板	完全破坏,失去承重功能	附件3图1
	1单元4号客厅顶板	完全破坏,失去承重功能	附件3图2
	1单元4号南卧室顶板	完全破坏,失去承重功能	附件3图3

续表

分类	构件名称	损伤程度	备注
墙体构件	1单元4号客厅西墙(2单元3号客厅东墙)	墙体出现多道破坏裂缝	附件3图4
	1单元4号南卧西墙(2单元3号南卧东墙)	墙体出现多道破坏裂缝	附件3图5
	1单元二层楼梯间西墙	墙体出现横向水平裂缝	附件3图6
	1单元二层楼梯间北墙	墙体出现斜向通长裂缝	附件3图7
	1单元二层楼梯间南墙	墙体出现横向和多道斜向裂缝	附件3图8

二层结构危险构件综合比例确定:根据《危险房屋鉴定标准》JGJ 125—2016第6.3.3条规定计算可得

二层危险构件综合比例 $R_{s2} = \left(2.7n_{dw2} + n_{ds2}\right)\big/\left(2.7n_{w2} + n_{x2}\right) = (2.7 \times 5 + 3)\big/(2.7 \times 49 + 32) = 10\%$

式中,R_{s2} 为上部结构第 i 层危险构件综合比例;n_{dwi} 为第 i 层墙体危险构件数量;n_{dsi} 为第 i 层楼(屋)面板危险构件数量;n_{w2} 为第 i 层墙体数量;n_{ni} 为第 i 层楼(屋)面板数量(下同)。

二层危险性等级判定:根据《危险房屋鉴定标准》JGJ 125—2016第6.3.4条规定,$5\% \leqslant R_{s2} = 10\% < 25\%$,二层危险性等级评定为 C_u 级。

三层危险性鉴定:三层结构危险构件的判定,根据《危险房屋鉴定标准》JGJ 125—2016第5.3节和第5.4节规定,判定三层有危险墙体13个和危险楼板3块,如图(二)所示,危险构件说明见表(六)。

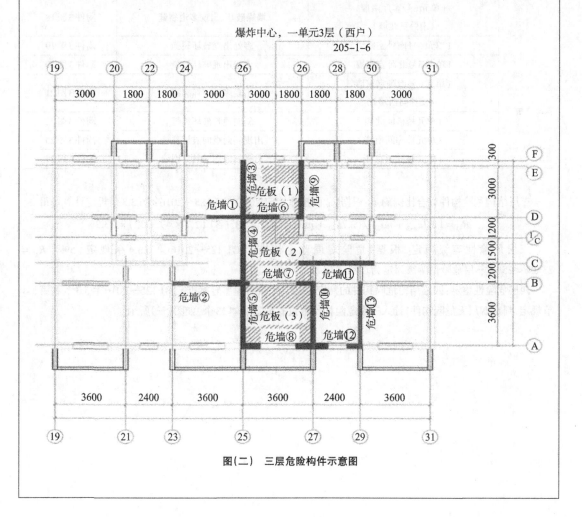

图(二) 三层危险构件示意图

三层危险构件情况表（六）

分类	构件名称	损伤程度	备注
楼板构件	1单元6号北卧室顶板	变形，完全破坏，失去承重功能	附件3图9
	1单元6号客厅顶板	完全破坏，失去承重功能	附件3图10
	1单元6号南卧室顶板	完全破坏，失去承重功能	附件3图11
墙体构件	2单元5号客厅北墙 （北卧室南墙）	墙体出现多道破坏裂缝	附件3图12
	2单元5号客厅南墙 （南卧室北墙）	墙体出现多道斜向破坏裂缝	附件3图13
	1单元6号北卧室西墙 （2单元5号北卧室东墙）	墙体出现多道横向水平裂缝	附件3图14
	1单元6号客厅西墙 （2单元5号客厅东墙）	墙体出现多道裂缝	附件3图15
	1单元6号南卧室西墙 （2单元5号南卧室东墙）	墙体向西凸出破坏	附件3图16
	1单元6号北卧室南墙 （客厅北墙）	墙体出现多道横向、竖向裂缝	附件3图17
	1单元6号客厅南墙 （南卧室北墙）	墙垛破坏、出现多道裂缝	附件3图18
	1单元6号南卧室南墙	多处出现破坏裂缝	附件3图19
	1单元6号北卧室东墙	多处出现破坏裂缝	附件3图20
	1单元6号南卧室东墙 （楼梯间西墙）	出现多道破坏裂缝	附件3图21
	1单元楼梯间北墙	斜向通长破坏裂缝	附件3图22
	1单元楼梯间南墙	出现斜向横向破坏裂缝	附件3图23
	1单元楼梯间东墙	出现斜向横向破坏裂缝	附件3图24

三层结构危险构件综合比例确定：根据《危险房屋鉴定标准》JGJ 125—2016第6.3.3条规定计算可得

$$R_{s3} = \left(2.7n_{dw3} + nd_{s3}\right)\Big/\left(2.7n_{w3} + ns3\right) = (2.7 \times 13 + 3)\big/(2.7 \times 49 + 32) = 23.2\%$$

三层危险性等级判定，根据《危险房屋鉴定标准》JGJ 125—2016第6.3.4条规定，$5\% \leqslant R_{s3} = 23.2\% < 25\%$，三层危险性等级评定为 C_u 级。

四层危险性鉴定：四层结构危险构件的判定，根据《危险房屋鉴定标准》JGJ 125—2016第5.3节和第5.4节规定，判定四层无危险构件，计入三层危险构件数量有危险墙体13个，如图（三）所示。

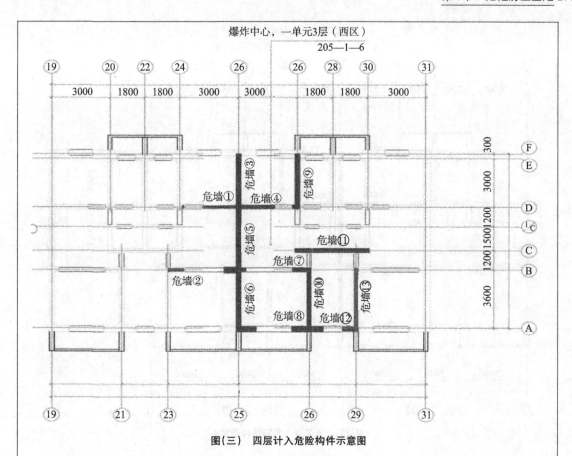

图（三）　四层计入危险构件示意图

四层结构危险构件综合比例确定：根据《危险房屋鉴定标准》JGJ 125—2016第6.3.3条规定计算可得

$$R_{s4} = \left(2.7n_{dw4} + n_{ds4}\right) \big/ \left(2.7n_{w4} + n_{s4}\right) = (2.7 \times 13) \big/ (2.7 \times 49 + 32) = 21.4\%$$

四层危险性等级判定：根据《危险房屋鉴定标准》JGJ 125—2016第6.3.4条规定，5% ≤ R_{s3} = 21.4%＜25%，四层危险性等级评定为C_u级。

五层危险性鉴定：五层结构危险构件的判定，根据《危险房屋鉴定标准》JGJ 125—2016第5.3节和第5.4节规定，判定五层无危险构件，计入三层危险构件数量有危险墙体13个，如图（四）所示。

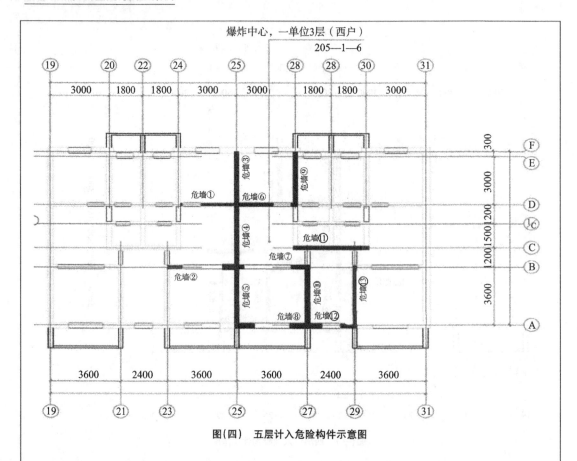

图（四）　五层计入危险构件示意图

五层结构危险构件综合比例确定:根据《危险房屋鉴定标准》JGJ 125—2016第6.3.3条规定计算可得

$$R_{s5} = \left(2.7n_{dw5} + n_{ds5}\right)\big/\left(2.7n_{w5} + n_{s5}\right) = (2.7 \times 13)\big/(2.7 \times 49 + 32) = 21.4\%$$

五层危险性等级判定:根据《危险房屋鉴定标准》JGJ 125—2016第6.3.4条规定,5% ≤ R_{s3} = 21.4%<25%,五层危险性等级评定为C_u级。

(2)3~5单元基础及上部结构危险性鉴定。

基础层危险性鉴定:基础危险构件的判定,根据《危险房屋鉴定标准》JGJ 125—2016第5.2节规定,判定基础层无危险构件。

基础危险构件综合比例确定:根据《危险房屋鉴定标准》JGJ 125—2016第6.3.1规定,计算可得 R_f = nd_f/n_f = 0。

基础层危险性等级判定:根据《危险房屋鉴定标准》JGJ 125—2016第6.3.2条规定,R_f = 0时,基础层危险性等级评定为A_u级。

一层危险性鉴定:一层结构危险构件的判定,根据《危险房屋鉴定标准》JGJ 125—2016第5.3节和第5.4节规定,判定一层无危险构件。

一层结构危险构件综合比例确定:根据《危险房屋鉴定标准》JGJ 125—2016第6.3.3条规定,计算可得R_{s1} = 0。

一层危险性等级判定,根据《危险房屋鉴定标准》JGJ 125—2016第6.3.4规条定,R_{s1} = 0时,一层危险性等级评定为A_u级。

二层危险性鉴定:二层结构危险构件的判定,根据《危险房屋鉴定标准》JGJ 125—2016第5.3节和第5.4

节规定,判定二层无危险构件。

二层结构危险构件综合比例确定,根据《危险房屋鉴定标准》JGJ 125—2016第6.3.3条规定,计算可得 $R_{s2} = 0$。

二层危险性等级判定,根据《危险房屋鉴定标准》JGJ 125—2016第6.3.4条规定,$R_{s2} = 0$时,二层危险性等级评定为 A_u 级。

三层危险性鉴定:三层结构危险构件的判定,根据《危险房屋鉴定标准》JGJ 125—2016第5.3节和第5.4节规定,判定三层无危险构件。

三层结构危险构件综合比例确定,根据《危险房屋鉴定标准》JGJ 125—2016第6.3.3条规定,计算可得 $R_{s3} = 0$。

三层危险性等级判定,根据《危险房屋鉴定标准》JGJ 125—2016第6.3.4条规定,$R_{s3} = 0$时,三层危险性等级评定为 A_u 级。

四层危险性鉴定:四层结构危险构件的判定,根据《危险房屋鉴定标准》JGJ 125—2016第5.3节和第5.4节规定,判定四层无危险构件。

四层结构危险构件综合比例确定,根据《危险房屋鉴定标准》JGJ 125—2016第6.3.3条规定,计算可得 $R_{s4} = 0$。

四层危险性等级判定,根据《危险房屋鉴定标准》JGJ 125—2016第6.3.4条规定,$R_{s4} = 0$时,四层危险性等级评定为 A_u 级。

五层危险性鉴定:五层结构危险构件的判定,根据《危险房屋鉴定标准》JGJ 125—2016第5.3节和第5.4节规定,判定五层无危险构件。

五层结构危险构件综合比例确定,根据《危险房屋鉴定标准》JGJ 125—2016第6.3.3条规定,计算可得 $R_{s5} = 0$。

五层危险性等级判定,根据《危险房屋鉴定标准》JGJ 125—2016第6.3.4规定,$R_{s5} = 0$时,五层危险性等级评定为 A_u 级。

3)房屋危险性鉴定

(1)1、2单元。整体结构危险构件综合比例确定,根据《危险房屋鉴定标准》JGJ 125—2016第6.3.5条规定,计算可得

$$R = \left(2.7\sum n_{dwi} + \sum n_{dsi}\right)\Big/\left(2.7\sum n_{wi} + \sum n_{si}\right) = \left[2.7 \times (5 + 13 + 13 + 13) + 6\right]\Big/(2.7 \times 49 \times 5 + 32 \times 5) = 15.2\%$$

房屋危险性等级判定,根据《危险房屋鉴定标准》JGJ 125—2016第6.3.6条规定,$5\% \leqslant R = 15.2\% < 25\%$,且基础及上部结构各楼层危险性等级中 D_u 级的层数不超过 $(F + B + f)/3$ 时,房屋危险性等级评定为 C 级。

(2)3~5单元。整体结构危险构件综合比例确定,根据《危险房屋鉴定标准》JGJ 125—2016第6.3.5条规定,计算可得 $R = 0$。

房屋危险性等级判定,根据《危险房屋鉴定标准》JGJ 125—2016第6.3.6条规定,$R = 0$时,房屋危险性等级评定为 A 级。

8. 鉴定结论

专家组依据现场勘查、检测结果,根据国家相关规范标准要求,经计算分析和综合评定,对×××住宅楼提出危险房屋检测鉴定意见如下。

该住宅1、2单元的房屋危险性等级评定为 C 级,部分承重结构不能满足安全使用要求,房屋局部处于危险状态,构成局部危房,需要对危险构件进行加固处理。

该住宅 3~5 单元的房屋危险性等级评定为 A 级。房屋无危险构件,房屋结构能满足安全使用要求。

9. 处理建议

对×××住宅楼 1、2 单元的房屋需要有资质的设计单位和施工单位进行加固处理;加固前应采取适当的技术安全措施,解除危险后再进行加固处理。

×××住宅楼 3~5 单元房屋不需要进行结构加固,应针对存在的问题采取对应措施进行维修处理。

对现场勘查发现的其他工程质量问题,结合本次加固改造一并采取措施处理。

10. 专家组成员

专家信息及确认签字(七)

姓名	职称	签字
×××	正高级工程师	
×××	高级工程师	
×××	教授	

11. 附件

(1)工程外观图 2 张(附件 1)。

(2)工程现场勘查问题 12 张(附件 2)。

(3)危险构件图 24 张(略)。

(4)墙体及预制楼板拼接处裂缝检测汇总表(略)。

(5)×××住宅楼倾斜测量报告(略)。

(6)工程施工验收文件(略)。

(7)专家职称和技术人员职称证书(略)。

(8)鉴定机构资质材料(略)。

图(一)　×××住宅楼南立面外观　　　　图(二)　×××住宅楼 1、2 单元北立面外观

附件 1　工程外观图

图(一)　客厅顶板破坏

图(二)　北卧室顶板破坏

图(三)　卫生间南墙裂缝

图(四)　北卧室西墙墙体裂缝

图(五)　北卧室北墙墙体裂缝

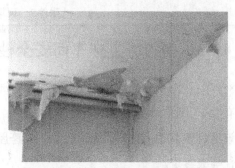

图(六)　北卧室东墙、北墙墙体裂缝

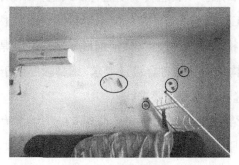

图(七)　客厅东墙裂缝

图(八)　2~3层楼梯间南墙裂缝

附件2　现场勘察问题图

图（九）　客厅顶板破坏

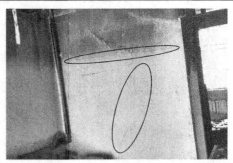

图（十）　客厅北墙裂缝

图（十一）　客厅楼板破坏

图（十二）　南卧室楼板破坏

附件2　现场勘察问题图

4.3.3　钢结构生产车间安全性鉴定实例

×××项目生产车间为门式刚架结构，建筑面积8121m²，为跨度24m和18m多连跨结构，设置有天车，围护结构为彩钢压型钢板。

该项目于2021年11月雪后发生局部跨屋盖坍塌，根据生产和使用要求，对该项目进行危险性等级鉴定。

承接该项任务后，检测单位成立了鉴定项目组。项目组对现场进行了调查，发现局部跨坍塌，存留结构部分柱有倾斜，该项目存在施工时局部节点连接焊缝未焊接的问题。根据现场情况和提供的资料，确定了检测方案。主要检测钢构件硬度（推定钢材强度）、工厂焊接焊缝无损检测、钢构件截面尺寸等，检测结果钢构截面尺寸符合设计要求，钢材强度低于设计要求，二级焊缝外部不符合规范要求，判定焊缝不符合规范要求。

根据检测结果对结构进行了建模以分析结构承载能力，分析表明现有结构承载力不符合承载要求，且节点焊缝未焊接为坍塌的主要原因。

鉴定结果该项房屋危险性评级为D级，并建议该车间停产，委托专业设计单位进行核算并加固设计。编制《×××生产车间危险性房屋检测鉴定报告》如下。

×××生产车间危险性房屋检测鉴定报告		
工程名称	×××生产车间	
工程地点	河北省唐山市×××	
委托单位	×××有限公司	
建设单位	×××有限公司	
设计单位	×××限公司	
图审单位	×××有限公司	
施工单位	×××建筑工程有限公司	
监理单位	×××工程项目管理有限公司	
勘察单位	×××设计院	
抽样日期	2021年12月16—21日	检测日期	2021年12月16—21日
检测数量	详见报告内	检验类别	委托
检测鉴定项目	钢结构梁柱材质检测、钢结构焊缝检测、钢结构构件截面尺寸检测。	
检测鉴定仪器	里氏硬度仪、盒尺、数显游标卡尺、超声波测厚仪、数字超声波探伤仪。	
鉴定依据	1.《危险房屋鉴定标准》JGJ125—2016 2.《钢结构设计标准》GB 50017—2017 3.《建筑结构荷载规范》GB 50009—2012 4.《门式刚架轻型房屋钢结构技术规范》GB 51022—2015 5.《建筑工程施工质量验收统一标准》GB 50300—2013 6.《建筑地基基础工程施工质量验收规范》GB 50202—002 7.《钢结构工程施工质量验收标准》GB 50205—020 8.《钢结构高强螺栓连接技术规程》JGJ82—2011 9.《钢结构焊接规范》GB 50661—2011 10. 设计图纸 11. 现场勘查记录及影像资料	
检测依据	1.《建筑结构检测技术标准》GB/T 50344—2019 2.《钢结构现场检测技术标准》GB/T 50621—2010 3.《钢结构超声波探伤及质量分级法》JG/T 203—2007 4.《钢结构工程施工质量验收规范》GB 50205—2001	

1. 工程概况

本工程为×××生产车间[外观见附件1图(一)]。

本工程采用门式刚架结构,建筑面积8121m²。厂房平面布置为"凹"形,柱距7.5m,长度180m,跨度为24m+24m+18m+18m(中部局部18m+18m+24m)。设计厂房屋面恒荷载:彩色压型钢板0.15kN/m²,屋面檩条及保温0.15kN/m²,厂房不上人屋面活荷载为0.3kN/m²(计算刚架)和0.5kN/m²(计算檩条)。

本工程所在地区的抗震设防烈度为7度,设计基本地震加速度为0.15g,设计地震分组为第二组,特征周期值为0.40s。场地标准冻土深度0.85m。建筑场地类别为Ⅱ类,建筑抗震设防类别为丙类。建筑结构的安全等级为二级,砌体施工质量控制等级为B级。结构的设计使用年限为50年。基本风压(50年)为0.40kN/m²;基本雪压(50年)为0.35kN/m²;地面粗糙度类别为B类。各车间均布置吊车,吊车起重量5~10t。

结构主跨钢梁、钢柱采用焊接H型钢,钢材均采用Q345B钢,檩条、支撑及系杆等次钢结构钢材采用Q235B。屋面结构:屋面为冷弯薄壁C型钢上铺双层彩色复合压型钢板。外墙墙体:±0.000以下采用MU10烧结页岩实心砖,M7.5水泥砂浆砌筑;±0.000以上,1.200以下采用MU10烧结页岩多孔砖,M7.5混合砂浆砌筑。高强度螺栓均采用10.9级摩擦型连接,连接接触面喷砂,抗滑移系数0.45。柱脚形式:外露锚栓柱脚。焊接要求:构件主材的工厂对接焊缝,构件的端板与翼缘、腹板的连接焊缝,吊车牛腿各板件之间及其与柱翼缘间的连接应符合二级焊缝质量要求,其余均按三级焊缝质量要求。刚架梁、柱构件的翼缘和腹板与端板的连接采用全熔透焊缝。

钢材表面采用喷砂或抛丸除锈处理,涂一道铁红环氧底漆,两道环氧云铁中间漆,两道氯化橡胶面漆。漆膜总厚度不小于125μm。

基础设计等级为丙级,基础形式为柱下钢筋混凝土独立基础。地基持力层为第3层细砂层,地基承载力特征值f_{ak} = 150kPa。独立基础、基础梁及地圈梁:C30混凝土;二次浇筑采用C35细石混凝土。钢筋采用HPB300和HRB400。保护层厚度:独立基础及混凝土底板为40mm;基础梁为35mm。

屋面刚性系杆为圆管φ140×3.0,屋面支撑采用等边角钢L80×5,柱间支撑采用双角钢2L90×56×6和2L90×6。屋面檩条截面为C200×70×20×2.5和C200×70×20×2.0。墙梁截面为C180×70×20×2.5、C180×70×20×2.2和C180×70×20×3.0。

本项目开竣工时间为2014年10月~2015年6月,勘查时本工程已投入使用。项目于2021年11月7日降雪后局部跨发生坍塌,为准确判断留存车间结构的危险程度,及时处理存在的危险,确保生产安全,委托我公司对该房屋进行危险性鉴定。

2. 检测鉴定目的和范围

鉴定的目的:对×××车间的危险性等级检测鉴定。

鉴定的范围:×××生产车间,建筑面积约8121m²。

3. 工程资料

提供工程施工图纸。

4. 现场勘查

1)工程现状

2021年12月21日,专家组在委托方人员带领下进行了现场勘查。经勘查,结构C-D跨、D-E跨局部因降雪发生坍塌,存留A-B、B-C跨及D-E跨局部结构,见附件1图(一)。

2)地基的工作状况检查

未发现因地基产生不均匀沉降而引起结构开裂和倾斜现象,工程地基满足安全使用要求。

3)基础及上部结构构件工作状况检查

未见基础沉降、开裂、倾斜及局部破坏等问题;坍塌跨构件已清理,坍塌跨存留钢柱部分倾斜;存留跨钢梁存在明显挠度,部分钢梁结构焊缝未焊接;其余焊缝未见裂纹,梁柱、梁端板连接面接触良好,支撑、系杆连接焊缝、螺栓无破坏,节点板未变形,观感质量一般。

4)现场勘查发现的问题及现状照片

(1)C列柱顶梁对接缝未焊接,详见附件2图(一)。

(2)B列柱顶梁对接缝未焊接,详见附件2图(二)。

(3)坍塌部位与留存部位接头,详见附件2图(三)。

(4)坍塌部位,附件2图(四)。

5. 现场检测及结果

根据结构现状,考虑上部钢结构存在施工偏差,结合鉴定需要,分别对现有结构刚架构件硬度(推定材质)[见表(一)]、焊缝、截面尺寸进行了抽样检测。

1)对刚架构件硬度进行检测

刚架构件硬度检测结果汇总表(一)

轴线	里氏硬度 HL_{dm}/HL					抗拉强度/MPa	抗拉强度/MPa	推断材质
	测区1	测区2	测区3	测区4	测区5	$f_{b,min}/f_{b,max}$	推定值/特征值	
方管车间								
柱 2/D	365	322	380	381	386	357/534	446/357	不满足 Q345
柱 3/D	434	332	370	369	360	353/549	451/353	不满足 Q345
柱 4/D	348	341	362	358	382	348/516	432/348	不满足 Q345
柱 4/C	367	449	378	362	344	356/561	459/356	不满足 Q345
柱 6/C	365	351	356	354	369	352/512	432/352	不满足 Q345
梁 4/(2/C)–D	301	302	295	269	292	311/465	388/311	不满足 Q345
梁 3/(2/C)–D	316	338	296	258	287	310/475	393/310	不满足 Q345
梁 3/1/C–2/C	347	346	348	337	349	343/497	420/343	不满足 Q345
梁 2/(2/C)–D	301	298	324	298	304	315/470	390/315	不满足 Q345
梁 5/(2/C)–D	302	316	297	304	314	316/471	394/316	不满足 Q345

根据推定值,本项目刚架梁柱钢材材质均为达到 Q345 抗拉强度最小值;根据特征值,可推断所检钢材均达不到 Q345 级。

2)对钢结构二级焊缝进行检测

钢结构二级焊缝未开坡口,表观检查未达到二级焊缝的要求,无需进行无损检测。

3)对钢结构构件截面尺寸进行检测

钢结构构件尺寸检测结果见表(二)。

钢结构构件尺寸检测结果汇总表(二)

工程名称	×××生产车间		仪器设备	盒尺、数显游标卡尺、超声波测厚仪
结构部位	钢柱、钢梁		检测数量	12个构件
检测结果				
序号	构件名称及检测部位	设计要求/mm	实测值/mm	检测结果
1	GZ 4/B轴	H400×300×8×14	400×300×8×14	符合要求
2	GZ 5/C轴	H400×300×8×16	400×300×8×16	符合要求
⋮	⋮	⋮	⋮	⋮

6. 房屋危险性鉴定

依据《危险房屋鉴定标准》JGJ 125—2016,房屋危险性鉴定应根据地基危险性状态和基础及上部结构的危险性等级分为地基危险性鉴定和基础及上部结构危险性鉴定,基础及上部结构危险性鉴定按构件危险性、楼层危险性及房屋危险性三个层次进行。房屋危险性鉴定的等级评定分为 A、B、C、D 四个级别。

1)场地判定

房屋场地不是有潜在威胁或直接危害的滑坡、地裂、地陷、泥石流、崩塌,以及岩溶、土洞强烈发育地段;不是浅层故河道及暗埋的塘、浜、沟等及采空区场地。综上评定地基为非危险状态。

2)基础及上部结构危险性鉴定

地基基础:本结构基础按图施工,且进行了验收,现场未见基础沉降、位移及构造与连接、裂缝和变形等缺陷,基础承载正常。地基基础鉴定为A_u级。

上部结构:该厂房结构现状如图(一)和图(二)所示。

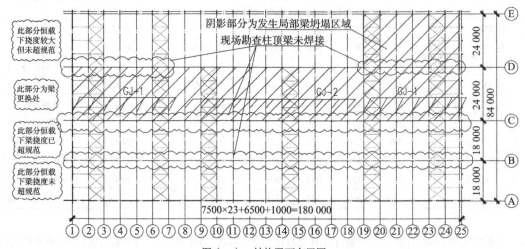

图(一) 结构平面布置图

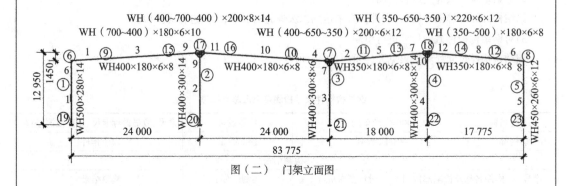

图(二) 门架立面图

根据检测结果对结构进行自重状态计算分析,刚架结构在自重下无超应力构件,有50%梁构件挠度超限,结果见图(三)和图(四)。

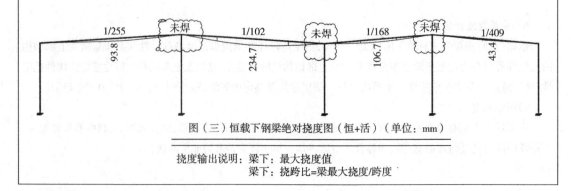

图(三)恒载下钢梁绝对挠度图(恒+活)(单位:mm)

挠度输出说明:梁下:最大挠度值

梁下:挠跨比=梁最大挠度/跨度

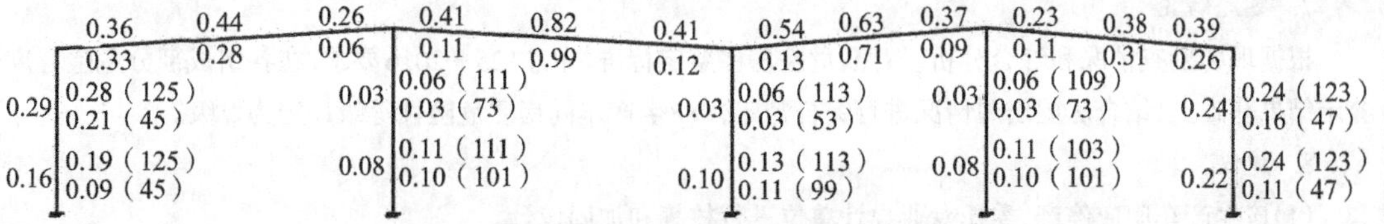

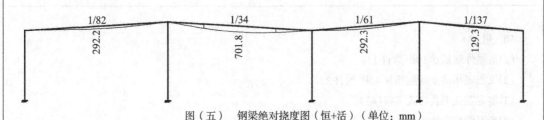

图（四） 恒载配筋包络和钢结构应力比图（单位：mm²）

钢结构应力比图说明：柱左：作用弯矩与考虑屈曲后强度抗弯承载力比值
右上：平面内稳定应力比（对应长细比）
右下：平面外稳定应力比（对应长细比）
梁上：作用弯矩与考虑屈曲后强度抗弯承载力比值
左下：平面稳定应力比
右下：平面外稳定压力比

根据检测结果对结构进行基本承载能力分析，柱超应力构件为10%，梁超应力构件为100%，结果见图（五）和图（六）。

图（五） 钢梁绝对挠度图（恒+活）（单位：mm）

挠度输出说明：梁下：最大挠度值
梁中：挠跨比＝梁最大挠度／跨度

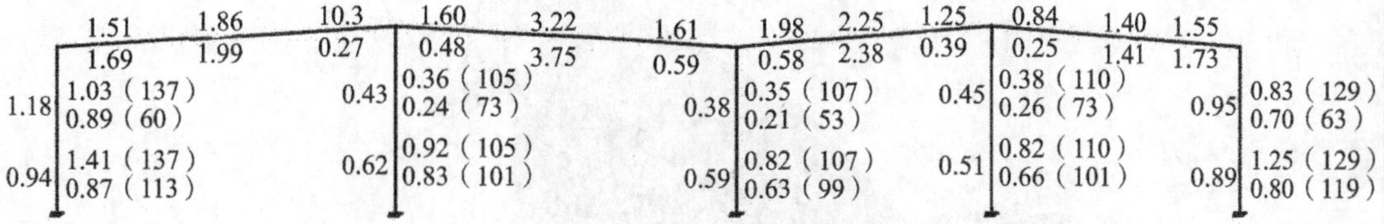

图（六） 配筋包络和钢结构应力比图（单位：mm²）

钢结构应力比图说明：柱左： 作用弯矩与考虑屈曲后强度抗弯承载力比值
右上：平面内稳定应力比（对应长细比）
右下：平面外稳定应力比（对应长细比）
梁上：作用弯矩与考虑屈曲后强度抗弯承载力比值
下：平面外稳定应力比

综上分析，本结构刚架部分以刚架为单元构件 $R_{si} \geqslant 100\%$，楼层危险性等级评定为 D_u 级。

3）房屋整体危险程度鉴定

整体结构危险构件综合比例：依据《危险房屋鉴定标准》JGJ 125—2016第6.3.5条、第6.3.6条，$R=(0+25)/(0+25)=100\%$，房屋危险性等级评定为 D 级。

7. 鉴定结论

根据现场勘查情况和综合分析,按照《危险房屋鉴定标准》JGJ 125—2016要求,在各组成部分危险程度鉴定结果基础上,结合房屋宏观情况进行综合判定,×××生产车间房屋危险性等级评定为 D 级。

8. 建议

(1)该生产车间应停产,委托专业设计单位进行核算和加固设计。

(2)在加固基础上对受损的支撑构件进行修复或者替换,焊缝不足或者缺失处补齐焊缝。

(3)锈蚀构件应进行除锈处理,并刷防锈漆保护。

(4)屋面板、墙板及窗户破损处应进行修理,以防坠落伤人。

9. 专家组成员

专家信息及确认签字表(三)

姓名	职称	签字
×××	正高级工程师	
×××	高级工程师	
×××	教授	

10. 附件

(1)房屋外观照片1张(附件1)。

(2)工程现场勘查问题照片4张(附件2)。

(3)鉴定委托书及相关资料(略)。

(4)专家职称和技术人员职称证书(略)。

(5)鉴定机构资质材料(略)。

附件1 工程外观照片

图(一) C列柱顶梁对接焊缝未焊接

图(二) B列柱顶梁对接焊缝未焊接

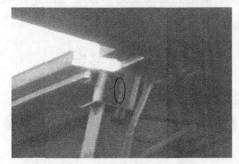

图(三) 坍塌部位与留存部位接头

图(四) 坍塌部位

附件2 现场勘查问题照片

4.4 农村危险房屋鉴定

4.4.1 农村危险房屋鉴定简述

大多数农村房屋无地质勘察资料,未经过规划、设计,非专业施工队伍建造,多为就地取材;限于经济因素和观念影响,多数缺乏抗震措施;房屋结构形式、布局差别大;建造年代跨度大。现有农村房屋结构部分出现不均匀沉降、开裂、变形,甚至失稳,房屋的安全度水平和抵御自然灾害的能力较低,围护构件开裂、破损、作用失效。相当部分农村房屋存在安全危险,需要确定其危险程度,为新农村建设和农村房屋改造提供依据,为广大农村居民提供安全、可靠的居住环境。

1. 农村危险房屋鉴定依据

农村危险房屋鉴定目前依据的主要规范标准是《农村住房危险性鉴定标准》JGJ/T 363—2014;《农村危险房屋加固技术标准》JGJ/T 426—2018、《农村住房安全性鉴定技术导则》(建村函〔2019〕200号);《既有村镇住宅建筑抗震鉴定和加固技术规程》CECS 325—2012。

农村危险性住房,是指结构已严重损坏,或地基不稳定,承重构件已属危险构件,随时可能丧失稳定和承载能力的住房,简称"危房"。

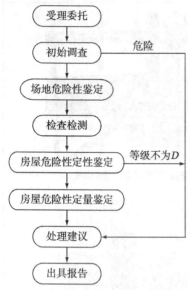

图4-1 农村危险房屋鉴定程序

2．农村危险房屋鉴定程序

接受房屋危险性鉴定委托后，应进行初始勘查，确定危险性检测鉴定工作方案；进行详细勘查（检查检测）；根据检测检查结果进行房屋危险性定性鉴定，必要时进行定量鉴定，确定房屋危险性等级，提出被检测鉴定房屋处理建议，出具房屋危险性评定报告。如初始调查可以直接确定被检测鉴定房屋为整体危险性房屋，不需要进行定性、定量鉴定，直接出具鉴定结论和处理意见。参考鉴定工作程序见图4-1。

4.4.2 农村危险性房屋鉴定

1．农村危险房屋鉴定等级划分

对农村住房进行危险性鉴定时，可将其划分为地基基础、上部承重结构两个组成部分进行鉴定。

（1）对农村住房构件的危险性进行鉴定时，可将其划分为有危险点的危险构件（Td）和无危险点的非危险构件（Fd）。

（2）农村住房地基基础和上部承重结构组成部分的危险性等级应根据其存在的危险点和危险程度进行划分，并应符合表4.3（标准表3.1.3）的规定。

表4.3 （标准表3.1.3）农村住房组成部分的危险性等级

等级	危险点和危险程度
A级	无危险点
B级	有危险点
C级	局部危险
D级	整体危险

（3）农村住房的危险性等级，应根据其存在的危险点和危险程度进行划分，并应符合表4.4（标准表3.1.4）的规定。

表4.4 （标准表3.1.4）农村住房的危险性等级

等级	危险点和危险程度
A级	结构能满足安全使用要求，未发现危险点，住房结构安全
B级	结构基本满足安全使用要求，个别非承重结构构件处于危险状态，但不影响主体结构安全

续表

等级	危险点和危险程度
C级	部分承重结构不能满足安全使用要求,局部出现险情,构成局部危房
D级	承重结构已不能满足安全使用要求,住房整体出现险情,构成整幢危房

2. 房屋危险性评定原则与方法

(1)农村住房的危险性鉴定结果应以住房的地基基础和结构构件的危险程度鉴定结果为基础,并结合历史、环境影响以及发展趋势,根据以下几点评定。

① 各构件的破损程度。

② 危险构件在整幢住房结构中的重要性。

③ 危险构件在整幢住房结构中所占数量和比例。

④ 危险构件的适修性。

(2)在判定地基基础或结构构件危险性时,应根据其危险性的相关性与否,独立判断构件的危险程度或联系结构系统的危险性判定其危险程度。

(3)场地危险性鉴定应按住房所处场地范围进行评定。

(4)住房危险性鉴定应先对住房所在场地进行鉴定,当住房所在场地鉴定为非危险场地时,再根据住房损害情况进行综合评定。

(5)住房危险性鉴定时,应优先采用定性鉴定;对定性鉴定结果等级为C、D的住房,存在争议时应采用定量鉴定进行复核。

3. 住房危险性评定

1)危险性可定性鉴定为A级的农村住房

(1)地基基础:地基基础保持稳定,无明显不均匀沉降。

(2)墙体:承重墙体完好,无明显受力裂缝和变形;墙体转角处和纵、横墙交接处无松动、脱闪现象。

(3)梁、柱:梁、柱完好,无明显受力裂缝和变形,梁、柱节点无破损,无裂缝。

(4)楼、屋盖:楼、屋盖板无明显受力裂缝和变形,板与梁搭接处无松动和裂缝。

(5)次要构件:非承重墙体、出屋面楼梯间墙体完好或有轻微裂缝。

2)危险性可定性鉴定为B级的农村住房

(1)地基基础:地基基础保持稳定,无明显不均匀沉降。

(2)墙体:承重墙体基本完好,无明显受力裂缝和变形;墙体转角处和纵、横墙交接处无松动、脱闪现象。

(3)梁、柱：梁、柱有轻微裂缝；梁、柱节点无破损、无裂缝。

(4)楼、屋盖：楼、屋盖有轻微裂缝，但无明显变形；板与墙、梁搭接处有松动和轻微裂缝；屋架无倾斜，屋架与柱连接处无明显位移。

(5)次要构件：非承重墙体、出屋面楼梯间墙体等有轻微裂缝；抹灰层等饰面层可有裂缝或局部散落；个别构件处于危险状态。

3)危险性可定性鉴定为C级的农村住房

(1)地基基础：地基保持稳定，基础出现少量损坏，有较明显的不均匀沉降。

(2)墙体：承重的墙体多数出现裂缝，部分承重墙体有明显位移和歪闪。

(3)梁、柱：梁、柱出现裂缝，但未完全丧失承载能力；个别梁柱节点破损和开裂明显。

(4)楼、屋盖：楼、屋盖有明显开裂；楼、屋盖板与墙、梁搭接处有松动和明显裂缝，个别屋面板塌落。

(5)次要构件：非承重墙体出现普遍明显裂缝；部分山墙转角处和纵、横墙交接处有明显松动、脱闪现象。

4)危险性可定性鉴定为D级的农村住房

(1)地基基础：地基基本失去稳定，基础出现局部或整体坍塌。

(2)墙体：承重墙有明显歪闪、局部酥碎或倒塌；墙角处和纵、横墙交接处普遍松动和开裂。

(3)梁、柱：梁、柱节点损坏严重；梁、柱普遍开裂；梁、柱有明显变形和位移；部分柱基座滑移严重，有歪闪和局部倒塌。

(4)楼、屋盖：楼、屋盖板普遍开裂，且部分严重开裂；楼、屋盖板与墙、梁搭接处有松动和严重裂缝，部分屋面板塌落；屋架歪闪，部分屋盖塌落。

(5)次要构件：非承重墙、女儿墙局部倒塌或严重开裂。

4. 农村住房危险性定量鉴定一般规定

(1)农村住房危险性的定量鉴定应采用综合评定的方法，并应按下列的三个层次进行。

① 第一层次为构件危险性鉴定。

② 第二层次为住房组成部分危险性鉴定。

③ 第三层次为住房危险性鉴定。

(2)农村住房结构构件的危险性鉴定应包括构造与连接、裂缝和变形等。

(3)单个构件的划分应符合下列几项规定。

① 对独立柱基，应以一根柱的单个基础为一构件。

② 对条形基础，应以一个自然间一轴线长度为一构件。

③ 对墙体,应以一个计算高度、一个自然间的一片为一构件。

④ 对柱,应以一个计算高度、一根为一构件。

⑤ 对梁、檩条、搁栅等,应以一个跨度、一根为一构件。

⑥ 对板,应以一个自然间面积为一构件;预制板以一块为一构件。

⑦ 对屋架、桁架等,应以一榀为一构件。

(4)对农村住房组成部分危险性定量鉴定时,应根据各住房组成部分,按层确定构件的总量及其危险构件的数量。

5. 农村住房危险性定量鉴定方法

农村住房危险性定量鉴定应区分不同构件类型进行危险构件(存在危险点)鉴定,确定危险点构件数量和危险程度。

1)定量鉴定构件类型划分

根据农村房屋构件位置、作用、形式不同可以分为地基基础构件、砌体结构构件、木结构构件、石结构构件、生土结构构件、混凝土结构构件、钢结构构件。

按照《农村住房危险性鉴定标准》JGJ/T 363—2014中第5.2~5.8节要求对上述构件分别进行检查、检测和危险点构件评定。

2)农村住房危险性定量鉴定

采用综合评定法,根据危险构件所占比重,按照《农村住房危险性鉴定标准》JGJ/T 363—2014第5.9节规定的方法和公式进行综合评定。鉴定结果分为A、B、C、D四个等级。

3)经鉴定为局部危房或整幢危房时,应按下列方式进行处理

(1)经鉴定为C级危房的农村住房,鼓励因地制宜进行加固维修,解除危险。

(2)经鉴定为D级危房,确定已无修缮价值的农村住房,应拆除、置换或重建。

(3)经鉴定为D级危房,短期内不便拆除又不危及相邻建筑和影响他人安全时,应暂时停止使用,或在采取相应的临时安全措施后,改变用途不再居住,观察使用。

(4)有保护价值的D级传统民居及有历史文化价值的建筑等,应专门研究后确定处理方案。

(5)确定加固维修方案时,应将消除房屋局部危险与抗震构造措施加固综合考虑。

(6)当条件允许时,加固维修宜结合房屋宜居性改造和节能改造同步进行。

6. 农村危险房屋鉴定报告

农村危险性住房鉴定报告内容应包括:

(1)农户和房屋基本信息。

(2)房屋组成部分危险程度鉴定情况。

(3)房屋整体危险程度鉴定。

(4)处理建议。对被鉴定的房屋,根据房屋整体危险程度鉴定和防灾措施鉴定结果,综合考虑安全性提升加固改造措施,提出原则性的处理建议。

(5)附房屋简图和现场照片。

(6)建议采用《农村住房危险性鉴定标准》JGJ/T 363—2014附录A(农村住房危险性定性鉴定报告用表)、附件B(农村住房危险性定量鉴定报告用表)。

4.4.3 某沿海村镇危险住房鉴定实例

×××住房位于×××市×××区某沿海村镇,为单层自建住房,长约11.5m,宽约5.7m,建筑面积约65.55m²,檐口高度约2.6m,该房屋共分为三个开间,东西两卧室,中间堂屋兼厨房。承重结构为木骨架,土坯分隔围护墙,砖石基础。外墙外包砌青砖,屋顶为平屋顶,木檩条+木椽子,上覆苇箔+麦秸泥,面层为水泥焦渣。外墙外包砖泥浆砌筑,后期外部加抹水泥砂浆,门窗为木门窗,个别门窗更换为塑钢窗。

近年来房屋出现渗漏、墙体开裂、外闪等问题,感觉居住存在危险,遂向有关部门反映。为此×××区建设局委托本公司对该房屋进行危险性等级评定。

接受委托后进行了现场勘查,了解住房建造、维修、使用情况。查看了地基、上部结构工作状况,发现存在屋顶渗漏、墙体开裂、外闪、砖墙局部松散等问题,地基和木骨架、屋顶木结构基本正常。

依据《农村住房危险性鉴定标准》JGJ/T 363—014、《农村住房安全性鉴定技术导则》(建村函〔2019〕200号)相关规定,以现状鉴定为主,评定地基基础为b级,木构架(包括柱、梁、檩、椽子,评定为a级,围护墙体评定为c级,屋盖评定为c级。

住房整体危险程度评定为C级。

综合确定鉴定结论为"×××住房出现中度破损,存在中度危险,危险程度鉴定为C级"。

提出维修建议:应对围护墙体存在的无拉结措施、外包砖墙开裂、破损、外闪等问题进行对应加固处理;对屋顶进行防水维修;设置排水设施,保证房屋周边雨水的顺利排放。

编写《×××农村危险房屋鉴定报告》如下。

农村危险房屋鉴定报告

工程名称	×××房屋
工程地点	×××房屋位于×××市×××镇×××村×××号
委托单位	×××建设局
建设单位	×××
设计单位	×××
勘察单位	×××
施工单位	自建
监理单位	×××
鉴定日期	2021年8月4—15日
鉴定依据	1.《农村住房危险性鉴定标准》JGJ/T 363—2014 2.《农村危险房屋加固技术标准》JGJ/T 426—2018 3.《农村住房安全性鉴定技术导则》建村函〔2019〕200号 4. 现场勘查记录及影像资料

1. 工程概况

×××房屋位于×××市×××镇×××村×××号,为单层民居,长约11.5m,宽约5.7m,建筑面积约65.55m²,檐口高度约2.6m,该房屋共分为三个开间,东西两卧室,中间堂屋兼厨房[外观见附件1图(一)、图(二)]。

该房屋基础为砖石基础,深度不详,承重结构为木骨架,土坯分隔围护墙。外墙外包砌青砖,外墙土坯加包砖厚度约450mm,土坯内墙约170mm厚,均采用泥浆砌筑。屋顶为平屋顶,承重构件为木檩条+木椽子,上覆苇箔+麦秸泥,面层为水泥焦渣。外墙后期外部加抹水泥砂浆,门窗为木门窗,个别门窗更换为塑钢窗。

据房主介绍,该房屋建设于1978年(距今43年)。近年来房屋出现渗漏、墙体开裂、外闪等问题,感觉居住存在危险,遂向有关部门反映。为此×××建设局委托我公司对该房屋进行危险性等级评定。

2. 检测鉴定目的和范围

鉴定的目的:对×××房屋的危险性等级进行检测鉴定。

鉴定的范围:×××房屋,建筑面积约65.55m²。

3. 现场勘查

2021年8月4日,专家组在委托方、×××房屋房主及有关人员带领下进行了现场勘查,并与房主及有关人员就房屋的建造、维修、使用情况进行了交流。

1)地基的工作状况检查

现场勘查发现该房屋由于建设时间较长,随周边道路逐渐抬高,室内地面和院落已低于周边道路,未发现因地基产生不均匀沉降而引起结构开裂和倾斜现象,工程地基满足安全使用要求。

2)上部结构构件工作状况检查

未发现整体倾斜、变形问题,木梁、木檩、木椽子基本完好,未发现变形、开裂、虫蛀、腐朽等问题,房屋出现屋顶渗漏、墙体开裂、外闪、砖墙局部松散等问题。

3)现场勘查情况

勘查中发现工程存在的问题如下。

(1)北侧门口过梁两端竖向裂缝,见附件2图(一)。

(2)墙面个别部位抹灰空鼓开裂、脱落,详见附件2图(二)。

(3)西山墙外包砖局部外闪,木杆支顶,见附件2图(三)。

(4)室内土坯墙局部破损,见附件2图(四)。

(5)堂屋东南角墙体开裂,见附件2图(五)。

(6)西卧室木檩条局部下沉,下部墙皮破损,见附件2图(六)。

(7)屋顶全部用塑料布苫盖,据房主介绍,苫盖前屋顶普遍渗漏,附件2图(七)。

(8)东南角砖垛中部局部轻微外凸,见附件2图(八)。

(9)南北檐口处渗漏,苇箔朽烂、脱落,见附件2图(九)和图(十)。

4. 房屋危险性鉴定

依据《农村住房危险性鉴定标准》JGJ/T 363—2014、《农村住房安全性鉴定技术导则》(建村函〔2019〕200号)规定,农村住房组成部分的危险性等级分为 A、B、C、D 四个级别,划分为地基基础、上部承重结构、围护墙体、楼(屋)盖四个组成部分进行鉴定。

1)场地判定

房屋场地不是有潜在威胁或直接危害的滑坡、地裂、地陷、泥石流、崩塌以及若溶、土洞强烈发育地段;不是浅层故河道及暗埋的塘、浜、沟等及采空区场地。

2)房屋各组成部分鉴定

(1)地基基础:依据《农村住房安全性鉴定技术导则》(建村函〔2019〕200号)第16条地基基础鉴定以现状鉴定为主,该房屋西卧室木檩条局部下沉,下部墙皮破损,符合"上部结构有轻微不均匀沉降裂缝,外露基础基本完好,地基基础基本稳定"的 b 级标准。地基基础鉴定为 b 级。

(2)木构架(包括柱、梁、檩、椽子):依据《农村住房安全性鉴定技术导则》(建村函〔2019〕200号)第20条,承重木构架鉴定主要检查木柱、梁、檩等各构件的现状及榫卯节点连接情况,该房屋木构架基本完好,符合"无腐朽或虫蛀;构件无变形,有轻微干缩裂缝;榫卯节点良好"的 a 级标准,木构架鉴定为 a 级。

(3)围护墙体:依据《农村住房安全性鉴定技术导则》(建村函〔2019〕200号)第22条,围护结构鉴定主要检查刚性围护墙与其承重木骨架连接现状,围护墙体质量根据墙体类别参见承重墙体要求。该房屋内土坯分隔墙及土坯外包砖围护墙与木梁均无拉结措施,符合"无拉结措施;贴砌山墙、山尖墙与屋架分离;围护墙与承重木柱之间出现明显竖向通缝"的 c 级标准,围护墙体鉴定为 c 级。

(4)屋盖:依据《农村住房安全性鉴定技术导则》(建村函〔2019〕200号)第24条,屋盖鉴定主要检查构件现状,该房屋屋盖多处渗漏,符合"楼(屋)面板明显开裂和变形;瓦屋面出现较大范围沉陷,椽、瓦较大范围损坏;屋面较大范围渗水"的 c 级标准,屋盖鉴定为 c 级。

3)房屋整体危险程度鉴定

依据《农村住房安全性鉴定技术导则》(建村函〔2019〕200号)第25条,在各组成部分危险程度鉴定结果基础上,结合房屋宏观情况进行综合判定,确定其危险程度等级,分为A、B、C、D四级。

该房屋围护墙地基基础鉴定为 b 级、木构架鉴定为 a 级,维护墙体鉴定为 c 级、屋盖鉴定为 c 级,没有 d 级,符合"房屋组成部分至少一项为 c 级,即房屋出现中度破损,存在中度危险"的 C 级标准,房屋整体危险程度鉴定为 C 级。

5. 鉴定结论

根据现场勘查情况,按照《农村住房安全性鉴定技术导则》(建村函〔2019〕200号)要求,在各组成部分危险程度鉴定结果基础上,结合房屋宏观情况进行综合判定,×××房屋整体危险程度鉴定为C级。

6. 建议

(1)应对围护墙体存在的无拉结措施、外包砖墙开裂、破损、外闪等问题进行对应加固处理。

(2)对屋顶进行防水维修。

(3)设置排水设施,保证房屋周边雨水的顺利排放。

7. 专家组成员

专家信息及确认签字表(一)

姓名	职称	签字
×××	正高级工程师	
×××	高级工程师	
×××	教授	

8. 附件

(1)房屋外观照片2张(附件1)。

(2)工程现场勘查问题照片10张(附件2)。

(3)鉴定委托书及相关资料(略)。

(4)专家职称和技术人员职称证书(略)。

(5)鉴定机构资质材料(略)。

图(一) ×××房屋东北侧外观

图(二) ×××房屋西北侧外观

附件1 房屋外观

图(一) 北侧门口过梁两端竖向裂缝

图(二) 侧近地部分墙面抹灰空鼓开裂

附件2 现场勘查问题

图(三) 西山墙外包砖局部外闪,木杆支顶

图(四) 室内土坯墙局部破损

图(五) 堂屋东南角墙体开裂

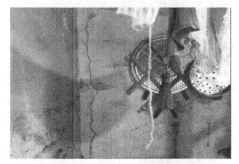

图(六) 西卧室下部墙皮破损

图(七) 屋顶普遍渗漏

图(八) 东南角砖垛中部局部轻微外凸

图(九) 南檐口处渗漏,苇箔朽烂、脱落

图(十) 北檐口处渗漏,苇箔朽烂、脱落

附件2 现场勘查问题

第5章 建筑工程灾后鉴定

5.1 建筑工程灾后鉴定简述

5.1.1 灾后鉴定分类与鉴定程序

建筑物在使用寿命周期内除了正常使用环境和自然环境作用外,还可能受到各种突发灾害,如地震、火灾、雪灾或台风灾害等偶然作用影响,导致建筑正常使用功能受限(损),破坏建筑结构安全性,甚至可能发展成为危房或出现房屋倒塌的事故。

对现有建筑物的灾后安全性能进行鉴定,目的是确定为灾后应对策略,如继续使用、加固或采取其他减灾对策提供依据。

1. 灾后建筑鉴定分类

灾后鉴定分为应急鉴定和详细鉴定。

(1)应急鉴定又称初步鉴定,为应对突发事件,在接到预警通知时,对建筑物进行的以消除安全隐患为目标的紧急检查和鉴定;同时也指突发事件发生后,对建筑物的破坏程度及其危险性进行的以排险为目标的紧急检查和鉴定。

(2)详细鉴定又称系统鉴定,指灾害事故发生后,根据灾害程度,对建筑造成安全性损伤造成的影响及需要采取的措施进行检测评定;也包括未受到灾害影响但需要对其灾后能力进行评估的,对建(构)筑物的构造措施和安全承载力等进行详细的检测、全面的评定。

2. 灾后建筑鉴定

1)受损建筑破坏等级

对房屋建筑灾后的应急勘查评估应划分建筑物破坏等级。当某类受损建筑物的破坏等级划分无明确规定时,可根据灾损建筑物的特点,按下列原则划分为五个等级。

(1)基本完好级。其宏观表征为:地基基础保持稳定;承重构件及抗侧向作用构件完好;结构构造及连接保持完好;个别非承重构件可能有轻微损坏;附属构、配件或其固定、连接件可能有轻微损伤;结构未发生倾斜或超过规定的变形。一般不需修理即可继续使用。

(2)轻微损坏级。其宏观表征为:地基基础保持稳定;个别承重构件或抗侧向作用构件出现轻微裂缝;个别部位的结构构造及连接可能受到轻度损伤,尚不影响结构共同工作和构件受力;个别非承重构件可能有明显损坏;结构未发生影响使用安全的倾斜或变形;附属构、配件或其固定、连接件可能有不同程度损坏。经一般修理后可继续使用。

(3)中等破坏级。其宏观表征为:地基基础尚保持稳定;多数承重构件或抗侧向作用构件出现裂缝,部分存在明显裂缝;不少部位构造的连接受到损伤,部分非承重构件严重破坏。经立即采取临时加固措施后,可以有限制地使用;在恢复重建阶段,经鉴定加固后可继续使用。

(4)严重破坏级。其宏观表征为:地基基础受到损坏;多数承重构件严重破坏;结构构造及连接受到严重损坏;结构整体牢固性受到威胁;局部结构濒临坍塌;无法保证建筑物安全,一般情况下应予以拆除。当该建筑有保留价值时,需立即采取排险措施,并封闭现场,为日后全面加固保持现状。

(5)局部或整体倒塌级。其宏观表征为:多数承重构件和抗侧向作用构件毁坏引起的建筑物倾倒或局部坍塌。对局部坍塌严重的结构应及时予以拆除,以防演变为整体坍塌或坍塌范围扩大而危及生命和财产安全。

2)房屋建筑灾后的检测鉴定与处理原则

(1)房屋建筑灾后检测鉴定与处理应在判定预计灾害对结构不会再造成破坏后进行。

(2)应根据灾害的特点进行结构检测、结构可靠性鉴定、灾损鉴定及灾损处理等。结构可靠性鉴定应符合《民用建筑可靠性鉴定标准》GB 50292—2015的规定,抗灾鉴定应符合相应的国家现行抗灾鉴定标准的规定。

3. 灾后鉴定程序

灾后鉴定程序如图5.1所示。

5.1.2 灾后检测鉴定

建筑物在处理前,应通过检测鉴定确定灾后结构现有的承载能力、抗灾能力和使用功能。灾损鉴定应与结构可靠性(安全性)鉴定结合。

(1)建筑物灾后的检测,应对建筑物损伤现状进行调查。对中等破坏程度以内有加固修复价值的房屋建筑,应进行结构构件材料强度、配筋、结构构件变形及损伤部位与程度的检测。对严重破坏的房屋建筑可仅进行结构破坏程度的检查与检测。

(2)建筑物的灾损与可靠性检测应针对不同灾害的特点,选取适宜的检测方法和有代表性的取样部位,并应重视对损伤严重部位和抗灾主要构件的检测。

(3)建筑物的灾损与可靠性鉴定,应根据其损伤特点,结合建筑物的具体情况和需要确定,宜包括地基基础、上部结构、围护结构与非结构构件鉴定。

（4）建筑物灾后的结构分析应符合下列规定：

① 结构检测分析与校核应考虑灾损后结构的材料力学性能、连接状态、结构几何形状变化和构件的变形及损伤等；

② 应调查核实结构上实际作用的荷载以及风、地震、冰雪等作用的情况；

③ 结构或构件的材料强度、几何参数应按实测结果取值。

（5）建筑物灾后鉴定应符合下列规定：

① 对地震灾害,应按现行《建筑抗震鉴定标准》GB 50023—2009进行鉴定；对火灾应按现行《火灾后工程结构鉴定标准》T/CECS 252—2019进行鉴定；对其他灾害应按国家现行有关抗灾标准的规定进行鉴定；

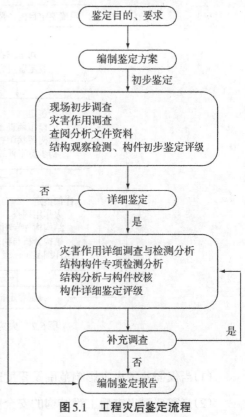

图5.1 工程灾后鉴定流程

② 应对影响灾损建筑物抗灾能力的因素进行综合分析,并应给出明确的鉴定结论和处理建议；

③ 严重破坏的建筑物应根据处理难度、处理后能否满足抗灾设防要求,以及处理费用等综合给出加固处理或拆除重建的评估意见。

5.2 建筑工程火灾后结构安全性鉴定

5.2.1 火灾后结构安全性鉴定简述

1. 火灾后结构安全性鉴定程序

火灾后工程结构鉴定是指为评估火灾后工程结构可靠性而进行的检测鉴定工作,应分为初步鉴定和详细鉴定两阶段。初步鉴定应以构件的宏观检查评估为主,详细鉴定应以安全性分析为主。

火灾后工程结构鉴定,宜按规定的鉴定流程（图5.2）进行,并应符合下列规定。

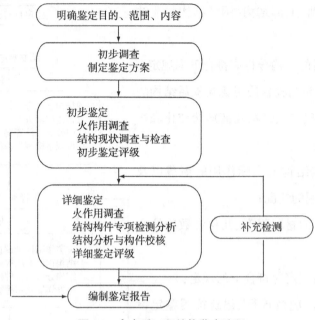

图5.2　火灾后工程结构鉴定流程

（1）当仅需鉴定火灾影响范围及程度时，可仅做初步鉴定。

（2）当需要对火灾后工程结构的安全性或可靠性进行评估时，应进行详细鉴定。

（3）大量火灾后工程结构鉴定的工程实践经验表明，在下列情况下在初步鉴定完成后可以不必再作详细鉴定：

① 工程结构全面烧损严重，应当拆除；

② 工程结构过火烧损非常轻微，仅是表皮损伤的一般工程结构；

③ 工程结构烧损比较严重，修复费用超过拆除重建费用等。

（4）对按照《火灾后工程结构鉴定标准》T/CECS 252—2019初步鉴定损伤状态等级为Ⅱ$_b$级、Ⅲ级的重要结构构件，应进行详细鉴定评级。

（5）对按照《火灾后工程结构鉴定标准》T/CECS 252—2019初步鉴定损伤状态等级为Ⅳ级的结构构件，可不进行详细鉴定，也可根据鉴定目的进行详细鉴定。

（6）初步鉴定评级应根据结构构件损伤特征进行结构构件的初步鉴定评级，对于不需要进行详细鉴定的结构，可根据初步鉴定结果直接编制鉴定报告。

2. 火灾后结构安全性鉴定的工作内容

（1）工程结构发生火灾后应对结构进行检测鉴定，现场检测应保证检测工作安全。

（2）火灾后工程结构鉴定对象应为工程结构整体或相对独立的结构单元。

（3）火灾后结构安全性鉴定应进行初步调查，初步调查应包括下列工作内容：

① 查阅图纸资料,包括结构设计和竣工资料;调查结构使用及改造历史、实际使用状况;

② 了解火灾过程及火灾影响区域,查阅火灾报告等资料;

③ 现场勘查了解火场残留物状况、荷载变化情况;

④ 观察结构损伤情况,判断主体结构及附属物的整体牢固性、出现垮塌的风险性。

(4)初步调查后,应制定鉴定方案。鉴定方案宜包括下列内容。

① 工程概况;

② 检测鉴定的目的、依据和范围;

③ 调查与检测的工作内容、方法和设备;

④ 分析与校核内容;

⑤ 现场检测相关安全保障措施。

(5)初步鉴定应包括下列内容。

① 火作用调查应包括下列内容:火灾过程调查,包括起火时间、部位、蔓延路径,燃烧特点和持续时间,灭火过程及措施等;火灾荷载调查,包括可燃物种类、特性、数量、分布等;火场环境调查,包括消防措施、燃烧环境、通风条件,受火墙体及楼盖的热传导特性等;火场残留物状况调查,包括火场残留物种类及烧损状况等;火灾影响区域调查与确定,应根据火灾过程、现场残留物状况及结构外观烧损状况综合判定。

② 结构现状调查与检查:烧灼损伤状况检查;温度作用损伤检查;结构材料性能检测。

结构构件现状检测应包括表5.1规定的内容。

表5.1 结构构件现状检测内容

类别	检测内容
混凝土结构构件	构件颜色、裂损情况、锤击反应、混凝土脱落及露筋情况、受力钢筋与混凝土粘结状况、变形、混凝土及钢筋材料性能等。预应力混凝土结构构件检测还包括预应力锚具和预应力筋历经温度等
钢结构构件	涂装与防火保护层、构件开裂情况、局部变形、整体变形、连接损伤情况、材料性能等
砌体结构构件	外观损伤情况、构件裂缝情况、结构变形、材料性能等
木结构构件	构件外观损伤、防火保护层、连接板残余变形、螺栓滑移构件变形、剩余有效截面尺寸等
钢-混组合结构构件	除混凝土结构构件和钢结构构件检测内容外,还包括混凝土与型钢之间的连接情况等

③ 初步鉴定评级。根据结构构件损伤状态特征,按照《火灾后工程结构鉴定标准》T/CECS 252—2019进行结构构件的初步鉴定评级。

(6)详细鉴定应包括下列内容。

① 火作用分析。根据火作用调查与检测结果,进行结构构件过火温度分析。结构构件过火温度分析应包括推定火灾温度过程及温度分布,推断火灾对结构的作用温度及分布范围,判断构件受火温度。

② 结构构件专项检测分析。根据详细鉴定的需要,对受火与未受火结构构件的材质性能、结构变形、节点连接、结构构件承载能力等进行专项检测分析。

③ 结构分析与构件校核。根据受火结构材质特性、几何参数、受力特征和调查与检测结果,进行结构分析计算和构件校核。

④ 详细鉴定评级。根据受火后结构分析计算和构件校核分析结果,按照《火灾后工程结构鉴定标准》T/CECS 252—2019进行结构构件的详细鉴定评级。

(7)在火灾后工程结构鉴定过程中,当发现调查检测资料不足或不准确时,应进行补充调查检测。

(8)火灾后工程结构鉴定工作完成后应提出鉴定报告。

3. 火灾后结构安全性鉴定报告内容

鉴定报告宜包括下列内容:

(1)工程概况,包括工程结构概况和火灾概况;

(2)鉴定的目的、范围、内容、依据以及检测方法;

(3)调查、检测与分析结果,包括火灾作用和火灾影响的调查检测分析结果;

(4)评定等级;

(5)结论与建议;

(6)附件。

鉴定报告除以上所述内容外,还应包含标题、日期、委托人、承担鉴定的单位、签章、摘要、目录、鉴定目的和范围、工程结构火灾和火灾后的状况、检测项目、检测依据、取样原则、试验方法、试验分析结果、结构分析与校核、构件可靠性评级、结论、建议和附录(包括相关照片、材质检测报告、证据资料等)内容。火灾概况叙述的主要内容包括:起火时间、主要可燃物、燃烧特点和持续时间、灭火方法和手段等。

鉴定报告编写还应符合下列规定：

（1）鉴定报告中应明确鉴定结论，指明被鉴定结构构件的最终评定等级或评定结果。

（2）鉴定报告中应明确处理对象，对按照《火灾后工程结构鉴定标准》T/CECS 252—2019初步鉴定评为Ⅱ_b级、Ⅲ级和Ⅳ级构件及详细鉴定评为c级或d级构件的数量、所处位置应做出详细说明，并提出处理建议。

5.2.2　钢筋混凝土剪力墙住宅火灾事故鉴定工程实例

×××楼位于××市×××区，地上十五层，地下一层，建筑总面积6359.33m²，建筑高度45.50m，设计使用年限为50年。结构形式为现浇钢筋混凝土剪力墙结构，抗震设防烈度为8度，设计基本地震加速度0.30g，建筑抗震设防类别为丙类，结构抗震等级为二级，设计地震分组为第二组，场地类别Ⅱ类，地基基础设计等级为乙级，建筑结构安全等级为二级。

主体工程施工过程中，东山墙外侧约1.2m堆积聚苯板起火，扑灭后发现，一层、二层钢筋混凝土东山墙结构外表面局部墙皮掉落。承建单位委托本公司对该建筑进行火灾影响鉴定。

根据委托方情况介绍和所传现场影像资料，确定检测鉴定方案，与委托单位签订检测鉴定合同。

项目组对火灾现场、因火灾引起的建筑损伤情况进行勘查，并保留影像资料。

采用回弹法对过火最严重东山墙外侧面混凝土强度进行检测，结果为符合设计要求。

综合分析认为，火灾燃烧持续时间短，判断火灾现场最高温度不超过600℃，受火面一侧未裸露钢筋强度、混凝土强度、弹性模量，以及钢筋与混凝土的粘结强度均不会降低。混凝土内部的游离水汽化，在混凝土内部形成较大压力，导致构件表面混凝土爆裂。

依据《火灾后工程结构鉴定标准》T/CECS 252—2019第3.2.1条，确定×××楼东山墙过火结构构件的鉴定评级为Ⅱ_A级，无需进行详细鉴定评级。

经综合分析论证，对×××楼工程安全性提出鉴定结论为"×××楼东山墙在11月3日发生的火灾过火后，混凝土强度满足设计要求，不影响该工程原有结构的安全性"。

建议为提高×××楼东山墙的结构耐久性采取对应处理措施。

编写《×××楼结构安全性检测鉴定报告》如下表。

×××楼结构安全性检测鉴定报告

工程名称	×××		
工程地点	××市×××区		
委托单位	×××		
建设单位	×××		
设计单位	×××		
勘察单位	×××		
施工单位	×××		
监理单位	×××		
抽样日期	2021年7月8—15日	检测日期	2021年7月8—15日
检测数量	详见报告	检验类别	委托
检测鉴定项目	回弹法检测混凝土抗压强度		
检测鉴定仪器	一体式触屏数字回弹仪HT225-T		
鉴定依据	1.《建筑工程施工质量验收统一标准》GB 50300—2013 2.《混凝土结构工程施工质量验收规范》GB 50204—2015 3.《建筑装饰装修工程施工质量验收规范》GB 50210—2018 4.《建筑节能工程施工质量验收规范》GB 50411—2019 5.《地下防水工程质量验收规范》GB 20108—2011 6.《火灾后工程结构鉴定标准》T/CECS 252—2019 7. 设计图纸及相关技术资料 8. 现场勘查记录及影像资料		
检测依据	1.《建筑结构检测技术标准》GB/T 50344—2019 2.《钻芯法检测混凝土强度技术规程》JGJ/T 384—2016 3.《混凝土中钢筋检测技术标准》JGJ/T 152—2008 4.《混凝土结构工程施工质量验收规范》GB 50204—2015		

1. 工程概况

×××住宅楼位于×××。

建筑专业：该建筑地上十五层，地下一层，建筑总面积6359.33m²，其中地下建筑面积为393.65m²，地上建筑面积5965.68m²，建筑高度45.5m，耐火等级为二级（地下室为一级），设计使用年限为50年。

结构专业：该结构形式为现浇钢筋混凝土剪力墙结构，抗震设防烈度为8度，设计基本地震加速度0.30g，建筑抗震设防类别为丙类，结构抗震等级为二级，设计地震分组为第二组，场地类别Ⅱ类，地基基础设计等级为乙级，建筑结构安全等级为二级。采用天然地基，基础持力层为第三层细砂，地基承载力特征值为230kPa；基础形式为筏板基础，筏板基础混凝土强度等级为C30，抗渗等级为P6。地下一层至地上五层剪力墙、柱（暗柱）混凝土强度等级为C40；地上六层至十层剪力墙、柱（暗柱）混凝土强度等级为C35；地上十一层以上剪力墙、柱（暗柱）混凝土强度等级为C30；所有楼面梁、板混凝土强度等为级C30；所有构造柱、圈梁、系梁、过梁、设备基础基座等混凝土强度等级为C25。地上填充墙砌体外墙采用MA5混合砂浆砌筑容重小于8kN/m²的加气混凝土砌块，砌块强度等级为A3.5；内填充墙除部分与外填充墙相同者外，其余采用专用砌筑粘结剂砌筑强度等级为MU5.0的BM连锁砌块。

主要受力钢筋为HPB300、HRB400、HRB500；地下工程防水等级为一级，地下室外侧防水材料采用(4+3)mmSBS改性沥青聚酯胎防水卷材，地下工程混凝土抗渗等级为P6；厨房、卫生间防水材料均采用1.5mm厚Ⅱ型JS防水；屋面防水等级为Ⅰ级，防水材料采用(3+3)mmSBS改性沥青聚酯胎防水卷材。屋面保温材料选用90mm厚挤塑聚苯板，外墙保温选用110mm厚B1挤塑聚苯板。本工程开工时间××××年××月，勘查时主体结构已经施工到11层。

×××住宅楼外观见附件1图(一)和图(二)。

×××住宅楼东山墙外侧地面堆放用于地下室外墙防水保护层的聚苯板，聚苯板堆边缘距离×××楼东山墙外侧约1.2m，高度约1.2m，长度约8m。××月××号早上8时10分聚苯板起火，起火后在8时20分扑灭，一层、二层东山墙结构外表面局部墙皮掉落。

2. 检测鉴定目的

通过现场检测鉴定，对×××住宅楼工程进行火灾后结构构件鉴定评级，对火灾后的工程结构构件进行安全性评价。

3. 工程资料

×××住宅楼为在建工程，相关工程技术资料齐全。

4. 现场勘查

(1)×××住宅楼东山墙过火结构外观，详见附件2图(一)~图(四)。

(2)北侧过火结构外观，详见附件2图(五)。

(3)北侧细部现状外观，详见附件2图(六)。

专家组现场勘查时，火灾后的现场已基本清理完毕，并围上安全网。由附件中图片可以看出，东山墙一层几乎全部、二层底部小部分墙表面被黑色覆盖，未被黑色覆盖处的混凝土颜色未改变，东山墙一层结构外表面局部墙皮掉落，无墙体钢筋外露。

5. 检测结果

(1)混凝土抗压强度检测

对×××住宅楼，采用回弹法对过火最严重的地上一层东山墙外侧面混凝土强度进行检测，检测结果见表(一)。

回弹法检测混凝土强度结果汇总表(一)

工程名称	×××住宅楼		仪器设备	一体式触屏数字回弹仪 HT225-T	
结构类型	剪力墙结构		检测数量	10个构件	
检测结果					
序号	构件名称	混凝土抗压强度换算值/MPa			现龄期混凝土强度推定值/MPa	设计强度等级
		平均值	标准差	最小值		
1	过火熏黑部位：一层墙外侧23/B-D轴①	44.3	1.39	40.9	42.0	C40
2	过火白色部位：一层墙外侧23/B-D轴①	44.6	1.37	42.5	42.3	C40
⋮	⋮	⋮	⋮	⋮	⋮	⋮

6. 检测结论

所测构件混凝土抗压强度符合设计要求。

7. 分析结果

专家组经现场勘查分析认为,现场可燃物仅是地下室外墙防水保护层用的聚苯板,因此单位面积上可燃物不多,可燃物燃烧释放的热量有限,火灾燃烧持续时间10分钟左右,根据墙体表面混凝土颜色及锤击反应,可以判断火灾现场最高温度不超过600℃,火灾后降温方式为喷水冷却。根据相关研究成果,对于实心板类构件,当火场温度600℃左右,升温时间较短时,火灾受火面一侧未裸露钢筋位置处温度低于150℃,钢筋强度不会降低,裸露在火灾中的钢筋,火灾后强度损失不大,火灾时混凝土内部温度低于150℃,混凝土强度、弹性模量及钢筋与混凝土的粘结强度均不会降低。

东山墙表面混凝土脱落的主要原因是,火灾时混凝土表面会达到较高温度,加上混凝土龄期较短,混凝土内部存在大量的游离水,当温度超过100℃时,混凝土内部的游离水变成水蒸气,在混凝土内部形成较大压力,导致构件表面混凝土爆裂。

通过对东山墙外侧混凝土过火熏黑处和未熏黑处混凝土进行回弹强度检测,检测结果均满足设计要求。

8. 结构安全性等级鉴定

根据现场勘查情况及检测报告,依据《火灾后工程结构鉴定标准》T/CECS 252—2019第3.2.1条,×××住宅楼东山墙过火结构"轻微烧灼,未发现火灾及高温造成的损伤,构件材料、性能及安全状况受火灾影响不大,可不采取措施或仅采取提高耐久性的措施",火灾后东山墙构件的鉴定评级为 II_A 级,无须进行详细鉴定评级,可按初步鉴定评级对构件进行处理。

9. 鉴定结论

专家组依据现场勘查、检测结果及国家相关规范标准,经综合分析论证,对×××住宅楼工程安全性提出鉴定结论意见如下。

×××楼住宅东山墙在××月××日发生的火灾过火后,混凝土强度满足设计要求,不影响该工程原有结构的安全性。

10. 处理建议

为进一步提高×××住宅楼东山墙的结构耐久性,建议对东山墙出现的个别表皮脱落处,采用改性环氧树脂填缝材料填补压实。

11. 附件

(1)工程外观照片2张(附件1)。

(2)工程现场勘查问题照片6张(附件2)。

(3)鉴定委托书及相关资料(略)。

(4)专家职称和技术人员职称证书(略)。

(5)鉴定机构资质材料(略)。

图(一)　本住宅楼现状外观(东南立面)　　　　图(二)　本住宅楼现状外观(东北立面)

附件1　工程外观照片

图(一)　东山墙过火结构外观(1)　　　　图(二)　东山墙过火结构外观(2)

附件2　工程现场勘查质量问题照片

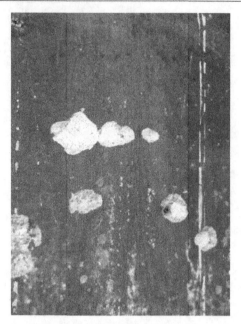

图(三) 东山墙根部过火结构外观

图(四)东山墙细部过火结构外观

图(五) 北侧过火结构外观

图(六) 本住宅楼北侧细部现状外观

附件2 工程现场勘查质量问题照片

5.3　爆炸对建筑影响鉴定

5.3.1　爆炸对建筑影响鉴定简述

近年来,爆炸事故特别是燃气爆燃事件经常发生,多数发生在建筑室内或建筑附近,对建筑物安全性造成难以恢复的损伤,给人民的生命财产安全带来严重威胁。爆炸事故发生后,需要对爆炸后的建筑物采取针对性的专业措施以减少损失、降低风险,包括检测鉴定、临时加固、永久加固。

1. 爆炸后建筑物鉴定的意义

爆炸后建筑物可靠性(危险性)鉴定结论及建议,是房屋判定爆炸受损危险程度、加固和其他后续工作的依据。

2. 爆炸与建筑损伤关系

爆炸造成建筑损伤,主要是爆炸产生的空气冲击波超压造成的,两者之间有一定对应关系,参见《爆破安全规程》GB 6722—2014第13.3.3条表4。破坏等级分为基本无破坏、次轻度破坏、轻度破坏、中等破坏、次严重破坏、严重破坏、完全破坏共七个级别,对应建筑构件不同破坏形态、破坏程度。也有部分因为爆炸引起的地震波引发。

3. 爆炸造成建筑损伤鉴定

对于爆炸造成的建筑损伤,确定其对建筑安全性的影响程度,一般有如下两种鉴定方式。

(1)可靠性鉴定。按《民用建筑可靠性鉴定标准》GB 50292—2015第3.1.1条第5款要求,遭受灾害或事故时,应进行建筑可靠性鉴定。具体鉴定有关问题可参照第2章内容进行。

(2)爆炸造成建筑损伤严重,已经显著影响房屋结构安全,可能形成危险房屋时,按照《危险房屋鉴定标准》JGJ125—2016要求进行房屋危险性鉴定。具体鉴定有关问题可参照本书第4章内容进行。

无论是可靠性鉴定,还是危险房屋鉴定,在鉴定结论的基础上,都需要出具受损建筑处理意见,作为指导救灾、安置、建筑加固乃至拆除的依据。

5.3.2　某住宅楼爆炸后安全性鉴定实例

×××住宅楼为6层住宅建筑,共5个单元,一梯两户布置,共计60户,位于××市××小区。住宅楼结构形式为内浇外砌结构。内承重墙为现浇钢筋混凝土墙,外墙及山墙为砖砌体,楼板采用双向预应力钢筋混凝土实心板。抗震设防烈度为8度,设计基本地震加速度0.20g,建筑抗震设防类别为丙类,结构抗震等级为二级,设计地震分组为第二组,场地类别Ⅱ类。墙下条形基础,地基基础设计等级为丙级,建筑结构安全等级为二级。

2021年2月21日,该建筑2单元201室天然气爆燃并引发火灾,致使本单元二、三层楼梯间及与该户紧邻的住户受到爆燃影响。业主单位委托我单位对其进行安全性鉴定。

经过初步勘查和资料核查,收集到建筑、结构施工图纸、施工技术资料,未见地质勘察报告。在此基础上确定检测鉴定方案,与委托单位签订检测鉴定合同。

项目组二次进入现场,对地基基础、燃爆房屋为中心的周围相邻房间和临近房间因爆燃引起的损伤情况进行详细勘查,并保留影像资料。

检测混凝土抗压强度,发现爆燃房间与未相邻房间的混凝土抗压强度偏差不大。检测混凝土墙体裂缝宽度,最宽达到0.79mm。

参照《爆破安全规程》GB 6722—2014第13.3.3条表4,确定201室房屋上、下楼板部分为完全破坏,墙体为轻度、中等破坏;1单元202室和本单元202室部分墙体为中等破坏。

按照《火灾后工程结构鉴定标准》T/CECS 252—2019第6.2节,201室顶板、墙,判定为外观损伤Ⅱ$_A$或Ⅱ$_b$级。

根据《民用建筑可靠性鉴定标准》GB50292—2015和现场检测、调查结果,逐层对该建筑物进行评级。

2单元201室、202室和101室、1单元202室,部分楼板,混凝土墙体构件的承载能力评定为d_u级,其余构件评定为a_u~c_u级不等。

地基基础子单元综合评为A_u级,上部承重结构评定为D_u级。

鉴定单元安全性综合评级D_{su}级。按附录D规定判定建筑物破坏等级为中等破坏级。

在此基础上提出鉴定结论"爆燃及火灾对该楼2单元201室房屋结构构件造成了破坏或损坏,对该户房屋结构安全造成了严重影响"。

对不同损坏程度的房屋构件采取对应加固处理措施,由有资质的设计施工单位实施。

编写《×××住宅楼爆炸后结构安全性检测鉴定报告》如下。

爆炸后结构安全性检测鉴定报告

工程名称	×××住宅楼		
工程地点	×××市×××区		
委托单位	×××		
建设单位	×××		
设计单位	×××		
勘察单位	×××		
施工单位	×××		
监理单位	×××		
抽样日期	2021年7月8—15日	检测日期	2021年7月8—15日
检测数量	详见报告	检验类别	委托
检测鉴定项目	1. 户内墙体垂直度检测 2. 贯入法检测砂浆强度 3. 回弹法检测烧结砖强度 4. 钻芯法检测混凝土抗压强度 5. 混凝土构件裂缝(宽度、长度)检测 6. 建筑物倾斜度检测		
检测鉴定仪器	全站仪,规格型号为日本株式会社索佳(SOKKIA)NET05X;混凝土钻孔机;贯入式砂浆强度检测仪SJY800B;砖回弹仪HT75-A;裂缝宽度观测仪LR-FK202		
鉴定依据	1.《民用建筑可靠性鉴定标准》GB 50292—015 2.《建筑地基基础工程施工质量验收规范》GB 50202—2018 3.《混凝土结构工程施工质量验收规范》GB 50204—2015 4.《砌体结构工程施工质量验收规范》GB 50203—2011 5.《建筑结构荷载规范》GB 50009—2012 6.《建筑地基基础设计规范》GB 50007—2011 7.《混凝土结构设计规范》GB 50010—2010(2015年版) 8.《砌体结构设计规范》GB 50003—2011 9.《房屋裂缝检测与处理技术规程》CECS 293:2011 10.《工程测量规范》GB 50026—2016 11.《建筑变形测量规范》JGJ 8—2016 12.《爆破安全规程》GB 6722—2014 13.《火灾后工程结构鉴定标准》T/CECS 252—2019 14. 设计图纸及相关技术资料 15. 现场勘查记录及影像资料		
检测依据	1.《建筑结构检测技术标准》GB/T 50344—2019 2.《钻芯法检测混凝土强度技术规程》JGJ/T 384—2016 3.《砌体工程现场检测技术标准》GB/T 50315—2011 4.《混凝土结构现场检测技术标准》GB/T 50784—2013 5.《贯入法检测砌筑砂浆抗压强度技术规程》JGJ/T 136—2001		

1. 工程概况

×××住宅楼位于××市××区××路××小区,于20世纪90年代末期建成并交付使用[工程外观见附件1图(一)、图(二)]。

建筑专业:本工程为一栋6层住宅建筑,共5个单元,一梯两户布置,共计60户。

结构专业:×××住宅楼抗震设防烈度为8度,设计基本地震加速度0.20g,建筑抗震设防类别为丙类,结构抗震等级为二级,设计地震分组为第二组,场地类别Ⅱ类,地基基础设计等级为丙级,建筑结构安全等级为二级。

本工程结构形式为内浇外砌结构。内承重墙为现浇钢筋混凝土墙,外墙及山墙为砖砌体,楼板采用混凝土先张法双向预应力实心板,厨卫间与卧室及门厅间部分隔墙为混凝土预制板。

在标高-0.06m处设基础圈梁,墙宽为240mm,外墙圈梁为240mm×180mm,在外墙转角处、内横墙与外纵墙交界处、内纵墙与山墙交界处、部分横墙与内纵墙交接处等部位设置钢筋混凝土构造柱,截面尺寸240mm×240mm。构造柱、圈梁、过梁、楼梯混凝土强度为C18。

×××楼外观见附附件1图(一)和图(二)。

该建筑2单元201室于2月21日早晨4时45分左右,天然气爆燃且引发该户火灾,并使该单元二、三层楼梯间及与该户紧邻的住户受到爆燃影响,消防车在5时05分左右到达现场,5时20分左右明火被扑灭。

2. 检测鉴定目的

通过现场检测鉴定,对×××住宅楼工程进行爆炸后建筑物破坏等级进行评级,对爆炸后的工程结构进行安全性评价。

3. 工程资料

提供了×××住宅楼的建筑、结构施工图纸、施工技术资料,未提供工程地质勘察报告。

施工技术资料主要包括:《结构验收记录表》《单位工程质量综合评定表》。

4. 现场勘查

2021年7月3日,在委托方人员带领下,我公司专家组对×××住宅楼进行了现场勘查,情况如下。

1)地基基础工程

2单元201室为爆燃中心,未发现基础受爆炸影响产生裂缝和变形等质量问题,地基基础现状完好。

2)爆燃中心2单元201室及紧邻房间情况

(1)2单元201室为爆燃中心,南卧室楼板破损、端部从锚固梁处脱出,大部分塌落,混凝土顶板因上拱形成斜向断裂,混凝土局部碎落、钢筋外露,东、西侧混凝土墙体在约半高处因外凸变形产生混凝土水平压曲裂缝,造成西侧墙体半高处外凸约50mm,东侧墙体外凸约20mm;北卧室混凝土顶板出现裂缝,西侧墙体半高处产生水平裂缝,东侧隔墙外闪、塌落,见附件2图一~图七。

(2)2单元202室,爆燃户东侧对门户。南卧室西墙半高处开裂,形成多道水平裂缝,向内侧水平方向外凸变形,最大水平变形约20mm,上部耳梁处抹灰层脱落,见附件2图八、图九。

(3)1单元202室,爆燃户西侧邻户。南卧室东墙多处开裂,墙体半高处出现向内侧水平方向外凸变形,最大水平变形约50mm,墙与顶棚交界处抹灰层脱落,与外墙交接处开裂;门厅东墙半高处出现多道不规则裂缝,外凸水平变形约7mm,上部耳梁处抹灰层脱落。西南卧室西墙装饰石膏线与墙体之间裂缝,见附件2图十~图十三。

(4)2单元101室,爆燃户下层户。南卧室顶板破损、从锚固端脱出,大部分塌落。

(5)2单元301室,爆燃户上层户,南卧室楼板突起、地砖空鼓脱落;入口门厅地砖突起;南卧室西墙施工洞口裂缝。

(6)2单元楼梯间在二层楼板高度处西侧墙体在楼板高度处出现水平裂缝,见附件2照片19。

3)1、2单元其他住户房屋墙体裂缝情况

现场对该建筑1、2单元其他住户房屋墙体裂缝情况进行勘查、检测,出现的裂缝数量和形式不尽相同。具体情况见表(一)

1~2单元其他住户房屋墙体裂缝情况表(一)

户名	部位	裂缝情况	备注
1-101	北卧室西墙	距南墙1000mm,由房顶往下1500mm竖向裂缝	不同材料裂缝
1-102	东南卧室东墙	距屋顶100mm处横向通长裂缝	抹灰裂缝
	西南卧室北墙	距东墙500mm处向西1000mm长横向裂缝	抹灰裂缝
1-201	南卧室西墙	距南墙1000mm处竖向通长裂缝	抹灰裂缝
⋮	⋮	⋮	⋮

4)3~5单元住户房屋勘查主要情况

现场对该建筑3~5单元住户房屋进行勘查,主要情况见表(二)。

3~5单元住户房屋勘察情况表(二)

户名	部位	裂缝情况	备注
3-101	北阳台	窗台处裂缝	不同材料裂缝
	门厅处	纵墙竖向裂缝	抹灰裂缝
	南卧室	窗帘杆支撑处裂缝	抹灰裂缝
3-202	南卧室	天花板石膏开裂	石膏线裂缝
3-102	卫生间	外墙裂缝	抹灰裂缝
⋮	⋮	⋮	⋮

5. 检测结果

1)混凝土抗压强度检测

为确定爆燃对构件混凝土强度的影响程度,对2单元201室及周围受影响住户房屋进行墙体混凝土钻芯抽检,检测数据详见表(三)。

2单元201室及周围住户屋墙体混凝土钻芯抽检数据(三)

工程名称	×××住宅楼	仪器设备	混凝土钻芯机
结构类型	内浇外砌结构	检测数量	20个构件

检测结果			
序号	构件名称	芯样直径/mm	芯样抗压强度/MPa
1	1-102东南卧室东墙	99.5	11.0
2	1-102东南卧室北墙	99.0	11.8
3	1-102北卧室东墙	100.0	9.6
⋮	⋮	⋮	⋮

2)墙体主要裂缝检测

1~2单元墙体裂缝检测情况见表(四)。

×××住宅楼1~2单元墙体裂缝检测一览表(四)

序号	户名	位置	裂缝宽度/mm	备注
1	1-101	北卧室西墙,距南墙1000mm,由房顶往下1500mm竖向裂缝	0.14、0.25、0.24	
2	1-102	东南卧室东墙,距屋顶100mm处横向通长裂缝	0.60、0.13、0.20	
		西南卧室北墙,由距东墙500mm处向西1000mm长横向裂缝	0.05、0.06、0.10	
3	1-201	南卧室西墙,距南墙1000mm处竖向通长裂缝	0.14、0.25、0.24	
⋮	⋮	⋮	⋮	⋮

6. 检测结论

(1)经抽检数据比较,发生爆燃房间的混凝土芯样抗压强度与未发生爆燃房间的芯样抗压强度偏差不大。

(2)主体结构墙体的混凝土裂缝需要进行处理。

7. 分析结果

(1)爆燃冲击波影响:天然气爆燃后,对建筑物的影响主要是由于爆燃产生的空气冲击波的超压作用。参照《爆破安全规程》GB 6722—2014中第13.3.3条表4关于建筑物的破坏与空气冲击波超压关系,可以判断该楼2单元201室房屋南卧室上、下钢筋混凝土楼板及非承重隔墙为完全破坏,南卧室东、西墙为中等破坏;北卧室西墙及南卧室南墙为轻度破坏;对该楼2单元202室房屋西墙造成中等破坏;对该楼1单元202室房屋东墙造成中等破坏;对相邻的其他住户房屋部分墙体造成了开裂影响;对该楼2单元301室房屋南卧室及门厅楼板造成损坏;对该楼部分住户房屋门窗、玻璃造成破坏;对该楼部分住户房屋墙体抹灰层及装饰构件造成了裂缝加大的影响;该楼受爆燃冲击波影响的住户房屋,玻璃为2~4级即次轻度破坏~中等破坏,门窗为2~5级即次轻度破坏~次严重破坏。门窗不属于建筑物的承重结构,不影响建筑结构安全,但破坏的门窗会影响使用功能,应予修复。

(2)由于爆燃是瞬间超压作用,对周边结构构件会造成破坏,经门窗破坏泄压后,对房屋其他结构构件影响较小,根据现场抽样混凝土抗压强度检测结果,发生爆燃房间的混凝土芯样抗压强度与未发生爆燃房间的芯样抗压强度偏差不大,证明爆燃对房屋混凝土构件抗压强度影响很小。

(3)火灾后砌体构件和混凝土构件的残余力学性能与火灾时构件经历的最高温度和火灾持续时间有关,一般情况下,火灾会对混凝土墙体构件和钢筋混凝土构件造成表面灼伤、开裂,并引起混凝土及钢筋力学性能下降。火灾燃烧持续时间为15分钟,根据现场勘查结果,可以判断火灾现场最高温度不超过750℃。根据相关研究成果,火灾时未裸露的钢筋,钢筋位置处温度低于200℃,钢筋强度不会降低;火灾时混凝土内部温度低于200℃,混凝土强度、弹性模量以及钢筋与混凝土的粘结强度均不会降低。按照《火灾后工程结构鉴定标准》T/CECS 252—2019该楼2单元201室房屋北卧室顶板混凝土颜色基本未变或被黑色覆盖,局部表面有轻微裂缝及混凝土脱落,判定为外观损伤Ⅱₐ或Ⅱᵦ级,该户承重墙体除南卧室墙体外,墙面抹灰层颜色基本未变或被黑色覆盖,有的局部表面有轻微裂缝,判定为外观损伤Ⅱa级;火灾对其他住户房屋未造成影响。

(4)经勘查及检测墙体裂缝有以下几种情况。

① 墙体破坏产生裂缝:爆燃中心在该楼2单元201室的南卧室,造成该楼2单元202室、2单元302室、2单元301室、2单元102室、2单元101室、1单元202室房屋部分墙体损坏,产生破坏裂缝,裂缝对结构安全造

成不同程度的影响。

② 施工洞口不同墙体材料相互交接处裂缝：内横墙墙体预留施工洞口，采用砖、砂浆砌筑封堵。不同材料的热胀冷缩系数和变形程度有差异，产生的收缩应力不同；不同墙体材料其厚度不一致，这样墙两侧抹灰层的厚度不同，造成该部位产生非同步应变，造成不同墙体材料交界处产生裂缝，受爆燃影响，加大了裂缝的发展，裂缝不会影响建筑结构安全。

③ 墙体抹灰裂缝：混凝土墙体或砖砌体墙体与抹灰砂浆线膨胀系数相差较多，受温度变化影响加上自身收缩，会在抹灰层产生应力，造成抹灰砂浆开裂、空鼓。受爆燃震动的影响会加速抹灰砂浆的空鼓和开裂，裂缝不会影响建筑结构安全。

④ 门窗洞口周围裂缝：爆燃产生的空气冲击波的超压作用，对该建筑物的门窗造成不同程度损坏，在门窗移动和震动的作用下，门窗洞口周围的抹灰层破坏或开裂，裂缝不会影响建筑结构安全。

8. 结构安全性等级鉴定

根据《民用建筑可靠性鉴定标准》GB50292—2015 和现场检测结果，对建筑安全性进行鉴定评级，按照构件、子单元和鉴定单元三个层次，逐层对该建筑物进行评级。

1)构件评级

(1)主要构件安全性鉴定：2单元201室为爆燃中心，南卧室楼板破损、端部从锚固梁处脱出，大部分塌落，混凝土顶板因上拱形成斜向断裂，混凝土局部碎落、钢筋外露，承载力丧失，构件的承载能力评定为 d_u 级。

(2)2单元201室为爆燃中心，东、西侧混凝土墙体在约半高处因外凸变形产生混凝土水平压曲裂缝，造成西侧墙体半高处外凸约50mm，东侧墙体外凸约20mm，承载力丧失，构件的承载能力评定为 d_u 级。

(3)2单元202室，爆燃户东侧对门户。南卧室西墙半高处开裂，形成多道水平裂缝，向内侧水平方向外凸变形，最大水平变形约20mm，承载力丧失，构件的承载能力评定为 d_u 级。

(4)1单元202室，爆燃户西侧邻户。南卧室东墙多处开裂，墙体半高处出现向内侧水平方向外凸变形，最大水平变形约50mm，承载力丧失，构件的承载能力评定为 d_u 级。

(5)2单元101室，爆燃户下层户。南卧室顶板破损、从锚固端脱出，大部分塌落，承载力丧失，构件的承载能力评定为 d_u 级。

(6)2单元301室，南卧室西墙施工洞口裂缝，裂缝宽度为0.74mm，大于0.5mm，构件不适宜承载，构件的承载能力评定为 c_u 级。

(7)1单元102室，东南卧室东墙横向通长裂缝，裂缝宽度为0.60mm，大于0.5mm，构件不适宜承载，构件的承载能力评定为 c_u 级。

(8)1单元301室，南卧室东墙施工洞口，竖向裂缝，裂缝宽度为0.55mm，大于0.5mm，构件不适宜承载，构件的承载能力评定为 c_u 级。

(9)1单元302室，东南卧室东墙，距南墙1300mm竖向通长裂缝，裂缝宽度为0.83mm，大于0.5mm，构件不适宜承载，构件的承载能力评定为 c_u 级。

(10)1单元501室，南卧室东墙施工洞口，距北墙100mm竖向通长裂缝，裂缝宽度为0.70mm，大于0.5mm，构件不适宜承载，构件的承载能力评定为 c_u 级。

(11)2单元502室，南卧室施工洞口裂缝，竖向裂缝，裂缝宽度为0.78mm，大于0.5mm，构件不适宜承载，构件的承载能力评定为 c_u 级。

(12)2单元602室，西南卧室施工洞口裂缝，竖向裂缝，裂缝宽度为0.79mm，大于0.5mm，构件不适宜承载，构件的承载能力评定为 c_u 级。

2)子单元评级

(1)地基基础：经现场勘查，该建筑地基基础未见明显缺陷，现状完好，不影响整体承载。地基基础综合评为A_u级。

(2)上部承重结构：按不适宜承载的侧向位移、裂缝评定：根据现场勘验和检测结果，按照《民用建筑可靠性鉴定标准》GB50292—2015中有关规定，该工程按照上部承重结构不适宜承载的侧向位移评定为D_u级。

3)鉴定单元安全性评级

鉴定单元安全性评级，根据其地基基础、上部承重结构以及围护系统承重部分的安全性等级进行评定。该工程结构安全性评级结果见表(五)。

鉴定单元综合评定表(五)

鉴定单元	单元	1单元	2单元
×××住宅楼	单元安全性评级	鉴定单元综合评定	鉴定单元综合评定
		A_{su}、B_{su}、C_{su}、D_{su}	A_{su}、B_{su}、C_{su}、D_{su}
	单元评级	D_{su}	D_{su}

9. 建筑物破坏等级评级

根据《民用建筑可靠性鉴定标准》GB50292—2015附录G民用建筑灾后鉴定和现场检测结果，对建筑物破坏等级进行评级，结果如下。

地基基础尚保持稳定；多数承重构件或抗侧向作用构件出现裂缝，部分存在明显承载力丧失及明显裂缝；不少部位构造的连接受到损伤；判定结论为建筑物破坏等级为中等破坏级。

10. 鉴定结论

专家组依据现场勘查、检测结果及国家相关规范标准，经综合分析论证，对×××住宅楼工程安全性提出鉴定结论意见如下：

(1)爆燃及火灾对该楼2单元201室房屋结构构件造成破坏或损坏，对该户房屋结构安全造成严重影响，该户南卧室东墙、西墙的损坏对相邻住户房屋造成安全影响，应进行加固或拆除重做处理，阳台侧板进行拆除重做处理；对该楼2单元202室、101室、102室、301室、302室及该楼1单元202室房屋局部构件安全造成了一定影响，应进行加固修复处理；对该楼其他住户房屋原有结构安全性未造成影响。

(2)爆燃对该楼部分住户房屋门窗、玻璃造成了破坏影响，对部分住户房屋非承重隔墙、墙体抹灰层及部分装饰构件造成了开裂影响，应进行修复处理。

11. 处理建议

该建筑受爆燃影响的住户房屋需要进行加固处理，处理建议如下：

(1)2单元201室房屋南卧室破坏的上、下楼板拆除重做，对受损的其他楼板可采用粘贴碳纤维布抹水泥砂浆或抹高延性混凝土方法进行加固处理；对2单元201室房屋南卧室损坏的墙体和北卧室西面墙体可采用加钢筋混凝土面层方法或剔除重做加固处理；

(2)对其他住户房屋受损的混凝土墙体可采用粘贴碳纤维布抹水泥砂浆方法或抹高延性混凝土进行处理，对墙体裂缝可进行压力灌浆加固处理，对砌体墙体可采用加钢筋网抹水泥砂浆处理；

(3)根据现场情况，爆燃及火灾对混凝土构件强度影响很小，加固处理应按提高构件原有承载力进行设计，加固处理后使构件承载能力得到提高；

(4)加固处理应由有相应资质的单位进行设计及施工；

（5）加固设计单位需要根据现场实际情况，对2单元201室及周围房间进行支护设计，委托单位应抓紧组织进行支护处理，以免二次灾害的发生。

12.　附件

（1）工程外观照片2张（附件1）。

（2）工程现场勘查问题照片14张（附件2）。

（3）鉴定委托书及相关资料（略）。

（4）专家职称和技术人员职称证书（略）。

（5）鉴定机构资质材料（略）。

图（一）　×××住宅楼（燃爆后）南侧外观

图（二）　×××住宅楼（燃爆后）北侧外观

附件1　工程外观照片

图（一）　2-201室楼板塌落

图（二）　2-201室顶板开裂

图（三）　2-201室南卧室西墙裂缝

图（四）　2-201室南卧室东墙裂缝

图(五)　2-201室北卧室楼板裂缝

图(六)　2-201室北卧室西墙裂缝

图(七)　2-201室北卧室隔墙塌落

图(八)　2-202室南卧室西墙水平裂缝

图(九)　2-202室南卧室西墙耳梁抹灰脱落

图(十)　1-202室南卧室东墙开裂

图(十一)　1-202室门厅东墙开裂

图(十二)　1-202室南卧室墙体交接处开裂

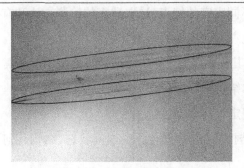 

图(十三) 1-202室西南卧室西墙裂缝　　图(十四) 2-101室南卧室顶板塌落

（其余照片省略）

5.4 其他灾后鉴定

5.4.1 其他灾后鉴定简述

　　钢结构(特别是轻型钢结构)属于对风、雪荷载敏感的结构,本节所述建筑钢结构在风灾、雪灾后的鉴定,主要为风灾、雪灾发生破坏后果的结构鉴定,属于结构的可靠性鉴定范畴,应依据《工业建筑可靠性鉴定标准》GB 50144—2019、《民用建筑可靠性鉴定标准》GB 50292—2015、《高耸与复杂钢结构检测与鉴定标准》GB 51008—2016进行,鉴定程序可参照《民用建筑可靠性鉴定标准》GB 50292—2015附录G民用建筑灾后鉴定。

　　1. 灾后结构安全性鉴定程序

　　灾后工程结构鉴定是指为评估灾后工程结构可靠性而进行的检测鉴定工作,涵盖初步勘察、详细调查与检测和构件安全性鉴定评级一般规定、子单元和鉴定单元鉴定评级等可靠性鉴定全过程。

　　2. 灾后结构安全性鉴定的工作内容

　　(1)建筑灾后检测鉴定与处理应在判定预计灾害对结构不会再造成破坏后进行。

　　(2)应根据灾害的特点进行结构检测、结构可靠性鉴定、灾损鉴定及灾损处理等。结构可靠性鉴定应符合相关标准的规定,抗灾鉴定应符合相应的国家现行抗灾鉴定标准的规定。

　　(3)灾后工程结构鉴定对象应为工程结构整体或相对独立的结构单元。

　　(4)建筑物在处理前,应通过检测鉴定确定灾后结构现有的承载能力、抗灾能力和使用功能。灾损鉴定应与结构可靠性鉴定结合。

　　(5)建筑物灾后的检测,应对建筑物损伤现状进行调查。对中等破坏程度以内有加固修复价值的房屋建筑,应进行结构构件材料强度、配筋、结构构件变形及损伤部位与程度的检测。对严重破坏的房屋建筑可仅进行结构破坏程度的检查与检测。

(6)建筑物的灾损与可靠性检测应针对不同灾害的特点,选取适宜的检测方法和有代表性的取样部位,并应重视对损伤严重部位和抗灾主要构件的检测。

(7)建筑物的灾损与可靠性鉴定,应根据其损伤特点,结合建筑物的具体情况和需要确定,宜包括地基基础、上部结构、围护结构与非结构构件鉴定。

(8)建筑物灾后的结构分析应符合下列规定:

① 结构检测分析与校核应考虑灾损后结构的材料力学性能、连接状态、结构几何形状变化和构件的变形及损伤等;

② 应调查核实结构上实际作用的荷载,以及风、地震、冰雪等作用的情况;

③ 结构或构件的材料强度、几何参数应按实测结果取值。

(9)评定钢结构建筑灾后破坏等级时,应重点检查下列内容:

① 地基基础变形(沉陷、滑移);

② 结构或构件变形损坏;

③ 连接节点变形损坏;

④ 非承重构件及附属构件损坏。

(10)钢结构建筑灾后破坏等级宜按下列标准划分:

① 基本完好:地基基础无变形;承重构件及连接完好,节点连接牢固,屋面完好,个别非承重构件及附属构件有轻微损伤;

② 轻微损坏:地基基础无变形;个别承重构件轻微损坏,个别连接节点出现松动、开裂或断裂现象;屋面板等围护结构缺损面积10%以下,少数非承重构件及附属构件有损坏;

③ 中等破坏:上部结构存在因地基基础变形引起的明显变形,但基础无滑移;少数构件弯曲、截面扭曲及节点板弯折;少数连接节点出现松动、开裂或断裂现象;屋面板等围护结构缺损面积50%以下;部分非承重构件及附属构件有明显损坏;

④ 严重破坏:上部结构存在因地基基础变形引起的严重变形,或基础有滑移;部分钢构件弯曲、截面扭曲、节点板弯折;部分连接节点出现松动、开裂或断裂现象;屋面板等围护结构缺损面积超过50%;多数非承重构件及附属构件损坏;

⑤ 局部或整体倒塌:房屋残留部分不足50%。

(11)在灾后工程结构鉴定过程中,当发现调查检测资料不足或不准确时,应进行补充调查检测。

(12)灾后工程结构鉴定工作完成后应提出鉴定报告。

3. 灾后结构安全性鉴定报告内容

(1)鉴定报告宜包括的内容:

① 工程概况,包括工程结构概况和风灾、雪灾概况;

② 鉴定的目的、范围、内容、依据以及检测方法；

③ 调查、检测与分析结果，包括风灾、雪灾作用的调查检测分析结果；

④ 评定等级；

⑤ 结论与建议；

⑥ 附件。

（2）鉴定报告应符合下列规定：

① 对地震灾害，应按国家标准《建筑抗震鉴定标准》GB 50023—2009进行鉴定；对其他灾害应按国家现行有关抗灾标准的规定进行鉴定；

② 应对影响灾损建筑物抗灾能力的因素进行综合分析，并应给出明确的鉴定结论和处理建议；

③ 对严重破坏的建筑物应根据处理难度、处理后能否满足抗灾设防要求以及处理费用等综合给出加固处理或拆除重建的评估意见。

5.4.2 钢结构厂房雪灾后鉴定工程实例

×××项目1号厂房、2号厂房位于河北省唐山市。工程于2019年10月开工，2019年12月底完工。该项目分为两个单体，为自建厂房，建筑面积分别为2582.4m² 和950.4m²，采用钢排架结构，屋面为轻型三角形钢屋架，围护材料为单层彩钢压型钢板。

该项目于2021年11月雪后发生坍塌。建设单位委托本公司对该建筑进行灾后鉴定。

根据委托方情况介绍和现场影像资料，确定检测鉴定方案，与委托单位签订检测鉴定合同。

项目组对项目现场、因雪灾引起的建筑损伤情况进行勘查，并保留影像资料。

项目没有设计图纸，现场可见结构布置、部分节点形式不符合钢结构设计标准规定；检测了结构尺寸、构件主要截面、钢构件硬度等参数，作为下一步结构承载力复核的依据。

复核分析结果表明，在本次雪荷载条件下，1#车间排架柱强度、稳定应力比严重超限，面内长细比超限，2#车间排架柱面内长细比超限；屋架中绝大部分上弦杆强度、稳定应力比严重超限，大部分下弦杆强度应力比超限，部分斜腹杆稳定应力比超限。

综合分析认为，两座厂房钢结构布置方面，缺少维持排架结构几何稳定性和保证屋盖结构、厂房纵向刚度等必需的支撑体系，结构布置不满足相关国家标准的要求。结构的空间工作性能差，是导致两个厂房倒塌的重要原因之一。根据验算，排架柱、屋架结构承载力不足是导致两个厂房倒塌的重要原因之二。结构施工焊接质量差、节点处理不合格、材料外形尺寸和壁厚超出允许偏差范围等问题进一步降低了结构的承载能力，是厂房倒塌的影响因素。由于结构已经坍塌，无需进行详细鉴定评级。

说明及建议：本次鉴定仅针对本次降雪荷载引起的倒塌进行核算，本核算并不满足《工程结构可靠性设计统一标准》GB 50153—2008,即不代表满足本次鉴定核算工程就是安全的。专家组在现场勘查时发现1号厂房主体结构部分坍塌,2号厂房主体结构完全坍塌,两个厂房现有状态已不能满足结构的安全性的功能要求,建设单位不能继续使用。

编写《×××工程雪灾后检测鉴定报告》如表。

建筑工程雪灾后检测鉴定报告			
工程名称	×××项目1号厂房、2号厂房		
工程地点	唐山市		
委托单位	×××		
建设单位	×××		
设计单位	×××		
勘察单位	×××		
施工单位	×××		
监理单位	×××		
抽样日期	2021年11月12日	检测日期	2021年11月12日
检测数量	详见报告	检验类别	委托
检测鉴定项目	对×××项目1号厂房、2号厂房受雪荷载影响坍塌原因鉴定		
检测鉴定仪器	激光测距仪、超声波测厚仪、游标卡尺、盒尺、里氏硬度计		
鉴定依据	1.《建筑工程施工质量验收统一标准》GB 50300—2013 2.《钢结构工程施工质量验收标准》GB 50205—2020 3.《钢结构焊接规范》GB 50661—2011 4.《建筑结构荷载规范》GB 50009—2012 5.《钢结构设计标准》GB 50017—2017 6.《冷弯薄壁型钢结构技术规范》GB 50018—2002 7.《工程结构可靠性设计统一标准》GB 50153—2008 8. 现场勘查记录及影像资料		
检测依据	1.《建筑结构检测技术标准》GB/T 50344—2019 2.《钢结构工程施工质量验收标准》GB 50205—2020 3.《钢结构现场检测技术标准》GB/T 50621—2010		

1. 工程概况

×××项目1号厂房、2号厂房位于河北省唐山市。工程于2019年10月开工,2019年12月底完工。

×××项目厂房主体结构形式为单层排架结构。其中1号厂房平面尺寸约为107.6m×24m,建筑面积约2582.4m²,建筑高度约8m(室外地坪至柱顶),墙面0.9m以下为砌体,0.9m以上及屋面围护材料采用单层彩钢压型板;2号厂房平面尺寸约为39.6m×24m,建筑面积约950.4m²,建筑高度约8m(室外地坪至柱顶),墙面约2m以下为混凝土墙,2m以上及屋面围护材料采用单层彩钢压型板。

1号厂房钢柱采用螺旋钢管,2号厂房排架钢柱采用镀锌焊管,屋面承重结构采用三角形钢屋架,屋面檩条采用矩形钢管,垂直支撑、柱间支撑采用单角钢。主要、次要连接焊缝多采用点焊、间断焊。

2021年11月6日夜间至11月7日夜间普降大雪,据气象部门资料,最大降雪量25mm,折算降雪荷载0.25kN/m²,低于《建筑结构荷载规范》GB 50009—2012规定的唐山地区R=50年基本雪压0.35kN/m²。

本地区建筑抗震设防分类为丙类,抗震设防烈度为7度,设计基本地震加速度0.10g,抗震设防分组为第二组;本地区地面粗糙度类别为B类;建筑使用环境为砂石料生产、储存车间,属于戊类火灾危险性;气候环境属于内陆较为干燥环境。

2. 检测鉴定目的

通过现场勘查、检测鉴定,对2021年11月7日大雪后1号厂房和2号厂房坍塌原因进行分析。

3. 工程资料

该工程由不具备相关施工资质的施工队进行施工,未经设计,没有施工图纸,未见相关施工技术资料。

4. 现场勘查

2021年11月12日,专家组在委托方人员带领下进行了现场勘查。经勘查,1号厂房钢结构屋顶桁架部分坍塌,部分厂房柱受损,厂房外观现状详见附件1图(一)。2号厂房钢结构主体结构完全坍塌,厂房外观现状详见附件1图(二)。现场勘查问题如下。

1)1号厂房部分屋顶桁架坍塌

(1)大门北侧多榀屋架端部落地,钢屋架面内失稳变形严重,并由此导致部分排架柱发生严重的倾斜变形,详见附件2图(一)。

(2)厂房北侧边榀屋架发生严重的面外失稳变形,个别山墙抗风柱折断,详见附件2图(二)。

(3)部分檩条发生严重塑性变形或者折断,檩条端部连接断开,有的甚至完全脱落,详见附件2图(三)。

(4)大门南侧结构虽未发生整体坍塌,但是绝大部分屋架左端大约1~4节间屋架面内失稳变形严重,屋架上、下弦杆出现揑拢现象,详见附件2图(四)。

(5)部分柱间支撑发生明显的塑性弯曲变形,详见附件2图(五)。

2)2号厂房钢结构主体结构完全坍塌

(1)屋盖结构除混凝土挡墙和矿粉堆支撑处完全落地,排架柱从挡墙顶部折断,整体看,排架柱几乎全部弯折破坏,屋面板叠压在一起,详见附件2图(六)。

(2)个别屋架主要节点处弦杆发生严重的弯扭及近乎对折变形,节点处杆件撕裂,详见附件2图(七)。

(3)大门顶部托架发生刚体位移,托架杆件发生严重塑性变形,部分角钢支撑杆件折断,详见附件2图(八)。

3)结构布置方面

(1)屋面未布置保证屋盖结构几何稳定性、刚度和整体性所必需的横向水平支撑,缺少系杆布置;虽设置有垂直支撑,但杆件布置方式不当,致使垂直支撑起不到应有作用;檩条跨度超过4m,未设置拉条、撑杆等零部件。详见附件2图(一)。

(2)纵向柱列虽设置了柱间支撑,但上、下层柱间支撑之间以及柱顶缺少刚性系杆,致使纵向柱列体系刚度不足,详见附件2图(五)。

4)结构选型方面

(1)三角形屋架跨中高度1.5m,远不满足屋架整体受弯的高跨比需求;屋架上、下弦杆件采用槽钢,屋架斜腹杆均采用单角钢杆件,详见附件2图(九)。

(2)屋面檩条采用80mm或100mm高的镀锌方管,均不满足受弯承载力的高跨比需求。

(3)柱间支撑采用单角钢杆件,斜杆长细比不能满足刚度需求。

5)节点连接方面

(1)屋架杆件间的连接为构件直接焊接连接,杆件对应槽钢翼缘左右跳跃布置。

(2)屋架与排架柱的连接为下弦槽钢直接托在柱顶焊接,无连接节点板及加劲肋。

6)施工方面

(1)排架柱与屋架的连接、屋架杆件之间的连接、其他次要的连接,现场连接全部采用焊接连接。焊缝的外观不满足对接焊缝或角焊缝的构造要求。

(2)部分钢构件未采用刷漆等防腐措施,构件锈蚀严重。

5. 现场检测情况

由于该两项工程无设计图纸及相关施工技术资料,我公司对现场结构及构件进行了专业检测,结果如下。

1)1号厂房

(1)采用激光测距仪简易测量,厂房平面尺寸约为107.6m×24m,开间约5.6m,柱顶高度约8m;结构跨度约24m,桁架中部高度1.5m,桁架分格节距1.2m,共19榀桁架。

(2)桁架上下弦槽钢:厚度平均值43.19mm,宽度平均值119.77mm,高度平均值49.63mm,推断材料规格为轻槽12#。

(3)桁架直、斜腹杆角钢:厚度平均值3.32mm,宽度平均值48.83mm,推断材料规格为角钢∟50×4。

(4)屋面檩条矩形钢管:厚度平均值1.30mm,宽度平均值97.42mm,高度平均值47.89mm,B100×50×1.5。

(5)排架柱钢管:直径220mm,厚度平均值3.66mm,φ219×3.75。

(6)采用D型探头对主要材料进行里式硬度测量:排架柱271HL,矩形钢管297HL,角钢181HL,槽钢251HL,抗拉强度推定值均低于Q235钢抗拉强度下限值370MPa,推断结构材料材质为Q195~Q235钢。

(7)2-3轴、7-8轴、10-11轴、14-15轴、18-19轴布置有支撑。

2)2号厂房

(1)由于结构坍塌,采用激光测距仪简易测量,结构平面尺寸约为39.6m×24m,开间约5.8m,柱顶高度约8m(室外地坪至柱顶),外围混凝土挡墙高2.2m;结构跨度约24m,桁架中部高1.5m,桁架分格节距1.2m,共8榀桁架。

(2)桁架上下弦槽钢:厚度平均值3.48mm,宽度平均值118.80mm,高度平均值45.69mm,推断材料规格为轻槽12#,外形及厚度负差,外形负偏差超过10%(高度),壁厚负偏差超过15%。

(3)桁架直、斜腹杆角钢:厚度平均值3.43mm,宽度平均值48.73mm,推断材料为规格L50×4,壁厚负偏差15%。

(4)屋面檩条矩形钢管:厚度平均值1.30mm,宽度平均值77.19mm,高度平均值37.30mm,推断材料为规格B80×40×1.5,外形、壁厚负偏差。

(5)排架柱钢管:外径165mm,内径155mm,厚度平均值2.44mm,镀锌焊管,推断材料为规格φ165×2.5。

(6)抗风柱钢管:直径117.83mm,厚度平均值2.28mm,镀锌焊管,推断材料为规格φ114×2.5。

(7)采用D型探头对主要材料进行里式硬度测量:排架柱241HL,矩形钢管413HL,角钢232HL,槽钢258HL,除矩形钢管外,其余抗拉强度推定值均低于Q235钢抗拉强度下限值370MPa,推断结构材料材质为Q195~Q235钢。

(8)西排1-2柱、4-5柱、7-8柱,东排3-4柱、5-6柱、7-8柱布置有支撑。

6. 模型计算及坍塌原因分析

根据现场实测数据,分别对1#厂房和2#厂房取有代表性的一榀排架,利用PKPM、3D3S软件建模计算分析。相关计算参数如下:

钢材牌号为Q235;排架跨度为24m;排架柱高度为8m;柱距为5.6m;屋架尺寸,跨中高度1.5m,节间距1.2m;屋面恒载0.10kN/m²;雪荷载0.25kN/m²;基本风压0.20kN/m²,地面粗糙度类别B类,不计算抗震;

杆件截面尺寸:料仓排架柱φ219×4,成品库排架柱φ165x2.5,屋架弦杆轻槽[12#,屋架直、斜腹杆∟50×4;

根据软件计算结果,成品库排架柱强度、稳定应力比严重超限,面内长细比超限,料仓排架柱面内长细比超限;屋架中绝大部分上弦杆强度、稳定应力比严重超限,大部分下弦杆强度应力比超限,部分斜腹杆稳定应力比超限。

计算结果表明,现有桁架结构及钢柱,不足以承载本次降雪荷载,结合现场破坏以构件塑性破坏为主的现象,说明结构坍塌主要原因是构件承载力不足及结构布置不当,次要原因为现场焊接、施工质量存在焊接不合格、节点构造不合格、材料外形尺寸和壁厚超出允许偏差范围等问题。

7. 鉴定结论

专家组依据现场勘查情况、国家相关规范标准,经综合分析论证,对×××项目1号厂房和2号厂房钢结构坍塌问题鉴定意见如下:

(1)两座厂房钢结构布置方面,缺少维持排架结构几何稳定性和保证屋盖结构、厂房纵向刚度等必需的支撑体系,结构布置不满足相关国家标准的要求。结构的空间工作性能差,是导致两个厂房倒塌的重要原因之一;

(2)根据验算,排架柱、屋架结构承载力不足是导致两个厂房倒塌的重要原因之二;

(3)结构施工焊接质量差、节点处理不合格、材料外形尺寸和壁厚超出允许偏差范围等问题进一步降低了结构的承载能力,是厂房倒塌的影响因素。

8. 说明及建议

(1)本次鉴定仅针对本次降雪荷载引起的倒塌进行核算,本核算并不满足《工程结构可靠性设计统一标准》GB 50153—2008,即不代表满足本次鉴定核算工程就是安全的。

(2)专家组在现场勘查时发现1号厂房主体结构部分坍塌,2号厂房主体结构完全坍塌,两个厂房现有状态已不能满足结构的安全性的功能要求,建设单位不能继续使用。

9. 专家组成员

专家信息及确认签字表(一)

姓名	职称	签字
×××	正高级工程师	
×××	正高级工程师	
×××	教授	

10. 附件

(1)工程外观照片2张(附件1)。

(2)工程现场勘查问题照片12张(附件2)。

(3)配筋包络和钢结构应力比图(略)。

(4)专家职称和技术人员职称证书(略)。

(5)鉴定机构资质材料(略)。

图(一) 料仓厂房外观

图(二) 成品库厂房外观

附件1 工程外观照片

图(一)　部分结构坍塌　　　　图(二)　边榀屋架及抗风柱破坏

图(三)　柱间支撑破坏　　　　图(四)　排架柱破坏

图(五)　成品库屋架弦杆破坏　　图(六)　成品库托架

图(七)　屋架端部杆件破坏　　　图(八)　焊缝情况

附件2　工程现场勘查问题照片

（其余照片省略）

5.4.3 门式刚架结构工程风灾后鉴定工程实例

×××工程建筑面积 10 528.27m²,门式刚架结构,跨度 42m,檐口高度 14.95m,彩钢板外围护。

主体工程施工过程中,夜间风后坍塌,政府主管部门委托我单位对该项目坍塌原因做检测鉴定。

根据委托方情况介绍和所传现场影像资料,确定检测鉴定方案,与委托单位签订检测鉴定合同。

项目组对结构坍塌现场、结构件损伤情况进行现场调查,并保留影像资料。

现场调查对破坏前结构就位情况、缆风绳布置情况进行了询问记录,对现场柱脚状态及破坏情况、缆风绳破坏情况、支撑安装情况及其他节点安装情况进行了测量和记录,发现刚架连接节点、工厂焊缝基本未发生破坏,且提供了钢材、紧固件等质量保证资料和焊缝无损检测报告及已施工检验批的验收记录,无须对结构进行进一步检测。

根据现场数据对结构倒塌前的状态采用有限元软件进行了建模和分析,计算风压取本地区 10 年—遇基本风压 0.30kN/m²,核算表明现场布置的施工支撑体系承载能力不能满足施工时风荷载作用下结构稳定所需的承载能力。

综合分析认为,该厂房倒塌的主要原因是风荷载作用影响。该结构梁跨度较大,梁截面较高,施工中风荷载作用明显;同时施工中柱脚尚未二次浇筑,柱间支撑仅安装了一组;结构跨度较大,高度也偏高,锚栓采用 4-M24,支撑为圆钢 D20,设计偏弱。以上综合原因导致了结构倒塌。

由于结构坍塌发生于施工阶段,主要为施工措施不当,无需对结构进行详细鉴定评级。

建议对损坏构件进行回厂修整,同时加大支撑截面,提高施工保证措施后再行安装。

编写《×××建筑工程风灾后检测鉴定报告》如下。

建筑工程风灾后检测鉴定报告		
工程名称	×××1号厂房	
工程地点	唐山市	
委托单位	×××	
建设单位	×××	
设计单位	×××	
勘察单位	×××	
施工单位	×××	
监理单位	×××	
抽样日期	2018年7月17日	检测日期	2018年7月17日
检测数量	详见报告	检验类别	委托
检测鉴定项目	钢构件尺寸	
检测鉴定仪器	直尺、钢卷尺、游标卡尺	
鉴定依据	1.《工业建筑可靠性鉴定标准》GB 50144—2008 2.《门式刚架轻型房屋钢结构技术规范》GB 51022—2015 3.《钢结构工程施工质量验收规范》GB 50205—2001 4.《钢结构工程施工规范》GB 50755—2012 5.《建筑施工起重吊装安全技术规范》JGJ 276—2012 6.《建筑结构检测技术标准》GB/T50344 7.《建筑结构荷载规范》GB 50009—2012 8.设计图纸及相关技术资料 9.现场勘查记录及影像资料 10.甲乙双方确认的现场施工记录 11.鉴定委托书及相关资料	
检测依据	1.《建筑结构检测技术标准》GB/T 50344—2004 2.《钢结构现场检测技术标准》GB/T 50621—2010	

1. 工程概况

我公司受×××有限公司委托,对×××有限公司×××项目A~M区域施工中倒塌的情况进行鉴定。

我公司于2018年7月17日组织有关专家,对其位于×××的×××工程施工中倒塌情况进行了现场勘察,就工程施工事项及倒塌情况向现场等有关人员作了调研。

在上述工作的基础上,结合核算结果,对此工程进行了综合分析和论证,做出工程事故鉴定报告如下。

×××有限公司×××工程,位于×××,具体情况如下。

×××工程建筑面积10 528.27m²,建筑长162m,宽78.26m,地上一层,以M轴为缝,分为两个结构区域,A~M区域檐口高度14.95m,M~X区域檐口高度17.85m。该工程结构形式为门式刚架结构;柱下独立基础,铰接柱脚,柱间、梁间支撑为圆钢支撑,钢管系杆;墙面、屋面全部冷弯型钢檩条,彩钢板封闭。

其中A~M区域分为42m+18m两连跨,开间7.5m,42m跨为双坡,檐口高度14.95m;18m跨为单坡,檐口高度9.45m。刚架梁、柱均为焊接H型钢,其中42m跨梁为H(1100-800-1000)×220×8×12,18m跨梁为H(500-300)×180×6×8和H(300-600)×180×6×10,42m跨柱为H(450-1000)×300×8×14,18m跨边柱为H(300-500)×250×8×12,材质全部为Q345B钢,刚架间连接系杆为钢管D140×3.0,纵向设置三道支撑,支撑采用圆钢D20,支撑及系杆全部为Q235钢,柱脚全部为4M24锚栓,设有50mm后浇层。

该工程结构安全等级为二级,设计使用年限为50年,工程所处场地抗震设防烈度为7度,设计地震分组为第二组,基本地震加速度为0.15g。工程地面粗糙度类别为B类,设计基本风压0.40kN/m²,基本雪压0.40kN/m²。

该工程图纸设计单位为×××有限公司,图纸审查单位为×××有限公司;施工总包单位为×××有限公司,钢结构分包单位为×××有限公司。

该工程于2018年5月28日开始安装A~M区域,至7月15日,除柱间F~G、K~L间支撑未安装,其余主结构构件全部安装就位。7月17日早上4时50分已安装好钢结构主体全部倒塌(A~M区域)。

2. 检测鉴定目的

通过现场检测鉴定,对×××项目厂房钢结构施工中倒塌原因进行鉴定。

3. 工程资料

(1)提供了钢材、高强度六角螺栓质量证明文件,原材料进行了进场复试,复试结果合格,钢结构焊缝进行了探伤检验,检验结果符合设计要求。

(2)提供了隐蔽验收记录、分项验收记录、分部验收记录等,验收结果合格。

4. 现场勘察情况

专家组经现场勘查,发现A~M区域钢结构及附属结构已完全倒塌,倒塌方向自A轴向M轴方向。具体现象有:多数锚栓拉断和剪断,部分抗剪键自焊缝处折断,部分柱间支撑圆钢拉断,部分系杆连接螺栓剪断,多数系杆弯折,主刚架梁柱构件多数扭转变形,部分端板处连接角焊缝断裂,柱脚板部分向上弯曲变形,现场部分缆风绳拉断。

检查发现系杆连接焊缝尚未焊接,柱脚锚栓垫板为6mm临时薄垫板尚未更换,柱底二次浇筑未进行,局部柱脚底板孔直径达到35mm,部分系杆连接板孔达到24mm,局部有扩孔长度达32mm的现象,具体情况见附件1图(一)~图(五)。

5. 现场提供的资料、核算及鉴定分析

工程有经过图审的正式蓝图,现场提供了安装时的缆风绳布置图、施工记录,设计提供了图纸报审计算书;经向气象部门了解,有观测记录的当时风力为6级,但观测点距现场较远,无法提供现场附近实际风力。

设计计算书中,刚架及柱间支撑计算满足正常使用要求。

根据现场勘查情况,结合图纸、施工记录和缆风绳布置图,专家组初步确认该工程施工过程中采取了几何稳定控制,但是存在如下缺陷。

(1)由于柱脚未进行二次浇筑,且部分柱脚螺栓开孔较大,锚栓垫板较薄(6mm),致使部分螺母嵌入柱脚板或凸出柱脚板,致柱脚局部承压失稳。

(2)局部系杆连接板开孔较大,节点连接焊缝又未焊接,致使系杆端部安装螺栓在连接部位处剪断。

(3)现场缆风绳仅有6根在顺风力作用方向,承载力有限,且其与倒塌方向夹角较小,对倒塌控制能力有限。

(4)A~M区域结构整体共3组柱间支撑,至倒塌前仅安装一组柱间支撑,降低了风荷载作用下纵向整体稳定的承载能力。

基于以上条件,专家组决定对结构按现场倒塌前的三维状态进行整体建模分析并核算。

核算依据:

①《施工图纸》;

②《钢结构设计规范》GB 50017—2003;

③《钢结构工程施工规范》GB 50755—2012;

④《建筑施工起重吊装工程安全技术规范)JGJ 276—2012;

⑤《建筑结构荷载规范》GB 50009—2012。

核算软件:SAP2000,仅核算自重及倒塌方向风荷载的作用工况,采用非线性分析。

按照《钢结构工程施工规范》GB 50755—2012第4.1.3条第3款，"风荷载应根据工程所在地和实际施工情况，可按不小于10年一遇风压取值，风荷载的计算应按国家标准《建筑结构荷载规范》GB 50009—2012执行；当施工期间可能出现大于上述风压值时，应考虑应急预案"，对本工程核算结构倒塌时风荷载按唐山地区10年一遇风压0.30kN/m²计算，核算结果如下。

在该风荷载作用下，仅有的一组柱间支撑构件轴向拉力达到196kN，大于圆钢的116.2kN的破断力；最大柱脚拉力达到278kN，大于4-M24锚栓138kN的拉力一倍；局部系杆压力达到82kN，大于系杆81kN的受压承载力。

在核算1的结果基础上，认为超载的6根支撑圆钢已经失效，将核算模型去掉失效的6根圆钢支撑后，再次进行核算表明，结构位移明显增大，缆风绳在小变形下拉力达到33kN左右，超过安全承载拉力11kN，但没有达到45kN的破断力，表明由于缆风绳角度问题，不能提供失稳保护（结构破坏需要在此基础上进行进一步的几何大位移非线性计算，计算量较大，由于本核算已满足结论要求，未进行进一步核算）。

将核算模型在核算1的基础上，布满全部柱间支撑后（保留现有缆风绳）再次核算，计算结果表明，在0.30kN/m²风压作用下，圆钢支撑最大拉力100kN，大于设计承载力，但小于破断力，柱脚最大拉力100kN，锚栓满足承载力要求，但储备不足。

6. 鉴定结论

专家组结合现场勘查情况、核算结果，经综合分析提出鉴定意见如下。

（1）该厂房倒塌的主要原因是风荷载作用影响，由于结构梁跨度较大，梁截面较高，受风荷载影响加大，在施工工况下风荷载要远大于使用工况风荷载的作用；出现倒塌时，厂房柱脚未二次浇筑混凝土，抗风柱未安装，柱间支撑仅施工一组，系杆焊缝未焊接，厂房结构已施工空间受力体系超载，导致在风荷载作用下倒塌。

（2）厂房倒塌与施工中抗风荷载措施不当有直接关系，施工单位虽对结构进行了几何稳定性固定，但由于未进行施工风荷载下的支撑体系承载能力验算，在房屋倒塌时的施工阶段，现场布置的施工支撑体系承载能力不能满足施工时风荷载作用下结构稳定所需的承载能力，并存在钻孔部分超标等问题，导致结构在风荷载作用下稳定性不足。

（3）该项目倒塌的影响因素是本结构跨度达到42m，柱间支撑圆钢采用D20圆钢，锚栓采用4-M24，支撑杆件偏弱，虽满足正常使用要求，但在施工条件下，特别是在极端天气下，会造成支撑系统承载能力不足。

7. 建议

（1）由于本结构跨度大，梁截面高，施工中风的影响较大，而现场设置的缆风绳可靠性较低，应根据具体施工情况，对柱脚锚栓、支撑系统、42m跨檐口系杆进行施工时的风荷载作用核算，增大其支撑储备能力，建议施工单位结合设计单位制定切实可行的施工支撑方案，应考虑更换为刚性支撑（圆管或者双角钢）并加大柱脚锚栓，建议柱脚锚栓不小于M30。

（2）施工中及时补齐支撑系统，满足局部安装单元的支撑体系稳定，并按图纸要求及时焊接系杆连接焊缝。

（3）钢结构施工规范要求对结构安装进行0.3kN/m²下的风荷载验算，不能涵盖本项目的极端天气情况，施工中应采取措施并制定应急预案，预防极端天气的影响，建议未完工建筑内不应有住宿设施。

8. 专家组成员

专家信息及确认签字表（一）

姓名	职称	签字
×××	正高级工程师	
×××	正高级工程师	
×××	高级工程师	

9. 附件

(1)现场照片5张(附件1)。

(2)施工记录(略)。

(3)施工核算书(含缆风绳布置简图)(略)。

(4)专家职称和技术人员职称证书(略)。

(5)鉴定机构资质材料(略)。

图(一)　现场倒塌状态

图(二)　锚栓拉断

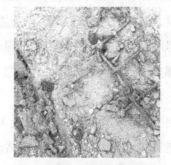

图(三)　系杆连接焊缝未焊,螺孔偏大

图(四)　拉断和弯断的锚栓

图(五)　弯曲的系杆

附件1　现场照片

第6章　建筑工程质量鉴定

6.1　建筑工程质量鉴定简述

按国家和地方的法律法规和政策、规定,遵照工程建设程序,履行工程建设监督等各项手续进行建筑工程建设,工程建设完工后,在工程技术资料、质量保证资料齐全,经过各方责任主体参与的竣工验收合格后,可以办理相关产权证书并投入使用。

由于种种原因,少数工程项目在建设过程中存在程序不全或前后倒置,以及未取得土地使用权、未办理施工许可即开工建设,未办理竣工验收手续即投入使用等问题,导致各相关监督部门未能对项目进行监督,致使确保整个建设工程符合法律法规的要件缺失,无法组织工程竣工验收。

还有部分工程项目因运营出现问题、工程参与方之间出现司法纠纷等原因,导致项目中途停止建设,形成"烂尾楼",原承建单位不提供工程技术资料、质量保证资料或资料缺失,无法按正常程序和方法确定建筑工程质量。

也有部分项目建设各方对工程质量存在争议或工程建设中出现质量问题等情况也导致无法按照正常程序确定工程质量。

为解决上述及类似问题,各地通行的做法是委托具有相应资质的检测鉴定机构,对建筑工程项目进行工程质量鉴定,以鉴定结论作为工程质量是否符合现行建筑工程施工及验收标准、是否符合建筑工程设计要求的依据。

部分省市还出台了《××省(市)建筑工程质量鉴定管理办法》等地方规章约束建筑工程质量鉴定活动。

6.1.1　概述

与建筑可靠性鉴定等不同,所涉及质量鉴定工程是指在建工程,含新建、扩建、改建工程和装修工程或已建成工程。

建筑工程质量有属地管理特性,建筑工程质量鉴定应接受工程所在地县级以上人民政府建设、行政主管部门监管。

建筑工程质量鉴定是指质量鉴定机构应有关单位委托,依据工程质量方面的科学技术和专业知识,对建筑工程的质量现状、问题进行科学技术论证评价并出具鉴定意见、提供鉴定报告的活动。

1. 建筑工程质量鉴定的程序和主要内容

建筑工程质量鉴定不属于国家强制性要求,应由建筑工程参与方提出鉴定委托,被委托单位(检测鉴定机构)与委托人签订工程质量检测鉴定协议;检测鉴定机构收集、审核工程技术资料、质量保证资料;按委托内容和设计文件、被鉴定工程情况确定检测鉴定方案;根据检测鉴定方案对在建工程整体或局部进行详细勘察和必要的检测;依据现行设计、施工及验收规范标准和设计文件要求,结合工程资料审核、工程检测结果、勘查中发现的问题综合评定建筑工程质量,提出鉴定结论;撰写工程质量鉴定报告。鉴定程序如图6.1所示。

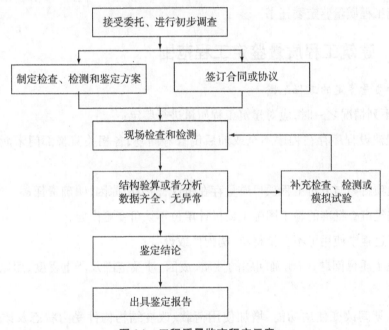

图6.1 工程质量鉴定程序示意

2. 工程质量鉴定过程中几个需要注意问题

(1)制定检测鉴定方案时应考虑工程技术资料、质量保证资料是否齐全、准确、可靠。对于上述资料齐全有效的,现场检测项目、数量可以适当调整。

(2)建筑工程质量评定主要以是否按设计要求施工建设,是否满足(达到)设计提出的技术指标要求,是否满足(达到)现行施工及验收规范标准要求为主。

(3)建筑工程质量鉴定结论一般以被鉴定工程"是否满足(达到)"设计要求进行表述。

(4)对检测、勘察发现的资料和工程实体问题提出整改要求,并评估整改效果。可采用向委托单位提出"×××工程质量鉴定初步意见"的方式,将需要整改的资料和工程实体问题通知委托单位。委托单位整改完成后,向被鉴定机构提供《××工程整改报告》,报告应由建设、设计、施工、监理等质量责任主体单位监制盖章确认。

通过审核委托单位整改报告或现场核实等方式,确认前述存在问题整改合格后,出具正式工程质量鉴定报告。

6.1.2 建筑工程质量鉴定的依据

建筑工程质量鉴定依据包括:

(1)现行(设计、施工图审查期内)国家、行业、地方建筑工程设计规范、标准;

(2)现行国家、行业、地方建筑工程施工及验收规范、标准;

(3)施工图审查合格的建筑施工图设计文件;

(4)建筑工程质量鉴定委托书。

6.1.3 建筑工程质量鉴定工程范围

1. 进行质量鉴定的工程范围

当遇到下列情况之一时,应对建筑工程质量进行鉴定:

(1)工程建设程序存在程序不全或前后倒置等问题,各相关监督部门未能对项目进行监督;

(2)建设项目参与方对工程项目质量存在争议,需分析原因,明确责任;

(3)未按经审查批准的施工图施工或设计单位不认可变更内容;

(4)施工过程中使用了不合格材料、构配件或设备;

(5)发现了质量问题,需明确问题的性质、成因、涉及范围及严重程度,用以指导质量问题处理工作;

(6)施工期间改变使用功能、增加使用荷载、改变结构构件受力状态及改动部分结构构件;

(7)影响设备及工艺生产系统的正常运行和使用功能;

(8)工程验收时,质量控制资料、安全和功能检验资料严重缺失,无法反映工程质量真实情况;

(9)无法确认完工的建筑工程是否符合相关专业验收规范、标准的规定;

(10)工程发生事故,需要通过鉴定分析事故原因及对工程结构的影响;

(11)其他需要通过鉴定分析原因、明确责任、提出有效建议的情况。

2. 质量鉴定工程范围与内容

需要进行鉴定的工程范围与内容一般称为"鉴定事项",指鉴定项目具体需要委托鉴定并出具鉴定报告的内容,包括:鉴定项目工程质量争议或工程质量状况中涉及的问题,通过当事人技术水平无法得出明确结论的意见,需要对其进行鉴别、判断并提供鉴定意见的内容。

(1)被鉴定工程既可以是完成全部建设内容的新建工程,也可是建设到某一程度的未完成工程。

(2)即可对建筑整体进行质量鉴定,也可对建筑的某分部、分项工程,如基础工程、主体工程、二次结构工程、门窗工程、节能工程、装饰工程等进行鉴定;还可以细化到构件层次,如独立基础、框架柱、梁。

(3)鉴定范围可能涵盖材料、建筑结构、建筑设备、建筑节能、绿色建筑、消防工程等多个方面内容,也可能为其中的一个或多个方面内容。

(4)按分部工程一般可分为地基基础工程、地下防水工程、钢筋混凝土结构工程、砌体结构工程、钢结构工程、屋面工程、地面工程、装饰装修工程、建筑给排水与采暖工程、建筑空调与通风工程、建筑电气工程、智能建筑工程、建筑节能工程等。

3. 鉴定需要进行建筑工程实体检测的几种情况

建筑工程质量鉴定遇到下列情况之一时,应进行建筑工程质量实体检测:

(1)质量控制资料、安全和功能检验资料严重缺失;

(2)涉及结构安全的试块、试件以及有关材料、构件、设备检验数量不足的;

(3)工程施工质量的抽样检测结果达不到设计或标准要求的;

(4)对工程施工质量的抽样检测结果的真实性有疑义的;

(5)对工程施工质量有怀疑或争议的;

(6)发生工程质量事故,需要通过检测分析事故的原因及对结构影响的。

检测及样本选取原则应满足国家标准《建筑工程施工质量验收统一标准》GB 50300—2013和国家现行有关标准规定。

4. 建筑工程的鉴定评价原则

(1)对于已完成分项验收的工程或检测分项,分项验收报告有效的项目,可进行少量验证性检测,主要依据分项验收报告进行工程质量评价鉴定。

(2)对于不能提供分项验收报告或验收报告无效的,应按要求进行实体检测,并以检测结果作为工程质量评价鉴定的主要依据。

(3)对于部分结构分项不满足工程质量要求的建筑,可按照检测结果进行结构整体计算,参照计算结果对工程质量进行评价鉴定。

(4)对于材料或设备与原设计不一致的,可参照国家现行有关设计标准的要求对工程质量进行评价。

5. 建筑工程质量鉴定的结论

建筑工程质量鉴定结论应注意下列方面问题:

(1)文字精练,用词准确,语句通顺,描述客观清晰;

(2)使用符合国家通用语言文字规范、通用专业术语规范、法律规范的用语,不得使用文言、方言和土语;

(3)使用国家标准计量单位和符号;

(4)依据充分,推论科学严谨,结果准确可靠;

(5)结论涉及鉴定范围应与委托范围一致。

6.2　钢筋混凝土结构建筑工程质量鉴定

6.2.1　钢筋混凝土结构建筑工程质量鉴定简述

1. 需要进行检测鉴定的混凝土结构工程范围

当遇到下列情况之一时,应对混凝土结构工程质量进行检测鉴定:

(1)混凝土结构工程所使用材料的质量证明文件、进场复试检验报告缺失或不真实;

(2)混凝土结构工程施工质量有疑义;

(3)混凝土结构工程施工资料缺失或不真实;

(4)其他需要对混凝土结构工程质量进行鉴定的情况。

混凝土结构工程质量鉴定样本应按相关规范、标准规定随机抽取,满足分布均匀、具有代表性要求,对有争议的检验批可约定抽取检验位置。

2. 工程资料核查内容

混凝土结构工程资料核查和现场调查的内容和范围应根据鉴定项目所包含的检验批或分项工程确定。混凝土结构工程可核查下列资料:

(1)设计合同及发生变更的设计变更通知书;

(2)混凝土结构工程专项施工方案;

(3)混凝土结构工程涉及材料的质量证明文件;

(4)材料进场的复试报告和验收记录;

(5)隐蔽工程验收记录;

(6)施工过程中重要工序的自检和交接记录;

(7)施工质量验收记录;

(8)钢筋连接的工艺检验报告;

(9)预应力分项工程的张拉和放张的相关检验报告和检验记录;

(10)混凝土分项工程的配合比及配合比开盘鉴定资料;

(11)装配式结构分项工程的混凝土预制构件的结构性能检验报告和构件连接的型式检验报告;

(12)混凝土结构工程的钢筋、预应力钢筋混凝土、构件及配件产品质量可采用检查质量证明文件、进场验收记录、进场复试报告的方法核查；

(13)钢筋、预应力钢筋混凝土、构件等材料或产品的质量证明文件缺失时，应从同批次的材料或制品中抽取样品进行复试。必要时，可从工程上截取相应的样品进行复试。

3. 现场工程实体检查

(1)针对资料缺失检验批的实物质量进行核查。

(2)现场核查宜选择对混凝土结构无损坏的外观质量、表面质量、尺寸偏差等项目进行，必要可剔除饰面层核查。

(3)当需要通过破坏方式对实物进行核查时，宜选择对结构性能影响不大且容易修补的部位进行。

(4)钢筋的安装质量可采用钢筋探测仪检查的方法核查，必要时可凿开混凝土对相应项目进行验证。

(5)预应力钢筋的数量位置，预应力钢筋锚具和连接器及锚垫板的形状、位置，局部加强筋的位置，可采用钢筋探测仪检查的方法核查。

(6)核查混凝土结构的位置和尺寸。

(7)当出现下列情况时，可采用在核查构件上进行加载试验的方法核查：

① 水平方向混凝土构件的挠度或变形过大，需要进一步确定混凝土构件的承载力的；

② 混凝土结构表面裂缝过大，需要进一步确定裂缝的性质的；

③ 需要鉴定隐蔽工程质量，而无法通过实物核查进行的。

4. 混凝土结构工程现场检测

(1)混凝土原材料性能和质量。

(2)钢筋的性能和质量。

(3)混凝土强度。

(4)混凝土外观质量与缺陷。

(5)混凝土结构构件的尺寸与偏差。

(6)混凝土结构或构件的变形与损伤。

(7)钢筋的配置与锈蚀。

(8)混凝土构件的实荷检验与结构动测。

5. 混凝土结构工程质量鉴定结果评定

混凝土结构工程质量鉴定的结果评定应符合现行《混凝土结构工程施工质量验收规范》GB 50204—2015的规定和设计要求。

6.2.2　钢筋混凝土结构科技楼工程质量鉴定实例

×××大学科技楼位于××市×××区,主要功能为教学、研究用房,地上17层地下2层,阶梯教室部分地上4层,建筑高度64.5m,总建筑面积24 055m²。耐火等级为地下一级、地上二级。

结构形式为全现浇框架-核心筒结构。地基为CFG复合地基,桩身为C20素混凝土,基础为筏板基础。建筑结构安全等级为二级,抗震设防烈度为8度(0.20g第一组),抗震设防类别为丙类,建筑场地类别Ⅱ类,结构抗震等级框架二级、核心筒一级。工程开工时间为2018年3月,完工时间为2020年2月。

因开工时未办理施工许可证,建筑工程质量监督机构未进行监督。现手续补办齐全,需确定建筑工程质量是否合格,×××大学委托我单位对科技楼项目进行工程质量鉴定。

经初步勘查、调研和审核工程技术资料,发现该工程监理正常进行,进行了必要的检测、复试工作并提供了合格报告,工程技术、质量保证资料齐全,工程设计、施工、监理单位均出具工程合格的质量证明文件。通过与×××大学协商,拟定了检测、鉴定方案,签订了工程质量检测鉴定合同。

合同签订后,×××大学提供了教学楼全部设计文件、工程地质勘察报告,提供了施工技术、质量保证和验收资料。

拟定了检测鉴定工作方案,确定了以验证为主要目的的检测项目及要求。

详细审核了工程技术、质量保证资料,施工资料基本齐全,主要建筑材料均有质量证明文件,并按规定进行了进场复试,复试结果合格;施工试验记录及检测报告资料基本齐全,且检测结果合格;施工过程资料基本齐全,验收记录等资料符合规定要求。工程质量验收记录基本齐全,分项工程验收记录、分部工程验收记录齐全,并评定为合格。

安排检测人员按拟定的检测方案进行相关检测并编制检测报告和相应记录。检测项目包括楼板厚度检测;梁、柱构件混凝土抗压强度检测;梁、柱、板混凝土构件钢筋配置检测;混凝土构件钢筋直径检测、构件钢筋保护层厚度检测。所测结果符合设计要求。

工程技术人员对科技楼现状进行详细勘查并编制了记录,保留了影像资料。

根据现场结合现场勘查中存在外墙面开裂、楼板渗漏等问题,向×××大学提交了《科技楼工程质量鉴定初步意见》,要求对存在问题进行整改。

×××大学在整改完成后,向我单位提交了各方责任主体共同确认的《科技楼工程质量整改报告》。

项目组工程技术人员根据设计文件、检测结果和现勘查情况、质量问题整改报告,按照前述程序、方法和《建筑工程施工质量验收统一标准》GB 50300—2013、《混凝土结构工程施工及验收规范》GB 50204—2015等施工验收规范要求,对科技楼工程质量进行了评定,结论为"符合设计要求"。

按照前述要求,编写了《×××大学科技楼工程质量检测鉴定报告》。

工程质量检测鉴定报告		
工程名称	×××大学科技楼	
工程地点	×××	
委托单位	×××	
建设单位	×××	
设计单位	×××	
勘察单位	×××	
施工单位	×××	
监理单位	×××	
抽样日期	2020年6月29日	检测日期　　　　2020年6月29日
检测数量	详见报告内	检验类别　　　　委托
检测鉴定项目	1. 钻芯法检测混凝土抗压强度 2. 钢筋扫描检测 3. 钢筋直径检测 4. 钢筋保护层厚度检测 5. 楼板厚度检测	
检测鉴定仪器	1. 混凝土钻孔机 2. 一体式钢筋扫描仪 LR-G200 3. 一体式楼板测厚仪 HC-HD90 4. 游标卡尺	
鉴定依据	1.《建筑工程施工质量验收统一标准》GB 50300—2013 2.《建筑地基基础工程施工质量验收标准》GB 50202—2018 3.《混凝土结构工程施工质量验收规范》GB 50204—2015 4.《砌体结构工程施工质量验收规范》GB 50203—2011 5.《建筑地面工程施工质量验收规范》GB 50209—2010 6.《屋面工程质量验收规范》GB 50207—2012 7. 设计图纸及相关技术资料) 8. 现场勘查记录及影像资料	
检测依据	1.《建筑结构检测技术标准》GB/T 50344—2019 2.《钻芯法检测混凝土强度技术规程》JGJ/T 384—2016 3.《混凝土中钢筋检测技术标准》JGJ/T 152—2015 4.《混凝土结构工程施工质量验收规范》GB 50204—2015	

1. 工程概况

×××大学科技楼位于××市。该工程总建筑面积24 055m²,地上17层地下2层,阶梯教室部分地上4层。外观见附件1图(一)和图(二)。

结构形式为全现浇框架-核心筒结构,现浇钢筋混凝土楼盖。地基为CFG复合地基,桩身为C20混凝土,复合地基承载力特征值不低于350kPa,基础为筏板基础。建筑结构安全等级为二级,抗震设防烈度为8度(0.20g第一组),抗震设防类别为丙类,建筑场地类别Ⅱ类,结构抗震等级框架二级、核心筒一级。

基础垫层混凝土强度等级为C10;基础筏板混凝土强度等级为C40;墙体混凝土强度等级:地下室及一~四层为C40,五~九层为C35,十~十七层为C30;框架柱:地下室及一~四层为C40,五~九层为C35,十~十七层为C30;梁、板:地下室为C40,一~四层为C35,五~十七层为C30;其他混凝土强度等级:地下室为C40,一~四层为C35,五~十七层为C30;地下底板及外墙等有抗渗要求部位的混凝土抗渗等级P8。钢筋为Ⅰ、Ⅱ级钢,框架柱纵向钢筋接头一律采用焊接或机械连接。

钢筋保护层厚度:筏板钢筋、基础梁(底筋及侧面钢筋)40mm,外墙外筋、外墙端柱外筋40mm;柱35mm,梁35mm,外墙内筋、内墙钢筋25mm,板25mm。

该工程于2002年8月开工,2004年12月竣工。

2. 检测鉴定目的

通过现场检测鉴定,对×××大学科技楼主体工程质量是否满足设计要求进行评定。

3. 现场勘查

1)工程现状

2020年6月20日,专家组在委托方人员带领下进行了现场勘查。经观察检查,未发现工程出现基础不均匀沉降、主体结构梁、柱受力裂缝等影响结构安全的质量问题,观感质量一般。

2)现场勘查问题

(1)外墙饰面有裂缝现象,详见附件2图(一)。

(2)管道与顶板相交处楼板渗漏、饰面脱落,详见附件2图(二)。

(3)个别管道锈蚀,详见附件2图(三)。

(4)内排水水落管锈蚀严重、损坏,详见附件2图(四)。

(5)个别内墙浸水严重、饰面脱落,详见附件2图(五)。

(6)个别内墙饰面面层有脱落现象,详见附件2图(六)。

4. 检测结果

1)混凝土抗压强度检测

科技楼结构形式为全现浇框架-核心筒结构,根据《钻芯法检测混凝土强度技术规程》JGJ/T 384—2016进行抽样,抽取数量每个标号不少于15个芯样,并批量评定,对该工程不同标号的梁、柱混凝土各抽取8个构件,共计45个芯样,芯样直径100mm,地下二层~地上十七层梁、柱混凝土抗压强度检测结果见表(一)。

混凝土抗压强度检测结果汇总表（一）

工程名称			科技楼		仪器设备		混凝土钻孔机	
结构类型			全现浇框架-核心筒		检测数量		45个芯样	
检测结果								
检测区间		设计强度等级	抗压强度平均值/MPa	标准差	推定区间上限值/MPa	推定区间下限值/MPa		混凝土强度推定值/MPa
地下二层~地上四层柱、地下二层~地下一层梁		C40	42.0	1.49	40.3	38.1		40.3
五层~九层柱、一层~四层梁		C35	37.6	1.24	36.2	34.4		36.2
十层~十七层柱、五层~十七层梁		C30	32.9	1.60	31.2	28.8		31.2
序号	构件名称		混凝土设计强度等级			芯样直径/mm		芯样抗压强度/MPa
1	地下二层柱3/E轴		C40			98.5		42.0
2	二层梁2-3/(1/C)轴		C35			97.5		38.9
⋮	⋮		⋮			⋮		⋮

2）混凝土构件钢筋配制检测

对该工程地下二层~地上十七层梁、柱钢筋间距、钢筋根数进行了检测，对地下二层~地上十七层板钢筋间距进行了检测，根据《建筑结构检测技术标准》GB/T 50344—2019，B类进行抽样，梁抽检32个构件，板抽检20个构件，柱抽检20个构件，抽检结果见表（二）。

钢筋间距、根数检测结果汇总表（二）

工程名称		科技楼		仪器设备		一体式钢筋扫描仪LR-G200		
结构类型		全现浇框架-核心筒		检测数量		72个构件		
检测结果								
序号	构件名称	设计配筋			检测结果			
					钢筋数量/根	钢筋间距/mm		钢筋间距平均值/mm
1	地下二层梁1-2/K轴	底部下排纵向受力钢筋		7Φ25	7	—		—
		箍筋		Φ12@200	—	1189		198
2	地下一层柱4/H轴	一侧面纵向受力钢筋		6Φ28	6	—		—
		箍筋		Φ12@100	—	592		99
3	地下二层板2-3/A-C轴	底部下排水平分布筋		Φ20@150	—	900		150
		底部上排垂直分布筋		Φ20@150	—	891		148
⋮	⋮	⋮		⋮	⋮	⋮		⋮

3）钢筋直径检测

根据《混凝土中钢筋检测技术标准》JGJ/T 152—2019中第5.2.1条："单位工程建筑面积不大于2000m² 同牌号同规格的钢筋应作为一个检测批"，对该工程柱、梁钢筋直径进行抽测，B28钢筋抽测12根，B25钢筋抽测22根，B22钢筋抽测14根，A12钢筋抽测16根，A10钢筋抽测14根，A8钢筋抽测14根，检测结果见表（三）。

钢筋直径检测结果汇总表(三)

工程名称	科技楼		仪器设备		游标卡尺		
结构类型	全现浇框架-核心筒		检测数量		15个构件		
检测结果							
序号	构件名称	设计要求	钢筋直径检测结果				
		钢筋直径/mm	直径实测值/mm	公称直径/mm	公称尺寸/mm	偏差值/mm	允许偏差/mm	结果判定
1	三层梁 3-4/K轴	底部下排纵向受力钢筋 8Φ25	24.1	25	24.2	-0.1	±0.5	符合标准要求
			24.0	25	24.2	-0.2	±0.5	符合标准要求
			24.0	25	24.2	-0.2	±0.5	符合标准要求
1	三层梁 3-4/K轴	底部下排纵向受力钢筋 8Φ25	23.9	25	24.2	-0.3	±0.5	符合标准要求
			24.1	25	24.2	-0.1	±0.5	符合标准要求
			24.2	25	24.2	0	±0.5	符合标准要求
			24.0	25	24.2	-0.2	±0.5	符合标准要求
		箍筋 Φ10@200	9.8	10	—	-0.2	±0.3	符合标准要求
			10.0	10	—	0	±0.3	符合标准要求
			9.9	10	—	-0.1	±0.3	符合标准要求
		箍筋 Φ8@200	8.0	8	—	0	±0.3	符合标准要求
			7.7	8	—	-0.3	±0.3	符合标准要求
			7.9	8	—	-0.1	±0.3	符合标准要求
2	七层梁 1-2/K轴	箍筋 Φ10@200	10.0	10	—	0	±0.3	符合标准要求
			9.7	10	—	-0.3	±0.3	符合标准要求
			9.8	10	—	-0.2	±0.3	符合标准要求
			10.0	10	—	0	±0.3	符合标准要求
⋮	⋮	⋮	⋮	⋮	⋮	⋮	⋮	⋮

4) 钢筋保护层厚度检测

对该工程梁、板、柱钢筋保护层进行检测,根据《建筑结构检测技术标准》GB/T 50344-2019,B类进行抽样,梁抽检32个构件,板抽检20个构件,柱抽检20个构件,检测结果见表(四)。

钢筋保护层厚度检测结果汇总表(四)

工程名称	科技楼		仪器设备	一体式钢筋扫描仪LR-G200	
结构类型	全现浇框架-核心筒		检测数量	72个构件	
检测结果					
构件类别	设计值 /mm	允许偏差 /mm	保护层厚度检测值		
			所测点数	合格点数	合格点率/%
梁	25、30	+10、-7	226	223	98.7
板	15、20	+8、-5	120	117	97.5
序号	构件名称	设计配筋	计算值/mm	检测结果/mm	
1	地下二层梁1-2/K轴	7⚲25	30	底部下排纵向受力钢筋:27、26、30、32、29、28、26	
		Φ12@200			
2	地下一层柱4/H轴	6⚲28	30	一侧面纵向受力钢筋:30、32、29、34、36、35	
		Φ12@100			
3	地下二层板2-3/A-C轴	⚲20@150	20	1m宽度范围内纵向受力钢筋17、19、20、22、23、25	
		⚲20@150			
⋮	⋮	⋮	⋮	⋮	

5) 楼板厚度检测

对该工程楼板进行厚度检测,根据《建筑结构检测技术标准》GB/T 50344—2019,B类进行抽样,共抽取20块楼板,每块板取三个点,H_2点为对角线中心点,H_1点、H_3点为同一对角线上距两端各0.1m处。检测结果见表(五)。

楼板厚度检测结果汇总表(五)

工程名称	科技楼			仪器设备		一体式楼板测厚仪HC-HD90		
结构类型	全现浇框架-核心筒			检测数量		20个构件		
检测结果								
序号	构件名称	楼板厚度 设计值/mm	楼板厚度实测值/mm			检测结果		判定
			H_1	H_2	H_3	平均值/mm	平均值偏差 /mm	允许偏差 /mm
1	地下二层板2-3/A-C轴	320	317	319	321	319	-1	+10、-5	合格
2	二层板2-3/E-H轴	150	152	156	154	154	+4	+10、-5	合格
⋮	⋮	⋮	⋮	⋮	⋮	⋮	⋮	⋮	⋮

5. 检测结论

(1)所测构件混凝土抗压强度符合设计要求。

(2)所测混凝土构件钢筋配置(钢筋间距、钢筋根数)符合设计要求。

(3)所测混凝土构件钢筋直径符合设计要求。

(4)所测构件钢筋保护层厚度符合设计要求。

(5)所测楼板构件板厚均在允许偏差范围内,符合设计要求。

6. 鉴定结论

专家组依据现场勘查、现场检测、国家相关规范标准,经综合分析论证,鉴定意见如下。

×××大学科技楼经抽样检测,工程质量达到设计要求,在不改变现有使用功能和现有结构布局的情况下主体结构可以正常使用。

7. 建议

(1)对现场勘查发现的工程质量问题,结合本次改造一并采取措施处理。

(2)提升改造应避免额外增加结构荷载。

8. 专家组成员

专家信息及确认签字(六)

姓名	职称	签字
×××	正高级工程师	
×××	正高级工程师	
×××	教授	

9. 附件

(1)工程外观附图2张(附件1)。

(2)工程问题附图6张(附件2)。

(3)专家职称和技术人员职称证书(略)。

(4)鉴定机构资质材料(略)。

图(一)　科技楼东立面　　　　图(二)　科技楼北立面

附件1　工程外观

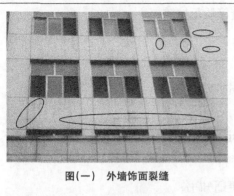

图(一) 外墙饰面裂缝

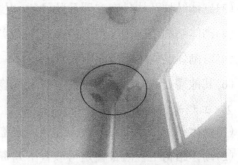

图(二) 管道与顶板相交处楼板渗漏、饰面脱落

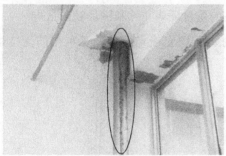

图(三) 管道锈蚀

图(四) 内排水水落管锈蚀严重、损坏

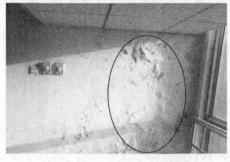

图(五) 内墙浸水严重、饰面脱落

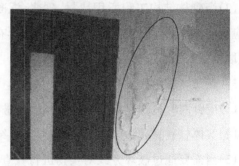

图(六) 内墙饰面脱落

附件2 现场勘查问题

6.3 砌体结构工程质量鉴定

6.3.1 砌体结构工程质量鉴定简述

1. 需要进行检测鉴定的混凝土结构工程范围

当遇到下列情况之一时,应对砌体结构工程进行质量鉴定:

(1)建筑工程程序问题,无法按照正常方法确定砌体结构工程质量;

(2)砌体结构工程所使用的材料和产品进场质量证明文件、进场复试报告缺失或不真实;

(3)砌体结构及构件存在明显的倾斜、裂缝等质量缺陷;

(4)砌体结构工程施工资料缺失或不真实;

(5)对砌体结构工程质量有疑义;

(6)其他需要对砌体结构工程质量进行鉴定的情况。

2. 工程资料核查内容

(1)砌体结构工程资料核查内容应根据鉴定项目所包含的检验批或分项工程确定。

(2)砌体结构工程质量鉴定可核查下列资料:

① 设计纸合同约定及发生变更的设计变更通知书;

② 砌体结构工程所用的材料、成品、半成品的质量证明文件和进场复试报告;

③ 砌筑块材、砂浆、混凝土及钢筋的复试报告,填充墙砌体分项工程植筋受拉检测记录,混凝土及砂浆配合比通知单;

④ 隐蔽工程验收记录;

⑤ 施工过程中重要工序的自检和交接记录;

⑥ 施工质量验收记录;

⑦ 其他必要的文件和记录。

(3)当砌体结构工程所用块材、砂浆、混凝土、钢筋等材料或产品的质量证明文件缺失时,应从同批次的材料或制品中抽取样品,由有资质的检验检测机构复试;必要时,可从工程上截取相应的样品进行复试。

3. 现场工程实体检查

(1)应针对资料缺失检验批的实体质量进行核查;

(2)实体核查宜剔除饰面层,选择对砌体结构无损坏的外观质量、尺寸偏差等项目进行;

(3)当需要通过破坏方式对实物进行核查时,宜选择对结构性能影响不大且容易修补的部位进行;

(4)实物核查项目无法进行时,可对相关部位进行实体检测。

4. 现场实体检测

(1)砌筑块材质量。

(2)砌筑砂浆质量。

(3)砌体强度。

(4)砌筑质量与构造。

(5)砌体结构的变形与损伤。

(6)砌体结构质量鉴定结果评定应符合《砌体结构工程施工质量验收规范》GB 50203—2011的规定和设计要求。

6.3.2 砌体结构住宅楼工程质量鉴定实例

××市×××区拆迁改造工程位于×××路东北侧,9号楼为地上6层住宅楼,位于场区西北部,建筑高度18.20m(地面至女儿墙顶),建筑面积5332.35m²。开工时间2011年8月,竣工时间2013年8月。耐火等级二级,设计使用年限50年。结构形式为砖混结构,结构安全等级为二级,建筑重要性等级为二级,结构重要性系数为1.0。抗震设防烈度为7度(0.15g,第二组)。采用水泥粉煤灰搅拌桩复合地基,基础采用墙下筏板基础,砖砌体为MU10烧结多孔砖混合砂浆砌筑。

屋顶为平屋顶,防水等级为Ⅱ级,(3+3)mm厚SBS高分子聚合物改性沥青防水卷材,屋顶保温为75mm厚酚醛复合板;外墙保温为50mm厚酚醛复合板;外窗为80系列塑钢中空玻璃(6+12+6)窗。

采用散热器采暖系统;住宅生活用水由市政管网直供;采用室内污废水合流、室外雨污水分流排水系统。用电负荷为三级负荷,包括有线电视、电话及网络、可视对讲系统等。

开工时间2011年8月,竣工时间2013年8月。因建设单位与承建单位对工程质量存有争议,遂委托我单位对工程质量进行鉴定。

通过初步审查工程技术资料和现场勘查,发现委托单位仅提供了工程施工图纸,未提供其他工程建设资料。据此拟定了工程检测鉴定方案,经委托单位确认,双方签订了检测鉴定合同。

合同鉴定后,按照检测鉴定方案,检测鉴定项目组进行现场勘查,对地基基础,主体结构(砌体结构、混凝土结构),围护结构,外窗,室内外装修和电气,给排水,采暖通风工程等进行了详细调查,发现存在外墙粉刷层开裂脱落、管道堵塞、配电柜锈蚀等问题。

对混凝土构件抗压强度,墙体砌筑砂浆和烧结砖抗压强度,混凝土构件钢筋配置(钢筋间距、钢筋根数),混凝土构件钢筋直径,构件钢筋保护层厚度,楼板构件板厚度,外墙保温层构造,外窗现场气密性进行了检测,检测结果全部符合设计要求。

对发现的问题,以"鉴定初步意见"形式要求委托单位进行整改并提供整改报告。委托单位整改完成并提供了各责任主体确认的整改报告。

结合9号楼设计文件、现场检测结果和委托单位的整改报告,依据《建筑工程施工质量验收统一标准》GB 50300—2013、《砌体结构工程施工质量验收规范》GB 50203—2011等规范、标准、相关规定,综合评定××市×××区拆迁改造工程9号楼工程质量满足设计要求和相关标准规范要求。

编写《××市×××区拆迁改造工程9号楼工程质量检测鉴定报告》如下。

检测鉴定报告		
工程名称	×××区拆迁改造9号楼	
工程地点	×××市×××区	
委托单位	×××	
建设单位	×××	
勘察单位	×××	
设计单位	×××	
审图单位	×××	
施工单位	×××	
监理单位	×××	
抽样日期	2020年9月11日	检测日期	2020年9月11日
检测数量	详见报告内	检验类别	委托
检测鉴定项目	钻芯法检测混凝土抗压强度;回弹法检测砂浆强度;回弹法检测烧结砖强度;钢筋扫描检测;钢筋直径检测;钢筋保护层厚度检测;楼板厚度检测;外墙节能构造钻芯检测;外窗现场气密性检测	
检测鉴定仪器	混凝土钻芯机;砂浆回弹仪HT20-A;砖回弹仪HT75-A;一体式钢筋扫描仪LR-G200;游标卡尺;一体式楼板测厚仪HC-HD90;楼板厚度检测仪LR-H800;建筑门窗气密性能现场检测仪CX-I;钢直尺	
鉴定依据	1.《建筑工程施工质量验收统一标准》GB 50300—2013 2.《建筑地基基础工程施工质量验收规范》GB 50202—2002 3.《混凝土结构工程施工质量验收规范》GB 50204—2015 4.《砌体结构工程施工质量验收规范》GB 50203—2011 5.《建筑装饰装修工程施工质量验收规范》GB 50210—2001 6.《建筑节能工程施工质量验收规范》GB 50411—2019 7.《屋面工程质量验收规范》GB 50207—2012 8.《地下防水工程质量验收规范》GB 20108—2011 9.《建筑给水排水及采暖工程施工质量验收规范》GB 50242—2002 10.《通风与空调工程施工质量验收规范》GB 50242—2002 11.《建筑电气工程施工质量验收规范》GB 50303—2002 12. 设计图纸 13. 现场勘查记录及影像资料	
检测依据	1.《建筑结构检测技术标准》GB/T 50344—2019 2.《钻芯法检测混凝土强度技术规程》JGJ/T 384—2016 3.《混凝土中钢筋检测技术标准》JGJ/T 152—2015 4.《混凝土结构工程施工质量验收规范》GB 50204—2015 5.《砌体工程现场检测技术标准》GB/T 50315—2011 6.《建筑节能工程施工质量验收规范 GB 50411—2019 7.《建筑外窗气密、水密、抗风压性能现场检测方法》JG/T 211—2019	

1. 工程概况

×××区拆迁改造工程位于××市×××区,本次鉴定9号楼位于×××道北侧,×××路西侧。开工时间2011年8月,竣工时间2013年8月。9号楼为地上6层住宅楼,建筑分类为二类,耐火等级为二级,设计使用年限为50年。建筑高度为18.20m(地面至女儿墙顶),建筑面积5332.35m²。9号楼外观见附件1图(一)、图(二)。

结构专业:9号楼结构形式为砖混结构,结构安全等级为二级,建筑重要性等级为二级,结构重要性系

1.0。抗震设防类别为丙类,抗震设防烈度为7度(0.15g,第二组)。采用水泥粉煤灰搅拌桩复合地基(CFG桩,直径400mm),桩上250mm厚碎石褥垫层,基础采用墙下筏板基础,基础设计等级为丙类。混凝土强度等级见表(一)。主要受力钢筋HPB235、HRB335、HRB400。构造要求按《混凝土结构施工图平面整体表示方法制图规则和构造详图》03G 101-1。

混凝土强度等级(一)

部位	基础	梁、圈梁、过梁	构造柱	板	楼梯	垫层
混凝土强度等级	C40	C25	C25	C25	C25	C15沥青混凝土

钢筋保护层厚度见表(二)。主要受力钢筋采用机械连接、焊接、绑扎连接。

钢筋保护层厚度(二)

单位:mm

环境类别	板	梁
一	15	25
二a(卫生间、厨房)	20	30
二b(基础)	50	50

±0.000以下砌体为MU15烧结实心页岩砖,M10水泥砂浆砌筑,±0.000以上砖砌体为MU10烧结多孔砖,一~二层M10混合砂浆砌筑,3层以上M7.5混合砂浆砌筑。后砌墙M5混合砂浆砌筑MU10烧结多孔砖。外墙厚360mm,内墙厚240mm。砌体质量控制等级为B级。

地下部分构件防腐处理,混凝土构件直接涂刷,砌体墙1:2水泥砂浆找平层后涂刷下列涂层中的一种,①环氧沥青或聚氨酯沥青涂层,厚度≥500μm;②聚合物水泥砂浆,厚度≥10mm;③树脂玻璃鳞片涂层,厚度≥300μm;④环氧沥青或聚氨酯沥青贴玻璃布,厚度≥1mm。

建筑专业:屋顶为平屋顶,防水等级为Ⅱ级,合理使用年限为15年,(3+3)mm厚SBS高分子聚合物改性沥青防水卷材,屋顶保温为75mm厚酚醛复合板,外墙保温为50mm厚酚醛复合板,东西山墙为50mm厚酚醛复合板+25mm无机活性保温砂浆,分户墙20mm无机活性保温砂浆,外墙饰面材料为涂料;阳台栏板保温为20mm厚酚醛复合板保温层,阳台地板为30mm厚挤塑聚苯板保温层。公区内墙、顶棚饰面材料为涂料,地面为水泥砂浆,其余部分为毛坯;住宅外窗为80系列塑钢中空玻璃(6+12+6)窗,气密性6级,保温性能7级;单元门为钢制中空玻璃门。单元入户门为成品防盗门。

采暖系统:本工程采用散热器采暖系统,热媒为80°C/60°C低温热水,住宅楼采用共用供、回水立管的水平分环系统。供、回水立管采用异程式下供下回方式;户内系统采用下分式同程双管系统,管道暗敷在本层后浇层内预留的沟槽内。采暖热水通过地下层敷设总水平干管经过热力入口送至竖井。热力入口设置在首层楼梯下的设备间(或直接设置在供热管井)内,立管设在供热管井内,每户采暖系统入口热计量装置设于管井内。

给排水系统:住宅生活用水由市政管网直供,住户室内设水表计量。排水系统:室内污废水合流,室外雨污水分流。给水管干管采用钢塑复合管,表后给水支管均采用PP-R给水塑料管,热熔连接。厨卫内的污废水立管采用排水用螺旋消音硬聚氯乙烯芯层发泡管材(排水支管采用普通U-PVC管)及管件,胶粘剂连接。屋顶分散安装太阳能热水器。

电气工程:本工程用电负荷为三级负荷,电源采用单电源。建筑物接地形式为TN-C-S。由小区箱式变电站三相四线制集中供电至每栋单体楼建筑外墙集中设置配电柜,再由配电柜放射式为每单元电表箱供电。按三类防雷设计,屋面屋脊及女儿墙上设置采用φ10的热镀锌圆钢,屋面组成不大于20m×20m或24m×16m的避雷网格,利用构造柱内四根主筋通长焊接作为引下线,引下线间距不大于25m,建筑物四角的外墙引下线在室外地面上0.5m处设测试卡子。利用基础底梁内两根主筋焊接成环形做接地极;建筑接地形式为TN-C-S(实际接地形式)。弱电设计包括有线电视、电话及网络、可视对讲系统等。

2. 检测鉴定目的

通过现场检测鉴定,对×××区拆迁改造房工程9号楼工程质量是否满足设计要求进行评定。

3. 工程资料

提供了施工图纸。

4. 现场勘查

2020年9月9日,专家组在委托方人员带领下进行了现场勘查,随机选取部分住户进行了入户勘(调)查。经现场勘(调)查,未发现工程出现基础不均匀沉降、承重构件受力裂缝等影响结构安全质量问题;未发现屋顶渗漏等影响使用功能问题;未发现保温失效、门窗破损等影响节能效果的问题;未发现水、暖、电工程使用问题,观感质量一般。

现场勘查问题如下。

1)主体

(1)外墙粉刷层开裂、脱落,详见附件2图(一)。

(2)外墙饰面层脱落、网格布外露,详见附件2图(二)。

2)屋面

(1)部分出屋面排水立管顶部风帽缺失,详见附件2图(三)。

(2)部分出屋面通风道及排烟道风帽缺失,详见附件2图(四)。

3)给排水

(1)管道井内水管保温脱落,详见附件2图(五)。

(2)网络线不得穿入雨水管,详见附件2图(六)。

4)暖通

(1)热力小室内管道保温脱落,详见附件2图(七)。

(2)管道井内供水管管道保温脱落,详见附件2图(八)。

5)电气

(1)部分楼防雷测试点未做标识,详见附件2图(九)。

(2)配电箱配电支路未做标识,详见附件2图(十)。

5. 检测结果

1)混凝土抗压强度检测

9号楼结构形式为砖混结构,一~六层梁、柱(包含地圈梁)混凝土强度等级为C25,根据《钻芯法检测混凝土强度技术规程》JGJ/T 384—2016进行抽样,抽取数量每个标号不少于20个芯样,并批量评定,对该工程的梁、柱混凝土各抽取10个构件,芯样直径75mm,抽检构件检测结果见表(三)。

钻芯法检测混凝土强度结果汇总表(三)

工程名称	×××区拆迁改造9号楼		仪器设备		混凝土钻芯机	
结构部位	一层~六层梁、柱(包含地圈梁)		检测数量		20个构件	
检测结果						
检测区间	设计强度等级	抗压强度平均值/MPa	标准差	推定区间上限值/MPa	推定区间下限值/MPa	混凝土强度推定值/MPa
一层至六层(包含地圈梁)	C25	28.6	1.05	27.3	26.0	27.3
检测部位及数据						
序号	构件名称		混凝土设计强度等级	芯样直径/mm		芯样抗压强度/MPa
1	一层柱4/D轴		C25	75.5		26.6
2	三层柱12/C轴		C25	75.5		28.4
⋮	⋮		⋮	⋮		⋮

2)砂浆抗压强度检测

对9号楼一~六层墙体进行砂浆强度检测,根据《砌体工程现场检测技术标准》GB/T 50315—2011进行抽样,每层抽取6个构件共抽取36个构件,检测结果见表(四)。

回弹法检测砂浆强度检测结果汇总表(四)

工程名称		×××区拆迁改造9号楼		仪器设备		砂浆回弹仪HT20-A		
结构部位		一层~六层墙体		检测数量		36片墙体		
检测结果								
序号	检测单元	构件名称(测区)	抗压强度代表值/MPa	抗压强度平均值/MPa	抗压强度最小值/MPa	1.33倍抗压强度最小值/MPa	抗压强度推定值/MPa	设计强度等级
1	一层墙体	一层墙4-6/D轴	12.5	12.0	11.1	14.8	12.0	M10
		一层墙12-14/D轴	12.7					
		以下省略墙体砂浆强度抽检其他构件检测数据						
2	二层墙体	二层墙4-6/D轴	12.4	12.8	12.2	16.2	12.8	M10
		二层墙12-14/D轴	13.7					
		以下省略墙体砂浆强度抽检其他构件检测数据						
⋮	⋮	⋮	⋮	⋮	⋮	⋮	⋮	⋮

3)砖抗压强度检测

对9号楼一~六层墙体烧结砖进行强度检测,根据《砌体工程现场检测技术标准》GB/T 50315—2011进行抽样,每层抽取6个构件,共抽取36个构件,检测结果见表(五)。

回弹法检测烧结砖强度检测结果汇总表(五)

工程名称		×××区拆迁改造9号楼		仪器设备		砖回弹仪 HT75-A		
结构部位		一层~六层墙体		检测数量		36片墙体		
检测结果								
序号	检测单元	构件名称(测区)	抗压强度代表值/MPa	烧结砖设计强度等级	抗压强度平均值/MPa	抗压强度最小值/MPa	抗压强度标准值/MPa	烧结砖推定强度等级
1	一层墙	一层墙4-6/D轴	15.5	MU10	16.1	15.5	15.2	MU15
		一层墙12-14/D轴	15.9					
		以下省略墙体烧结砖强度抽检其他构件检测数据						
2	二层墙	二层墙4-6/D轴	15.7	MU10	15.3	14.7	14.5	MU15
		二层墙12-14/D轴	14.7					
		以下省略墙体烧结砖强度抽检其他构件检测数据						
⋮	⋮	⋮	⋮	⋮	⋮	⋮	⋮	⋮

4)混凝土构件钢筋配制检测

9号楼结构形式为砖混结构,对一层~六层梁、柱钢筋间距、钢筋根数进行检测,对一层~六层板钢筋间距进行检测,根据《建筑结构检测技术标准》GB/T 50344—2019,B类进行抽样,梁抽检32个构件,板抽检32个构件,柱抽检20个构件,检测结果见表(六)。

钢筋间距、根数检测结果汇总表(六)

工程名称		×××区拆迁改造9号楼		仪器设备	一体式钢筋扫描仪 LR-G200		
结构部位		一~四层梁、柱、板,五层梁、柱		检测数量	84个构件		
序号	构件名称	设计配筋		检测结果			
				钢筋数量/根	钢筋间距/mm	钢筋间距平均值/mm	
1	一层梁4-6/(1/B)轴	底部下排纵向受力钢筋	3⊈14	3	—	—	
		箍筋	Φ8@200	—	1211	202	
2	一层柱4/(1/B)轴	一侧面纵向受力钢筋	2⊈14	2	—	—	
		箍筋	Φ6@250	—	1519	253	
3	一层板4-6/B-(1/B)轴	底部下排水平分布筋	⊈8@200	—	1203	200	
		底部上排垂直分布筋	⊈8@200	—	1205	201	
⋮	⋮	⋮	⋮	⋮	⋮	⋮	

5）钢筋直径检测

根据《混凝土中钢筋检测技术标准》JGJ/T 152—2015第5.2.1条："单位工程建筑面积不大于2000m²同牌号同规格的钢筋应作为一个检测批"，对本工程柱、梁钢筋直径进行抽测，C18钢筋抽测3根，C14钢筋抽测6根，A8钢筋抽测6根，A6钢筋抽测6根，检测结果见表（七）。

钢筋直径检测结果汇总表（七）

工程名称		×××区拆迁改造9号楼		仪器设备		游标卡尺		
结构部位		一~五层梁、柱，一~二层板		检测数量		16个构件		
序号	构件名称	设计要求		钢筋直径检测结果				
		钢筋直径/mm		直径实测值/mm	公称直径/mm	公称尺寸/mm	偏差值/mm	允许偏差/mm
1	一层柱4/（1/B）轴	一侧面纵向受力钢筋	2Φ14	13.3	14	13.4	−0.1	±0.4
		箍筋	φ6@250	5.9	6	—	−0.1	±0.3
2	一层梁4-6/（1/B）轴	箍筋	φ8@200	7.9	8	—	−0.1	±0.3
⋮	⋮	⋮	⋮	⋮	⋮	⋮	⋮	⋮

6）钢筋保护层厚度检测

对9号楼梁、柱、板钢筋保护层厚度进行检测，根据《建筑结构检测技术标准》GB/T 50344—2019，B类进行抽样，梁抽检32个构件，板抽检32个构件，柱抽检20个构件，检测结果见表（八）。

钢筋保护层厚度检测结果汇总表（八）

工程名称		×××区拆迁改造9号楼		仪器设备		一体式钢筋扫描仪LR-G200	
结构部位		一至四层梁、柱、板，五层梁、柱		检测数量		84个构件	
构件类别		设计值/mm	计算值/mm	允许偏差/mm	保护层厚度检测值		
					所测点数	合格点数	合格点率/%
梁		25	33	+10，−7	89	89	100
板		15	—	+8，−5	108	106	98.2
检测结果							
序号	构件名称	设计配筋		计算值/mm	检测结果/mm		
1	一层梁4-6/（1/B）轴	3Φ14		33	底部下排纵向受力钢筋：35、36、34		
		φ8@200					
2	一层柱4/（1/B）轴	2Φ14		31	一侧面纵向受力钢筋：34、31		
		φ6@250					
3	一层板4-6/B-（1/B）轴	Φ8@200		15	13、13、12、（9）、12、12		
		Φ8@200					
⋮	⋮	⋮		⋮	⋮		

7）楼板厚度检测

对该工程楼板进行厚度检测，根据《建筑结构检测技术标准》GB/T 50344—2019，B类进行抽样，共抽取

20块楼板,每块板取三个点,H_2点为对角线中心点,H_1点、H_3点为同一对角线上距两端各0.1m处。检测结果见表(九)。

楼板厚度检测结果汇总表(九)

工程名称	×××区拆迁改造9号楼		仪器设备		一体式楼板测厚仪HC-HD90		
结构部位	一层~五层板		检测数量		20个构件		
序号	构件名称	楼板厚度设计值/mm	楼板厚度实测值/mm		检测结果		
			H_1 H_2 H_3		平均值/mm	平均值偏差/mm	允许偏差/mm
1	一层板4-6/B-(1/B)轴	100	102 102 101		102	+2	+10,-5
2	一层板12-14/B-(1/B)轴	100	103 102 101		102	+2	+10,-5
⋮	⋮	⋮	⋮ ⋮ ⋮		⋮	⋮	⋮

8)外墙节能构造检测

9号楼设计保温层做法均为基层+粘结砂浆+模塑板+抹面砂浆+网格布+抹面砂浆,保温层厚度50mm。根据《建筑节能工程施工质量验收标准》GB 50411—2019中附录F进行抽样,该工程外墙抽取3个芯样,检测结果见表(十)。

外墙节能构造检测结果汇总表(十)

工程名称	×××区拆迁改造9号楼	仪器设备	混凝土钻孔机(设备编号60)、钢直尺(设备编号152)	
设计保温层构造做法	基层+粘结砂浆+模塑板+抹面砂浆+网格布+抹面砂浆	芯样尺寸/mm	Φ70	
构件名称	设计保温材料	设计厚度/mm	检测结果/mm	检测结果平均值/mm
9号楼西墙	模塑板	50	49	49
9号楼南墙	模塑板	50	50	
9号楼北墙	模塑板	50	48	

9)外窗气密性现场检测

对9号楼外窗气密性进行检测,根据《建筑节能工程施工质量验收标准》GB 50411—2019中第17.1.4条进行抽样,该工程抽取外窗3樘,检测结果见表(十一)和表(十二)。

外窗气密性检测结果汇总表(十一)

工程名称		×××区拆迁改造9号楼		样品数量	3樘
检测部位		一层2-4/E轴 三层2-4/E轴 五层2-4/E轴		开启形式	平开
检测设备		建筑门窗气密性能现场检测仪CX-I		实测面积	1.05m²
多层玻璃结构		玻璃厚度6mm+中空腔厚度12mm+玻璃厚度6mm			
检测项目		设计要求	检测结果	评定等级	单项结论
建筑外窗气密性现场检测	正压	6级	3.61	6级	合格
	负压	6级	3.60	6级	合格

建筑外窗气密性能分级表（十二）

分级	1	2	3	4
单位面积分级指标值 $q_2\left[\mathrm{m^3/(m^2 \cdot h)}\right]$	$12 \geqslant q_2 > 10.5$	$10.5 \geqslant q_2 > 9.0$	$9.0 \geqslant q_2 > 7.5$	$7.5 \geqslant q_2 > 6.0$
分级	5	6	7	8
单位面积分级指标值 $q_2\left[\mathrm{m^3/(m^2 \cdot h)}\right]$	$6.0 \geqslant q_2 > 4.5$	$4.5 \geqslant q_2 > 3.0$	$3.0 \geqslant q_2 > 1.5$	$q_2 \leqslant 1.5$

6. 检测结论

（1）所测构件混凝土抗压强度符合设计要求。

（2）所测墙体砌筑砂浆抗压强度符合设计要求。

（3）所测墙体烧结砖抗压强度符合设计要求。

（4）所测混凝土构件钢筋配置（钢筋间距、钢筋根数）符合设计要求。

（5）所测混凝土构件钢筋直径符合设计要求。

（6）所测构件钢筋保护层厚度符合设计要求。

（7）所测楼板构件板厚均在允许偏差范围内，符合设计要求。

（8）所测外墙保温层厚度符合设计要求，保温材料种类及保温层构造符合设计要求。

（9）所检外窗现场气密性符合设计要求。

7. 鉴定结论

专家组依据现场勘查、检测结果、国家相关规范标准，经综合分析论证，提出×××区拆迁改造9号楼工程质量鉴定意见如下。

（1）勘查中未发现工程出现基础不均匀沉降、承重构件受力裂缝等影响结构安全的质量问题，砌体、砌筑砂浆、混凝土强度、钢筋等实体检测结果符合设计及国家规范要求，认为该工程主体结构施工质量达到设计要求。

（2）该项目现场勘查中未发现有卫生间、外墙、屋面渗漏和水、暖、电系统使用问题，认为该工程主要功能项目满足使用要求。

（3）该项目节能工程现场勘查未发现明显外墙开裂、门窗渗漏等质量问题，保温厚度检测符合设计要求，认为该项目节能工程满足设计要求。

8. 建议

专家组在现场勘查时发现的问题对主体结构安全性没有影响，但对使用功能和观感有影响，建设单位应进行修缮。

9. 专家组成员

专家信息及确认签字（十三）

姓名	职称	签字
×××	正高级工程师	
×××	正高级工程师	
×××	教授	

10. 附件

1)工程外观附图2张(附件1)。

2)工程现场勘查问题附图10张(附件2)。

3)专家职称和技术人员职称证书(略)。

4)鉴定机构资质材料(略)。

图(一)　9号楼南侧外观

图(二)　9号楼北侧外观

附件1　工程外观

图(一)　粉刷层开裂、脱落

图(二)　外墙饰面层脱落、网格布外露

图(三)　出屋面排水立管顶部风帽缺失

图(四)　通风道及排烟道顶部风帽缺失

附件2　工程现场勘查问题

图(五) 水管保温脱落

图(六) 网络线不得穿入雨水管

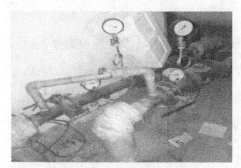

图(七) 热力小室内管道保温脱落

图(八) 供水管管道保温脱落

图(九) 防雷测试点未做标识

图(十) 配电箱配电支路未做标识

附件2 工程现场勘查问题

6.4 钢结构建筑工程质量鉴定

6.4.1 钢结构建筑工程质量鉴定简述

1. 需要进行检测鉴定的钢结构工程范围

当遇到下列情况之一时,应对钢结构工程质量进行检测鉴定。

(1)钢结构工程所使用材料的质量证明文件、进场复试检验报告缺失或不真实。

(2)对钢结构工程施工质量有疑义。

(3)钢结构工程施工资料缺失或不真实。

(4)其他需要对钢结构工程质量进行鉴定的情况。

2. 工程资料核查内容

钢结构工程资料核查和现场调查的内容和范围应根据鉴定项目所包含的检验批或分项工程确定。钢结构工程可核查下列资料。

(1)钢结构工程设计(竣工)图纸及发生变更的设计变更通知书。

(2)钢结构深化设计图(施工图设计要求钢结构深化设计的项目)。

(3)钢结构工程专项施工方案。

(4)钢结构工程涉及材料、紧固件的质量证明文件、中文标志及性能检测报告。

(5)原材料、紧固件进场的复试报告和验收记录。

(6)隐蔽工程验收记录。

(7)施工过程中重要工序的自检和交接记录。

(8)施工质量验收记录。

(9)钢结构焊接分项工程焊接工艺评定报告,焊缝内部焊接质量的检测报告。

(10)钢结构紧固件连接工程的高强度螺栓的轴力扭矩系数检测报告、高强度螺栓连接摩擦面的抗滑移系数的检测报告。

(11)大跨度钢网架安装分项工程的节点承载力试验报告。

(12)防火涂料型式检验报告。

(13)有关观感质量检验项目检查记录。有关安全及功能的检验报告、检查记录。

(14)钢材等材料或产品的质量证明文件缺失时,应从同批次的材料或制品中抽取样品进行复试。必要时,可从工程上截取相应的样品进行复试。

3. 现场工程实体检查

(1)核查结构布置是否符合图纸,构件是否安装齐全,检查柱脚、梁柱、支撑体系连接等形式是否与设计相符。

(2)钢构件、管杆件外观质量,钢材切割面或剪切面质量,是否存在缺陷、损伤与变形。

(3)钢结构安装工程、钢管结构的外观质量。

(4)核查节点连接是否存在漏焊,焊缝表面质量,角焊缝和焊缝观感质量。

(5)永久普通螺栓及高强度螺栓连接外露丝扣数,扭剪型高强度螺栓端部的梅花头完整,高强度螺栓连接摩擦面表面质量,采用小锤敲击、普通扳手或尺量检查螺栓紧固质量。

(6)钢结构安装工程设计要求顶紧的节点,采用钢尺及塞尺现场抽检。

(7)压型钢板的基板、表面涂层外观质量及安装的平顺牢固,自攻螺钉、拉铆钉、射钉等间距、边距,压型钢板安装连接件的间距,压型钢板在支承构件上搭接长度。

(8)防腐涂料、防火涂料涂装的外观质量。

4. 钢结构工程现场检测

(1)钢材力学性能检测,当现场不具备取样条件时或取样不足时,可辅以采用钢材表面硬度法推断钢材强度。

(2)结构尺寸、钢构件的截面尺寸与偏差,构件变形。

(3)结构平面弯曲、构件垂直度、结构挠度。

(4)要求熔透的焊缝无损检测,宜采用超声波探伤法,根据构件类别,可按照国家标准《钢结构超声波探伤及质量分级法》JG/T 203—2007或《焊缝无损检测超声检测技术、检测等级和评定》GB/T11345—2013中的方法进行,超声波探伤不能对缺陷作出判断时可采用射线照相法,按照国家标准《金属熔化焊焊接接头射线照相》GB/T 3323—2005中的方法进行。

(5)钢构件涂层厚度。

(6)结构性能实荷检验与动测。钢结构质量检测应按照《钢结构工程施工质量验收标准》GB 50205—2020、《建筑结构检测技术标准》GB/T 50344—2019、《钢结构现场检测技术标准》GB/T50621—2010、《高耸与复杂钢结构检测与鉴定标准》GB 51008—2016等现行国家相关检测标准进行。钢结构工程质量鉴定样本应随机抽取,满足分布均匀、具有代表性要求,对有争议的检验批可约定抽取检验位置。当钢结构工程资料完整时,质量检测为验证性检测,实体检测的抽样数量可适当减少。

5. 钢结构工程质量鉴定结果评定

钢结构工程质量鉴定的结果评定应符合现行《钢结构工程施工质量验收标准》GB 50205—2020、《门式刚架轻型房屋钢结构技术规范》GB 51022—2015、《空间网格结构技术规程》JGJ7—2010等现行国家、行业相关标准和设计要求。

通过材料性能检测结果或实体检测结果评定钢结构构件或部位承载力时,应符合国家标准《钢结构设计标准》GB 50017—2017中的规定。

6.4.2　单层钢结构生产车间工程质量鉴定实例

×××项目生产车间工程位于唐山市×××,为单层厂房,建筑面积23 491.77m²,建筑高度14.10m。建筑长307.5m,宽72m,跨度24m,三连跨,开间7.5m,车间内设有电动单梁天车。建筑工程等级为三级,设计使用年限为50年,建筑结构的类别为3类,生产的火灾危险性类别为丁类,建筑耐火等级为二级,屋面防水等级为Ⅲ级。

该工程的场地类别为Ⅱ类,建筑结构安全等级为二级,抗震设防类别为丙类,抗震设防烈度为7度(0.15g),砌体、混凝土结构设计使用年限为50年,钢结构25年。工程采用天然地基、钢筋混凝土独立基础;主结构为单层门式刚架结构。该工程刚架、抗风柱、吊车梁采用Q345B钢,其他构件采用Q235B。钢结构面层喷涂防火涂料,满足二级耐火等级要求。外墙±0.00以下墙体采用砌体,1.2m以上采用现场复合彩色压型钢板,屋顶采用玻璃丝棉保温彩钢夹芯板。项目开工时间2011年10月,竣工时间2012年9月。

因开工时未办理施工许可证,建筑工程质量监督机构未进行监督。现手续补办齐全,需确定建筑工程质量是否合格,×××公司委托我单位对生产车间工程进行工程质量鉴定。

经初步勘查、调研,该项目仅能提供施工图纸,无其他工程资料。

通过与×××公司协商,签订了工程质量检测鉴定合同,拟定了以验证为主要目的检测、鉴定方案。

安排检测人员按拟定的检测方案进行相关检测并编制了检测报告和相应记录。由于没有相关技术资料,进行了包括各类型刚架主构件规格、材质、厚度及尺寸偏差,支撑构件、系杆、屋面檩条、墙梁截面规格,对接二级焊缝外观及无损探伤,梁柱与端板连接焊缝尺寸及外观质量,钢结构轴线位移、钢柱垂直度、梁柱节点施工质量、抗风柱节点施工质量、柱间支撑、屋架间支撑施工质量、钢架梁柱及支撑构件涂层厚度等项目的检测。所测结果除防腐涂层厚度不满足图纸设计要求外,其余项目都符合设计要求。

工程技术人员对生产车间现状进行详细勘查并编制了记录,保留了影像资料。

根据现场结合现场勘查中存在节点连接做法缺陷、焊缝漏焊、涂层流坠等问题,×××公司提交了《生产车间工程质量鉴定初步意见》,并对存在问题进行整改。

×××公司在整改完成后,向我单位提交了各方责任主体共同确认的《生产车间工程质量整改报告》。

项目组工程技术人员根据设计文件、检测结果和现勘查情况、质量问题整改报告,按照前述程序、方法和《建筑工程施工质量验收统一标准》GB 50300—2001、《钢结构工程施工及验收规范》GB 50205—2001等规范要求,对生产车间工程质量进行了评定,结论为"符合设计要求"。

最终形成《×××生产车间钢结构工程施工质量检测鉴定报告》如下。

钢结构工程施工质量检测鉴定报告

工程名称	×××生产车间工程		
工程地点	唐山市		
委托单位	×××		
建设单位	×××		
设计单位	×××		
勘察单位	×××		
施工单位	×××		
监理单位	×××		
抽样日期	2020年1月16—25日	检测日期	2020年1月16—25日
检测数量	详见报告	检验类别	委托
检测鉴定项目	各类型刚架主构件钢材规格、厚度及尺寸偏差检测 支撑构件、系杆、屋面檩条、墙梁截面规格检测 对接二级焊缝内部缺陷超声检测及外观质量检测 梁柱与端板焊缝焊脚尺寸及外观质量检测 钢结构轴线位移检测 钢柱垂直度检测 梁柱节点施工质量检测 抗风柱节点施工质量检测 柱间支撑、屋架间支撑施工质量检测 钢梁、钢柱、支撑构件涂层厚度检测		
检测鉴定仪器	钢卷尺、直角尺、游标卡尺、手持式激光测距仪、焊缝检测尺、超声波探伤仪、漆膜测厚仪、超声波测厚仪		
鉴定依据	1.《工业建筑可靠性鉴定标准》GB 50144—2019 2.《建筑工程施工质量验收统一标准》GB 50300—2001 3.《建筑地基基础工程施工质量验收规范》GB 50202—2002 4.《钢结构工程施工质量验收规范》GB 50205—2001 5.《屋面工程质量验收规范》GB 50207—2012 6. 委托书、设计图纸、施工技术资料,现场勘查记录及影像资料		
检测依据	1.《建筑结构检测技术标准》GB/T50344—2019 2.《钢结构现场检测技术标准》GB/T50621—2010 3.《钢结构工程施工质量验收规范》GB 50205—2001 4.《门式刚架轻型房屋钢结构技术规程》CECS 102:2002(2012年版) 5.《焊缝无损检测超声检测技术、检测等级和评定》GB/T11345—2013 6.《低合金高强度结构钢》GB/T 1591—2008		

1. 工程概况

×××项目位于唐山市×××,本次鉴定检测项目为生产车间钢结构工程。开工时间为2011年10月,竣工时间为2012年9月。

建筑专业:单层门式刚架结构,建筑面积23 491.77m²,建筑高度14.10m。本工程建筑长307.5m,宽72m,跨度24m,三连跨,开间7.5m,车间内设有电动单梁天车。建筑工程等级为三级,设计使用年限为50年,建筑结构的类别为3类,生产的火灾危险性类别为丁类,建筑耐火等级为二级,屋面防水等级为Ⅲ级,防雷类别为三类。建筑外门采用彩钢夹芯板推拉门;外窗采用塑钢推拉窗;单玻;外窗抗风性能分级不低于6级,气密性能不低于6级,保温性能不低于8级,雨水渗漏性能不低于4级,隔声性能不低于4级。屋顶设天窗及玻璃钢采光带。建筑外貌见附件1图(一)。

结构专业:该工程的场地类别为Ⅱ类,建筑结构安全等级为二级,抗震设防类别为丙类,抗震设防烈度为7度(0.15g),砌体、混凝土结构设计使用年限为50年,钢结构为25年。工程采用天然地基、钢筋混凝土独立基础;混凝土强度等级:垫层为C10,基础为C30,其余板、构造柱为C25;混凝土保护层厚度:基础为40,地上梁为25,柱为30,板为15;钢筋HPB235、HRB335、HRB400。本工程刚架、抗风柱、吊车梁采用Q345B钢,其他构件采用Q235B;檩条采用Q235冷弯薄壁型钢;Q345钢焊接采用E50系列焊条,其他材料焊接采用E43系列焊条。钢结构普通螺栓4.6级,构件拼接采用10.9级高强螺栓,摩擦型连接。根据图纸及规范要求,焊缝质量等级:刚架端板与柱翼缘对接焊缝以及构件拼接焊缝为全熔透焊缝,焊缝等级为二级,其余焊缝质量标准不应小于三级。钢构件经除锈处理后刷防锈漆两道,面层为防火涂料,并满足二级耐火等级要求。外墙±0.00以下墙体采用370厚MU10页岩实心砖M10水泥砂浆砌筑,±0.00~1.2m墙体采用370厚MU10页岩多孔砖M5水泥砂浆砌筑,1.2m以上采用冷弯型钢檩条,现场复合彩色压型钢板,100厚玻璃丝棉保温。内墙±0.00以下墙体采用240厚MU10页岩实心砖M10水泥砂浆砌筑,±0.00~4.2m墙体采用240厚MU10页岩多孔砖M5水泥砂浆砌筑(库房处)。屋顶采用冷弯型钢檩条,玻璃丝棉保温彩钢夹芯板。

2. 检测鉴定目的

通过现场检测鉴定,对×××项目生产车间钢结构工程质量进行评定。

3. 工程资料

仅提供了施工图纸,无其他工程资料。

4. 现场勘查

1)工程现状

2020年1月16日,专家组在委托方人员带领下进行了现场勘查,经观察检查,未发现工程出现基础不均匀沉降、承重墙体受力裂缝、钢结构倾斜变形等影响结构安全的质量问题,观感质量一般。

2)现场勘查问题

勘查中发现×××生产车间工程局部存在的质量问题如下。

(1)柱间支撑与柱连接做法错误,见附件2图(一)。

(2)柱间支撑连接焊缝漏焊,见附件2图(二)。

(3)吊车梁端部连接间隙过大,见附件2图(三)。

(4)柱局部防腐涂层流坠,见附件2图(四)。

(5)结构上柱支撑未到柱顶节点,见附件2图(五)

(6)柱间支撑中部节点未与系杆交叉连接,见附件2图(六)。

5. 现场检测

委托人未提供本工程的质量控制及施工技术保证资料,专家组根据现场勘查情况,为查明工程质量情况对以下项目进行检测。

1)对刚架主构件钢材硬度进行现场抽检,以推断其材质

对GJ-1、GJ-3各取1榀、GJ-2取2榀,共计4榀刚架进行检测,所检测刚架主构件钢材材质经由硬度推断符合设计图纸要求,结果见表(一)。

刚架检验结果（一）

位置	构件	里氏硬度 HL_{dm}/HL	抗拉强度 $f_{b,min}$、$f_{b,max}$ /MPa	抗拉强度推定值、特征值 /MPa	位置	构件	里氏硬度 HL_{dm}/HL	抗拉强度 $f_{b,min}$、$f_{b,max}$ /MPa	抗拉强度推定值、特征值 /MPa
GJ-2	钢梁 A-B/5（翼缘10mm）	405 415 448 404 435	419.3 609.7	514.5 419.3	GJ-4	钢梁 D-E/26（翼缘10mm）	408 412 404 420 470	419.0 614.3	516.7 419
GJ-2	钢柱 A/5（翼缘14mm）	470 408 416 407 475	422.7 650.7	536.7 422.7	GJ-4	钢柱 E/26（翼缘14mm）	434 478 436 412 430	446.7 641.3	544.0 446.7
⋮	⋮	⋮	⋮	⋮	⋮	⋮	⋮	⋮	⋮

说明	1. 检测数据参考附件1《主要构件钢材强度的里氏硬度检测表》。 2. 本表依据为GB/T 50344-2019附录N，每个构件5个测区的代表值，取3个较小值的平均值为$f_{b,min}$，取3个较大值的平均值为$f_{b,max}$，取$f_{b,max}$、$f_{b,min}$平均值为推定值，取$f_{b,min}$为特征值。 3. 所测构件抗拉强度推定值符合GB/T 1591-2008区间规定，特征值低于Q345钢但高于Q235钢。
结论	依据《低合金高强度结构钢》GB/T 1591—2008、《建筑结构检测技术标准》GB/T 50344—2019附录N，结合GB/T 50344-2019中第3.5.12条，推断所用材料强度符合设计所规定的Q345B钢的要求

2）对各类型刚架主构件钢材截面规格、构件厚度及尺寸偏差进行检测

对GJ-1、GJ-3各取1榀、GJ-2取2榀抽样检测，共计4榀刚架及2根抗风柱进行检测，所检测刚架主构件钢材、截面规格、构件厚度及尺寸偏差检测均符合图纸设计及国家规范允许偏差要求，检测结果汇总见表（二）。

刚架主构件钢材截面规格、构件厚度及尺寸偏差检测结果汇总表（二）

检测部位		刚架		检测环境		8℃
检测项目		刚架主构件钢材规格、厚度及尺寸偏差		检测数量		41处
序号	检测部位		设计尺寸/mm	检测结果/mm	偏差/mm	允许偏差/mm	单项

序号	检测部位		设计尺寸/mm	检测结果/mm	偏差/mm	允许偏差/mm	单项
1	GJ-1	钢柱 B/1	翼缘板 350×14	翼缘板 347×14	−3	±4	符合
			腹板 472×6	腹板 469×6	−3	±4	符合
2		钢梁 A-B/1	翼缘板 200×10	翼缘板 201×10	1	±4	符合
			腹板 384×6	腹板 386×6	2	±4	符合
3	GJ-2	钢柱 A/5	翼缘板 400×16	翼缘板 401×16	1	±4	符合
			腹板 468×6	腹板 469×6	1	±4	符合
4		钢梁 A-B/5	翼缘板 220×10	翼缘板 222×10	2	±4	符合
			腹板 757×6	腹板 758×6	1	±4	符合
5	41轴抗风柱		翼缘板 250×10	翼缘板 248×10	−2	±4	符合
			腹板 380×6	腹板 379×6	−1	±4	符合
⋮	⋮		⋮	⋮	⋮	⋮	⋮

3)对支撑、系杆、屋面檩条、墙梁截面规格参数进行检测

对支撑、系杆、屋面檩条、墙梁构件每种抽样检测3根,共计12根进行检测,抽检系杆、檩条、墙梁构件截面参数均符合图纸设计及国家规范允许偏差要求,检测结果汇总见表(三)。

支撑构件、系杆、屋面檩条、墙梁检测结果(三)

检测部位	支撑构件、系杆、屋面檩条、墙梁		检测环境	8℃
检测项目	截面规格尺寸		检测数量	12处
序号	检测部位	设计尺寸/mm	检测结果/mm	单项
1	支撑	L90×6	L90×6	符合
2	系杆	Φ133×3.0	Φ133×3.0	符合
3	屋面檩条 A–B/4–5	180×70×20×2.0	180×70×20×2.0	符合
4	屋面檩条39–40/D–E	180×70×20×3.0	180×70×20×3.3	符合
5	墙梁	220×75×20×2.2	220×75×20×2.2	符合
⋮	⋮	⋮	⋮	⋮

4)对接二级焊缝内部缺陷超声检测及外观质量检测

钢柱对接二级焊缝抽样检测10条,内部缺陷超声检测;梁柱与端板焊接质量(角焊缝)及外观抽样检测40条,所检测钢柱对接二级焊缝及梁柱与端板焊接质量(角焊缝)及外观抽样检测均符合图纸设计及国家规范允许偏差要求,检测结果汇总见表(四)、表(五)和表(六)。

钢柱检测结果(四)

检测部位	钢柱		检测环境	8℃
检测项目	焊缝内部质量		检测数量	10处
序号	焊缝编号(部位)	焊缝长度/mm	检测长度/mm	评定结论
1	钢柱B/2	400	400	二级合格
2	钢柱B–C/1	400	400	二级合格
⋮	⋮	⋮	⋮	⋮

梁柱端板检测结果(五)

检测部位	梁柱端板	检测环境	8℃
检测项目	焊脚尺寸	检测数量	20处
序号	检测部位	设计要求/mm	焊脚尺寸检测结果/mm
1	钢柱 B/8	较薄焊件尺寸不小于6mm,最大焊脚尺寸不大于7mm	6
2	钢柱 C/15		7
3	钢柱 C/20		6
4	钢梁 A–B/8		6
⋮	⋮	⋮	⋮

钢结构焊缝检测结果（六）

检测部位		钢结构焊缝		检测环境	8℃
检测项目		焊缝外观检查		检测数量	20处
序号	检测部位	设计要求		检测结果	
1	钢柱 B/2	焊缝表面不得有裂纹、焊瘤等缺陷，不得有表面气孔、夹渣、弧坑裂纹、电弧擦伤缺陷		表面无裂纹、焊瘤、气孔、夹渣、弧坑裂纹、电弧擦伤等缺陷	
2	钢柱 B-C/1			表面无裂纹、焊瘤、气孔、夹渣、弧坑裂纹、电弧擦伤等缺陷	
3	钢柱 B/9			表面无裂纹、焊瘤、气孔、夹渣、弧坑裂纹、电弧擦伤等缺陷	
4	钢柱 B/8	焊缝表面不得有裂纹、焊瘤等缺陷		焊缝表面无裂纹、焊瘤等缺陷	
5	钢柱 C/15			焊缝表面无裂纹、焊瘤等缺陷	
6	钢柱 C/20			焊缝表面无裂纹、焊瘤等缺陷	
7	钢梁 B-C/20	焊缝表面不得有裂纹、焊瘤等缺陷		焊缝表面无裂纹、焊瘤等缺陷	
8	钢梁 D-E/22			焊缝表面无裂纹、焊瘤等缺陷	
⋮	⋮	⋮		⋮	

5）钢结构轴线位移检测，钢柱垂直度检测

钢结构轴线位移及钢柱安装垂直度进行抽样检测16处，抽样检测处钢结构轴线位移及钢柱安装垂直度均符合图纸设计及国家规范允许偏差要求，检测结果汇总见表（七）和（八）。

主体钢结构检测结果（七）

检测部位		主体钢结构	检测环境	8℃
检测项目		钢结构轴线位移	检测数量	16处
序号		检测部位	标准要求	检测结果
1		钢柱 B/2	$L/20\ 000$，且不应大于3.0	2.5
2		钢柱 B/4		2.6
3		钢柱 A/7		2.4
4		钢柱 D/10		2.1
⋮		⋮	⋮	⋮

柱检测结果（八）

检测部位		柱	检测环境	8℃
检测项目		柱安装垂直度检测	检测数量	16处
序号		检测部位	标准要求	实测结果
1		钢柱 B/2	$H/1000$，且不大于25.0mm	14.5
2		钢柱 B/4		13.5
3		钢柱 A/7		12.0
4		钢柱 D/10		8.7
⋮		⋮	⋮	⋮

6）钢梁钢柱连接节点、抗风柱连接节点施工质量检测

钢梁钢柱连接节点、抗风柱连接节点施工质量抽样检测20个节点和2个节点，所检测节点均符合图纸设计及国家规范允许偏差要求，检测结果汇总见表（九）和表（十）。

钢柱与钢梁连接处检测结果(九)

检测部位	钢柱与钢梁连接处		检测环境	8℃
检测项目	连接节点质量		检测数量	20处
序号	检测部位	设计要求	检测结果	
1	钢柱与钢梁连接处	接触面不少于70%紧贴边缘, 最大缝隙不大于0.8mm	接触面紧贴,边缘最大缝隙为0.1mm	
2	钢柱与钢梁连接处		接触面紧贴,边缘最大缝隙为0.3mm	
⋮			⋮	

抗风柱顶连接节点检测结果(十)

检测部位	抗风柱顶连接节点	检测环境	8℃
检测项目	连接节点质量	检测数量	12处
序号	检测部位	检测结果	
1	抗风柱顶	连接螺栓无松动	
2	抗风柱顶	连接螺栓无松动	

7)钢梁、钢柱构件防腐涂层厚度检测

钢梁、钢柱构件防腐涂层厚度抽样检测,每种构件检测5个,共计10个构件进行检测,所检测钢梁、钢柱构件防腐涂层厚度小于图纸设计要求底漆的厚度,具体检测结果汇总见表(十一)。

梁、柱检测结果(十一)　　　　　　　　　　　　单位:μm

检测部位	梁、柱		检测环境	8℃			
检测项目	涂层厚度		检测数量	10处			
序号	检测部位	设计要求	测区1平均值	测区2平均值	测区3平均值	测区4平均值	测区5平均值	总平均值
1	梁C-D/8	125	52	62	40	47	52	50.6
2	梁A-B/17	125	51	43	43	44	47	45.6
3	梁D-E/41	125	108	95	85	94	96	95.6
4	柱B/2	125	99	95	98	90	94	95.2
⋮	⋮	⋮	⋮	⋮	⋮	⋮	⋮	⋮

6. 鉴定结论

专家组依据现场勘查、检测结果、国家相关规范标准,经综合分析论证,对×××项目生产车间工程质量鉴定意见如下。

(1)本工程已安装完成构件材质、规格尺寸、制作及安装尺寸偏差及节点连接均符合图纸设计及规范允许偏差要求。

(2)由于防腐处理时间较长,已接近维护期限,现场钢梁、钢柱构件防腐涂层残留厚度不满足图纸设计要求的防腐底漆的厚度,所施工钢梁、钢柱构件完成防锈底漆涂装工程;整体厚度不满足图纸设计要求。

7. 专家组成员

专家信息及确认签字（十三）

姓名	职称	签字
×××	正高级工程师	
×××	正高级工程师	
×××	教授	

8. 附件

1）工程外貌照片1张（附件1）。

2）工程现场勘查问题照片6张（附件2）。

3）专家职称和技术人员职称证书（略）。

4）鉴定机构资质材料（略）。

附件1　建筑外观

图（一）　支撑节点错误

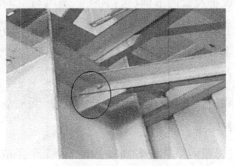

图（二）　支撑节点漏焊

附件2　工程现场勘查问题及整改照片

图(三) 吊车梁端部连接间隙过大

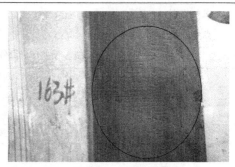

图(四) 涂层流坠

图(五) 上柱支撑未到柱顶节点

图(六) 柱间支撑中部节点未与系杆交叉连接

附件2 工程现场勘查问题及整改照片

6.5 建筑节能工程质量鉴定

6.5.1 建筑节能工程质量鉴定概述

建筑节能分部工程可分为围护系统节能(包括墙体、幕墙、门窗、屋面、地面节能),供暖空调设备及管网节能(包括供暖、通风与空调设备、空调与供暖系统冷热源、空调与供暖系统管网节能),电气动力节能(包括配电与照明节能)等工程的质量鉴定。

本节主要介绍围护系统节能工程质量鉴定有关内容。

1. 节能工程鉴定范围

除建设程序存在问题,未经监督、无法确定节能工程质量外,下列情况应对节能工程质量进行鉴定。

(1)建筑节能工程所使用的材料、产品或设备的进场质量证明文件、进场复试报告缺失或不真实。

(2)建筑节能工程施工资料缺失或不真实。

(3)当围护结构装饰层保温层出现质量问题,内表面出现冷凝结露、结霜及室内温度不达标等现象。

(4)对节能工程施工质量、节能效果有疑义。

(5)其他建筑节能工程质量需要鉴定的情况。

2. 建筑节能工程质量鉴定样本抽取原则

建筑节能工程质量鉴定样本应随机抽取,并应满足分布均匀、具有代表性的要求。对有争议的检验批可约定抽取检验位置。

3. 资料核查和现场调查

(1)建筑节能工程资料核查和现场调查的内容和范围应根据鉴定项目所包含的检验批或分项工程确定。

(2)建筑节能工程质量鉴定的资料核查应包括下列内容。

① 设计底图纸会审记录,设计变更洽商记录,施工方案,技术、质量交底记录;

② 建筑节能工程所用的材料和产品的出厂质量证明文件、进场验收记录和进场复试报告。

(3)建筑节能工程施工记录。

(4)隐蔽工程验收记录和相关图像资料。

(5)涉及安全和功能的实体检测报告。

(6)分项工程质量验收记录。

(7)工程质量问题的处理方案和记录。

依据资料核查和现场调查情况,确定具体的实体核查项目。

4. 实体核查时可按照以下原则进行

(1)针对资料缺失检验批的实体质量进行核查。

(2)实体核查宜选择对建筑节能构造和功能无损坏的外观质量表面质量、尺寸偏差等项目进行。

(3)当需要通过破坏方式对实体进行核查时,宜选择对结构性能和系统性能影响不大且容易修补的部位进行。

(4)必要时,可通过功能性试验或现场检测确认实体质量。

5. 建筑节能工程观感质量核查内容

(1)幕墙的外观质量、密封胶、密封条、变形缝。

(2)门窗的外观质量、密封胶、密封条、墙体及拼接填嵌密封处理、玻璃安装。

(3)薄抹面层、厚抹面层的立面垂直度、表面平整度、阴阳角垂直度、阴阳角方正、分割条(缝)顺直。

(4)外保温层翘曲、开裂、渗漏等质量问题。

(5)墙体薄抹面中铺设的耐碱网布搭接方式、长度、增强措施以及抹灰厚度。

(6)夹心墙保温层厚度、连接内外叶墙的拉接措施。

6. 建筑节能工程现场检测

建筑节能工程现场检测可包括以下项目。

(1)保温板材与基层粘结强度。

(2)锚固力现场拉拔试验。

(3)饰面砖粘结强度检验。

(4)外墙节能构造钻芯检验。

(5)建筑物围护结构传热系数及热工缺陷。

(6)外窗气密性能、水密性能、抗风压性能。

(7)幕墙气密性、水密性。

(8)系统节能性能。

7. 建筑节能工程质量鉴定的结果评定

建筑节能工程质量鉴定的结果评定应符合国家标准《建筑节能工程施工质量验收规范》GB 50411—2019的规定和设计要求。

6.5.2　工程实例

×××市×××工业区医院医疗综合楼为高层公共建筑,建筑面积47 201.21m²,地上八层,地下一层,建筑总高度34.6m,地下建筑面积15 713.6m²,地上建筑面积31 487.61m²。

医疗综合楼耐火等级为一级,钢筋混凝土框架剪力墙结构。外墙采用200mm厚加气混凝土空心砌块,外墙保温为55mm、65mm厚岩棉板,外部装饰层主要为干挂陶板,部分采用玻璃幕墙;采暖空调地下室外墙55mm厚挤塑板保温。采暖空调和非采暖空调房间的楼板下贴35mm厚岩棉板。接触空气层的架空层和外挑楼板下贴100mm厚岩棉板。

屋面防水为Ⅱ级,2层3mm厚高聚物改性沥青防水卷材,85mm厚挤塑板保温;地下防水等级为一级,2层3mm厚高聚物改性沥青防水卷材。外墙窗为85系列断桥隔热铝合金窗,中空玻璃为6中透光Low-E+12空气+6透明玻璃,抗风压等级为5级,水密性3级,气密性为6级,保温性能为8级,隔声性能为3级;玻璃幕墙气密性为3级。外门为铝合金中空玻璃门。

在工程建设过程中,现场发生火灾;节能工程施工资料及监理资料全部被烧毁,无法组织正常的节能工程验收和竣工验收。建设单位委托我单位对医疗综合楼节能工程质量进行鉴定。

通过初步审查工程技术资料和现场勘查,发现节能工程材料质量证明文件和检测、复试报告尚存。据此拟定了节能工程检测鉴定方案,经委托单位确认,双方签订了检测鉴定合同。

合同鉴定后,按照检测鉴定方案,检测鉴定项目组对外(陶、玻璃)幕墙,外窗,地下室等处节能工程情况进行了现场勘查。对外墙节能构造、地下室顶板保温构造、外窗现场气密性进行了检测,委托北京检测机构对玻璃幕墙现场气密性和水密性进行了现场检测并出具检测报告。外墙、地下室顶板保温材料、厚度符合设计要求,外窗气密性、幕墙气密性和水密性符合设计要求。

对发现的问题,委托单位承诺进行整改。

项目组结合医疗综合楼节能设计文件、节能材料质量相关资料、现场检测结果和委托单位的整改回复,依据《建筑节能工程施工质量验收规范》GB 50411—2007相关规定,综合评定×××市×××工业区医院综合楼节能工程质量满足设计要求和相关标准规范要求。

编写《×××市×××工业区医院医疗综合楼节能工程质量鉴定报告》如下。

<table>
<tr><td colspan="4" align="center">节能工程质量检测鉴定报告</td></tr>
<tr><td>工程名称</td><td colspan="3" align="center">×××市×××工业区医院医疗综合楼</td></tr>
<tr><td>工程地点</td><td colspan="3" align="center">×××市</td></tr>
<tr><td>委托单位</td><td colspan="3" align="center">×××市×××工业区医院</td></tr>
<tr><td>建设单位</td><td colspan="3" align="center">×××</td></tr>
<tr><td>设计单位</td><td colspan="3" align="center">×××</td></tr>
<tr><td>勘察单位</td><td colspan="3" align="center">×××</td></tr>
<tr><td>施工单位</td><td colspan="3" align="center">×××</td></tr>
<tr><td>监理单位</td><td colspan="3" align="center">×××</td></tr>
<tr><td>抽样日期</td><td>2019年××月××日</td><td>检测日期</td><td>2019年××月××日</td></tr>
<tr><td>检测数量</td><td>详见报告</td><td>检验类别</td><td>委托</td></tr>
<tr><td>检测鉴定项目</td><td colspan="3">1. 外墙保温构造检测
2. 外窗现场气密性检测
3. 玻璃幕墙气密性、水密性检测
4. 地下室顶板底部保温构造检测</td></tr>
<tr><td>检测鉴定仪器</td><td colspan="3">建筑幕墙物理性能检测设备 MQD;混凝土钻孔机 ZZHI—200D;建筑门窗气密性能现场检测仪 CX—I;高精度铆钉拉拔仪 HC—MD60</td></tr>
<tr><td>鉴定依据</td><td colspan="3">1.《建筑工程施工质量验收统一标准》GB 50300—2013
2.《建筑装饰装修工程质量验收规范》GB 50210—2001
3.《建筑节能工程施工质量验收规范》GB 50411—2007
4. 设计图纸及相关技术资料等
5. 现场勘查记录及影像资料</td></tr>
<tr><td>检测依据</td><td colspan="3">1.《建筑结构检测技术标准》GB/T 50344—2019
2.《钻芯法检测混凝土强度技术规程》JGJ/T 384—2016
3.《混凝土中钢筋检测技术标准》JGJ/T 152—2008
4.《混凝土结构工程施工质量验收规范》GB 50204—2015
5.《回弹法检测混凝土抗压强度技术规程》JGJ/T 23—2011
6.《建筑节能工程施工验收标准》JG/T 211—2007
7.《建筑幕墙》GB/T 21086—2007
8.《建筑幕墙气密、水密、抗风压性能检测方法》GB/T 15227—2007
9.《建筑外门窗气密、水密、抗风压性能检测方法》GB/T 7106—2019</td></tr>
</table>

1. 工程概况

×××市×××工业区医院医疗综合楼项目位于×××市×××工业区×号路和××二路交叉口东北角,医疗综合楼外观见附件1图(一)。

医疗综合楼总建筑面积47 201.21m²,地上八层,地下一层,建筑总高度34.6m,地下建筑面积15 713.6m²,地上建筑面积31 487.61m²。

该工程建筑类别为一类,建筑物耐火等级为一级,建筑物耐久年限为50年;钢筋混凝土框架剪力墙结构,现浇钢筋混凝土楼盖,基础为梁板式筏板基础,抗震设防烈度为七度。外墙采用200mm厚加气混凝土空心砌块,东、南、西三侧外贴55mm厚岩棉板,北侧外贴65mm厚岩棉板,外部装饰层主要为干挂陶板,部分采用玻璃幕墙,内墙采用150mm厚加气混凝土砌块;采暖空调地下室外墙55mm厚挤塑板保温。楼梯间墙内侧粉20mm厚胶粉保温颗粒保温浆料。采暖空调和非采暖空调房间的楼板下贴35mm厚岩棉板。接触空气层的架空层和外挑楼板下贴100mm厚岩棉板。

屋面防水为Ⅱ级,2层3mm厚高聚物改性沥青防水卷材,85mm厚挤塑板保温;地下防水等级为一级,2层3mm厚高聚物改性沥青防水卷材。外墙窗为85系列断桥隔热铝合金窗,中空玻璃为6中透光Low-E+12空气+6透明玻璃,抗风压等级为5级,水密性为3级,气密性为6级,保温性能为8级,隔声性能为3级;玻璃幕墙气密性为3级。外门为铝合金中空玻璃门,内门为木门,楼地面为陶瓷地砖、花岗岩等,内墙面为涂料,顶棚为白色涂料,部分使用房间、楼道顶棚为吊顶。

工程开工时间为2017年3月,完工时间为2018年10月。

2. 检测鉴定目的

通过现场检测鉴定,对×××市×××工业区医院医疗综合楼节能工程质量进行评定。

3. 工程资料审核

由于工程建设过程中现场发生火灾,节能工程施工资料及监理资料全部被烧毁,仅存节能工程材料质量证明文件和检测、复试报告。工程设计文件齐全。

4. 现场勘查情况

2019年5月20日,项目组在医疗综合楼工程现场查阅了施工技术资料和图纸,向委托单位、施工单位、监理单位的相关人员询问了有关情况,并针对节能工程质量进行了现场勘查。

现场勘查未发现工程出现墙保温层、门窗破损缺失等明显质量问题,工程观感质量一般;勘察中发现节能工程实体存在的主要质量问题如下。

(1)医疗综合楼外窗外部密封胶局部开裂、密封不严,见附件2图(一)。

(2)医疗综合楼外墙装饰板局部缺失,保温层外露,见附件2图(二)。

5. 现场实体检测

1)外墙节能构造钻芯检测

按《建筑节能工程施工质量验收规范》GB 50411—2007中第14.1.4.1项和附录C要求,按不同的节能保温做法对外墙进行抽查,抽样5组,每组3处,检测数据见表(一)(保留北侧外墙,其余略)。

外墙节能构造钻芯结果汇总表(一)

工程名称	×××市×××工业区医院医疗综合楼		检测日期	2019年5月23日
设计保温材料	岩棉板		抽样数量	3点
设计保温层厚度	65mm		芯样尺寸	Φ70mm
检测依据	《建筑节能工程施工质量验收规范》GB 50411—2047			
检测设备	混凝土钻孔机、钢直尺			
项目	试件1	试件2		试件3
抽样部位	北墙一层(1-14)-(1-15)/(1-D)外墙	北墙一层(1-16)-(1-17)/(1-D)外墙		北墙一层(1-17)-(1-18)/(1-E)外墙
抽样部位状态	表面平整干燥	表面平整干燥		表面平整干燥
芯样外观	基本完整	基本完整		基本完整
保温材料种类	岩棉板	岩棉板		岩棉板
保温层厚度/mm	65	65		65
平均厚度/mm	65			
最小值/mm	65			
围护结构分层做法	1. 基层	1. 基层		1. 基层
	2. 粘结砂浆	2. 粘结砂浆		2. 粘结砂浆
	3. 岩棉板	3. 岩棉板		3. 岩棉板
	4. 装饰板	4. 装饰板		4. 装饰板
照片编号	1	2		3
备注	1. 实测芯样保温层厚度,当实测厚度的平均值达到设计厚度的95%及以上,且最小值不小于设计厚度的90%时,应判定保温层厚度符合设计要求;否则,应判定保温层厚度不符合设计要求 2. 节能钻芯图片见附页			

检测结果附页

照片编号1	照片编号2	照片编号3
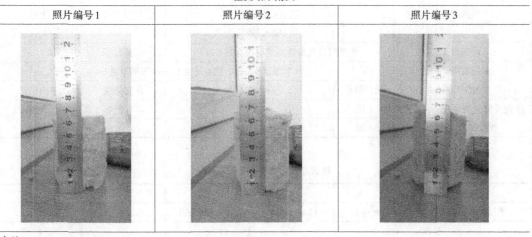		

备注:

2)外窗气密性现场检测

按照《建筑节能工程施工质量验收规范》GB 50411—2007中第14.1.4条第2项进行抽样;对同一厂家,同一品种、类型和开启方式的外窗抽测3樘,共抽测9樘,检测结果见表(二)~表(七)。

建筑外窗气密性现场检测汇总表(二)

工程名称		×××市×××工业区医院医疗综合楼		样品数量	3樘
检测部位		一层(1-8)-(1-7)/(1-A)轴 一层(1-4)-(1-5)/(1-A)轴 一层(1-3)-(1-4)/(1-A)轴		开启形式	平开
检测设备		建筑门窗气密性能现场检测仪CX-I		实测面积	2.70m²
多层玻璃结构		玻璃厚度6mm+中空腔厚度12mm+玻璃厚度6mm			
检测项目		设计要求	检测结果	评定等级	单项结论
建筑外窗气密性 现场检测	正压	6级	3.96	6级	合格
	负压	6级	4.02	6级	合格

建筑外窗气密性能分级表(三)

分级	1	2	3	4
单位面积分级指标值 q_2,m³/(m²·h)	$12≥q_2>10.5$	$10.5≥q_2>9.0$	$9.0≥q_2>7.5$	$7.5≥q_2>6.0$
分级	5	6	7	8
单位面积分级指标值 q_2,m³/(m²·h)	$6.0≥q_2>4.5$	$4.5≥q_2>3.0$	$3.0≥q_2>1.5$	$q_2≤1.5$
依据标准	《建筑节能工程施工验收标准》JG/T 211—2007,《建筑外门窗气密、水密、抗风压性能检测方法》GB/T 7106—2019			
备注	—			

建筑外窗气密性现场检测汇总表(四)

工程名称		×××市×××工业区医院医疗综合楼		样品数量	3樘
检测部位		一层8/B-C轴 一层1/A-B轴 一层1/B-C轴		开启形式	上悬
检测设备		建筑门窗气密性能现场检测仪CX-I		实测面积	3.75m²
多层玻璃结构		玻璃厚度6mm+中空腔厚度12mm+玻璃厚度6mm			
检测项目		设计要求	检测结果	评定等级	单项结论
建筑外窗气密性现 场检测	正压	6级	3.57	6级	合格
	负压	6级	3.54	6级	合格

建筑外窗气密性能分级表(五)

分级	1	2	3	4
单位面积分级指标值 q_2,m³/(m²·h)	$12≥q_2>10.5$	$10.5≥q_2>9.0$	$9.0≥q_27.5$	$7.5≥q_2>6.0$
分级	5	6	7	8
单位面积分级指标值 q_2,m³/(m²·h)	$6.0≥q_2>4.5$	$4.5≥q_2>3.0$	$3.0≥q_2>1.5$	$q_2≤1.5$
依据标准	《建筑节能工程施工验收标准》JG/T 211—2007,《建筑外门窗气密、水密、抗风压性能检测方法》GB/T 7106—2019			
备注	—			

建筑外窗气密性现场检测汇总表（六）

工程名称		×××市×××工业区医院医疗综合楼	样品数量	3樘
检测部位		2层(5-3)-(5-4)/(5-D)轴 2层(5-4)-(5-5)/(5-D)轴 2层(1/5-2)-(5-3)/(5-D)轴	开启形式	上悬
检测设备		建筑门窗气密性能现场检测仪CX-I	实测面积	3.36m²
多层玻璃结构		玻璃厚度6mm+中空腔厚度12mm+玻璃厚度6mm		
检测项目		设计要求	检测结果	评定等级	单项结论
建筑外窗气密性 现场检测	正压	6级	3.88	6级	合格
	负压	6级	4.01	6级	合格

建筑外窗气密性能分级表（七）

分级	1	2	3	4
单位面积分级指标值 $q_2\left[m^3/(m^2\cdot h)\right]$	$12\geqslant q_2>10.5$	$10.5\geqslant q_2>9.0$	$9.0\geqslant q_2>7.5$	$7.5\geqslant q_2>6.0$
分级	5	6	7	8
单位面积分级指标值 $q_2\left[m^3/(m^2\cdot h)\right]$	$6.0\geqslant q_2>4.5$	$4.5\geqslant q_2>3.0$	$3.0\geqslant q_2>1.5$	$q_2\leqslant 1.5$
依据标准	《建筑节能工程施工验收标准》JG/T 211—2007,《建筑外门窗气密、水密、抗风压性能检测方法》GB/T 7106—2019			
备注	—			

3)玻璃幕墙现场气密、水密性检测

按《建筑节能工程施工质量验收规范》GB 50411—2019中第5.1.6条规定,对医疗综合楼玻璃幕墙抽测一樘,检测数据(报告)见表(八)。

玻璃幕墙气密性、水密性检测汇总表（八）

工程名称	×××市×××工业区医院医疗综合楼		
检验项目	现场气密、水密性能检验	送样日期	2019年8月21日
样品名称	玻璃幕墙	状态	正常
规格型号	1200mm×2500mm	数量	1樘
仪器	QC-103建筑门窗动风压现场检测设备		
缝长	开启部分:3.56m	面积	总面积:3.00m²
面板品种	(6Low-E+12A+6)mm	框扇密封材料	三元乙丙胶条
气密性能	10Pa压力差值作用下,单位缝长空气渗透量为0.57m³/(m·h)		
	试件整体(含可开启部分)单位面积空气渗透量为1.05m³/(m²·h)		
	-10Pa压力差值作用下,单位缝长空气渗透量为0.58 m³/(m·h)		
	试件整体(含可开启部分)单位面积空气渗透量为1.12m³/(m²·h)		
水密性能	稳定加压:在压力差值500Pa作用下,持续时间15min,开启部分无渗漏		
	稳定加压:在压力差值1000Pa作用下,持续时间15min,固定部分无渗漏		
气密性能	开启部分属《建筑幕墙》GB/T 21086—2007第3级		
	幕墙整体属《建筑幕墙》GB/T 21086—2007第3级		
水密性能	开启部分属《建筑幕墙》GB/T 21086—2007第3级		

	固定部分属国标 GB/T 21086 第 3 级			
建筑幕墙气密性能分级	《建筑幕墙》GB/T 21086—2007			
分级代号	1	2	3	4
分级指标值 q_L/[m³/(m·h)]	$4.0 \geqslant q_L > 2.5$	$2.5 \geqslant q_L > 1.5$	$1.5 \geqslant q_L > 0.5$	$q_L \leqslant 0.5$
分级指标值 q_A/[m³/(m²·h)]	$4.0 \geqslant q_A > 2.0$	$2.0 \geqslant q_A > 1.2$	$1.2 \geqslant q_A > 0.5$	$q_A \leqslant 0.5$

建筑幕墙水密性能分级		《建筑幕墙》GB/T 21086—2007			
分级代号		1	2	3	4	5
分级指标值 ΔP/Pa	固定部分	$500 \leqslant \Delta P < 700$	$700 \leqslant \Delta P < 1000$	$1000 \leqslant \Delta P < 1500$	$1500 \leqslant \Delta P < 2000$	$\Delta P \geqslant 2000$
	固定部分	$250 \leqslant \Delta P < 350$	$350 \leqslant \Delta P < 500$	$500 \leqslant \Delta P < 700$	$700 \leqslant \Delta P < 1000$	$\Delta P \geqslant 1000$

注：5 级时需同时标注固定部分和开启部分 ΔP 的测试值。

4）地下室顶板节能构造钻芯检测

按《建筑节能工程施工质量验收规范》GB 50411—2019 中第 17.1.4 项和附录 F 要求，抽样 1 组，共 3 处进行检测、检测结果见表（九）。

地下室顶板节能构造钻芯结果汇总表（九）

工程名称	×××市×××工业区医院医疗综合楼		检测日期	2019 年 12 月 4 日
设计保温材料	岩棉板		抽样数量	3 点
设计保温层厚度	55mm		芯样尺寸	Φ70mm
检测依据	《建筑节能工程施工质量验收规范》GB 50411—2019			
检测设备	混凝土钻孔机、钢直尺			
项目	试件 1	试件 2		试件 3
抽样部位	综合楼地下一层板 (1-9)-(1-10)/(1-A)-(1-B)	综合楼地下一层板 (1-13)-(1-14)/(1-D)-(1-C)		综合楼地下一层板 (1-3)-(1-4)/(1-A)-(1-B)
抽样部位状态	表面平整干燥	表面平整干燥		表面平整干燥
芯样外观	基本完整	基本完整		基本完整
保温材料种类	岩棉板	岩棉板		岩棉板
保温层厚度/mm	55	54		55
平均厚度/mm	55			
最小值/mm	54			
围护结构分层做法	1. 基层	1. 基层		1. 基层
	2. 岩棉板	2. 岩棉板		2. 岩棉板
	3. 镀锌钢丝用射钉	3. 镀锌钢丝用射钉		3. 镀锌钢丝用射钉
	4. 耐碱网格布	4. 耐碱网格布		4. 耐碱网格布
	5. 抗裂砂浆	5. 抗裂砂浆		5. 抗裂砂浆
	6. —	6. —		6. —
	7. —	7. —		7. —
	8. —	8. —		8. —
照片编号	1	2		3

续表

| 备注 | 1. 实测芯样保温层厚度,当实测厚度的平均值达到设计厚度的95%及以上,且最小值不小于设计厚度的90%时,应判定保温层厚度符合设计要求;否则,应判定保温层厚度不符合设计要求 |
| | 2. 节能钻芯图片见附页 |

检测结果附页

照片编号1	照片编号2	照片编号3

备注:　　　　　　　　　　　　　　　　—

6. 检测结论

(1)所测外墙保温层构造做法、保温材料、厚度检测结果符合规范要求。

(2)所测外窗现场气密性结果符合设计要求。

(3)所测玻璃幕墙现场气密性、水密性结果符合设计要求。

(4)所测地下室顶板底部保温构造做法、保温材料、厚度符合设计要求。

7. 鉴定结论

依据现场勘查、工程实体检测、设计图纸要求和《建筑节能工程施工质量验收规范》GB 50411—2007等相关规范标准,经分析研究和论证,对×××市×××工业区医院医疗综合楼节能工程质量做出如下鉴定意见。

医疗综合楼节能工程符合设计要求和国家相关规范,满足公共建筑节能要求。

8. 建议

现场勘查发现的外窗外部密封胶开裂、外墙装饰板局部缺失,保温层外露等问题,需进行修复。

9. 专家组成员

专家信息及确认签字(十)

姓名	职称	签字
×××	正高级工程师	
×××	正高级工程师	
×××	教授	

10. 附件

(1)工程外观照片1张(附件1)。

(2)工程现场勘查问题照片2张(附件2)。

(3)鉴定委托书及相关资料(略)。

(4)专家职称和技术人员职称证书(略)。

(5)鉴定机构资质材料(略)。

附件1　医疗综合楼外观照片

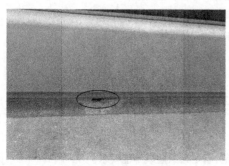

图(一)　外窗外密封胶开裂

图(二)　外墙面板脱落,保温层外露

附件2　工程现场勘查质量问题照片

第7章 市政基础设施工程施工质量鉴定

7.1 市政基础设施工程质量鉴定简述

市政基础设施工程质量鉴定包括城市道路、桥涵、广场、隧道(含过街通道)、地铁(含轻轨)、公共交通设施、供水、排水、供气、供热、城市防洪、城市照明、污水处理、垃圾处理等工程的质量鉴定。

本节主要介绍城市道路工程、城市桥梁、城市管网工程的质量鉴定有关内容。

7.1.1 市政基础设施工程质量鉴定程序

市政基础设施工程质量鉴定由委托方提出鉴定委托,被委托单位(检测鉴定机构)与委托人签订工程质量检测鉴定协议;检测鉴定机构成立鉴定小组,明确鉴定的目的、范围和内容,经过初步调查、详细调查,提出初步评价意见,委托方整改合格,提出鉴定结论;编制工程质量检测鉴定报告。市政基础设施工程质量鉴定宜按图7.1流程进行。

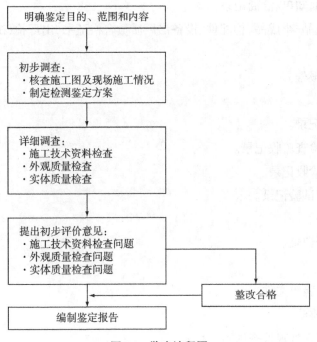

图7.1 鉴定流程图

7.1.2　市政基础设施工程质量鉴定内容

1. 施工技术基本要求

(1)资料必须保证完整、准确、系统,保障生产(使用)、管理、维护、改扩建的需要。

(2)工程资料应与建筑工程建设过程同步形成,并应真实反映建筑工程的建设情况和实体质量。

(3)工程资料的形成应符合下列规定。

① 工程资料形成单位应对资料内容的真实性、完整性、有效性负责;由多方形成的资料,应各负其责。

② 工程资料的填写、编制、审核、审批、签认应及时进行,其内容应符合相关规定。

③ 工程资料不得随意修改;当需修改时,应实行划改,并由划改人签署。

④ 工程资料的文字、图表、印章应清晰。

⑤ 工程资料应为原件,当为复印件时,提供单位应在复印件上加盖单位印章,并应有经办人签字及日期;注明使用工程名称、规格、数量、进场日期、原件存放地点等。提供单位应对资料的真实性负责。

⑥ 工程资料应内容完整、结论明确、签认手续齐全。

2. 施工技术资料核查内容目录

(1)施工组织设计。

(2)施工图设计文件会审、技术交底记录。

(3)设计变更通知单、洽商记录。

(4)原材料、成品、半成品、构配件、设备出厂质量合格证书,出厂检(试)验报告和复试报告(需一一对应)。

(5)施工试验报告。

(6)施工记录。

(7)测量复核记录。

(8)隐蔽工程检查验收记录。

(9)工程质量验收记录。

(10)使用功能试验记录。

(11)事故报告。

(12)竣工测量记录。

(13)竣工图。

(14)工程竣工验收文件。

3. 工程外观质量

1)城市道路工程外观检查内容

(1)沥青混凝土面层应平整、坚实、无脱落、离析、裂缝推挤、烂边等现象;混凝土面层板面应平整,不得有大于0.3mm的裂缝,不得有石子外露、浮浆、脱皮、印痕等现象。

(2)接茬应紧密、平顺,面层与路缘石及其他构筑物应接顺,不得有积水现象。

(3)路缘石必须稳固,线直弯顺,无折角,顶面应平整无错牙,勾缝严密,后背混凝土必须振捣密实。

(4)便道板铺砌必须横平竖直,平整稳定,缝宽均匀,灌缝饱满,不得有翘动现象。

(5)检查井、收水井与路面接顺,无跳车现象;收水井内壁抹面平整,不得起壳,裂缝。

2)城市桥涵工程外观检查内容

(1)下部结构:混凝土无缺边、掉角、裂缝、露筋、蜂麻、孔洞;线角挺拔,线形顺直,无凹凸,美观,接缝平顺;沉降缝贯通、垂直,位置准确,边角整齐;支座位置准确,平稳,接触严密。

(2)上部结构:梁板拱杆直顺、一致,混凝土施工缝平顺,无蜂麻、露筋、缺边掉角,允许范围外的裂缝,接缝平顺;各部位平行、垂直、对称关系应准确无异常;安装正确,梁、拱肋底高程一致,间距无异常;地道无渗漏,裂缝无空彭、脱落、裂缝、掉渣,颜色一致,美观;台阶步距一致,无缺边掉角;钢结构焊缝饱满直顺,无变形,颜色一致,防腐无遗漏;构件无变形。

(3)桥面系:铺装坚实、平整,无裂缝,离析,有足够粗糙度,沥青混凝土还不应有松散、油包现象;伸缩缝安装牢固、直顺,不扭曲,缝宽符合要求,与保护带接顺,伸缩有效。

(4)地袱、防撞墩、护栏、人行道:安装牢固、线条直顺,无歪斜扭曲;各部位接缝平直,无错台、灌缝砂浆饱满,伸缩缝处断开;构件无破损、麻面,颜色一致,安装直顺,钢构件防腐无遗漏,美观。

(5)锥坡台阶、侧墙护坡:线形直顺、平整,外形正确;砌筑表面平顺、无凹凸,下沉,缝均匀,饱满,美观;台阶步距均匀,无缺边掉角。

3)城市管网工程外观检查内容

(1)管道平稳、直顺,无倒流水,缝宽均匀。

(2)接口平直,止水装置准确,抹带密实、饱满、无裂缝、空鼓,不漏水。

(3)管道内无垃圾、杂物。

(4)检查井井壁垂直,抹面压光、无空鼓、裂缝,流槽平顺,无倒流水,踏步牢固,位置正确,井内无垃圾。

(5)沟槽及井周回填密实,无下沉迹象。

(6)各种管道检查井井盖标识清楚、准确,井盖安装位置准确,无偏移,井盖应防腐处理,无锈蚀。

4)工程实体质量

(1)城市沥青混凝土道路工程实体质量检测内容:路面压实度符合设计及规范要求;面层厚度应符合设计规定,允许偏差为+10mm~−5mm;弯沉值不应大于设计规定;道路纵断高程、中线偏位、宽度、平整度、横坡、井框与路面高差、抗滑等应符合设计及规范要求。

(2)城市水泥混凝土道路工程实体质量检测内容:混凝土弯拉强度应符合设计要求;混

凝土面层厚度应符合设计规定,允许误差±5mm;路面抗滑构造深度应符合设计要求;道路纵断高程、中线偏位、宽度、平整度、横坡、井框与路面高差、直顺度、相邻板高差、蜂窝麻面面积等应符合设计及规范要求。

4. 城市桥涵工程实体质量检测内容

(1)现浇或预制构件的各分部、子分部工程混凝土强度应符合设计规定。

(2)水泥混凝土桥面铺装层的强度和沥青混凝土桥面铺装层的压实度应符合设计要求。

(3)桥面铺装层厚度、宽度、长度、平整度、横坡、抗滑构造深度应符合设计及规范要求。

(4)桥下净空不得小于设计要求。

(5)桥梁轴线位移误差10mm以内,桥头高程衔接误差±3mm以内。

(6)装饰与装修的砂浆强度应符合设计要求。

5. 城市管网工程实体质量检测项目

(1)各检查井、阀门井砂浆及混凝土强度满足设计要求。

(2)球墨铸铁井盖或混凝土井盖质量满足设计及规范要求。

(3)排水管道窥视镜检测管道铺设是否满足设计及规范要求。

7.2 市政基础设施工程质量鉴定的主要依据

7.2.1 城市道路工程质量鉴定的主要依据

(1)《城镇道路工程施工与质量验收规范》CJJ 1—2008。

(2)《公路路基路面现场测试规程》JGJ 3450—2019。

(3)《回弹法检测混凝土抗压强度技术规程》JGJ/T 23—2011。

(4)其他现行有关的国家和地方标准。

7.2.2 城市桥涵工程质量鉴定的主要依据

(1)《混凝土结构现场检测技术标准》GB/T 50784—2013。

(2)《城市桥梁工程施工与质量验收规范》CJJ 2—2008。

(3)《城市桥梁检测与评定技术规范》CJJ/T 50784—2015。

(4)《回弹法检测混凝土抗压强度技术规程》JGJ/T 23—2011。

(5)《公路桥梁承载能力检测评定规程》JTG/T J21—2011。

(6)其他现行有关的国家和地方标准。

7.2.3 城市管网工程质量鉴定的主要依据

(1)《给排水管道工程施工及验收规范》GB 50268—2008。

（2）《城镇供热管网工程施工及验收规范》CJJ 28—2014。

（3）《城镇燃气输配工程施工及验收规范》CJJ 33—2005。

（4）其他现行有关的国家和地方标准。

7.3　市政基础设施工程质量鉴定的案例

7.3.1　某城市道路工程（含管网工程）质量鉴定实例

×××道路工程主要包括道路工程，给排水工程，照明工程，通信工程，电力、热力和绿化工程。工程建设程序倒置、相关手续不完善。为满足竣工验收等活动的需要，委托检测机构进行该工程施工质量检测鉴定，检测鉴定报告如下。

×××检测有限公司检测鉴定报告			
工程名称	×××道路工程		
工程地点	×××		
委托单位	×××		
建设单位	×××		
设计单位	×××		
施工单位	×××		
监理单位	×××		
图审单位	×××		
抽样检测日期	2022 年 1 月 13—18 日		
检测数量	详见报告内	检验类别	委托
检测鉴定项目	1. 钻芯法检测沥青混凝土路面的厚度 2. 钻芯法检测水泥混凝土抗压强度 3. 窥视镜检查排水管道铺设质量		
检测鉴定仪器	窥视镜、混凝土钻孔机、数字回弹仪 HT225-T、钢卷尺；游标卡尺等		
鉴定依据	1.《城镇道路工程施工质量验收规范》CJJ1—2008 2.《混凝土结构工程施工质量验收规范》GB 50204—2015 3.《给水排水管道工程施工及验收规范》GB 20268—2008 4.《市政基础设施工程施工质量验收统一标准》DB 13（J）T 8053—2019 5.《市政道路工程施工质量验收规程》DB 13（J）55—2005 6.《市政供热管道及设备安装工程施工质量验收规程》DB 13（J）T 8060—2005 7.《市政基础设施工程施工质量验收通用规程》DB 13（J）/T 8053—2019 8.《唐山市城市路灯工程质量检验评定标准》 9. 设计图纸 10. 现场勘查影像资料		
检测依据	1.《钻芯法检测混凝土强度技术规程》JGJ/T 384—2016 2.《回弹法检测混凝土抗压强度技术规程》JGJ/T 23—2011 3.《公路路基路面现场测试规程》JGJ 3450—2019		

1. 工程概况

×××道路工程全长956.077m,道路红线宽38m,标准断面为4.5+4+3+15+3+4+4.5=38(m),为三幅路道路断面型式。本次道路新建内容主要包括道路工程、给排水工程、照明工程、通信工程、电力、热力和绿化工程。

1)道路工程

机动车道路面结构自上而下依次为:4cm细粒式改性沥青混凝土(AC-13F)、粘层油、8cm粗粒式沥青混凝土(AC-25C)、6mm下封层、透层沥青、40cm水泥稳定碎石(两步)、20cm级配碎石。

非机动车道路面结构自上而下依次为:4cm细粒式沥青混凝土(AC-13F)、粘层油、6cm中粒式沥青混凝土(AC-20C)、透层沥青、18cm水泥稳定碎石、18cm级配碎石。

人行道路面结构自上而下依次为:6cm彩色面包砖、2cm水泥砂浆(1:2)、15cmC15水泥混凝土、15cm级配碎石。

2)排水工程

新建污水管道位于路中以北12m,d800主管道长623m;雨水管道位于路中以南12.5m,雨水d600主管道长64.721m,d2200主管道长674.455m,B×H=3200×2000钢筋混凝土管渠448.04m。

污水管道选用Ⅱ级无压钢筋混凝土承插管,雨水管道选用Ⅱ、Ⅲ级无压钢筋混凝土承插管、Ⅱ级无压钢筋混凝土企口管及钢筋混凝土方沟。钢筋混凝土管道均采用胶圈接口,施工时应使胶圈压缩均匀,避免出现胶圈扭曲接口、回弹等现象,胶圈做法见图集06MS201-1-23、24;钢管采用200mm砂基础。检查井井座、井盖、雨水箅子均采用球墨铸铁防盗定型产品,车行道内井盖采用五防重型井盖,车行道外采用轻型双层井盖,检查井井盖及踏步做法见图集15S501-3。

3)给水管道

给水管道位于路中以北15.5m。DN300主管道长1318.317m。本工程给水管材采用球墨铸铁管,管材及管件应符合《水及燃气用球墨铸铁管、管件和附件》GB/T 13295—2013。三通、四通类管件的壁厚等级为K14,其他类管,管材及管件公称压力1.0MPa,橡胶圈接口,素土基础。管件为K12,直管壁厚为K9≥300mm时阀门采用偏心半球阀,管径<300mm时阀门采用闸阀(Z45T-10)。

4)热力管道

主管网管径DN450,热力管线长度550m,设计压力1.6MPa,设计供水温度120/60℃,介质为热水,该主管道为GB2级压力管道。敷设方式为无补偿冷安装,管道均采用焊接连接,阀门井采用焊接球阀,井盖采用重型铸铁井盖。管道穿小室墙加大于保温外径一号的柔性防水套管。

5)照明工程

本工程为三级用电负荷,路灯电源由沿路的10kV线路供给,设路灯专用箱式变压器,箱变的位置根据10kV线路具体位置确定。机动车道平均照度为24.7lx,交叉口处平均照度>30lx,非机动车道平均照度12.5lx,人行道照度6lx;照度均匀度为0.7,且不小于0.4,路灯电缆线路电压降最大为5.8%,且不大于10%,LPD=0.67W/m²,不大于0.8W/m²。

路灯光源的安装高度为10m,悬挑长度为1.5m。光源为LED光源,功率为(150W+75W),其中机动车道侧为150W,非机动车道侧为75W。交叉口投光灯光源安装高度为13m,LED光源,投光灯单灯功率为(4×200W)。

路灯位于绿化带,距离路缘石0.75m。双排双挑,双侧对称布置,路灯间距除标注外均为30m,本工程新建10m路灯共51基,投光灯8基。

2. 检测鉴定目的和范围

鉴定的目的:通过对×××道路工程施工质量鉴定,为该工程竣工验收提供依据。

鉴定的范围:道路工程、给水工程、排水工程、热力工程、路灯工程。

3. 工程资料核查

道路工程施工资料基本齐全,提供了原材料试验检测报告,检测结果合格;提供了各结构层配合比、压实度检测报告、沥青混凝土路面上下面层实测厚度等资料;提供了工程报验相关资料。

给排水工程施工资料提供了管材、管件等产品合格证,污水闭水试验记录、给水打压试验等功能性试验资料。

热力工程施工资料提供了管材、管件等产品合格证,管道打压试验等功能性试验资料。

路灯照明工程资料提供了智能路灯控制器使用说明书、线缆产品合格证及出厂检验报告等资料。

4. 现场勘查情况

2020年12月19日专家组在委托方带领下,根据委托内容进行了现场勘查,施工单位按照相应的专业设计图纸的内容完成全部的施工内容,施工质量基本满足规范要求,满足使用要求。

现场勘查时还发现存在一些问题尚未完善,施工单位根据专家组提出的初步意见,按图纸和规范要求进行了整改,建设单位、监理单位、施工单位共同验收合格。具体存在的情况及整改情况如下。

(1)道路设施绿化带圆弧路缘石砌筑不规范,未采用定制的圆弧路缘石砌筑,详见附件2图(一)和图(二)。

(2)局部人行道便道板砌筑平整度差,便道板松动、歪斜,塌陷,局部未砌筑,详见附件2图(三)和图(四)。

(3)道路交叉口盲道砌筑不规范,未设置提示盲道砖,路缘石相邻高差大,平整度差,详见附件2图(五)和图(六)。

(4)个别收水井支管伸入井室过长,井内残留建筑垃圾,详见附件2图(七)和图(八)。

(5)给水阀门井内管道锈蚀严重,未进行防腐施工,详见附件2图(九)和图(十)。

(6)经管道窥视镜抽查探测,发现一处距井口10m左右雨水管道内有杂物,详见附件2图(十一)和图(十二)。

5. 工程实体现场检测情况

对该工程沥青混凝土路面进行了压实度、厚度检测,检测结果见表(一)和表(二)。

沥青混凝土路面压实度、厚度检测报告表(一)

委托单位	×××有限公司		委托日期	2021年9月25日	
工程名称	×××工程		检测日期	2021年9月26日	
工程部位	×××		报告日期	2021年9月26日	
施工单位	×××		取样人证书及编号	—	
见证单位	×××		见证人及证书编号	—	
试样名称	—		代表批量	—	
样品规格	AC-13F		样品状态	表面平整、密实、无松散	
试验方法	钻心法测压实度、厚度		测点数/点	2	
生产厂家	—		检验类别	委托检验	
序号	取样位置	压实度试验		厚度试验	
		压实度设计值/%	实测结果/%	厚度设计值/mm	实测结果/mm
1	1-1	≥97	97.8	40	43
2	1-2		97.9		44
压实度平均值 K/%		98.0		厚度平均值 T/mm	44
标准差 S/%)		0.07		标准差 S/mm	0.71
变异系数 CV/%)		0.07		变异系数 CV/%	1.63
压实度代表值 K/%)		97.7		厚度代表值 T/mm	42
依据标准	JTG F40;JTG 3450;T0924;T0912;JTG E20;T0705				
检测结论	依据JTG F40标准,该路段所检项目符合设计要求				

沥青混凝土路面压实度、厚度检测报告表(二)

委托单位	×××有限公司		委托日期	2021年9月25日
工程名称	×××工程		检测日期	2021年9月26日
工程部位	×××段		报告日期	2021年9月26日
施工单位	唐山×××		取样人证书及编号	—
见证单位	×××		见证人及证书编号	—
试样名称	—		代表批量	—
样品规格	AC-25C		样品状态	表面平整、密实、无松散
试验方法	钻心法测压实度、厚度		测点数(点)	2
生产厂家	—		检验类别	委托检验
序号	取样位置	压实度试验		厚度试验	
		压实度设计值/%	实测结果/%	厚度设计值/mm	实测结果/mm
1	1-1	≥97	98.2	80	82
2	1-2		98.4		83
压实度平均值K/%		98.3		厚度平均值T/mm	82
标准差S/%		0.14		标准差S/mm	0.71
变异系数CV/%		0.14		变异系数CV/%	0.86
压实度代表值K/%		98.0		厚度代表值T/mm	81
依据标准		JTG F40;JTG 3450;T0924;T0912;JTG E20;T0705			
检测结论		依据JTG F40标准,该路段所检项目符合设计要求			

6. 鉴定意见

专家组依据现场勘查、工程实体检测和设计图纸要求及国家相关规范,结合参建单位的整改报告和专家复查结果,经分析研究,对×××道路工程质量做出如下鉴定意见。

(1)道路沥青混凝土厚度符合设计要求;沥青混凝土强度符合设计要求;能够满足使用要求。

(2)给水工程、热力工程、路灯工程及通信预埋工程满足设计要求。

(3)雨污水管道工程满足设计要求。

7. 专家组人员

专家信息及确认签字(三)

姓名	职称	签字
×××	正高级工程师	
×××	正高级工程师	
×××	教授	

8. 附件

(1)工程外观照片1张(附件1)。

(2)工程现场勘查问题照片12张(附件2)。

(3)工程质量整改报告(略)。

(4)鉴定委托书及相关资料(略)。

（5）专家职称和技术人员职称证书（略）。

（6）鉴定机构资质材料（略）。

附件 1　道路外观

图（一）　绿化带缘石砌筑整改前

图（二）　绿化带缘石砌筑整改后

图（三）　便道板漏砌整改前

图（四）　便道板漏砌整改后

附件 2　工程现场勘查质量问题图

图（五） 提示盲道砖整改前

图（六） 提示盲道砖整改后

图（七） 支管整改前

图（八） 支管整改后

图（九） 阀门井内管道整改前

图（十） 阀门井内管道整改后

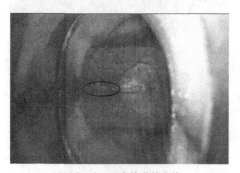

图（十一） 雨水管道整改前

图（十二） 雨水管道内整改后

附件2 工程现场勘查质量问题图

7.3.2　某城市桥涵工程质量鉴定实例

×××桥梁工程项目位于唐山市开平区。桥梁全长25m,桥宽6.8m,桥上部结构采用钢筋混凝土圆形板拱,下部结构采用钢筋混凝土墩台,整体钢筋混凝土筏板基础。由于工程建设程序倒置、相关手续不完善,为满足竣工验收等活动的需要,委托检测机构进行该工程施工质量检测鉴定,检测鉴定报告如下。

×××有限公司质量检测鉴定报告		
工程名称	×××	
工程地点	×××	
委托单位	×××	
建设单位	×××	
设计单位	×××	
抽样日期	××××年××月××日	检测日期　××××年××月××日
检测数量	详见报告内	检验类别　委托
检测鉴定项目	1. 回弹法检测混凝土抗压强度 2. 钢筋扫描检测 3. 钢筋直径检测 4. 钢筋保护层厚度检测	
检测鉴定仪器	一体式触屏数字回弹仪HT225-T;一体式钢筋扫描仪LR-G200; 游标卡尺	
鉴定依据	1.《城市桥梁抗震设计规范》CJJ 166—2011 2.《公用桥涵设计通用规范》JTG D60—2015 3.《公路桥涵地基与基础设计规范》JTG 3363—2019 4.《公路沥青路面设计规范》JTG D50—2017 5.《公路桥涵施工技术规范》JTG/T 3650—2020 6.《公路钢筋混凝土及预应力混凝土桥涵设计规范》JTG 62—2004 7.《公路工程质量检验评定标准》JTGF 80/1—2004 8.《城市桥梁工程施工与质量验收规范》CJJ 2—2008 9. 设计图纸及相关技术资料 10. 现场勘查记录及影像资料	
检测依据	1.《建筑结构检测技术标准》GB/T 50344—2019 2.《回弹法检测混凝土抗压强度技术规程》JGJ/T 23—2011 3.《混凝土中钢筋检测技术标准》JGJ/T 152—2008 4.《混凝土结构工程施工质量验收规范》GB 50204—2015	

1. 工程概况

×××桥梁工程项目位于唐山市开平区。桥梁工程:全长25m,桥宽6.8m,桥上部结构采用钢筋混凝土圆形板拱,下部结构采用钢筋混凝土墩台,整体钢筋混凝土筏板基础。外观见附件1图(一)。

本工程建筑结构安全等级:桥梁主体结构的设计使用年限为30年,抗震设防烈度为8度,设计地震分组为第二组,建筑抗震设防分类为丙类,桥梁抗震设防类别为丁类,桥梁结构的设计基准期为100年,桥涵结构的设计安全等级为二级。

混凝土强度等级:筏板基础C30,垫层C15,墩台采用C35,主拱圈C40;钢筋保护层厚度:拱受力钢筋40mm,墩台受力钢筋50mm,筏板受力钢筋50mm,箍筋25mm,护栏等受力构件受力钢筋40mm,防裂等表层钢筋20mm;钢筋采用HPB300、HRB400;桥面铺装采用沥青混凝土,厚度为80mm,组成为30mm细粒式改性沥青混凝土+5cm中式改性沥青混凝土,桥面铺装混凝土抗渗等级为W8。筏板基础下采用山皮石换填,要求地基承载力特征值不小于200kPa。

本工程勘查时已投入使用。

2. 检测鉴定目的

通过现场检测鉴定,对×××桥梁工程施工质量进行鉴定。

3. 工程资料

提供工程施工图纸和技术资料。

4. 现场勘查情况

1)工程现状

××××年××月××日,专家组现场查阅设计文件和工程技术资料,在委托方人员带领下进行了现场勘查。经勘查,未发现工程出现基础不均匀沉降、承重构件受力裂缝、变形、位移等影响结构安全质量问题;观感质量良好。

(1)技术资料反映出该工程主要施工材料基本得到控制,提供了质量证明文件和进场复试检验报告,达到了合格标准。

(2)监理单位在施工过程中,进行旁站监理,提交了质量评估报告。

(3)各责任主体对三座桥桥地基、筏板基础、桥墩(承台)钢筋混凝土拱圈、侧挡墙、桥面铺装层、桥路面、搭板及周边回填等分部工程质量均进行验收,验收结论为合格。

2)现场勘查发现的问题

桥梁栏杆安装垂直度较差,详见附件2。

3)问题整改情况

对桥梁栏杆安装垂直度进行整改,整改效果详见附件2图(略)。

5. 检测结果

1)混凝土抗压强度检测

对×××工程混凝土构件抗压强度进行了检测,检测结果见表(一)。

×××混凝土抗压强度检测结果汇总表(一)

工程名称	×××桥梁工程		仪器设备	一体式触屏数字回弹仪 HT225-T	
结构类型	钢筋混凝土结构		检测数量	12个构件	
检测结果					
序号	构件名称	混凝土抗压强度换算值/MPa		现龄期混凝土强度推定值/MPa	设计强度等级
		平均值　标准差　最小值			
1	西拱圈	47.0　　1.90　　44.3		43.9	C40
2	中间拱圈	47.7　　2.25　　44.3		44.0	C40
⋮	⋮	⋮　　　⋮　　　⋮		⋮	⋮

2)混凝土构件钢筋配制检测

对×××工程混凝土构件钢筋间距、钢筋根数进行了检测,检测结果见表(二)。

×××工程钢筋间距、根数检测结果汇总表(二)

工程名称	×××桥梁工程		仪器设备	一体式钢筋扫描仪 LR-G200	
结构类型	钢筋混凝土结构		检测数量	12个构件	
检测结果					
序号	构件名称	设计配筋		检测结果	

序号	构件名称	设计配筋		钢筋数量/根	钢筋间距/mm	钢筋间距平均值/mm
1	西1桥墩东侧	水平分布筋	Φ16@150	—	925	154
		竖向受力筋	Φ20@150	—	907	151
2	西2桥墩西侧	水平分布筋	Φ16@150	—	882	147
		竖向受力筋	Φ20@150	—	888	148
⋮	⋮	⋮	⋮	⋮	⋮	⋮

3)钢筋直径检测

对×××工程混凝土构件钢筋直径进行了检测,检测结果见表(三)。

×××钢筋直径检测结果汇总表(三)

工程名称	×××桥梁工程		仪器设备	游标卡尺			
结构类型	钢筋混凝土结构		检测数量	5个构件			
检测结果							

序号	构件名称	设计要求		钢筋直径检测结果					
		钢筋直径/mm		直径实测值/mm	公称直径/mm	公称尺寸/mm	偏差值/mm	允许偏差/mm	结果判定
1	西拱圈	底部上排竖向受力筋	Φ12@150	11.4	12	11.5	-0.1	±0.4	符合标准要求
		底部下排水平分布筋	Φ22@150	21.1	22	21.3	-0.2	±0.5	符合标准要求
2	东拱圈	底部上排竖向受力筋	Φ12@150	11.4	12	11.5	-0.1	±0.4	符合标准要求
		底部下排水平分布筋	Φ22@150	21.2	22	21.3	-0.1	±0.5	符合标准要求
⋮	⋮	⋮	⋮	⋮	⋮	⋮	⋮	⋮	⋮

4)钢筋保护层厚度检测

对该×××工程混凝土构件钢筋保护层进行了检测,检测结果见表(四)。

×××钢筋保护层厚度检测结果汇总表(四)

工程名称	×××桥梁工程		仪器设备	一体式钢筋扫描仪LR-G200
结构类型	钢筋混凝土结构		检测数量	12个构件
检测结果				
序号	构件名称	设计配筋	设计值/mm	检测结果/mm
1	西拱圈	⚎22@150	60	65、66、62、60、57、62
		⚎12@150		
2	中间拱圈	⚎25@150	60	58、63、62、65、60、61
		⚎12@150		
⋮	⋮	⋮	⋮	⋮

6. 检测结论

(1)所测构件混凝土抗压强度符合设计要求。

(2)所测混凝土构件钢筋安装(钢筋间距、钢筋根数)符合设计要求。

(3)所测混凝土构件钢筋直径符合设计要求。

(4)所检测构件钢筋保护层厚度符合设计要求。

7. 鉴定结论

专家组依据现场勘查、检测结果、国家相关规范标准,经综合分析论证,提出本工程检测鉴定意见如下。

经勘查,未发现工程出现基础不均匀沉降、承重构件受力裂缝、变形、位移等影响结构安全质量问题,工程基础、主体结构施工质量基本达到施工质量验收规范要求。

8. 专家组成员

专家信息及确认签字(五)

姓名	职称	签字
×××	正高级工程师	
×××	正高级工程师	
×××	教授	

9. 附件

(1)工程外观照片1张(附件1)。

(2)工程现场勘查问题照片1张(附件2)。

(3)工程质量整改报告(略)。

(4)鉴定委托书及相关资料(略)。

(5)专家职称和技术人员职称证书(略)。

(6)鉴定机构资质材料(略)。

附件 1　工程外观照片

附件 2　工程现场勘查问题：栏杆安装垂直度差

第8章　使用环境安全性鉴定

8.1　使用环境安全性鉴定简述

建筑的使用安全性包括结构安全和使用过程中的环境安全。已经过竣工验收合格的建筑通常情况下,这两种安全基本能得到保障。但已基本具备条件,尚未进行竣工验收的工程,如有部分设施投入使用的情况,其安全性也需要进行检测鉴定。

1. 使用环境安全性鉴定背景

目前建设工程中,经常遇到同一建设(开发)项目包括不同地块,建设可能分期进行。出于必要性、经济性考虑,诸如消防控制室、消防水池、消防水泵房、消防水箱间在内的消防基础设施一般不会每个地块单独建设,大多设计为共用消防基础设施。由于建设活动的开展受到各种情况制约,会出现某地块(建设期)建筑完工,具备竣工验收条件,但设有共用消防设施的其他地块尚不具备整体竣工验收条件。此时为验证这些已完工单体是否具备满足相应使用活动的安全性,可进行相应检测鉴定。

2. 使用环境安全性鉴定内容

鉴定一般分为两部分,一是结构安全性鉴定,因为属于在建工程,可按照建筑工程质量鉴定程序、方法,通过对建筑物是否满足设计和施工质量验收规范要求进行评定来实现。前提是在建工程全面履行工程建设程序,施工图经过设计审查,建设活动接受了属地质量管理部门监管,所以工程建设质量合格,主体结构安全性就可以认定。此部分鉴定按照第6章内容进行。二是作为消防基础设施使用,其所进行的维护、运行、使用包括紧急情况下的应急使用,是否具有安全的使用环境,包括以下几个方面。

(1)各种使用环境下,均能保证消防人员使用环境安全。

(2)正常使用情况下防护安全。

(3)出入口、通道等处防高空落物安全。

(4)楼梯、屋顶等临空处防坠落安全。

(5)电气设备防护安全。

(6)火灾等紧急情况下防护安全:消防基础设施防火分隔、防护安全,包括防火隔墙、楼板和防火门设置;消防灭火设施设置,包括消火栓、灭火器设置。

(7)消防人员的通行安全与疏散。

满足《建筑设计防火规范》GB 50016—2014(2018版)中第5.5节关于安全疏散和第8.1节中关于消防设施安全的要求和正常通行要求。

(1)消防设施安全出口(楼梯)设置。

(2)消防设施疏散通道、疏散门宽度。

(3)消防设施、安全出口、疏散通道中应急照明、安全疏散指示设置。

(4)场区道路、通往消防设施的入口等处指示标志设置。

消防设施安全,包括以下几个方面。

(1)消防设施防火分隔措施。

(2)防屋顶雨水、消防设施楼板上部施工用水渗漏措施,消防设施门口防施工用水倒灌措施。

(3)消防水泵房、消防水箱间排水设施设置。

(4)消防电气设施防水、接地防护设施。

(5)有水的消防设施保温、取暖等防冻措施。

(6)穿越未投入使用(不采暖)建筑空间消防管道的保温、加温等防冻设施。

(7)埋地、架空管线的施工期间防护措施。

(8)敷设消防管道、消防用电和控制线路的管井防火分隔、防火门设置、层间防火封堵措施。

现场消防灭火救援设施,包括场区消防车道、消火栓(临时)、消防设施和施工场所灭火器设置等。主要鉴定内容结合案例在下文中介绍。

8.2　消防设施提前使用环境安全性鉴定实例

以××项目为例,介绍开展使用安全性鉴定的程序、内容、方法。

××项目为×市房地产开发项目,分为四期14个地块,其中4期工程包括A-12、A-14地块,两地块共用消防基础设施,消防水池、消防水泵房设置于A-14地块地下车库,消防水箱间设置于A-14地块3号楼,消防控制室设置在A-12地块市民中心。原计划两地块同期建设、同期完工验收交付使用,但由于各种原因,A-12地块所有建设工程已基本完工,需要进行工程竣工验收、消防工程验收,但A-14地块工程尚未整体完成,不具备竣工验收、消防验收条件,设有消防水池、防消防水泵房地下车库和设置于A-14地块3号楼的消防水箱间工程整体尚未达到完全竣工条件。现需要设置在A-14地块地下车库和A-14地块3号楼的消防共用基础设施提前投入使用。

××房地产开发有限公司委托本公司通过现场检测鉴定,对××项目四期A-14地块消防水池、消防水泵房及所在地下车库和消防水箱间及消防水箱间所在A-14地块3号楼工程结构质量、使用环境安全性进行评定。

2021年10月25日进行了初步勘查,拟鉴定项目基本完工,工程技术资料、质量保证资料齐全,分部分项工程验收资料齐全,结果合格。由此制订了检测鉴定方案,经委托单位同意后签订了检测鉴定合同。

2021年11月3日,进入现场详细勘查,因工程资料、质量保证齐全,钢筋、混凝土等结构材料、试件检测结果合格,主体结构混凝土强度回弹结果合格,基础、主体分部工程验收合格。确定不进行结构工程检测,以外观检查为主。

现场勘查发现,A-14地块地下车库、A-14地块3号楼基础、主体及二次结构已完工,地下车库内部装修已完成大部分,消防水池、消防水泵房分隔围护结构已完成,内部装修已经基本完成,消防设备已基本安装就位。A-14地块3号楼外墙保温及饰面层、部分内装修已完成;A-14地块3号楼屋顶消防水箱间部位分隔围护结构已完成,外装修、内部装修已经基本完成,消防设备已基本安装就位。现场勘查发现的问题主要涉及消防使用环境安全。

A-14地块地下车库、A-14地块3号楼主体结构经综合评定认为施工质量达到设计和施工质量验收标准要求。

消防使用环境安全存在防护、通行、应急等方面问题,应进行整改。向委托单位发出《××项目A-14地块消防水池、消防水泵房、消防水箱间工程质量、安全性鉴定初步意见》,建设单位组织整改后,提供了由各方责任主体确认的《整改回复》。

依据现场勘查、资料审核和《整改回复》,经分析论证确认,A-14地块地下车库消防水池、消防水泵房和A-14地块3号楼消防水箱间消防使用环境安全性能够满足要求。

综合提出鉴定结论:A-14地块消防水池、消防水泵房、消防水箱间结构安全性和使用环境安全性满足要求。

提出后续施工对消防使用环境、设施的保护建议。

编写《××项目A-4地块消防水池、消防水泵房、消防水箱间工程质量、安全性鉴定报告》如下。

使用安全性检测鉴定报告

工程名称	×× 项目 A-14 地块消防水池、消防水泵房、消防水箱间		
工程地点	×× 市 ×× 区 ×× 西路东侧,××× 道南侧,×× 东路西侧		
委托单位	××× 地产开发有限公司		
建设单位	××× 地产开发有限公司		
勘察单位	×× 市 ×× 建筑设计研究院		
设计单位	×× 市 ×× 建筑设计研究院		
图审单位	××× 工程设计服务有限公司		
施工单位	×× 市 ×× 工程股份有限公司		
监理单位	××× 工程项目管理有限公司		
抽样日期	×××× 年 ×× 月 ×× 日	检测日期	×××× 年 ×× 月 ×× 日
检测数量	详见报告内	检验类别	委托
检测鉴定项目	地下车库、A-14 地块 3 号楼梁、板、柱、墙混凝土构件强度		
检测鉴定仪器	HT225-B 数显回弹仪		
鉴定依据	1.《建筑工程施工质量验收统一标准》GB 50300 2.《建筑地基基础工程施工质量验收规范》GB 50202 3.《混凝土结构工程施工质量验收规范》GB 50204 4.《砌体结构工程施工质量验收规范》GB 50203 5.《建筑装饰装修工程施工质量验收规范》GB 50210 6.《建筑节能工程施工质量验收规范》GB 50411 7.《屋面工程施工质量验收规范》GB 50207 8.《地下防水工程质量验收规范》GB 20108 9.《建筑给水排水及采暖工程施工质量验收规范》GB 50242 10.《通风与空调工程施工质量验收规范》GB 50242 11.《建筑电气工程施工质量验收规范》GB 50303 12.《建筑设计防火规范》GB 50016—2014(2018 版) 13. 设计图纸及相关技术资料 14. 现场勘查记录及影像资料		
检测依据	1. 设计图纸及委托单 2.《建筑结构检测技术标准》GB/T 50344—2019 3.《混凝土结构现场检测技术标准》GB/T 50784—2013 4.《回弹法检测混凝土抗压强度技术规程》JGJ/T 23—2011		

1. 工程概况

×× 项目 A-14 地块位于 ×× 市 ×× 区 ×× 西路东侧,× 道南侧,×× 东路西侧。包括 6 栋住宅楼及地下车库,总建筑面积 71 143.96m²。

本次检测鉴定包括住宅 A-14 地块 3 号楼(消防水箱间),地下车库(消防水泵房、消防水池)。上述工程抗震设防烈度均为 8 度(0.2g,第二组),设计使用年限均为 50 年。

A-14 地块 3 号楼为高层住宅楼,地上 27 层,地下 2 层,建筑高度 79.95m。地上耐火等级为一级,地下耐火等级为一级。建筑面积 13 569.01m²,其中地上建筑面积 12 472.75m²,地下建筑面积 1 096.26m²,消防水箱间位于屋顶(标高 78.300)D-G 轴 X9-17 轴间。A-14 地块 3 号楼外观见附件 1 图(一),消防水箱间外观见附件 1 图(三)。

A-14-3号楼结构形式为钢筋混凝土剪力墙结构,建筑结构安全等级为二级,抗震设防烈度为8度(0.2g,第二组),场地土类别为Ⅱ类,剪力墙抗震等级为二级。钢筋混凝土筏板基础,地基基础设计等级为乙级。混凝土强度等级:基础C30,抗渗等级P8,垫层为C15;地下2层~地上1层顶,剪力墙、连梁、柱混凝土强度等级为C45,框架梁、楼板强度等级为C30;地上2层~地上5层顶,剪力墙、连梁、柱混凝土强度等级为C40,框架梁、楼板强度等级为C30;地上6层~地上10层顶,剪力墙、连梁、柱混凝土强度等级为C35,框架梁、楼板强度等级为C30,地上11层~屋顶,剪力墙、连梁、柱混凝土强度等级为C30,框架梁、楼板强度等级为C30;楼梯混凝土强度同本层梁板,构造柱、圈梁混凝土强度为C25。主要受力钢筋为HPB300、HRB335、HRB400;钢筋连接优先采用机械连接,也可采用焊接和绑扎搭接;钢筋保护层厚度见表(一),焊条:E43系列用于HPB300,E50系列用于HRB335,E55系列用于HRB400。

主要构件钢筋保护层厚度(一)

单位:mm

环境类别	板墙		梁、柱	
	≤C25	≥C30	≤C25	≥C30
一类	20	15	25	20
二a类	25	20	30	25
二b类	30	25	40	30

基础梁及地下室底板保护层厚度50mm,基础及地面以下与水或与土壤接触的墙、柱、梁、板为二b类,地下室内部及上部结构构件为一类。

地下室内墙采用加气混凝土砌块,Mb5混合砂浆砌筑,地上填充墙采用180mm厚加气混凝土砌块,Mb5混合砂浆砌筑。

A-14地块3号楼开工时间为2019年12月,勘查时基础、主体、二次结构工程已基本完工。

地下车库为部分为人防(平时车库),部分为车库,地下2层,地上局部1层。建筑面积13 995.91m²,其中地上建筑面积27.21m²,地下建筑面积13968.7m²。耐火等级为一级。消防水泵房位于地下一层AA-X轴交22-24轴间,消防水池位于地下一层AA-X轴交19-22轴,入口外观见附件1图(二)。

地下车库采用板柱结构,基础采用筏板基础、独立基础+防水板。独立基础+防水板与周楼相连两跨抗震构造措施为二级,其余为三级。筏板基础抗震等级为三级,构造措施为二级;地基基础设计等级为乙级。混凝土强度等级:基础、外墙C30,抗渗等级P8,垫层为C15;柱、梁、板混凝土强度为C30,楼梯混凝土强度同本层梁板,构造柱、圈梁混凝土强度为C25。钢筋为HPB300、HRB335、HRB400。主要受力钢筋为HPB300、HRB335、HRB400;钢筋连接优先采用机械连接,也可采用焊接和绑扎搭接;钢筋保护层厚度见表(二),焊条:E43系列用于HPB300,E50系列用于HRB335,E55系列用于HRB400。

主要构件钢筋保护层厚度(二)

单位:mm

环境类别	板墙		梁、柱	
	≤C25	≥C30	≤C25	≥C30
一类	20	15	25	20
二a类	25	20	30	25
二b类	30	25	40	30

　　基础梁及地下室底板保护层厚度50mm,基础及地面以下与水或与土壤接触的墙、柱、梁、板为二b类,地下室内部及上部结构构件为一类。

　　地下车库内墙采用180mm厚加气混凝土砌块,Mb5混合砂浆砌筑。

　　地下车库开工时间为2019年12月,勘查时基础、主体、二次结构工程已完工,装修工程已部分完成。

　　A-14地块3号楼、地库给排水、采暖、通风等设备概况如下。

　　给排水:生活给水水源为城市自来水,供水压力0.18MPa,二层及车库地下室由市政网直接供水,三层及以上经生活水泵房加压供水。12层及以下住宅生活热水采用太阳能供给,其余热水采用燃气加热。污废水采用合流制,室内±0.000以上污废水排入室外污水管,地下室排水汇集至集水坑,经潜污泵提升排出。

　　消防系统:设置地下室外消火栓,由市政自来水提供水源,与生活给水系统连城环状网;室内消火栓采用区域临时高压供水系统,由高位水箱及消防泵房的加压泵维持系统压力;地下车库设置预作用自动喷水灭火系统。高位水箱设在A-14地块3号楼屋顶,容积18m³,与喷淋系统共用;消防水池及泵房设在地下车库,容积288m³;

　　采暖:户内供暖系统为低温热水底板辐射供暖,加热盘管敷设在地面垫层内,热源由市政网提供,经换热站换热后输送到个户,5号楼消防水箱间分体空调采暖。

　　楼梯前室设加压送风系统,送风机安装在屋面。

　　电气:地下车库常用备用电源均由变配电室引来,10kV变配电室采用双重10kV供电,当一个电源故障,另一个电源不应同时受到损坏。低压配电主备用电源引自不同变压器,满足二级负荷供电要求。消防设备的供电线路的过负载保护及热继电器动作时只报警不跳闸,明敷配电干线消防用电设备采用矿物绝缘电缆(地库消防类除外)和NH-YJV-0.6/1kV耐火电缆,暗敷配电干线消防用电设备采用ZN-YJV-0.6/kV阻燃耐火电缆。

　　A-14地块3号楼(消防水箱间)采用交流220V/380V低压电源,一级负荷采用双电源供电,消防负荷在末端互投。采用TN-C-S接地形式,建筑内采用TN-S接地系统并做总等电位联结,在配电间设总等电位联结端子(MEB)箱。采用φ10镀锌圆钢在女儿墙顶顶敷避雷带,屋顶顶板钢筋暗敷设做避雷带,屋顶避雷连接线网格不大于20m×20m或24m×16m的网格,屋面上敷设的避雷带在防热层内安装。

　　2. 检测鉴定目的

　　××项目包括12、14两地块,设计共用消防基础设施,包括消防控制室、消防水池、消防水泵房、消防水箱间,其中消防控制室位于A-12地块,消防水池、消防水泵房、消防水箱间位于A-14地块。A-12地块工程已基本完工,需要进行工程竣工验收、消防工程验收,但A-14地块工程尚未整体完成,不具备竣工验收、消防验收条件,设有消防水池、消防水泵房地下车库和设置于A-14地块3号楼的消防水箱间工程整体尚未达到完全竣工条件,现需要设置在A-14地块地下车库和A-14地块3号楼的消防共用基础设施提前投入使用,××房地产开发有限公司委托本公司通过现场检测鉴定,对××项目A-14地块消防水池、消防水泵房及所在地下车库和消防水箱间及消防水箱间所在A-14地块3号楼工程结构质量、使用环境安全性进行评定。A-12地块、A-14地块和消防设施布置图(一)如下所示。

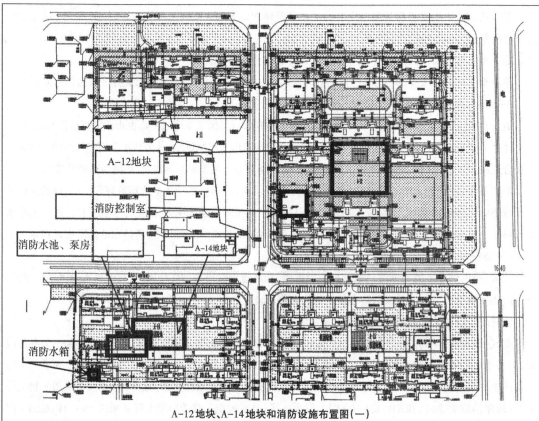

A-12地块、A-14地块和消防设施布置图(一)

2021年11月13日,专家组对A-14地块地下车库的消防水池、消防水泵房及所在建筑、A-14地块3号楼屋顶消防水箱间及所在建筑进行现场勘查,查阅了工程建设资料,发现上述工程结构工程技术资料技术资料基本齐全,并已委托××材料检测有限公司进行了混凝土强度现场检测。工程实体还存在一定问题,使用环境距消防使用要求尚有安全隐患。专家组于2021年11月15日发出了《××项目A-14地块消防水池、消防水泵房、消防水箱间检测鉴定报告初步意见》(以下简称"初步意见")要求对工程实体存在的质量问题和环境安全隐患进行整改。

2021年12月1日,委托方按《初步意见》要求,提交了工程实体存在问题和环境安全隐患的整改报告《××项目A-14地块消防水池、消防水泵房、消防水箱间工程质量及使用环境安全整改报告》,专家组再次进行了审核,经综合分析及评价,报告如下。

3. 工程资料

(1)提供了A-14地块地下车库、A-14地块3号楼施工技术材料和质量保证资料。

(2)提供了A-14地块地下车库、A-14地块3号楼结构主要材料、构件的见证取样复试报告,检验结果为合格。

(3)提供了A-14地块地下车库、A-14地块3号楼《回弹法检测混凝土抗压强度检测报告》。

(4)提供了A-14地块地下车库、A-14地块3号楼地基基础、主体分部工程质量验收记录,验收结果符合设计要求。

4. 现场抽样检测

建设单位另行委托唐山市××建设工程材料检测有限公司对了A-14地块地下车库、A-14地块3号楼结构构件混凝土抗压强度进行现场抽样回弹检测并出具了检测报告,结论为符合设计要求。

5. 现场勘查

1)工程现状

2021年11月13日,专家组现场查阅设计文件和工程技术资料,在委托方人员带领下进行了现场勘查。经勘查,A-14地块地下车库、A-14地块3号楼基础、主体及二次结构已完工,地下车库内部装修已完成大部分,A-14地块3号楼外墙保温及饰面层,部分内装修已完成。A-14地块地下车库消防水池、消防水泵房分隔围护结构已完成,内部装修已经基本完成,设备已安装就位,防火门未安装,入口外观(局部)见附件1图(二)。A-14地块3号楼屋顶消防水箱间部位分隔围护结构已完成,外装修、内部装修已经基本完成,设备已基本安装就位,防火门未安装完毕,外窗玻璃未安装,见附件1图(三)。现场勘查未发现工程出现基础不均匀沉降、承重构件受力裂缝等影响结构安全质量问题,观感质量一般。

2)现场勘查问题及整改情况

现场勘查中发现的工程质量和使用环境存在的问题,委托单位已按《初步意见》进行整改,具体整改情况如下。

(1)工程质量。

① 消防水泵房入口防火门未安装,门口缺少防淹措施(挡水门槛),详见附件2图(一)。

整改回复:消防水泵房入口安装防火门,门口设置混凝土挡水门槛,详见附件2图(一)g-1,图(一)g-2。

(2)消防水泵房消防管道、桥架等抗震支架未安装,详见附件2图(二)。

整改回复:消防水泵房消防管道、桥架等抗震支架已按设计要求安装完成,详见附件2图(二)g。

(3)通往消防水箱间、消防水泵房的水管道、强弱电井楼板处防火封堵未完成,见附件2图(三)。

整改回复:通往消防水箱间、消防水泵房的水管井、强弱电井楼板处已按要求进行防火封堵,详见附件2图(三)g。

(2)使用环境:

①场区通往A-14地块6号楼消防水池及消防水泵房入口未设置专用安全通道,有障碍物、堆土、坑洞等阻碍,A-14地块6号楼入口处未设置临空安全防护设施及指示标志,详见附件2图(四)。

整改回复,入口处已平整,门口设置安全防护棚和入口标志,详见附件2图(四)g。

②通往A-14地块3号楼消防水箱间入口未设置专用安全通道,有障碍物、堆土、坑洞等阻碍,入口未设置通道及建筑入口处设置临空安全防护设施及指示标志,见附件2图(五)。A-14地块3号楼屋顶通往消防水箱间入口之间有施工机械、杂物等阻碍,应清理形成安全通道,详见附件2图(六)。

整改回复:A-14地块3号楼通向水箱间搭设专用防护通道,详见附件2图(五)g;A-14地块3号楼屋顶通往消防水箱间入口之间有施工机械、杂物清理形干净,详见附件2图(六)g。

③通往A-14地块3号楼消防水箱间、通往地下车库消防水泵房楼梯临空侧应设置安全防护设施,详见附件2图(七)。

整改回复:通往A-14地块3号楼消防水箱间、通往地下车库消防水泵房楼梯临空侧设置栏杆,详见附件2图(七)g。

④通往A-14地块3号楼消防水箱间楼梯及通道、通往地下车库消防水泵房楼梯及通道应设置照明、应急照明设施、疏散及通行指示标志。

整改回复:通向水箱间、水泵房通道均已设置应急照明疏散指示。详见附件2图(八)g-1、图(八)g-2、图(八)g-3。

⑤消防水箱间、消防水池、消防水泵房应有保温取暖设施,保证冬季最低温度不低于5℃。

整改回复:消防水箱间、消防水泵房均设置电取暖器,详见附件2图(九)g-1、图(九)g-2。

⑥位于无法采暖A-14地块3号楼等建筑或室外的消防管道、设备应设置相应保温及电伴热等防冻措施。

整改回复:管道橡塑保温及电伴热施工完成,详见附件2图(十)g-1、图(十)g-2、图(十)g-4。

⑦地埋、外露管道等消防设施应设置保护设施、警示标志,避免施工过程中损坏。

整改回复:已在管道附近设置警示标志,部分管道上方铺设钢板保护层,详见附件2图(十一)g-1、图(十一)g-2、图(十一)g-3。

⑧A-14地块3号楼应具备消防车到达的条件。

整改回复:场地整平完成,现有施工道路满足消防车通行条件。

6. 鉴定结论

专家组依据现场勘查、工程技术资料检测结果、国家相关规范标准,经综合分析论证,提出××项目消防水池、消防水泵房及所在A14地块地下车库、消防水箱间及所在A-14-3号楼工程结构安全性、使用环境安全性鉴定意见如下。

1)工程结构安全性

上述项目的进场材料有质量证明文件、检测记录及试验报告,反映施工过程的质量验收记录等施工技术资料基本齐全,结构构件混凝土强度实体检测结果,达到了设计要求;基础、主体分部工程经过质量验收,结论为达到设计要求,主要构件布置及截面尺寸与设计一致;上述工程基础、主体结构施工质量达到设计要求。

施工中未改变设备布置形式、位置,未见明显增加使用荷载,结构安全性能够满足设计要求。

2)使用环境安全性

上述消防水池及消防水泵房、消防水箱间项目设置位置、面积、布局与设计文件一致,实际施工未做改动,具备相关功能的基础条件;防火分隔采用不低于200mm厚的钢筋混凝土墙、加气混凝土砌块墙,门采用乙级及以上防火门,满足防火分隔要求。因工程整体尚未完工,设备使用、维护、维修条件不完善,存在一定使用方面的不可靠因素,委托单位已对现场勘查发现的问题进行整改。

消防水池、消防水泵、A-14-3号楼消防水箱间及周边环境满足使用、消防安全要求,其他项目的正常施工对消防水池、消防水泵房、消防水箱间的工作也不会造成安全影响。

7. 建议

施工中应注意对已投入使用的消防基础设施工程进行防护和保护。

(1)严格按照《建设工程施工现场消防安全技术规范》GB 50720—2011组织A-14地块工程其他项目施工。

(2)消防水箱间、消防水泵房周围不得堆放易燃易爆物品,注意施工用火对上述建筑的影响。

(3)施工中应保证通往上述建筑的通道畅通、安全,不得堵塞通道。

(4)施工中应保证消防车道畅通,保证消防车到达。

(5)施工中注意用水不得对上述建筑造成渗漏、浸泡。

(6)施工中注意不得对上述建筑及线路、管道等设施造成破坏。

8. 专家组成员

专家信息及确认签字(四)

姓名	职称	签字
×××	正高级工程师	
×××	教授	
×××	高级工程师	
×××	副教授	

9. 附件

(1)工程外观照片3张(附件1)。

(2)工程现场勘查问题及整改照片26张(附件2)。

(3)《××项目A-14地块消防水池、消防水泵房、消防水箱间工程质量及使用环境安全整改报告》(略)。

(4)地下车库、A-14地块3号楼《回弹法检测混凝土抗压强度检测报告》(略)。

(5)鉴定委托书及相关资料(略)。

(6)专家职称和技术人员职称证书(略)。

(7)鉴定机构资质材料(略)。

图(一)　消防水箱间所在A14-3号楼外观　　　　图(二)　消防水泵房入口外观

附件1　外观照片

图（三）　消防水箱间外观

附件1　外观照片

图（一）　防火门未安装、缺门槛　　　图（一）g-1　防火门已安装　　　图（一）g-2　设混凝土门槛

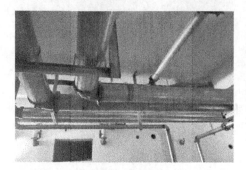 

图（二）　消防管道、桥架抗震支架未安装　　　图（二）g　抗震支架已安装

附件2　现场勘查问题及整改照片

图(三) 防火封堵未完成

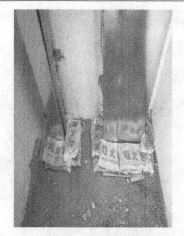

图(三)g 缝隙已封堵

图(四) 消防水泵房入口障碍、无防护

图(四)g 入口清除障碍、搭设防护罩棚

图(五) 消防水箱间入口障碍、无防护

图(五)g 入口清除障碍、搭设防护罩棚

图(六) 消防水箱间入口通道障碍、杂物堆积

图(六)g 通道杂物已清除

附件2 现场勘查问题及整改照片

图(七)　楼梯侧临空处缺少防护栏杆　　　　　图(七)g　楼梯防护栏已安装

图(八)g-1　已安装疏散指示标识　　图(八)g-2　已安装疏散指示标识　　图(八)g-3　已安装疏散指示标识

图(九)g-1　消防水泵房安装电暖气　　　　　图(九)g-2　消防水泵房安装电暖气

附件2　现场勘查问题及整改照片

图(十)g-1 消防通道保温　　　图(十)g-2 消防通道保温　　　图(十)g-3 消防通道保温

图(十一)g-1 消防挂到上警示标志　图(十一)g-2 消防挂到上警示标志　图(十一)g-3 消防挂到上警示标志

附件2 现场勘查问题及整改照片

第9章　工程检测鉴定行业涉及的问题与前景展望

9.1　工程检测鉴定涉及的问题

本书前几章围绕工程质量检测鉴定实例做了介绍。本章主要对工程检测鉴定中涉及的几个问题进行初步探讨。

9.1.1　建设工程扩张带来的问题

建筑业是我国国民经济建设中的支柱产业，随着我国经济发展和科技进步，我国建筑业也进入了快速发展时期。建筑物的多样化，建筑物新概念的设计和新型材料的出现，新工艺和新技术的应用，城乡各类建筑几万、几十万平方米的楼盘和超大综合功能的建筑物拔地而起，道路桥梁和公共基础设施建设工地比比皆是。目前，我国建筑行业发展已比较成熟，而且已是拉动国民经济的重要行业。但是伴随着建筑业大规模迅速扩张，越来越多工程质量问题出现。改革开放以来，尽管国家有关部门出台了一系列政策法规，逐步改进了国家、省、市、县四级工程质量检测鉴定管理体系，政府建设管理部门也加大了工程质量监督管理力度，工程质量检测鉴定机构也更加严格地按照国家有关建设工程技术标准和规定进行检测鉴定，为保障建设工程质量安全发挥了积极重要作用。但建筑领域复杂性导致问题没能得到很好解决。

9.1.2　工程质量检测和工程质量鉴定的关联问题

工程质量检测与工程质量鉴定都是围绕建设工程展开的系列技术服务活动，两者既有关联也有区别。关联是无论是对建筑物材料或构件进行性能检测，还是工程质量鉴定过程，都需要借助工程检测手段对建筑物进行勘查检测，这些勘查检测活动都需要可靠的检测技术来支持。区别如下：首先执行的标准不同，工程检测依据的是工程检测标准和有关法规或工程验收规范中的有关内容；而工程质量鉴定依据的是有关工程鉴定标准，同时根据委托的鉴定项目内容延伸到设计图纸、合同约定、验收规范和检测标准等。其次报告内容不同，检测报告仅限于材料或结构功能项目的检测结果是否满足规范或设计要求；鉴定报告主要是给出建筑物结构安全性和使用功能等方面的评定或结论，并给出加固维修的建议方案。再次参与人员不同,工程质量检测由具有专门检测资质的技术人员进行;而工程质量鉴定除取样做试验的技术人员外,更多是涉及鉴定项目内容的各个建筑专业领域具有高级技术职称和实践经验丰富的专家参与。最后工程质量检测相对内容简单,方法和技术手段单一,检测报告有固定统一的格式;而工程质量鉴定项目内容比较复杂,通常都是多专业和综合性的,鉴定前需根据具体时间情况做详细鉴定方案,用更多的仪器设备进行现场勘查和检测,且工程质量鉴定报告没有固定统一要求,需要根据鉴定涉及的具体内容而定。

9.1.3　工程质量检测鉴定的程序问题

1. 检测鉴定的基本原则

工程质量检测鉴定要以技术规范标准和事实为依据,遵循合法、科学、客观、独立、公正原则,不受任何组织和个人的非法干涉,严格按程序开展检测鉴定活动。参与工程质量检测鉴定人员必须遵纪守法,遵守职业道德和职业纪律,遵守技术操作规范,严守内部不宜公开的工作秘密,保守在检测鉴定活动中知悉的国家秘密、商业秘密,不得泄露个人隐私;接受社会和当事人的监督,实行回避、保密、时限和错鉴责任追究制度。主要工程的质量检测鉴定要确保及时性和时效性。

2. 检测鉴定前期工作

接受工程质量检测鉴定项目,要核实委托方的全面具体信息,根据鉴定内容及时做出研判,是否接受委托需明确告知委托方。对司法部门委托的鉴定项目,经沟通了解有关情况后,进入审批和法定的鉴定程序。对社会部门或个人委托的鉴定项目,必须明确告知委托方鉴定的风险和应承担的责任,并根据委托事项签订《委托检测鉴定协议书》。要求委托方按要求提供合法的质证材料,提供涉及质量鉴定工程的设计图纸、合同协议和与鉴定工程相关工程资料。根据工程检测鉴定的具体内容组建专业对口、具有高级职称的专家团队,拟订《工程检测鉴定项目实施方案》,明确鉴定依据、鉴定方法、工作进度、完成时间、安全保障和风险规避等细则。按拟订鉴定方案在勘查现场前将勘查时间、勘查地点、勘查内容、注意事项,以书面形式提前通知委托方或当事人。

3. 检测鉴定现场勘查程序

(1)现场勘查是工程检测鉴定的重要环节,要依法依规开展现场勘查工作。要提前调查了解现场基本情况,拟订现场检测包括取样等事项方案,备好勘查所用仪器设备。对现场勘查人员进行分工,让参与鉴定的人员都明确自己的目标任务和工作细节,勘查人员在现场要举止文明,严肃认真,程序规范。向委托方和当事人告知现场勘查目的、勘查内容和有关注意事项。

(2)在现场勘查过程中,专家可向委托单位和当事人询问有关事项,调查了解客观事实。

在听取各方意见和询问调查过程中,参与现场勘查人员要保持中立,不表态、不答疑、不评论,要有询问笔录,必要时进行录音录像。现场勘查要在委托方和当事人监督见证下进行现场实勘、实测、实查,尽量避免破坏性勘查检测,减少不必要财产损失。用于现场勘查、检测、测绘的仪器设备,需经有检定资质机构校准合格。现场勘查的笔录要标明项目名称、时间、地点,要详细准确、文字简练、完整规范,全面客观反映现场受鉴物证现状;绘图要注明测量方法、比例、方向、图例等;取样检测的样品要有针对性和代表性;拍摄的影像应是现场原状,要求画面清晰、色彩真实、物体突出,要有比例参照。勘查笔录、现场绘图、现场取样和影像资料都要相互吻合。

(3)现场勘查结束前,要组织专家进行简要总结,检查现场勘查重点和细节是否有存在纰漏,程序是否规范合法,所获数据和物证是否真实有效。因环境条件限制,若采取的检测方法或工作流程不是国际通用或国内规定的,必须征得委托方和当事人同意,而且要形成有效文件,保证出具的报告被用户及委托方所接受,形成书面材料。

(4)现场勘查结束后,对现场所取的物证应妥善保管,对样品进行规范处置及时送检。鉴定项目责任人要尽快组织人员将勘查过程、勘查笔录、现场绘图、影像资料和样品检测结果等进行整理,经甄别研究后形成现场勘查报告。

(5)根据现场勘查情况,如还需有关方补充资料或物证的,要及时向有关方书面或口头提出。对还需再次进行现场勘查取证的,必须经委托方和当事人同意。不接受委托方和当事人自行现场勘查的结果,拒收未经合法程序质证的补充材料和物证。现场勘查后要做好物证保管工作,及时整理勘查记录和影像资料。在未正式提交《鉴定意见书》之前,对勘查结果要严格保密,不得向任何方泄露现场信息,不擅自回答解释现场勘查情况。

4. 检测鉴定报告的基本要求

工程检测鉴定报告,是依据建设工程理论和相关规范标准,借助科技检测手段和现场勘查情况,对所鉴定的建设工程质量进行鉴别和判断而做出的。检测在形式内容上的完善程度,不仅影响整体鉴定报告的合法性和规范性,也会影响鉴定结论的真实性和权威性,因此规范检测鉴定报告具有较强的专业性和较高要求。工程检测鉴定报告通常被作为改造、验收和改进工程质量问题的依据,以及解决工程质量纠纷的证据使用。其报告内容和文书格式非常重要。目前我国对法医、物证、声像资料和环境污染这四类的鉴定报告文书格式有统一的规范要求,统称为《××司法鉴定意见书》。对于上述四类之外的建筑、机械、化工、农业等专业领域的鉴定报告没有统一具体规范要求,鉴定机构可根据自身专业特点确定鉴定报告的基本内容和文书格式。通常鉴定报告内容除了扉页的鉴定说明和报告的题目,一般包括以下九部分内容。

（1）基本情况。这部分内容包括委托单位、委托事项、工程名称、鉴定日期、鉴定地点、现场勘查人员等。

（2）事由摘要。这部分内容可根据具体委托项目事由而定，主要写明委托鉴定事项涉及的简要情况，是其他部分表述不清而又对鉴定项目或纠纷有解释说明的文字。一般主要是引用摘抄委托方和有关方提供的资料、现场笔录等，此部分鉴定方不加任何主观意见。

（3）鉴定依据。这部分内容包括现行的国家、部门行业、地方、企业规范标准，委托方的委托书和提供的相关图纸资料，现场勘查的笔录和影像资料等。

（4）现场勘查。这部分内容包括时间、地点，参与勘查专家和各方代表到场人员情况，以及现场勘查的工程基本概况、工程质量存在问题分类、现场勘查记录和现场取样、测量检测的情况。这部分只是现场勘查发现问题的客观描述，一般不作说明判断。

（5）分析说明。这部分内容包括详细阐明在现场勘查发现的工程质量问题，对造成工程质量问题的主要原因，从专业理论、实践经验和国家规范标准，以及设计图纸要求等几方面进行分析论证、叙述形成鉴定和判断的过程，注明引用相关规范标准或资料出处。

（6）鉴定意见。这部分内容根据委托方要求，通过对图纸资料审核、现场勘查情况和测量检测结果，依据国家规范标准、技术规范和设计图纸要求，经综合分析研究、逻辑推理和鉴别判断后做出鉴定结论。鉴定结论要明确、具体、规范，具有针对性、真实性和可操作性，切忌答非所问，不能超出鉴定委托方提请的鉴定范围。

（7）修复建议。这部分内容根据委托方是否有修复方案要求而定，要与鉴定结论的问题相对应吻合。修复方案要运用文字叙述说明、参照图集和示意维修施工图等多种形式。

（8）鉴定人员。这部分主要是参与现场勘查和参与讨论鉴定报告具有高级技术职称的专家签字，不允许其他人替代签字。

（9）附件资料。附件是司法鉴定文书的组成部分，应当附在鉴定报告的正文之后，列出详细目录。这部分主要是与鉴定意见有关联性的资料，以及不适合在报告正文中出现，但还要作解释或证明的内容。其中包括现场勘查照片、检测报告、图表说明、引用规范条款、鉴定人员职称证书、委托方委托书、鉴定机构资质材料等。

9.1.4　工程质量检测鉴定的管理问题

1. 市场无序竞争

目前，有资质的检测机构的检测业务主要来自政府监督检测任务。随着国内检测机构的不断壮大和业务扩展，检测机构所面临的市场竞争越来越激烈，基层检测机构没有竞争优势，举步维艰，夹在缝隙中求生存，形势不容乐观。由于我国现有检测鉴定机构发展参差不齐，一些机构更多地考虑自身利益，不按市场规律办事，片面追求利益最大化，在行业内部进行恶性竞争,各机构之间普遍存在相互压价现象。自上而下的检测鉴定行业还存在事实上的分割管理,有些地区地方保护主义和用行政手段垄断市场的现象比较为严重,导致外域机构无法进入当地开展业务。

2. 机构自身管理机制不健全

检测鉴定机构自身管理机制不完善。一是机构规模普遍较小,内部管理松散,制度不健全,工作质量难以保证;二是有意超范围接受委托,对不在能力范围内的项目进行检验;三是不按规定要求使用CMA和CNAS等各种标识,有的机构在报告封面印有多个认证标识;四是部分机构多年来仪器设备更新缓慢,仪器设备跟不上国家更新的检测方法要求,导致有些关键性数据指标不准确,检测出的问题不全面、不完整;五是技术力量薄弱,高素质人才少,引不进、留不住,无法满足检测任务的需要;六是培训体系不够完善,技术人员对新技术、新设备、新信息的学习更新跟不上社会进步的节奏;七是检测鉴定报告粗糙不规范,所答非所问,含糊不清,没有明确的判断意见和鉴定结论。

目前,检测鉴定机构存在的问题不仅局限于以上七条,有关行政管理部门和检测鉴定机构应该认真贯彻国家有关加强检验检测行业政策,对存在的问题进行的分析研究,制定行之有效的对策,加大改革和管理力度,营造良好发展环境,推动检测鉴定服务行业做强做优做大。

9.2 检测鉴定行业前景展望

检测是国家质量基础设施的重要组成部分,是国家重点支持发展的高技术服务业和生产性服务业。2017年,《中共中央 国务院出台关于开展质量提升行动的指导意见》(中发〔2017〕24号),提出要支持发展检验检测、认证等高技术服务业,提升战略性新兴产业检验检测、认证支撑能力。国务院也出台政策文件,提出要营造行业发展良好环境,推动检验检测服务业做强做优做大。为贯彻落实党中央、国务院决策部署,国家市场监督管理总局于2021年10月出台了《关于进一步深化改革促进检验检测行业做优做强的指导意见》(以下简称《指导意见》)。

展望我国的检验检测行业的发展前景,工程质量检测鉴定行业更值得期待。以下几个方面的政策精神和指导意见,预示我国工程质量检测鉴定服务业将迎来一个重要的历史发展机遇期。

(1)在《指导意见》中,明确提出了检验检测"十四五"期间行业发展的指导思想、基本原则、总体目标,并提出了四个方面的任务措施。一是着力深化改革,推动检验检测机构市场化发展。二是坚持创新引领,强化技术支撑能力。三是激发市场活力,提升质量竞争力。四是加强规范管理,提高行业公信力。

（2）国务院办公厅印发的《全国深化"放管服"改革优化营商环境电视电话会议重点任务分工方案》（国办发〔2019〕39号），提出要推动检验检测认证机构与政府部门彻底脱钩，鼓励社会资本进入检验检测认证市场。

（3）检验检测监管形成政府、企业、社会组织、公众互动的治理格局。要强化行业自律，严格落实检验检测机构主体责任，鼓励检验检测机构向社会公开承诺、发布诚信声明、公开检验检测报告等，接受社会监督；推动行业协会、商会等建立健全行业经营自律规范、自律公约和职业道德准则，引导行业开展自我约束和自我监督。

（4）根据党中央、国务院有关文件精神，国家市场监管总局提出"坚持市场主导"的基本原则，坚定不移推进经营性检验检测机构市场化改革。强调各地市场监管部门要按照地方党委、政府的部署和要求，积极稳妥推进检验检测机构改革。强调要科学界定检验检测机构功能定位，经营类机构要转企改制为独立的市场主体，实现市场化运作，规范经营行为，提升技术能力，着力做优做强。

（5）根据党中央、国务院国有关企业改革和支持民营企业改革发展的精神，《指导意见》提出要深化国有企业性质检验检测机构改革，加快国有企业性质检验检测机构的优化布局和结构调整，推进国有企业战略性重组、专业化整合，推动国有企业性质检验检测机构率先做强、做优、做大，鼓励民营企业和其他社会资本投资检验检测服务，支持具备条件的企业申请相关资质，面向社会提供检验检测服务，培育壮大检验检测市场主体。

（6）为营造健康营商环境，激发市场活力，国家市场监管总局于2019年10月发布《关于进一步推进检验检测机构资质认定改革工作的意见》，依法界定检验检测机构资质认定范围，逐步实现资质认定范围清单管理。法律法规未明确规定应当取得检验检测机构资质认定的，无须取得资质认定。

（7）国家将加强宣传引导力度，充分发挥报刊、广播、电视等新闻媒体和网络新媒体作用，积极宣传检验检测服务经济社会高质量发展的经验和成效，加大对检验检测违法违规典型案例的曝光力度，让追求卓越、崇尚质量、诚信有为成为检验检测行业的价值导向和时代精神。